트랜스포머

트랜스포머

생명과 죽음의 심오한 화학

닉 레인

김정은 옮김

까치

역자 김정은(金廷垠)
성신여자대학교에서 생물학을 전공했고, 뜻있는 번역가들이 모여 전 세
계의 좋은 작품을 소개하고 기획 번역하는 펍협 번역 그룹에서 전문 번역
가로 활동하고 있다. 옮긴 책으로는 『깊은 시간으로부터』, 『부서진 우울
의 말들』, 『이토록 놀라운 동물의 언어』, 『유연한 사고의 힘』, 『바람의 자
연사』, 『바이털 퀘스천』, 『진화의 산증인, 화석 25』, 『미토콘드리아』, 『세상
의 비밀을 밝힌 위대한 실험』, 『신은 수학자인가?』, 『생명의 도약』, 『감각
의 여행』 등이 있다.

편집, 교정 _ 권은희(權誾喜)

트랜스포머 : 생명과 죽음의 심오한 화학

저자/닉 레인
역자/김정은
발행처/까치글방
발행인/박후영
주소/서울시 용산구 서빙고로 67, 파크타워 103동 1003호
전화/02 · 735 · 8998, 736 · 7768
팩시밀리/02 · 723 · 4591
홈페이지/www.kachibooks.co.kr
전자우편/kachibooks@gmail.com
등록번호/1-528
등록일/1977. 8. 5
초판 1쇄 발행일/2024. 6. 10
      2쇄 발행일/2024. 10. 15
값/뒤표지에 쓰여 있음

ISBN 978-89-7291-835-6 93470

이언 애클랜드스노를 기리며

차례

이 부단한 필멸의 과정에서
형태를 창조하는 것은 움직임이다.
— 리처드 하워드

서론

생명 그 자체

우주 공간에서 보면, 그것은 회색의 결정체처럼 보인다. 살아 있는 지구의 푸른색과 녹색을 잠식하고 있는 그 결정에는 불규칙한 무늬들과 수렴하는 선들이 복잡하게 교차한다. 무정형으로 뭉쳐 있는 중심부에서는 이런 선들이 더 밝아 보인다. 이 '성장물'은 살아 있는 것 같지는 않지만 몇몇 선들을 따라 뻗어나가기도 하고, 어떤 것은 그것에 기생하기도 한다. 지구 전체에는 이것들이 수천 개에 이른다. 형태와 세세한 부분은 다르지만, 모두 회색이고 각이 져 있으며 무기물이다……. 그리고 퍼져 나간다. 그러나 밤이 되어 그들이 어두운 밤하늘에 빛을 발하면 갑자기 아름다워진다. 경관에 자리한 이런 궤양들은 어떤 면에서 보면 살아 있는 것일지도 모른다. 통제되어 흐르는 에너지가 있고, 정보가 있고, 어떤 형태의 물질대사가 있고, 어떤 물질의 전환이 있다. 이들은 살아 있을까?

당연히 아니다. 이들은 도시이다. 우리는 도시 안에서 직접적인 접촉을 통해서 도시를 알지만, 우리 대부분은 우리의 도시를 관통하는 에너지와 물질의 흐름에 대해서는 잘 알지 못한다. 우리가 아는 도시는 주로 시각적 구조, 지도 위의 건물이다. 그러나 전력도 없고, 에너지의 흐름도, 자동차도, 복닥거리는 사람들도 없이 텅 빈 도시는 종말 이후의 세계처럼 으스스하고 섬뜩한 장소이다. 죽음이다. 도시를 살아 있게 하는 것은 사람들이다. 이곳에서 저곳으로 이동하는 사람들의 움직임, 이와 함께 우리의 일상을 유지하게 해주는 전기, 열, 물, 가스, 하수와 같은 물질의 흐름이다. 이런 식으로 통제되는 에너지와 물질의 흐름이 도시에 생명을 준다고 말해도 과언이 아닐 것이다. 복잡한 시내 한복판에 저속 촬영 카메라를 설치하면, 우리는 우리가 잘 짐작할 수 없는 유동flux의 법칙을 따르고 있는 이런 흐름을 엿볼 수 있다. 나는 우리가 대도시권의 상공으로 올라가서 이런 복잡한 흐름을 내려다볼 수 있다고 상상해보았다. 복잡하게 뒤엉킨 사람들과 빛과 전력의 흐름이 마치 맥동하듯 어떤 거리로 쏟아지고, 그 나머지는 다른 거리로 흘러넘친다. 어떤 거리는 거의 쥐 죽은 듯 조용하다가 통근자들이 집으로 돌아가는 밤이 되면 불빛이 반짝인다. 우리는 한 도시에 생기를 불어넣는 그 유동을 설계할 수 있다. 확실히 우리는 이런 식으로 도시를 상상할 수 있지만, 우리가 볼 수 있는 거의 대부분은 건물, 즉 구조이다.

세포는 일종의 도시이다. 세포도 건물이 있다. 다시 말해서 적어도 물리적 구조를 가지고 있다. 우리의 건축물과 달리, 세포는 중력의 지배를 받지 않고 진정한 3차원 구조로 만들어져 있다. 만약 분자 하나의 크기로 몸이 줄어든다면, 세포라는 "도시 경관"은 눈이 핑핑 돌 정도로 정신이 없을 것이다. 막들은 당신의 시야를 휙휙 지나다닌다. 부드럽게 휘어진 유동적인 벽들은 머리 위로 쑥 내려오거나 발아래에서 곤두박질친다. 모든 방향으로 뻗어 있는 거대한 케이블 위로는 교통이 흐른다. 기묘하고 신기하게 움직이는 장치, 집채만 한 기계, 보이지 않을 정도로 빠르게 돌아가는 피스톤 같은 한 번도 본 적 없는 신기한 것들이 통행한다. 이 메트로폴리스의 심장인 핵이라는 거대한 요새는 수 킬로미터 떨어진 먼 곳에서는 희미하게 보이지만, 당신의 시야에서 큰 부분을 차지하고 있다. 모든 것이 정신없이 분주하다. 그 어떤 인간의 도시와 달리, 거대한 벽들은 전체적으로 움직이면서 결합하기도 하고 다시 분리되기도 한다. 조금 떨어져서 보면, 세포라는 도시 전체도 그 내부구조들이 하듯이 형태를 바꾸고 돌아다닐 수 있다. 도시 야경의 네온사인처럼 빨강, 파랑, 초록의 빛을 내는 형광 염료로 염색을 하면, 우리는 세포 밖에서도 현미경 렌즈를 통해서 세포 속을 통행하는 것들을 관찰할 수 있다. 그러나 지금까지 내가 묘사한 것은 모두 건물, 즉 세포의 구조들이다. 우리는 이 놀라운 도시를 1밀리미터의 1,000분의 1보다 작은 규모로 그려낼 수 있다. 우리는 예전보다 훨씬 정교하게 그 부분들의 움직임을 시각화할 수 있다. 그러나 세포는 더 작은 규모에서도 여전히 생기를 띤다. 가장 강력한 현미경조차도 에너지와 물질이 흐르면서 모든 생명에 생기를 불어넣는 모든 순간, 수백만 분의 1초마다 수백만 분의 1밀리미터보다 짧은 거리에서 작은 분자들의 형태가 끊임없이 바뀌는 그 변화를 모두 식별할 수는 없다. 이런 움직이는 경이로운 구조들의 깊은 곳에서 일어나는 에너지와 물질의 흐름은 여전히 보이지 않는다. 그것은 우리의 광역 도시권과 그 안에 사는 사람들에게 전력을 공급하면서 부단히 움직이는 전자를 상상하기 어려운 것과 비슷하다. 어쩌면 그런 이유 때문에, 우리는 생명에서 그 중요성을 낮춰보는 경향이 있는 것인지도 모른다.

세포만큼 헤아리기 어려운 것도 드물다. 17세기, 네덜란드의 현미경학자인 안톤 판 레이우엔훅이 물 한 방울 속에 숨어 있는 우주의 베일을 벗겼을 때, 그는 그 안에서 목적을 가지고 몸의 각 부분을 활발하게 움직이며 살아가는 작은 "극미동물animalcule"에 경탄했다. 세포라는 도시 경관을 속속들이 탐구했음에도, 이런 원생동물의 행동은 오늘날 우리에게 묘한 매력이 있고 신비롭기까지 하다. 이렇게 살아 움직이는 미세한 원형질 덩어리들은 그들이 서로 쫓고 쫓기며 잡아먹히는 동안 무슨 일을 하는지 알고 있을까? 당연히 모른다! 그러나 우리의 순진한 눈에는 무엇인가를 알고 행동하는 것처럼 보인다. 이 작은 존재들도 나름의 희망과 공포와 고통을 가지고 있는 것처럼 느껴진다. 바퀴처럼 회전하는 작은 포식자의 턱을 벗어나기 위해서 스스로 몸을 잘라내고 탈출하면 어떤 기쁨이나 안도감을 느낄 것만 같다. 판 레이우엔훅 이래로 약 350년 지난 지금, 이제 우리는 이 윙윙거리며 움직이는 부분들이 무엇을 하는지, 무엇으로 만들어져 있는지, 어떻게 기능하는지를 대부분 알고 있다. 우리는 이 생물들을 원심분리기나 광학 집게optical tweezer로 분리해서, 그들의 구조를 지정하는 유전 암호를 판독했고, 목적이라는 환상을 주는 조절 유전자 고리regulatory loop를 해독했으며, 모든 부분의 목록을 작성했다. 그러나 그 모든 것의 이면, 이 작은 점 같은 물질에 생명을 불어넣는 것이 무엇인지에 대한 이해에는 근접했다고 보기 어렵다. 메마른 무기물로 이루어진 지구에서 어떻게 그들이 처음 등장하게 되었을까? 어떤 힘이 그들의 정교한 행동을 조정하는 것일까? 그들이 어떤 종류의 감정을 느낄 수 있을까?

수십 년간 생물학은 정보, 즉 유전자라는 권력의 지배를 받아왔다. 유전자의 중요성은 의심할 여지가 없지만, 살아 있는 원생동물과 조금 전에 죽은 원생동물이 가진 정보의 내용물 사이에는 아무런 차이가 없다. 살아 있다는 것과 죽었다는 것 사이의 차이는 에너지 흐름에 있고, 더 단순한 구성 재료building block로 자신을 끊임없이 재생하는 세포의 능력에 있다.[1]

현대 생물학에 어떤 관점이 있다면, 그것은 유전 정보가 에너지와 물질의 흐름을 구성한다고 보는 것이다. 간단히 말해서, 생물학은 정보망과 그 조절 체계의 관점에서 이해된다. 분자의 행동과 분자 간 상호작용과 반응을 관장하는 열역학 법칙도 정보라는 측면에서 재구성될 수 있다. 그것이 바로 정보의 비트에 관한 법칙인 섀넌 엔트로피Shannon entropy이다. 그러나

---

1 에너지의 흐름에 대한 이야기에서 내가 말하는 에너지는 물리학자들이 "자유 에너지 (free energy)"라고 부르는 것으로, (열로 분산되는 에너지가 아니라) 일을 하기 위한 동력으로 쓰일 수 있는 에너지이다. 이는 이 책 전체에 걸쳐 적용되는 내용이다. 그리고 내가 구성 재료라고 부르는 것은 아미노산이나 뉴클레오티드(nucleotide)처럼 서로 결합해서 단백질이나 DNA 같은 고분자를 형성할 수 있는 작은 분자이다. 이것 역시 이 책 전체에 걸쳐 적용된다.

이런 관점은 생명의 기원에서는 자체적으로 역설을 초래한다. 이런 정보들은 모두 어디에서 오는 것일까? 이에 대한 간단한 설명은 생물학 안에도 이미 존재한다. 자연선택이 무작위적인 차이를 걸러내는 것이다. 세대를 거듭할수록, 잘 작동하는 것은 선호되고 그렇지 않은 것은 제거된다. 정보는 시간이 흐를수록 기능과 함께 축적된다. 세부적인 부분에서는 서로 옥신각신할 수도 있겠지만, 여기에 개념적으로 어려운 것은 없다. 그러나 생명의 기원에는 이런 관점이 작용하지 않는다. 정보를 생명의 중심에 두면, 기능의 출현이 문제가 된다. 다시 말해서 생물학적 정보의 기원에 관한 문제가 생기는 것이다. 뿐만 아니라 골치 아픈 진화의 궤적을 이해하는 데에도 문제가 생긴다. 특히 동물이 등장한 캄브리아기 대폭발 같은 갑작스러운 변화들 사이에 나타나는 긴 지연에 대해서는 생명 전반에 걸친 유전자 서열 차이의 분석, 즉 정보에 대한 끊임없는 탐구에도 불구하고 잘 이해되지 않고 있다. 또한 우리가 왜 늙고 죽는지, 왜 아직도 암과 같은 병을 앓고 있는지, 그리고 가장 근본적으로는 주관적 경험이 어떻게 의식이라는 마음을 일으킬 수 있는지에 관한 문제들은 수십 년에 걸친 연구 조사가 이루어졌지만 여전히 이해하기 어렵다.

정보라는 측면에서만 생명을 생각한다면, 이는 생명을 왜곡하는 것이다. 정보의 기원을 설명하기 위한 새로운 물리 법칙을 찾는 것은 잘못된 질문을 던지는 것과 마찬가지이다. 잘못된 질문은 의미가 충분하지 않아서 정확히 답을 할 수 없다. 생물학의 형성기로 거슬러 올라가면 훨씬 나은 질문이 있다. 세포에 생명을 불어넣고, 생명을 무생물과 달라지게 하는 과정은 무엇인지에 관한 질문이다. 생기vital force가 있다는 생각, 생물은 무생물과는 근본적으로 다르다는 생각은 오래 전에 틀린 것으로 밝혀졌고, 이제는 불살라버려야 하는 허수아비처럼 취급될 뿐이다. 그러나 분주하게 움직이는 극미동물에 매혹된 판 레이우엔훅의 마음에 공감할 수 있는 사람이라면 이는 이해할 만한 환상이다. 하지만 내가 연구하고 있는 생화학生化學, biochemistry은 세포 속 에너지와 물질의 흐름을 다루는 학문임에도, 몇 몇 눈에 띄는 예외를 제외하고는 이런 끊임없는 유동이 어떻게 생겨날 수 있었는지, 또는 그 원초적인 각인이 어떻게 오늘날까지도 세포의 생사와 그 세포들로 구성된 유기체, 즉 우리의 생사까지도 좌우할 수 있는지에 대해서 태평스러울 정도로 무관심했다.

이 책은 에너지와 물질의 흐름이 생명의 진화를 어떻게 구조화했는지, 그리고 우리 자신의 생명에 지워지지 않는 자국을 남긴 유전 정보를 어떻게 구조화했는지를 탐구할 것이다. 나는 보편적인 관점을 뒤집어엎고 싶다. 유전자와 정보는 우리 생명의 가장 깊숙이 있는 세세한 부분을 결정하지 않는다. 오히려 영구적인 불균형 속에 있는 한 세계를 통해서 끊임없이 일어나는 에너지와 물질의 흐름은 유전자 자체를 존재하게 하고, 여전히 유전자의 활동을 결정한다. 비록 우리 삶은 정보에 푹 빠져 있지만 말이다. 형태를 만드는 것은 움직임이다. 나는 훤히 드러나 보이는 곳에 숨어 있는 특별한 르네상스를 포착하고 싶다. 교과서 생화학은 어떻게 생명과 암의 기원에서 동시에 새로운 패러다임을 자극하고 있는 것일까? 시간적으로 수십억 년의 간격이 있고 행성 환경에서도 격차가 큰 이런 별개의 두 문제가 어떻게 연결될 수 있는 것일까? 새롭게 부상하고 있는 이 관점의 핵심에는 놀랍고 혼란스러운 반응 회로가 있다. 이 반응 회로는 에너지를 써서 무기물인 기체들을 생명의 구성 재료로 만들기도 하고, 그 반대로 하기도 한다. 에너지와 물질의 이런 회로를 이해하는 것은 생명계의 깊은 화학적 일관성을 알아내는 것이다. 생명의 기원을 암으로 인한 손상과 연결시키고, 최초의 광합성 세균을 우리 자신의 미토콘드리아와 연결시키고, 동물의 등장이라는 갑작스러운 진화적 도약을 황이 들어 있는 진흙과 연결시키고, 우리 행성의 거대한 역사를 우리 각자의 사소한 차이와 연결시키는 것이다. 어쩌면 의식의 흐름도 이와 연관이 있을지도 모른다. 생명에 활기를 불어넣고 우리가 죽을 때에는 서서히 사라지는 그 심오한 화학을 이해하는 것이 생물학과 우리 자신의 존재에 대해 지속되어온 미스터리의 일부를 밝히는 것임을 우리는 이 책을 통해서 알게 될 것이다.

동역학적 면

에너지와 물질의 이런 흐름과 그것이 암시하는 모든 의미를 이해하려면, 먼저 정보가 부상한 이래로 생물학이 눈을 감아버린 부분이 어디인지부터 살펴보아야 한다. 생화학의 황금기는 세포가 이해할 수 없는 복잡한 "살아 있는" 분자로 이루어진 무정형의 원형질이 아니라는 깨달음과 함께 시작되었다. 생화학의 창시자 중 한 사람인 프레더릭 가울랜드 홉킨스 경은 20세기의 처음 40년 동안 그의 긴 연구 경력의 대부분을 바쳐서 그가 생화학의 "동역학적 면dynamic side"이라고 부른 개념을 발전시켰다. 이 개념에 따르면, 생명의 기본 분자는 꽤 단순하고 기존의 화학적 방법으로 분석될 수 있지만 특별한 경로를 따라서만 흘러간다. 그 경로에서는 한 분자가 작은 화학적 변화를 통해서 다른 형태의 분자로 변환되는 과정이 계속되며, 그런 변환이 일어날 때마다 특별한 성질을 지닌 촉매가 관여한다. 홉킨스에게 생명은 정보의 조합과 유동이었다. 정보의 조합은 단백질 촉매(효소)를 지정하여 경로들을 만들고, 특정 경로를 따라 이동하는 분자의 흐름인 유동은 세포라는 도시를 건설하거나 복구할 새로운 물질을 형성한다.

나는 유동이라는 단어를 이미 몇 번이나 썼고, 이 책 전체에 걸쳐서 계속 쓸 것이다. 이야기를 더 진행하기에 앞서, 내가 말하고자 하는 유동이 정확히 무슨 뜻인지를 잠시 짚고 넘어가자. 유동은 흐름의 한 형태이지만, 결정적인 차이가 하나 있다. 물은 강을 따라 흐르고, 교통은 도로를 따라 흐른다. 한쪽 끝으로 들어가는 것과 다른 쪽 끝으로 나오는 것이 서로 같아서, 물 아니면 자동차가 나온다. 생화학에서 유동이란 그 길을 따라가면서 형태를 바꾸는 것들의 흐름이다. 도로에 차 한 대가 진입한다고 상상해보자. 그 차가 폭스바겐 비틀이라고 해보자. 그런데 한 10미터쯤 가다가 눈부신 섬광이 번쩍하더니 비틀이 갑자기 포르쉐로 바뀐다. 그러다가 또 한 번 번쩍하더니 볼보가 된다. 펑! 흰색 승합차가 된다. 슉! 이번에는 미니버스이다. 번쩍! 트랙터 한 대가 그 도로를 빠져 나간다. 그런데 이 도로에서 가장 기이한 점은 똑같은 일이 계속 벌어진다는 것이다. 그 도로로는 폭스바겐 비틀만 들어가고, 트랙터만 나온다. 매번 똑같은 순서로 변형이 일어난다. 1분에 60대, 즉 초당 1대꼴로 폭스바겐 비틀이 그 도로로 들어간다고 상상해보자. 매번 섬광이 연달아 번쩍번쩍하면서 60대의 트랙터로 바뀔 것이다. 그 도로로 들어가서 매번 같은 종류의 트랙터로 변형되는 차량의 총 수, 그것이 유동이다. 이는 당연히 이 도로만의 이야기이다. 모퉁이 뒤에 있는 다른 도로를 보자. 그 도로로는 베스파 스쿠터만 들어가서 할리 오토바이로 변형되는 것을 볼 수 있을 것이다. 그리고 시가지 건너편에는 카누가 쾌속정으로 바뀌는 운하가 있다.

이것이 물질대사 유동의 기이한 세계이다. 가장 단순한 세균 세포조차도 초당 무려 10억 번의 변형을 일으킬 수 있다. 이해할 수 없는 횟수이다. 세포에는 (저마다 똑같은 일이 일어나는) 도로가 아주 많다고 말할지도 모르지만, 각각의 도로마다 **초당** 수백 대의 차가 들어가서 하나하나 정확히 동일한 일련의 과정을 확실하게 통과해야 한다. 이것이 세포의 물질대사를 구성하는 유동이며, 우리가 이 책에서 탐구하려는 것이다. 물질대사는 우리를 살아 있게 해준다. 살아 있다는 것은 나노초의 시간 규모에서 매순간 작은 분자들이 일으키는 끊임없는 변형의 합이다. 만약 우리가 80세까지 산다면, 거의 300경(3×10^{18}) 나노초 분량의 물질대사를 통해서 살게 될 것이다. 당연히 우리는 지칠 수밖에 없다. 오늘날에도 우리는 이 과정 중 어느 것도 눈으로 직접 볼 수는 없지만, 내가 앞으로 설명할 독창적인 방법을 통해서 무슨 일이 벌어지는지를 추론해볼 수는 있다. 이를 위해서 1세기 전으로 거슬러 올라가서, 홉킨스와 같은 용감한 나노 우주의 탐험가들을 만나보자. 홉킨스는 생명의 비밀이 평범하고 단순한 분자들의 빠른 변형과 줄줄이 이어지는 흐름 속에 있다는 것을 처음으로 이해한 인물이다.

그때는 DNA의 이중나선이 밝혀지기 전이었고, 생물학의 정보 혁명이 일어나기 전이었으며, 세포의 작동방식에 관해서 우리가 많은 것들을 알기 전이었다. 사실 그것은 19세기에 발견된 약간의 사실들에 기초한 영광스러운 가설이었다. 특히 화학자들은 요소urea와 같은 일부 생체 분자를 합성할 수 있었고, 어느 모로 보나 마법이 아닌 이런 결과는 생기론vitalism에 대한 반박이었다. 이것은 생물학적인 화학에 "불과하며," 보통의 화학 법칙에 따라 행동하는 보통의 화학물질이 관여했다. 생화학은 이런 단순한 분자들이 서로 어떻게 변환되는지에 대한 연구가 되었다. "단순한"이라는 단어가 걸렸는가? 분자들은 어떤 것도 단순하지는 않지만, 복잡성에도 단계가 있다. 내가 작다고 말하는 분자들은 1-2개에서 약 20개까지의 탄소 원자를 포함하고 있지만, 대부분은 탄소가 10개 미만이다. 이 탄소들을 "뼈대skeleton"라고 생각해보자. 이 뼈대에서 탄소는 다른 탄소를 비롯해서 수소와 산소 원자, 덜 일반적으로는 질소나 황이나 인과 결합함으로써, 저마다 독특한 특성과 반응 성향이 생긴다. 이것이 세포를 만드는 구성 재료이며, 그 종류는 수백 개가 조금 넘는다. 세포의 구조를 형성하는 "거대 분자macromolecule", 특히 DNA와 단백질은 실제로 긴 사슬을 이루며, 이 구성 재료들의 긴 가닥들은 (당시에는) 완전히 불가사의였던 유전자의 명령에 따라서 서로 연결된다.

끊임없이 일정한 방향으로 움직이는 단순한 물질과 에너지의 흐름에 의해서 세포가 생기를 얻는다는 영광스러운 가설은 모든 생명에 대해서 옳은 것으로 밝혀졌다. 세균이 산소가 있을 때 호흡을 하거나 산소가 없을 때 성장을 하는 방식은 우리의 심장 세포가 비슷한 환경에서 하는 행동과 놀라울 정도로 비슷하다는 것이 고된 실험을 통해서 밝혀졌다. 1920년대에는 네덜란드의 또다른 위대한 미생물학 개척자인 알베르트 클라위버가 생화학의 통일성에 대한 새로운 증거를 정리했다. "코끼리부터 낙산균butyric acid bacterium까지 모두 똑같다!"는 그의 말에는 약간의 광기가 어려 있었다(내가 듣기로는, 이 말과 함께 히스테릭한 웃음이 터져 나왔다고 한다). "대장균E. coli에서 사실로 밝혀진 모든 것은 코끼리에서도 사실이어야 한다"는 자크 모노의 말도 클라위버의 이 말을 본뜬 것으로 유명하다. 의도적인 말장난이기는 하지만, 이 엉뚱한 단언 속에는 작은 진실 이상의 것이 담겨 있다. 생명의 기본 구성 재료를 만드는 생화학적 경로는 정말로 사실상 모든 세포에 걸쳐서 유지되고 있다. 그로부터 수십 년 후, 분자생물학의 여명기에 나온 유전 암호의 보편성에 대한 생각, 즉 동일한 20개의 아미노산(단백질의 구성 재료)이 모든 생명에 걸쳐서 암호화되어 있다는 생각도 생화학의 통일성이라는 이런 매력적인 구상으로부터 큰 영향을 받았다. "보편적인 유전 암호"는 이제는 익숙한 표현이 되었지만, 당시에는 이 생각이 엄격하게 정립되어 있지 않았다. 그것이 그냥 옳게 느껴졌던 까닭은 생화학의 통일성과 비슷한 느낌이었기 때문이다.

디지털 정글

분자생물학의 여명기! 분명 한껏 도취되어 있었을 것이다. 1세기 전에 찰스 다윈은 생물학에서 질서를 정립했다. 유전자와 유전법칙의 발견은 진화에 지적인 이해를 더했다. 그러나 유전에 대한 분자 수준의 메커니즘은 이해할 수 없는 비밀로 남아 있었다. 그러다가 크릭과 왓슨이 로절린드 프랭클린의 아름답고 알쏭달쏭한 DNA X선 사진의 의미를 파악하면서 탁월한 도약이 이루어졌다(프랭클린의 X선 사진은 모리스 윌킨스의 흥미로운 초기 연구에 의지했으니, 줄줄이 거인의 어깨인 것이다). 크릭이 케임브리지의 이글펍으로 뛰어 들어가서 생명의 비밀을 알아냈다고 소리쳤다는 이야기는 안타깝게도 낭설에 가깝지만, 왠지 더 사실처럼 느껴진다.

DNA의 이중나선은 어쩌면 모든 과학에서 가장 의미 있는 상징일 것이다. DNA는 "문자들"이 길게 이어지는 두 가닥의 사슬로 이루어져 있다. 두 사슬은 서로 일정한 거리를 유지하면서 나선 모양으로 꼬여 있으며, 각각의 가닥은 다른 가닥을 정확하게 복제하는 주형이 된다. 이런 구조를 알게 되면, 당신은 유전이 어떻게 작동하는지에 대한 기본 원리를 파악할 수 있다. 두 가닥이 분리되면 각각의 가닥은 상보적인 새로운 가닥을 만들기 위한 주형으로서 작용하고, 그렇게 만들어진 두 개의 복제본은 각각의 딸세포를 위한 새로운 이중나선이 된다. 또한 유전 암호가 기본적으로 어떻게 작동하는지에 대해서도 이해할 수 있다. 각각의 DNA 가닥은 단 4개의 문자로만 이루어져 있다. 이 4개의 문자가 수백만 개, 아니 수십억 개가 배열되어 긴 사슬이 되는 것이다. 4개의 문자는 26자로 이루어진 알파벳에 비하면 표현에 한계가 있을 것 같지만, 모스 부호는 단 2개의 문자만으로 동일한 의미를 전할 수 있다. 셰익스피어의 작품을 삑삑거리는 신호음으로 듣는 것이 즐겁지는 않겠지만, 기술적으로는 의미 손실 없이 작품 전체를 모스 부호로 재구성할 수는 있다. DNA도 마찬가지이다. 실제로 셰익스피어의 소네트가 합성 DNA에 암호화된 적도 있다. 마찬가지로 인간의 유전체genome를 구성하는 30억 개의 문자는 우리, 즉 우리의 팔다리, 우리의 심장, 우리의 눈, 우리의 성향을 암호화하기에 충분하다. 비록 그 의미를 해석하기 위해서는 셰익스피어의 시선이 필요하겠지만 말이다. 배우가 같은 대사를 연기할 때 인물에 공감을 할 수도 있고 반감을 가질 수도 있는 것처럼, 유전자도 마찬가지이다. 같은 유전 암호라도 맥락에 따라서 매우 다른 효과를 낼 수 있다. 유전적 결정론은 별 의미가 없다.

원리는 원리이고, 세부적인 부분을 이해하는 데에 반세기가 걸렸고, 숫자 계산도 해야 한다. 생명의 암호를 해독하려는 최초의 시도는 물리학자들에 의해 이루어졌다. 크릭 자신도 수학적 아름다움을 추구한(그리고 발견한) 그런 물리학자들 중 한 사람이었다. 그러나 그들 모두가 완전히 틀렸다는 것이 드러났다. 현실은 훨씬 더 너저분하다. 유전 암호에는 중복이 가득하다. 아미노산 하나는 3개의 문자로 암호화되는데, 이를 코돈codon이라고 한다. 하나의 아미노산을 암호화하는 코돈은 1개에서 6개까지 있을 수 있다. 이런 모든 중복은 돌연변이로 인한 문제를 줄이는 것으로 보이며, 따라서 생물학적으로 어느 정도 가치가 있다. 그러나 DNA 발견의 주역들은 당혹스러움을 감출 수 없었다. 이중나선이라는 아름답고 단순한 상징성은 흔적도 없이 사라지고, 아무런 의미도 없어 보여서 "쓰레기 DNAjunk DNA"로 알려지게 되는 문자열만 끊임없이 이어졌다. 인간 유전체에서 단백질에 대한 암호는 2퍼센트에 불과하다. 조절 목적을 수행하는 비율에 대해서는 논쟁이 지속되고 있지만, 넉넉잡아서 최대 20퍼센트로 추정할 수 있다.[2] 그 나머지는 정보가 거의 없는 것으로 보인다. 그러나 그 해

---

2 "조절 RNA(regulatory RNA)"들 사이에서 일어나는 온갖 종류의 상호작용은 단백질과는 전혀 무관하다. RNA는 DNA의 짧은 구간에 대한 작업용 복사본이며, DNA의 정확한 문자 서열은 RNA 복사본의 동일한 문자 서열로 전사된다. 이 복사본은 해독되어 단백질이 될 수도 있고, 다른 RNA 분자에 직접 결합될 수도 있다. 이런 경우 RNA 서열은 정말로 무엇인가에 대한 "암호"가 아니다. RNA 가닥에 있는 문자들이 다른 RNA의 문자들과 단순히 상호작용을 하는 것일 뿐이다. 나는 여기서 "암호(code)"라는 용어를 어찌어찌 하나의 유기체를 만들어내는 DNA 서열이라는 의미로 대단히 느슨하게 사용할 것이다. 어쨌든 엄밀히 말하자면, 유전 암호는 'genetic code'

답이 무엇이든, 유전 암호는 일관성 없이 아무렇게나 뻗쳐 있음에도 끊임 없는 매혹을 불러일으킨다. 유전체는 디지털 패턴으로 이루어진 환상적인 정글이다. 상식과 비상식이 뒤섞여 있는 그 방식은 컴퓨터 코드나 인터넷 과 비슷하다. 바이러스와 이해할 수 없는 어려운 말들이 가득하다는 뜻이 다. 생물학은 정보와 함께 그 모든 별난 내용을 연구하는 학문이 되었다.

비판을 하려는 의도가 아니다. 정보 혁명은 생물학의 모든 것을 바꿔놓 고 있다. 그 범위는 개별적인 암 세포주cell line에 대한 연구에서 배胚 발생 에 대한 연구, 우리 행성에서 최초의 생명이 움트기 시작한 그 순간까지 거 슬러 올라가는 가장 깊은 진화적 시간에 대한 연구까지 아우른다. 서열 분 석은 행동에 대한 소중한 생각들까지도 뒤집어엎는다. 예를 들면, 참새는 그들의 태도가 암시하는 것보다 자신의 배필에게 덜 충실한 것으로 드러 났다. 자손의 거의 3분의 1이 바람을 피워서 얻은 자식이다. 생물학에서 디 지털 정밀 조사를 빠져 나갈 수 있는 것은 아무것도 없다. 디지털 정글에 대한 철저한 탐구는 모든 면에서 우리의 사고방식을 바꿔놓고 있지만, 한 편으로는 우리가 과거의 교훈을 망각하는 데에 일조를 하기도 한다. 생화 학의 "동력학적 면"은 이제는 먼지 덮인 교과서의 책장 속 역사를 거의 벗 어나지 못하고 있으며, 정보의 힘에도 별로 도움이 되는 것 같지 않아 보 인다. 그러나 그것은 틀린 생각이다. 세포를 통한 에너지와 물질의 흐름 이 생물학적 정보를 구조화하는 것이지, 그 반대가 아니다. 이 책의 목표는 바로 이 점을 보여주는 것이다. 정보는 확실히 중요하지만, 우리를 살아 있게 만드는 것의 한 부분일 뿐이다.

보다는 'genetic cipher'로 나타내야 한다. 암호학자에게는 이것이 매우 언짢을 수도 있을 것이다.

분자 기계

생화학은 꽤 다른 길을 따라갔지만, 생화학 역시 최근까지도 동역학적인 면을 외면하고 있었다. 단백질은 대개 수백 개의 아미노산이 한 줄로 이어져 있고, 유전자는 그런 단백질 속 아미노산 서열을 암호화하고 있다. 그러나 유전자는 서열 자체만 암호화할 뿐, 이 줄이 꼬여서 매듭이 되거나 나선이나 병풍 모양으로 접혀서 3차원 형태의 단백질을 만드는 방식을 결정하지는 않는다. 우리는 아직 단백질이 특정 형태로 접히는 방식을 관장하는 규칙을 낱낱이 밝혀내지 못했다. DNA 서열은 그 방식을 간접적으로만 지정할 뿐이다. 아이러니하게도, 최근에 인공지능AI 알고리즘이 이 문제에서 약간의 진전을 이루었지만, 우리는 AI가 어떻게 했는지 확실히 알지 못한다. 그래도 그 덕분에 생화학자는 거대 단백질 분자의 구조를 매우 잘 분석할 수 있게 되었다.

가장 큰 발전을 이끌어냈으나 잘 알려지지 않은 기술은 1950년대 초반에 로절린드 프랭클린이 DNA에 활용했던 X선 결정학crystallography이다. 그 이래로, X선 결정학은 배율과 해상도가 엄청나게 개선되었다. 아마 결정학의 가장 훌륭한 성과 중 하나는 벤키 라마크리슈난의 리보솜ribosome 구조일 것이다. 놀라운 분자 기계인 리보솜은 유전 암호를 처리하여 새로운 단백질을 만드는 사실상 하나의 공장이다. 리보솜은 DNA처럼 반복적인 구조가 아니라, 25만 개의 원자로 이루어진 놀라운 집합체이며, 각각의 원자는 저마다 정확한 위치들이 정해져 있다. 내가 여기서 위치들이라고 복수를 쓴 까닭은 단백질이 정말로 기계이기 때문이다. 단백질에는 특정 기능을 수행하기 위해서 움직이는 부분들이 있다. 하나의 단백질에는 대개 몇 가지 입체 구조 상태conformational state가 있고, 이 상태는 초당 수백에서 수천 번이라는 엄청난 속도로 바뀐다. 이런 분자 기계의 정확한 작동

방식을 이해하기 위해서, 생화학계에서 가장 뛰어난 학자들이 수십 년 동안 매달려왔다. 먹고 사느라 단백질 구조 해결에 뛰어들지 않은 우리 같은 사람은 질투와 감탄이 뒤섞인 감정으로 「네이처Nature」 같은 잡지의 책장을 쳐다본다. 매 호마다 가장 최근 기계의 원자 구조를 상세하게 밝힌 논문이 적어도 두 편씩은 실리기 때문이다. 이에 비해서 한때 크게 유행했던 유전체에 대해서는 한 가축 종의 전체 유전체 서열을 새롭게 밝혀도 큰 감흥이 없어지기 시작했다.

정보와 구조라는 이 두 주제는 최근 수십 년 사이 의학 연구의 지배적인 패러다임으로서 결합되고 있다. 우리는 유전체를 순서대로 배열할 수 있고, 어떤 병에 잘 걸리는 사람들과 그 병에 저항성이 있는 사람들의 유전자 서열에 나타나는 작은 차이를 찾아낼 수 있다. 특정 질병에 취약해지게 하는 단일 DNA 문자의 변이는 수백만 개까지는 아니어도 수천 개는 될 수 있지만, 그중에서 의학적 표적이 될 정도로 규칙적으로 나타나는 변이는 극히 일부이다. 만약 이 유전자들이 하나의 단백질을 나타내는 암호라면, 정상 형태와 결함 형태 모두 그 구조가 해독될 수 있으므로, 결함 형태를 겨냥하여 적당한 약물을 쓰거나 유전자 편집을 하면 문제를 바로잡을 수 있을지도 모른다. 이런 생각은 자동차에서 고장 난 부분을 고친다는 생각과 마찬가지로 완전히 합리적인 것처럼 들린다. 그러나 앞에서 보았듯이, 세포는 차보다는 도시에 더 가깝다. 게다가 특정 유전자를 겨냥하는 것은 실제로는 종종 사악할 정도로 복잡한 일이다.

많은 단백질이 촉매, 즉 효소라는 점을 기억하자. 효소는 하나의 분자를 조금 다른 형태로 변환한다. 앞에서 우리가 도로를 통과하는 동안 크기와 형태가 다양하게 바뀌는 차량의 흐름으로 물질대사의 유동을 묘사한 것은 생생한 비유가 될지는 모르지만, 이 과정이 자발적으로 일어나지 않는다는 것을 상소하지 못한다. 석어노 오늘날 우리가 알고 있는 생화학에서는 이 과정이 자발적으로 일어나지 않고, 각 변형마다 하나의 효소가 촉매로 작용한다. 다시 비유를 해보자면, 도로를 따라서 거대한 기계 장치(눈에 보이지 않는다고 하는 편이 좋겠다)가 일렬로 늘어서서 한 차종을 다른 차종으로 전환한다고 상상해야 한다. 이렇게 줄지어 있는 거대한 기계 장치는 도로(물질대사 경로)를 따라서 한 차를 다음 차로 차례차례 바꾸는 작용을 한다. 세포에서 그 출력물은 어떤 방식으로든 세포에 쓸모가 있는 산물이다. 아마 새로운 단백질을 만드는 데에 쓰이는 아미노산일 것이다. 문제는 같은 일을 하는 길이 종종 하나 이상이라는 것이다. 도시에서 A에서 B까지 가는 길이 외길이 아니라 다른 길로도 같은 목적지에 다다를 수 있는 것처럼, 세포에도 같은 자리에 이를 수 있는 다른 길이 있다. 실제로 트랙터가 나오는 도로는 하나가 아니다. 모퉁이를 돌아가면, 지프를 트랙터로 변환하는 도로도 있다. 만약 한쪽 도로가 막히면 교통의 흐름이 바뀌면서 보완이 될 것이다. 그러나 세포는 도시보다 더 정교하다. 길이 막히면, 차들은 하릴없이 경적을 울려서 불만 신호를 보낸다. 세포에서도 이와 비슷한 일이 일어나지만, 세포에서는 불만 신호가 곧바로 유전자로 전달되고, 유전자에서는 비상 계획이 즉시 발동된다. 추가적인 교통의 흐름을 수용할 대체 경로가 너무 좁은가? 괜찮다. 길을 넓히면 된다. 격무에 지친 지역 당국이 몇 달씩 늑장을 부릴 수도 있는 도시와 달리, 우회 경로가 암호화된 유전자의 발현은 한동안 상향 조정되고 우회로를 넓혀서 추가적인 교통량을 수용한다.

따라서 세포를 통한 물질과 에너지의 유동이 바뀐다. 주요 고속도로만큼 훌륭하지 않을 수도 있지만, 당신은 차이를 알아채기 어려울 것이다. 이제 이런 대안 경로를 약물이 작용하는 방식이라는 면에서 생각해보자. 만약 특정 유전자나 단백질을 겨냥한 약물을 쓰면, 세포는 기능에 대한 방해를 최소화하기 위해서 물질대사 유동의 방향을 바꿀 것이다. 이를 얼마나 잘 할 수 있는지는 보통 여러 사소한 유전적 차이나 식습관, 또는 흡연이나 체중이나 나이 같은 다른 형태의 스트레스에 의해서 결정되며, 약물치료에서 나타나는 예기치 못한 반응의 많은 부분도 이런 차이로 설명될 수 있다. 암은 가장 대표적인 사례이다. 약물은 어떤 사람에게는 대체로 효과가 있지만, 모두 그런 것은 아니다. 또는 한동안은 효과가 있다가 나중에는 주춤하기 시작한다. 문제는 표적 자체보다는 주로 맥락에 있다. 암세포는 성장하고 진화한다. 그러려면 성장을 위한 모든 구성 재료를 만들어야 하고, 이를 위해서는 지속적인 물질대사 유동이 필요하다. 하나의 특정 장소에서 유동을 차단하는 것은 도로를 막는 것과 같다. 차들이 다른 우회로를 찾는 것은 시간문제일 뿐이다. 아마 새로운 돌연변이가 이 과정을 용이하게 할 것이며, 암세포는 통제를 벗어난 성장을 재개할 것이다. 조직 속에서 호르몬이나 신경전달물질을 만들거나 해독작용 같은 일을 하는 정상 세포는 유동의 제약을 받는 반면, 암세포는 그렇지 않다는 것을 우리는 알게 될 것이다. 암세포는 간단히 다른 유동 패턴으로 갈아타서 성장을 계속한다. 문제는 정보 하나만이 아니다. 더 깊은 이면에 있는 근본적인 문제는 유동이다. 이번에도 생화학의 동역학적 면이다.

위성 항법 물질대사

이런 생화학의 동역학적인 면에는 "체학omic" 시대인 오늘날의 분위기를 반영하여 대사체학metabolomics이라는 새로운 이름이 붙었다. 우리는 수십 년에 걸쳐서 중요한 대사 경로의 모든 단계를 밝혀내고 있다. 1930년대 이래로 한 단계씩 고된 연구를 이어오다가, 제2차 세계대전 이후에는 방사성 추적자radioactive tracer를 통해 특정 탄소 원자의 운명을 추적할 수 있게 되면서 엄청난 도약이 일어났다(이에 대해서는 제2장에서 알아볼 것이다).

대사체학은 크게 변함이 없지만 이제는 질량 분석법mass spectrometry 같은 강력한 기술의 도움을 받고 있다. 대사체학은 공통점보다는 차이점을 찾는다. 다시 말해서, 서로 다른 세포에서 같은 대사경로를 찾는 것이 아니라, 내 심장 세포를 통과하는 물질과 에너지의 유동이 당신의 심장 세포를 통과하는 유동과 어떻게 다른지를 살핀다. 정체 구간을 실시간으로 보여주는 위성 항법 교통 지도에 더 가까워지기는 했지만, 여전히 한순간의 스냅사진일 뿐이다. 우리는 표본 세포에서 한순간이나 몇 분 또는 몇 시간에 걸친 유동의 분포를 살펴볼 수 있다.[3] 이런 유동의 분포는 다음 주, 다음 달, 다음 해에도 계속 같을까? 모두 백지로 돌아간다. 우리는 세포를 넘어서 먼 길을 왔고, 이제 물질과 에너지가 복합된 유동을 일생에 걸쳐서 실시간으로 묘사한다. 물질대사는 눈에 보이지도 않고 손에 잡히지도 않지만, 그래도 우리는 그것이 세포를 살아 있게 한다는 것을 알고 있다.

그러나 유동의 이런 미묘한 차이는 세포가 도시와 다르다는 것을 극적인 방식으로 강조한다. 도시들은 도로가 있다는 면에서 비슷하지만, 실제 도로 지도는 도시마다 확연히 다르다. 세포도 어느 정도는 그런 면이 있지만, 가장 특이한 사실은 모든 세포가 기본적으로 동일한 도로 계획을 공유한다는 점이다. 적어도 세포라는 도시의 중심부 자체는 그렇다. 혼잡도나 도로의 규모만 다를 뿐, 배치는 같다. 생화학의 통일성은 우리 모두가 동일한 도시 중심부 지도를 공유한다는 의미이다. 이 지도를 정의하는 것은 무엇일까? "유전자"라고 생각할지도 모르겠지만, 이는 사실과는 거리

---

3 이것조차도 해석이 어려울 수 있다. 세포 속에 어떤 중간산물의 농도가 높다는 것이 반드시 높은 유동을 의미하는 것은 아니다. 그 중간산물이 끊임없이 공급되고 있어서 유동률이 높을 수도 있지만, 그 반대일 수도 있다. 그 중간산물 이후의 유동이 거의 멈춰 있어서 중간산물이 점점 쌓여서 사실상 주차장이 된 것일 수도 있다. 이 둘 중 어느 경우인지를 이해하려면 여러 가지 맥락과 미묘한 해석이 필요하다. 때로는 대사체학이 아니라 난독체학(gnomics)이라고 불러야 할 것 같은 기분이 든다.

가 멀다. 우리는 유전자가 물질대사를 "발명한" 것이 아니라 그 반대라는 것을 알게 될 것이다. 어쨌든 유전자는 변화하고 진화하지만, 유전자가 암호화한다고 여겨지는 그 경로는 본질적으로 변하지 않았다. 시인인 에드나 세인트 빈센트 밀레이의 글처럼, "삶은 빌어먹을 일들의 연속이 아니라, 하나의 빌어먹을 일이 계속 반복되는 것이다." 지각 아래 저 깊숙이 살고 있는 세균 세포는 우리와는 오래 전에 갈라져서 많은 유전자가 알아볼 수 없을 정도로 다르지만, DNA 문자를 만드는 일련의 단계는 우리와 똑같다. 유전자는 물질대사에 비해 훨씬 더 가변적이다. 마찬가지로 암세포 속에 있는 유전자가 돌연변이를 일으키고 이제 통제 불능의 세포 성장을 촉진한다고 해도, 어떤 새로운 물질대사 경로가 만들어지는 것은 아니다. 아무리 흐름이 극적으로 바뀌어 일방적으로 흐른다고 해도, 그것은 기존의 경로에서 유동의 방향만 바꾼 것일 뿐이다. 교통의 흐름은 바뀔 수 있지만 지도 자체는 좀처럼 바뀌지 않는다.

도시의 도로 계획은 다양해도 세포의 중심 물질대사 지도는 그렇지 않은 이유는 꽤 단순하다. 세포들은 하나의 공통 조상에서 내려온 후손이지만, 도시들은 그렇지 않기 때문이다. 도시들의 유사성은 상동성homology이 아니라 상사성analogy이다. 유전에 대해서 생각할 때 우리는 유전자를 떠올리는 경향이 있지만, 자손을 남기려면 세포는 성장과 수선을 할 수 있어야 하고 궁극적으로 자신을 복제할 수 있어야 한다. 그러려면 온전히 기능하는 물질대사의 연결망이 필요하다. 살아 있다는 것은 이런 연결망을 통해서 에너지와 물질이 끊임없이 흐른다는 뜻이다. 그 흐름은 나노초마다, 분마다, 세대에서 세대로 이어진다. 우리는 그저 유전자의 형태로 된 불활성 정보를 물려받는 것이 아니다. 우리의 유전은 난자 속에 있는 이런 살아 있는 물질대사의 연결망을 포함한다. 이는 대대로 쉼 없이 전해져 내려온 불꽃이며, 그 시작은 생명의 출현까지 거슬러 올라간다. 이 불꽃은 40억 년 동안 한 번도 꺼진 적이 없기 때문에, 핵심 물질대사는 거의 바뀌지 않았다. 유전자는 이 불꽃의 관리자이지만, 이 불꽃이 없으면 생명은 죽는다.

그러나 그 쉼 없는 흐름에도 불구하고, 물질대사는 완전히 뒤집혔다. 진화의 정신나간 우연성을 이보다 잘 보여주는 예는 없을 것이다. 아니면, 어떻게든 끼워맞춰서 작동 가능한 해결책을 내놓아 지구의 조건을 완전하게 변모시키는 생명의 능력이라고 말할 수도 있을 것이다. 그런 생명의 능력 덕분에 지구는 20억 년의 숨 막히는 산소 결핍 상태에서 동물 시대의 활기가 넘치는 대기로 바뀌었다. 이런 작용이 없었다면 우리는 존재할 수 없었을 것이다. 세포의 중심에는 에너지와 물질의 회전목마가 있다. 크레브스 회로Krebs cycle라고 알려진 이 과정은 1930년대에 이 상징적인 회로의 반응을 처음으로 이해한 생화학자 한스 크레브스 경의 이름을 딴 것이다. "구연산 회로citric acid cycle" 또는 "3카르복실산 회로tricarboxylic acid cycle"라고도 하지만, 이 책에서는 더 매력적인 이름을 고수하려고 한다. 일직선으로 이어지는 대부분의 물질대사 경로와 달리, 크레브스 회로는 플라톤적 완벽함으로 우리의 물질대사 지도에서 불쑥 튀어나온다. 모든 것의 중심에 있는 그 완벽한 원형 회로는 발견된 지 80년이 넘었지만 지금도 의미를 파악하기가 어렵다. 그 이유는 생화학이 오랫동안 분자 기계들의 놀라운 역학에 홀려 있었던 탓도 어느 정도 있다. 그러나 가장 큰 이유는 겉보기에는 완벽해 보이는 물질과 에너지의 순환이 상반되는 것들 사이의 팽팽한 균형을 감추고 있기 때문이다. 이런 음양의 균형은 생명의 모든 측면과 맞닿아 있다.

크레브스 회로

생화학과 의학을 배우는 학생들은 대대로 크레브스 회로의 단계들을 무조건 달달 외워야 했다. 크레브스 회로는 그 상징적인 위치에도 불구하고, 사랑은커녕 진정한 이해도 받지 못했다. 이는 생화학이 시각화가 어렵다는 점과도 어느 정도 관련이 있다. 보이지도 않고 이해하기도 어려운 일련의 반응들로 구성되는데, 각 단계는 탄소, 수소, 산소 원자가 별 차이도 없이 조금씩 재배열되는 것처럼 보인다(320-321쪽을 보라). 그러나 그외에는, 진짜 기능이 무엇인지조차도 불분명하다. 교과서에서는 크레브스 회로가 먹이의 탄소 골격에서 수소 원자를 뜯어내어 산소라는 굶주린 야수에게 먹여서 에너지를 만든다고 가르친다(아마 정확히 이런 단어를 쓰지는 않았을 수도 있다). 이것이 세포 호흡 과정이다. 각 단계마다 방출되는 에너지는 절묘하게 포착되어 세포에서 쓰이고, 활성이 없는 물과 이산화탄소라는 잔해는 바깥 세상으로 방출된다. 그런데 왜 순환하는 회로일까? 그냥 몇 개의 간단한 단계가 아닌 이유는 무엇일까? 이에 대해서 크레브스 자신이 제안한 그럴싸한 해답이 있다. 그의 주장에 따르면, 아주 작은 탄소 골격을 태우는 것은 효율적인 과정이 아니므로 순환 회로가 필요하다는 것이다. 훗날 조그만 탄소 골격을 완벽하게 태우는 세균이 발견되면서, 이 생각은 완전히 틀린 것으로 판명이 났다.

크레브스 회로의 존재 이유는 이 회로가 세포의 구조를 만들기 위한 여러 구성 재료를 공급한다는 사실로 인해서 더욱 오리무중이 되었다. 대부분의 아미노산은 크레브스 회로에 있는 분자들에서 직접 혹은 간접적으로 만들어진다. 세포막을 만드는 데에 필요한 긴 사슬의 지질 분자도 마찬가지이다. 새로운 당도 크레브스 회로에서 만들어진다. 심지어 (뉴클레오티드라고 하는) DNA의 "문자"도 당과 아미노산으로 만들어지므로 크레브스 회로에서 유래하는 셈이다. 예를 더 들 수는 있지만, 크레브스 회로는 세포의 성장과 재생을 일으키는 생합성 엔진이라고 말하는 것으로 충분할 것이다. 그런데 왜 같은 경로를 이용해서 창조와 파괴를 하고, 연소와 재생을 하는 것일까? 불사조도 그 두 가지를 동시에 할 수는 없다. 대부분의 대사 경로에서는 생합성과 분해가 분리되어 있다. 이유는 간단하다. 유동이 양쪽으로 동시에 일어날 수는 없기 때문이다. 그러나 크레브스 회로에서는 같은 분자가 아미노산으로 전환되어 단백질을 만드는 데 쓰일 수도 있고, 갈기갈기 찢겨서 호흡의 용광로에서 연소되어 세포 에너지를 생산하는 데 쓰일 수도 있다. 이런 충돌하는 물질과 에너지의 회전목마에 어떤 납득할 만한 이유가 있을까?

10년 전에는 이 의문에 대한 답을 고민한다는 것이 대부분의 연구자들에게 너무 난해한 신비를 좇는 것처럼 보였을 것이다. "왜?"라는 질문은 역사적으로 생화학자들의 순전한 추측으로 묵살되어왔다. 그러다가 크레브스 회로에 축적되는 분자들이 세포의 상태를 유전자에 알려서 수백, 심지어 수천 개의 유전자를 켜거나 끌 수 있다는 것이 밝혀졌다. 이제 우리는 먼지 덮인 교과서 생화학과는 달리, 크레브스 회로를 통과하는 물질대사 유동의 다양한 양상이 모호하기는 하지만 강력한 신호를 만들어낼 수 있다는 것을 안다. 바다거북 같은 동물이 산소가 없는 물속 환경에서 몇 시간을 버티는 데에 도움이 되는 신호가 암에서는 성장과 염증을 촉진할 수도 있다. 크레브스 회로와 연관된 일부 유전자의 돌연변이는 공격적인 종양에서 반복적으로 불쑥불쑥 나타난다. 만약 당뇨병이 있다면, 크레브스 회로를 통한 유동은 심장마비에서 살아남을 가능성과도 연관이 있다. 어쩌면 이는 놀라운 일이 아닐 수도 있다. 산소의 이용 가능성을 방해하는 것은 호흡뿐 아니라 크레브스 회로를 통과하는 유동에도 영향을 미친다. 숨을 쉬는 것이 즉각적인 생사의 문제인 것처럼, 우리 몸을 구성하는 분자의 회전률도 생사가 걸린 문제이다. 이런 모든 개별적인 사례들의 문제는 크레브스 회로 속 음양의 균형을 맞추는 방법과 연관이 있다. 즉 에너지의 생산과 새로운 유기 분자의 합성이라는 상반된 요구를 어떻게 잘 해결하느지에 관한 문제이다. 이 문제는 오늘날 크레브스 회로에 첨예한 관심을 집중시켰지만, 이 회로에 왜 음양이 있는지는 설명하지 못한다.

내가 생각하기에, 만약 우리가 암이나 알츠하이머병을 일으키는 것이 무엇인지를 이해하기를 바란다면, 우리는 세포 내 에너지와 물질의 흐름 모두에서 왜 크레브스 회로가 그렇게 중요한지를 먼저 알아야 한다. 이 유동을 지배하는 규칙은 무엇일까? 유전자는 이 그림의 일부일 뿐이다. 이제 교통에 대한 비유는 접어두고, 강물의 흐름을 생각해보자. 만약 강둑이 물길을 만들듯이 유전자가 물질대사 유동의 길을 만든다면, 산에서 대양으로 물이 어떻게 흘러내려갈지를 결정하는 것이 강둑이 아닌 것처럼 물질대사 유동의 궤적을 결정하는 것도 유전자가 아니다. 강의 궤적을 결정하는 것은 물의 특성과 태양력과 경관이다. 즉 대양의 증발, 산꼭대기에 내리는 비, 그 아래에 놓인 암석의 경도硬度, 공극률孔隙率, 물을 응집력이 대단히 강한 액체로 만드는 물 분자 사이의 전기적 결합, 중력의 끊임없는 끌어당김에 의한 것이다. 도시에서는 우리가 만든 높은 강둑 사이로 강물을 흘려보낼 수 있을지도 모르지만, 아무리 영리한 구조물이라도 엄청난 홍수 앞에서는 무용지물이 된다. 물질대사의 유동도 마찬가지이다. 유전자는 단백질 촉매를 암호화하지만, 촉매는 마법이 아니다. 자발적으로 일어나는 반응의 속도를 높여줄 뿐이다. 그 산물은 화학 반응의 산물이고, 속도가 아주 느리기는 하겠지만 촉매가 없어도 어쨌든 형성될 산물이다. 물질대사를 일으키는 힘은 열역학이다. 주눅이 들게 하는 용어이기는 하지만, 여기서는 물이 낮은 곳으로 흘러가야 하듯이 화학물질은 (에너지를 발산하기 위해서) 반응을 해야 한다는 정도의 의미이다.

만약 크레브스 회로가 열역학적으로 결정되는 것이라면, 환경이 알맞을 때에는 유전자가 없어도 자발적으로 반응이 일어나야 할 것이다. 이런 생각은 한때 "돼지가 하늘을 날 수 있나면"과 같은 부류의 허황된 화학으로 묵살되었지만, 적어도 이 회로에서 일부 반응은 유전자에 암호화된 단백질이 아닌 암석과 금속을 촉매로 정말로 그냥 일어날 수 있다는 것이 혁명적인 새로운 연구를 통해서 밝혀지고 있다. 이런 새로운 발견들은 수십년 전 크레브스가 처음 제시한 실제 화학 반응에 대한 관심을 새롭게 불러일으켰지만, 크레브스가 거의 상상할 수 없었던 원시적인 환경에 대해서는 그렇지 않아서 뒷걸음질을 친 것이다. 물질대사 내의 반응 논리는 형태를 잡아가기 시작했다. 많은 반응이 열역학의 제약을 받고 있으며, 어떤 반응은 촉매에 의해 쉽게 일어난다. 어떤 반응은 유전자에 의해서 정교하게 다듬어진다. 그리고 어떤 반응은 생명 그 자체의 우여곡절에서 유래한다. 진화를 이상한 길로 들어서게 하는 그런 우여곡절들이 일어나는 동안, 지질학적으로 불안정한 우리의 지구는 생기도 없고 산소도 없는 행성에서 오늘날과 같은 활기 넘치는 세상으로 바뀌었다.

이 이야기는 우리 세포 속에 담겨 있는 우리 행성의 이야기이다. 무엇이 우리를 우리답게 만드는지, 궁극적으로 우리는 왜 각자 조금씩 다른 방식으로 늙고 죽는지에 대한 이야기이다. 그러나 그 어떤 것도 진실과는 거리가 멀 수도 있다. 생명을 살아 있게 하는 화학보다 더 의미 있는 것은 무엇일까? 우리를 죽음에 이르게 하는 화학일까? 우리의 이성을 단련하는 화학일까? 그러나 놀랍게도, 이 화학들은 모두 같은 것이다! 나는 생명을 살아 있게 하는 이 화학을 평이한 용어로 설명하도록 노력하겠지만, 그렇다고 중요한 세부사항을 얼버무리지는 않을 것이다. 우리는 인간에 대한 이해의 최전선으로 여행을 떠날 것이다. 우리의 항해가 늘 순풍에 돛 단 듯이 나아가지는 않으리라는 점은 인정한다. 그러나 그럴 가치가 있는 보상을 찾게 되기를 바란다. 내게 이 항해는 생화학자로서 크레브스 회로의 숨은 의미를 찾기 위한 시도이다. 왜 이 회로는 오늘날에도 삶과 죽음의 중심부에서 돌아가고 있는 것일까? 부디 나와 이 여정을 함께 해주기를 바란다.

출항

우리는 크레브스 회로 자체를 익히는 것에서부터 시작할 것이다. 이는 모든 생화학 교재에서 볼 수 있는 기본적인 화학이다. 나는 무미건조한 분자의 춤에 생화학의 선구자들을 기리는 이야기를 더하여 생동감을 불어넣으려고 한다. 그들은 기발하고 독창적인 방식으로 상상력을 발휘하여 수수께끼 같은 생명의 물질을 알아냈다. 예술이나 인문학과 함께 과학도 당당히 고개를 들고 있는 문화권에서라면, 누구나 그들의 이름을 알아야 할 것이다. 오늘날에도 내 연구실에서는 현대적이기는 해도 그들과 같은 방식을 이용하여 실험을 하고 있다. 그러나 내가 그들의 이야기를 하고자 하는 것은 다른 이유 때문이다. 일반 대중에게는 잘 알려져 있지 않아도 생화학에서는 고귀한 선구자들인 그들은 생화학 분야에 긴 그림자를 드리우고 있다. 그들의 생각이 모두 옳았던 것은 아니다. 과학자도 인간이다. 오늘날 우리는 그들의 해석을 통해서만 보고 있다. 우리 역시 인간이기 때문이다. 그들의 관점들 중에는 신조dogma가 된 것이 너무 많다. 크레브스 회로는 한때 한스 크레브스가 알았던 것과 같은 것이면서, 그보다 훨씬 더 거대한 것이 되었다.

제2장에서는 교과서의 관점을 해체하기 시작할 것이다. 신조들이 어떻게 이 분야를 수십 년 전으로 퇴보시킬 수 있는지, 그리고 우리가 그런 신조들에 전혀 면역이 되어 있지 않다는 것을 알게 될 것이다. 여전히 당신은 크레브스 회로가 영양소, 특히 포도당의 산화에 관한 것이라는 글을 보게 될 것이다. 광합성은 포도당을 만들고, 호흡은 크레브스 회로를 통해서 포도당을 태운다는 글도 읽게 될 것이다. 여기에도 당, 저기에도 당, 어디에서나 당을 찾는다. 이런 관점은 광합성과 호흡에서 일어나는 당의 화학반응을 물질대사의 중심, 생명의 중심에 위치시키기 때문에 심각한 오해

를 불러일으킨다. 물질대사의 핵심은 오히려 크레브스 회로에 있다. 고대의 세균은 수소와 이산화탄소라는 단순한 기체를 반응시켜서 보편적인 생명의 전구체precursor를 만들기 위해서 이 회로를 일상적으로 거꾸로(세균의 관점에서는 제대로) 돌리기 때문이다.

제3장에서는 태초로 돌아가서, 이와 동일한 화학 반응이 자연에서 어떻게 자발적으로 일어날 수 있는지를 알아볼 것이다. 특히 심해의 열수 분출구에서는 세포와 구조가 비슷한 얇은 무기물 격벽隔壁을 사이에 두고 생기는 가파른 양성자pronton 기울기로 인해서 H_2와 CO_2 사이의 반응이 일어나기 쉬워진다. 우리는 이런 화학이 원칙적으로 세포의 모든 핵심 물질대사를 일으켜서 유전자의 구성 재료(DNA의 "문자")까지 만든다는 것을 확인하게 될 것이며, 실제로도 그렇다는 것이 최근 실험을 통해서 밝혀졌다. 유전 정보의 첫 등장과 관련해서, 나는 초보적인 형태의 유전 능력을 지닌 원세포protocell에서 유전자가 출현했다는 주장을 하려고 한다. 내 연구실의 연구진에게서 나온 최근 연구도 다룰 것이다. 이들은 열수 분출구 환경에서 유전성의 기원에 대해 대단히 흥미로운 진전을 이루기 시작했다.

제4장에서는 생명의 기원에서 이런 자발적인 화학이 어떻게 오늘날 우리가 아는 닫힌 회로가 되었는지에 대한 질문을 던질 것이다. 보편적인 순환 회로라는 생각은 오해의 소지가 있다. 인간에게서조차 크레브스 회로는 종종 로터리에 더 가깝다. 흐름은 어디에서나 들어오고 빠져 나가며, 심지어 회로의 다른 부분에서는 반대 방향으로 흐르기도 한다. 초기 지구의 빡빡한 에너지 제약으로 인해서 세균들은 효율적인 물질대사와 협동을 할 수밖에 없었다. 그러다가 광합성이 진화하면서 생명은 영원히 바뀌었다. 반응성 높은 광합성 폐기물인 산소 농도가 증가했고, 그로부터 약 20억 년 후인 캄브리아기에는 지질학적인 시간 개념으로는 갑작스럽게 동물이 등장했다. 이 두 사건 사이의 연결고리는 우리 행성의 역사에서 가장 끔찍했

던 전 지구적 상황들로 인해서 흐트러지게 되었다. 우리는 효율적인 물질대사의 필요성이 세균에서만 협동을 촉진한 것이 아닐 수도 있음을 알게 될 것이다. 목숨이 경각에 달린 채 유황 진흙 속을 기어다니던 초기 동물들의 상호 의존적인 조직들 사이에서도 효율적인 물질대사가 필요했을지도 모른다.

서로 다른 조직들 사이에서 물질대사의 유동이 어떻게 균형을 이루는지에 대해서는 많이 알려져 있지 않지만, 우리는 세포가 이기적인 행동으로 암이 되면 무엇이 잘못되는지에 대해서는 더 많이 알고 있다. 제5장에서는 암을 돌연변이에 의해서 유발되는 유전체의 질환이라고 보는 일반적인 관점이 제대로 된 이해라기보다는 신조에 가깝다는 것을 알게 될 것이다. 암과 연관된 돌연변이는 정상 조직에서도 흔히 발견되고, 암세포는 정상 조직에 두면 종종 분열을 중단한다. 사실, 암의 가장 큰 위험 요인은 나이이다. 암은 우리가 나이를 먹는 동안 크레브스 회로의 음양에서 생겨나는 것임을 알게 될 것이다. 에너지 생산뿐 아니라 생합성에도 같은 경로를 써야 한다는 점이 암을 만드는 것이다. 우리의 크레브스 회로를 통한 유동이 나이가 들면서 점차 느려지면, 숙신산 이온succinate 같은 중간산물이 축적된다. 그러면 아주 오랜 조상의 경로가 촉발되면서 낮은 산소 농도를 처리하고, 염증과 세포 성장과 증식을 일으키는데, 이 모든 것이 암을 촉진한다.

제6장에서는 크레브스 회로의 유동이 나이가 들수록 더 느려지는 이유를 살펴보고, 사람마다 다른 노화 관련 질환의 정체를 알아볼 것이다. 그 해답의 대부분은 나이가 들면서 세포 호흡이 점차 부진해지는 것에서 원인을 찾을 수 있다. 이는 우리의 생활방식(식단이나 운동 따위)에 따라서도 다르고, 핵과 미토콘드리아에 있는 우리의 두 유전체가 얼마나 효율적으로 작동하는지에 따라서도 다르다. 나는 내 연구를 기반으로 노화의 자유 라디칼 학설에 새로운 의견을 제시할 것이다. 이를 통해서 왜 조류는 비

숫한 크기의 포유류보다 훨씬 더 오래 사는지, 항산화제는 왜 도움이 되지 않는지가 설명될 수도 있을 것이다. 그리고 뇌가 완전한 기능을 하려면 왜 완전한 크레브스 회로가 필요한지, 왜 세포 호흡의 부전不全이 알츠하이머 병과 같은 질환과 연관이 있는지도 알게 될 것이다.

마지막으로 에필로그는 가장 어려운 문제인 의식의 흐름을 다룰 것이다. 지금쯤이면, 매 순간 이어지면서 우리를 살아 있게 하는 물질대사의 유동이 우리의 가장 깊은 내면에 있는 자아라는 감정과 서로 얽혀 있다고 해도 전혀 놀라지 않아야 할 것이다. 어쩌면 그것은 생명이 처음 꿈틀거린 순간까지 거슬러 올라갈지도 모른다. 정확히 어땠을까? 그 시작부터 시작하는 것이 좋겠다.

1

나노 우주의 발견

1932년, 런던 피커딜리의 벌링턴 하우스. 이 위풍당당한 빅토리아 시대 건물의 외관은 유달리 음울한 11월의 끝자락에 불빛을 받아 반짝이고 있다. 연단에는 말끔하게 차려입고 콧수염을 기른 한 은발 신사가 서 있다. 런던 왕립학회 회장인 그의 연례 연설은 이제 막바지로 향하고 있다. 3년 전 비타민의 발견으로 노벨상을 받은 일흔한 살의 프레더릭 가울랜드 홉킨스 경은 여전히 정정하며, 그의 지적 활력은 조금도 쇠퇴하지 않았다. 그는 핵 물리학에 대한 찬양으로 연설을 시작했다. 그해 초에는 제임스 채드윅이 중성자의 존재를 증명했고, 존 콕크로프트와 어니스트 월턴은 원자핵을 쪼개서 원자 에너지의 힘을 방출시켰다. 케임브리지의 캐번디시 연구소로 서는 더 없는 영광이었고, 실로 경이로운 해였다. 홉킨스는 원자의 변환 현상이 완전히 현실로 다가온 것 같다고 말하면서 흐뭇해했다. 어쨌든 리튬 원자핵이 두 개의 헬륨 원자핵으로 변환되는 핵분열이 일어났다. 그것이 10여 년 후에 무슨 일을 초래할지 당시에는 아무도 몰랐다.

어느 정도 긴장한 홉킨스는 신중하게 단어를 선택해서 세포의 방사선 방출에 대한 이야기로 넘어간다. 그는 이것이 세포 분열을 가속화시킬 수도 있다고 지적한다. 청중의 웅성거리는 소리를 그가 들었을까? 상관은 없다. 과학은 경계를 밀고 나아가야 한다. 그는 자신의 분야인 생화학에서 나온 가장 찬란한 연구로 연설을 마무리하고자 한다. 과학은 국제적이다. 그는 프라이부르크−임−브라이스가우의 젊은 과학자인 크레브스를 지목한다. 크레브스의 계시적인 연구는 생화학적 현상에서 예상할 수 있는 정도의 의외성을 지니고 있다(홉킨스는 자신의 이 말에 살짝 자부심을 느낀다). 그 연구는 왜 실험생화학이 독립적인 과학의 한 갈래로 남아 있어야 하는지를 보여준다. 청중은 그가 자신의 신생 분야를 낯부끄러운 줄 모르고 옹호하는 사람이라는 것을 안다. 그는 그 기대에 부응한 것에 만족한다. 한스 크레브스는 생명 연구에 화학적 방법이 이용될 수 없다는 당시의 신조를 생화학이 어떻게 벗어날 수 있는지를 보여주었다. 당시에는 화학적 방법이 살아 있는 것을 곧바로 죽은 것으로 바꾼다고 생각했다. 크레브스는 얇은 생체 조직 조각에 정량의 아미노산을 넣고 방출되는 기체들을 꼼꼼하게 측정하는 방식으로, 오줌으로 배출되는 폐기물인 요소가 세포에서 만들어지는 과정을 보여주는 하나의 반응 회로를 내놓았다. 이는 죽은 화학이 아니라 살아 있는 동역학적인 과정이었다. 수많은 홉킨스의 친구들이 청중 속에서 웃고 있다. 그들은 생화학의 동역학적인 면에 대한 홉킨스의 집착을 알고 있다. 그리고 그가 옳다는 것도 알고 있다.

과학에서 프레더릭 경만큼 사랑받은 인물도 없다. 그는 노벨상과 왕국의 기사 작위를 받았고, 곧 기득권층의 표시인 메리트 훈장도 받을 것이었다. 그러나 그는 항상 아웃사이더 같은 기분을 느꼈다. 그는 무단결석으로 시티오브런던 학교에서 쫓겨났다(엄밀하게 말하면 "자퇴를 권유받았다"). 그는 어느 날 갑자기 자신도 결코 설명할 수 없는 이유로 등교를 하지 않았고, 그후에는 어쩔 수 없는 창피함과 벌을 받을 것이라는 두려움에 조선소와 박물관을 돌아다니면서 몇 주일 동안 무단결석을 계속했다. 결국 그는 그를 거의 시험하지 않는 새로운 학교에 들어갔고, 나중에는 한 분석화학 실험실에서 보람 없는 (사실상 무급인) 수습 생활을 했다. 그러나 그곳에서 그는 대단히 뛰어나고 꼼꼼한 화학자로서의 면모를 드러냈다. 그는 탁월한 능력을 발휘하며 몇몇 직장을 잠깐씩 전전하다가 마침내 기회를 잡았다. 가이스 병원의 법의학과에서 꿈의 일자리를 얻게 된 것이다. 그곳에서의 경력 덕분에 19세기 말에는 케임브리지로 가게 되었고, 적절한 시기에 케임브리지 최초의 생화학 교수로 선출되었다. 유달리 먼 길을 돌아온 그와 달리, 독일에서는 정통 과정을 밟은 생화학의 창시자들이 그들의 기술을 열심히 연마하고 있었다. 의심할 여지없이, 이 또한 그에게 아웃사이더의 감각을 더할 뿐이었다. 분명 그의 독창성도 그렇게 길러졌을 것이다. 독일인들의 권위적인 접근법이 전혀 없었던 그는 주위 사람들로부터 사랑을 얻었다.

홉킨스는 즐겁고 자유로우면서 생산적이고 위계가 없는 실험실 환경을 조성했다. 그는 신생 위원회인 의학연구 위원회Medical Research Council(MRC)의 지원을 받았지만, 응용 의학 연구에 시간과 노력을 들이는 것을 완강하게 거부함으로써 끊임없이 위원회의 속을 썩이고 있었다. 홉킨스는 비타민에 대한 자신의 초기 연구에 대한 후속 연구를 하려고 하지도 않았고, 다른 이들에게 실용적인 문제를 다루도록 요구하지도 않았다. 그 대신 그는 무엇이든지 내키는 대로 연구하는 것처럼 보이는 고집불통 집단을 모았다. 그중에는 심하게 부도덕한 행위(유부녀와 동거) 때문에 케임브리지에서 한시적으로 쫓겨난 매력적인 박식가 J. B. S. 홀데인도 있었고, 대단히 뛰어나지만 하나같이 통제 불능인 마저리 스티븐슨이나 도러시 니덤 같은 여성 과학자도 몇 명 있었다. 동료들에게 호피라는 애칭으로 불린(내 생각에는 이것도 MRC에 깊은 인상을 주었을 것 같다) 홉킨스는 이따금씩 동료들의 연구 방향에 영향을 주었다. 이를테면, 그는 젊은 마저리 스티븐슨을 실득하여 세균의 물실내사를 연구하게 했다. 그 선구적인 연구(가장 유명한 연구는 썩은 강물에 사는 세균에 대한 연구로, 이것이 MRC를 더욱 고통스럽게 했다)에 왕립학회는 그녀에게 문을 열 수밖에 없었다. 스티븐슨은 1945년에 결정학자인 캐슬린 론즈데일과 함께 왕립학회 최초의 여성 회원으로 선출되었다.

그러나 홉킨스의 진짜 임무는 생화학을 발전시켜서 자체적인 방법론과 세상을 보는 법을 갖춘 실험과학을 세우는 일이었다. 그 일은 활기차고 재미있었다. 그의 실험실 저널인 「더 밝은 생화학*Brighter Biochemistry*」에는 시 (홀데인은 두 행씩 운율을 맞춘 운문 형식의 연차 보고서를 썼다), 미래의 시험 문제, 만화, "세균학 기술이 없어서 비참하게 사라진 제인"과 "모든 것을 망가뜨리고 안타까운 상황에서 실험실을 떠난 벨린다"의 슬픈 사연과 같은 교훈이 담긴 이야기들이 수록되었다. 그들의 불손한 언행에 속아서는 안 된다. 그들은 본업에서는 진지한 사람들이었고, 호피의 실험실은 그들 세대에서 가장 상상력이 풍부하고 독창성 있는 과학자들 중 일부를 길러냈으며, 그들 중 다수는 훗날 노벨상을 받았다.

한스의 합류

젊은 한스 크레브스가 영국에 도착한 해는 1933년이었다. 물론 그는 프라이부르크를 떠날 생각이 없었지만, 1933년 1월에 히틀러가 총리가 된 이후의 다른 모든 유대계 혈통과 마찬가지로 그 역시 직위에서 해임되었다. 크레브스는 독일에서 가능한 한 먼 곳으로 가야 한다는 것을 깨달았다. 취리히에서 받은 초청 제안조차도 너무 위험한 것 같았다. 이런 시기에 명성을 얻은 것(특히 홉킨스의 왕립학회 연례 연설에서 그의 인정을 받은 것)은 흔치 않은 행운이었다. 홉킨스는 41명의 저명한 지식인들로 이루어진 집단의 일원이었다. 이 집단에는 H. A. L. 피셔, 마저리 프라이, J. S. 홀데인(J.

B. S. 홀데인과 똑같이 빼어난 그의 아버지), A. E. 하우스먼, 존 메이너드 케인스, 어니스트 러더퍼드, J. J. 톰슨이 있었고, 특히 톰슨은 독일에서 그들의 직책을 포기해야 했던 학자들을 돕기 위해서 그해 5월에 학술지원위원회를 창립했다. 이 위원회의 창립자들이 정의한 그들의 목표는 "과학과 학문의 수호와 고통 완화"였다. 크레브스는 이 계획의 지원을 받은 첫 과학자였다. 그는 기체 압력의 미세한 변화를 측정하는 장비인 마노미터 manometer 30개가 들어 있는 짐과 함께 6월에 케임브리지에 도착했다.

홉킨스의 연구실은 크레브스가 독일에서 알고 있던 연구실과는 완전히 달랐다. 훗날 크레브스는 그가 "영국적인 생활방식"이라고 부르는 것을 회상하면서 이렇게 썼다. "그 케임브리지의 연구실에는 다양한 성격과 신념과 능력을 지닌 사람들이 모여 있었다. 나는 그들이 논쟁은 하되 싸움은 하지 않고, 싸움은 하되 의심은 하지 않고, 의심은 하되 모욕은 하지 않고, 비평은 하되 비방이나 조롱은 하지 않고, 칭찬은 하되 아첨은 하지 않는 것을 보았다." 나는 영국이 오늘날에도 그런 가치를 잊지 않으면 좋겠다.[1]

---

1 형평을 위해서 말하자면, 그 연구실 밖에서는 대공황으로 인해서 부족한 영국의 일자리를 외국인이 차지하는 것에 대한 불만이 있었다. 오늘날의 상황도 이와 불편할 정도로 비슷하다. 그러나 오늘날의 유사한 상황에는 더 귀감이 될 만한 이야기가 있다. 한스 크레브스의 아들인 존 크레브스 경은 그의 아버지 이야기와 흡사한 아름다운 이야기를 들려준다. 그는 노벨상 메달이 경매에서 높은 가격을 얻을 수 있다는 신문 기사를 읽은 후, 아버지의 메달을 박물관에 기증할지, 은행 금고에 보관할지, 판매해서 그 수익을 좋은 일에 쓰는 것이 좋을지를 생각해야 한다고 느꼈다. 그는 판매를 결정했고, 고국을 탈출해야만 했던 오늘날의 난민 과학자들을 지원하기 위해서 그 판매금을 한스 크레브스 경 신탁에 맡겼다. 한스 크레브스 경 신탁은 2015년부터 CARA(위기에 처한 학자들을 위한 위원회[Council for At-Risk Academics], 학술지원 위원회의 후신)와의 협업을 통해서 시리아와 다른 나라에서 탈출한 여러 과학자들을 지원해왔다. 더 많은 정보는 https://www.cara. ngo/sir-hans-krebs-trust-cara-fellowships/에서 확인할 수 있다. 기부를 원한다면 스티븐 워즈워스에게 한스 크레브스 경 신탁을 위한 기부라고 알리면 된다(메일 주소: Wordsworth@cara.ngo).

크레브스는 곧바로 고향에 있는 듯한 편안함을 느꼈고(실제로 그는 과학자들의 집에서 그야말로 환대를 받았다), 관용적인 영어 표현을 익히면서 영국 생활에 적응했다. 이 진지한 청년이 어느 날 오후에 어린아이처럼 들떠서 연구실로 뛰어와서는 "마저리 스티븐슨을 낚았다"고 선언했다는 귀여운 일화도 있다.

그러나 크레브스에게 이 모든 것은 부수적인 것에 불과했고, 무엇보다 중요한 것은 그의 연구였다. 그는 당시 생물학에서 가장 시급한 문제(그리고 오늘날에도 누군가에게는 여전히 중요한 문제)인 호흡이 어떻게 작동하는지를 다루기 시작했다. 전체적인 개념은 더없이 단순하다. 호흡은 우리가 살아가는 데에 필요한 에너지를 생산하기 위해서 산소로 음식물을 태우는 것이다. 이는 프랑스 혁명 이전에 라부아지에가 호흡과 연소가 정확히 동등한 과정임을 밝힌 이래로(정확히 그랬다, 라부아지에는 모든 것의 무게를 강박적으로 정확하게 측정했다), 대체로 알려져 있는 사실이었다. 호흡과 연소는 둘 다 산소에 의해서 유기물이 완전히 산화되면서 에너지, 궁극적으로는 열을 방출하는 것이다. 그러나 살아 있는 유기체의 경우는 모든 에너지가 즉시 열로 방출되는 것이 아니다. 에너지의 일부가 먼저 포착되어 일을 하는 데 쓰이고(엄밀히 따지면, 이것이 "자유 에너지"이다), 이후 이 에너지도 결국에는 열로 흩어진다. 그렇기 때문에 동물은 우주의 열적 죽음을 재촉한다. 포도당 같은 당의 경우, 연소와 호흡에서 전체적인 반응은 다음과 같이 나타낼 수 있다.

$$C_6H_{12}O_6 + 6O_2 \rightarrow 6CO_2 + 6H_2O + \text{에너지}$$

포도당   산소   이산화탄소 물   열

알려져 있지 않은 것은 이런 반응에서 방출되는 에너지가 도대체 어떻게 포착되어 세포 안에서 일을 하게 되는지, 즉 움직임에서 생각에 이르기

까지 생명이 하는 모든 일이 일어나는 방식이었다. 확실히, 에너지는 작은 덩어리로 방출되어야 했다. 그렇지 않으면 우리는 불꽃으로 타오르게 될 테니 말이다. 하지만 어떤 방법으로 그렇게 되는지는 알려져 있지 않다. 크레브스가 이 문제를 고심하기 시작했을 때에는 심지어 그 일이 세포 내 어디에서 일어나는지조차도 밝혀지지 않았다. 이제 우리는 호흡이 미토콘드리아에서 일어난다는 것을 알고 있다. 그래서 미토콘드리아는 세포의 "발전소"라고 불린다. 그러나 이 중에서 쉽게 얻어진 지식은 단 한 조각도 없다. 그리고 지식에는 그것을 어떻게 얻었는지에 대한 이야기가 스며 있다. 그 이야기는 더없이 인간적이다. 발견이 힘겨울수록 이야기는 멋져질 뿐 아니라, 우리의 생각을 다채롭게 하는 범위도 더 넓어진다. 크레브스는 호흡의 작용에 대한 어떤 청사진도 없이 시작해서, 일련의 반응이 단계적으로 일어나는 상세한 회로를 완성했다. 그리고 이 유명한 회로에는 당연히 그의 이름이 붙여졌다. 그러나 그의 접근법은 그 이래로 호흡을 연구하는 세대들에게 영향을 주었고, 크레브스 회로는 사실상 호흡과 동의어가 되었다. 이 책의 서론에서 보았듯이, 크레브스 회로에는 그 이상의 의미가 있다. 호흡뿐 아니라 생명의 구성 재료를 만드는 것과도 연관이 있다. 크레브스 회로에 대한 지나치게 좁은 시각은 우리가 생명의 기원, 암, 심지어 의식을 이해하는 데에도 걸림돌이 되어왔다는 것을 우리는 이 책에서 알게 될 것이다.

조직 조각과 기체

크레브스의 실험적인 접근법은 그의 스승인 독일의 위대한 생화학자 오토 바르부르크(우리는 암을 주제로 하는 제5장에서 그를 다시 만날 것이다)에게서 유래했다. 꼼꼼하고 비상한 인물인 바르부르크는 거만하고 권위적이기도 했다. 그의 연구 집단은 자신의 생각을 발전시킬 자유가 거의 없을 정도로 긴밀하게 짜여 있었고, 일주일 중 6일 동안 시간을 정확하게 엄수해야 했다. 일요일은 실험 결과를 정리하고, 다음 주에 할 실험을 준비하는 날이었다. 크레브스는 바르부르크와 함께 4년을 일하는 동안 거의 도제나 다름없는 생활을 하면서도 잘 지냈다. 그는 평생 동안 비슷한 작업 습관을 유지했고, 무엇보다도 바르부르크의 기발한 방법들을 발전시켰다.

바르부르크가 개척한 방법의 핵심은 면도날로 얇게 자른 조직에서 빠져 나오는 기체를 측정하는 것이었다. 반복적인 연습을 통해서 솜씨 있게 자른 조직 조각은 산소가 확산되어 완전히 투과할 수 있을 정도로 얇지만, 안쪽에 있는 세포들은 손상을 입지 않아서 어느 정도 정상적으로 기능할 수 있었다. 그 다음 조직 조각을 혈장과 비슷한 조성의 용액이 들어 있는 유리 플라스크에 넣고, 그 플라스크를 마노미터(기압계처럼 기체의 압력을 측정한다)와 연결하고 단단히 밀봉했다. 이런 조건하에서 조직 조각에서는 기체 방울이 올라올 수 있었고, 기체 방울로 인해 마노미터 내부의 압력이 증가하면 U자관 속 액체의 높이가 바뀌었을 것이다. 정확한 측정을 위해서는 당연히 세심한 조정이 필요했다. 이를테면, 기체의 압력은 온도에 따라 달라지기 때문에 실험기구들은 자동 온도 조절장치가 있는 수조 속에 담가두어야 했다. 하나의 생화학적 반응을 측정하기 위해서는 방의 절반을 가득 채우는 장비가 필요했지만, 그럼에도 단 한 단계의 반응에 대해서만 실제로 일어나고 있는 일을 간접적으로 볼 수 있을 뿐이었다. 생화학적 경로의 여러 단계들에서 정확히 무슨 일이 벌어지는지를 밝혀내기 위해서는 상상을 초월하는 인내와 기술이 필요했다.

이 방법은 생화학에서 무엇인가를 측정하는 것이 얼마나 간접적이고 복잡한 과정인지를 잘 보여준다. 우리는 오늘날에도 이 작은 분자들 중 어느 것도 "볼" 수 없다(더 정교한 방법들은 해석하기도 더 어렵다). 그래도 생화학은 이런 방식을 통해서 이해되었다. 결론은 그것이 효과가 있었다는 것이다. 방금 잘라낸 신선한 조직 조각에서 다양한 기체 방울이 나오는 속도는 시간의 흐름에 따라 정확하게 관측되었고, 생체에서 일어나는 과정에 대해 예전에는 생각하지도 못한 통찰을 얻을 수 있었다. 세포가 어떻게 숨을 쉬는지를 생각해보자. 44쪽의 화학식에서 볼 수 있듯이, 호흡은 산소를 소비하고 이산화탄소를 방출한다. 따라서 호흡률은 일정 시간 동안 기체의 압력 변화를 측정하여 계산할 수 있다.[2]

1931년 바르부르크에게 노벨상을 안겨준 실험은 너무 아름다워서 꼭 이야기하고 싶다. 바르부르크는 일산화탄소(CO) 기체를 이용하면 호흡을 차단할 수 있다는 것을 알았다. 세포 속에서 CO는 산소를 물로 전환시키는 촉매 속 금속 원자와 결합한다. 따라서 CO의 결합은 호흡의 마지막 단계를 멈추게 한다. CO가 결합되면 산소는 더 이상 소비되지 않기 때문에, 마노미터에서는 기체의 압력 변화가 0으로 기록된다. 여기에 묘수가 있다. CO는 빛의 흡수를 통해서 촉매에서 분리될 수 있다. 그러면 호흡과 산소 소비가 다시 시작된다. 그러나 모든 파장의 빛이 동일한 효과를 내는 것은 아니다. 어떤 파장의 빛은 촉매에 흡수되어 결합된 CO를 방출하게 하지만, 어떤 파장의 빛은 CO 결합은 그대로 두고 그냥 튕겨져 나온다. 바르부르크는 특정 파장의 광자를 방출하는 광원을 얻기 위해서 수은등이나 나트륨등을 쓰거나 마그네슘염을 태웠다. 서로 다른 파장의 빛에서 호흡률

---

2 예리한 독자라면 눈치 챘겠지만, 산소 소비 속도와 CO_2 방출 속도는 서로 정확하게 균형을 이루고 있어서 이 경우에 전체적인 압력의 변화는 없다. 그러나 묘책이 있다. CO_2는 수산화칼륨 용액에 흡수될 수 있으므로, 압력을 전혀 가하지 않는다. 오늘날 산업에서도 이와 비슷한 방식이 탄소를 포집하기 위한 CO_2 "제거 장치(scrubber)"로 쓰이고 있다. CO_2는 탄산염으로 변환되고, 탄산염은 결국 탄산칼슘(사실상 석회 물 때)으로 침전된다. 마노미터는 CO_2와 산소의 압력 변화를 둘 다 측정하는 것이 아니다. 산소의 소비로 인해서 줄어드는 압력만 측정한다.

을 측정함으로써, 바르부르크는 그 촉매(그는 이것을 발효제ferment라고 불렀다)의 흡수 스펙트럼을 재구성할 수 있었다. 그렇게 밝혀진 촉매는 우리의 적혈구에서 산소를 운반하는 색소인 헤모글로빈과 밀접한 연관이 있고, 광합성에 쓰이는 색소인 엽록소와도 다르지 않은 헴haem 색소였다.[3] 실제로 바르부르크는 그보다 더 나아가, 그의 발효제에 단순한 화학적 변화를 주면 헤모글로빈이나 엽록소와 비슷한 스펙트럼이 만들어질 수 있음을 보여주기도 했다. 놀랍게도 그는 이를 통해서 호흡이 광합성보다 먼저 나타났다는 결론을 내렸다. "혈색소血色素와 잎 색소는 둘 다 발효제에서 유래했다. 혈색소는 환원에 의해 만들어졌고, 잎 색소는 산화에 의해 만들어졌다. 분명히 발효제는 헤모글로빈과 엽록소보다 더 일찍 존재했을 것이다." 그가 진실에서 그리 멀리 있지 않았음을 제4장에서 확인하게 될 것이다.

나는 바르부르크의 노벨상 수상 강연을 읽던 그 순간을 결코 잊을 수 없다. 그가 이 모든 것을 설명하는 동안, 나는 내 텐트 바깥에 앉아 있었다. 웨일스의 캐더 이드리스 부근에서 맞은 어느 아름다운 아침이었고, 나는 나를 부르는 산을 향해서 선뜻 나설 수 없었다. 주위의 생울타리 속 새들의 노랫소리와 함께, 내 머릿속에서도 노래가 울려퍼지고 있었다. 정말

---

3 일산화탄소 중독은 적혈구의 헤모글로빈에 들어 있는 철이 산소 대신 일산화탄소와 결합함으로써 당신을 죽음에 이르게 할 수도 있지만, 만약 살아남는다고 해도 CO는 당신의 세포에서 같은 이유로 호흡을 억제할 것이다. 바르부르크가 발견한 헴 단백질은 이제 시토크롬 산화효소(cytochrome oxidase)라고 불리며, "시토크롬"은 "세포색"이라는 뜻이다. 시토크롬이 없으면, 세포는 거의 무색이다(사실 플라빈[flavin] 때문에 연한 노란색을 띠는데, 플라빈도 바르부르크가 발견했다). 훨씬 더 낮은 농도에서 CO는 부분적으로 호흡률을 조정함으로써 작동하는 중요한 세포 신호이다. 또다른 중요한 기체 신호인 일산화질소(NO)도 같은 방식으로 작동한다. 이 기체들은 호흡률을 정교하게 조절하여 국지적인 산소 농도를 바꿀 수 있다. 반딧불이는 이런 특성을 훌륭하게 활용해서, 루시페라아제(luciferase)라는 산소 의존 효소를 이용해서 빛을 만든다.

기발했다. 창의적인 상상력이 고도로 단련된 기술과 결합하여 자연의 작용에 대한 아름다운 통찰을 보여주는 실험은 예술 작품이나 마찬가지이다. 그렇기 때문에 어떤 과학자들은 위대한 예술가들과 마찬가지로, 종종 그들의 미덕 속에 온갖 악덕이 있더라도 존경을 받는다. 최고라는 말로는 부족한 바르부르크 역시 그랬다.

그러나 이런 예술 작품 같은 실험도 호흡에서 실제로 일어나는 일을 설명하기에는 많이 부족했다. 사실, 관여하는 촉매들 중 하나가 헴과 비슷한 포르피린porphyrin 색소를 포함하고 있다는 이야기가 전부였다(바르부르크는 특유의 성격대로 그것이 유일하게 적합한 것이라고 단언했다). 그렇다면 포도당에서 산소로 가는 다른 모든 단계는 어떨까? 거기에는 얼마나 많은 단계들이 있을까? 중간산물들은 무엇일까? 앞에서 나온 화학식에서는 탄소 원자가 6개인 포도당 분자 1개가 이산화탄소 분자 6개와 물 분자 6개로 바뀐다. CO_2는 1개씩 떨어져 나왔을까? 그래서 탄소 6개로 이루어진 포도당의 사슬은 CO_2가 1개씩 방출될 때마다 조금씩 짧아졌을까? 물은 어땠을까? 아마 포도당 속에 있는 12개의 수소 원자가 모두 추출되고, 결국 산소에 전달되어 물(H_2O)이 형성되었을 것이다. 이것이 호흡에서 얻을 수 있는 거의 모든 에너지의 원천이다. 즉 산소로 수소를 태우는 것이다. 로켓의 동력도 이렇게 얻는다. 확실히 우리에게는 풍부한 동력이 있다. 하지만 그렇다고 해서 수소가 포도당이나 그 분해 산물에서 어떻게 추출되는지, 그 과정이 몇 단계를 거쳐서 일어나는지, 중간 산물은 무엇인지, 에너지가 어떻게 포착되고 사용 가능한 형태로 변환되는지를 알려주는 것은 아니다. 크레브스가 그의 연구를 시작할 당시에는 사실상 아무것도 알려져 있지 않았다. 그러나 이런 단계들이 합쳐져서 큰불과 살아 있는 유기체 사이의 차이를 만든다. 크레브스는 바로 그 점을 이해하기 시작했다.

내게 가장 놀라웠던 섬은, 크레브스가 얇은 조직 조각에서 방출되는 기체를 측정하는 바르부르크의 방법을 변형해서 빠져 있는 중간 단계들을 대부분 짜맞출 수 있었다는 것이다. 그것은 숨 막히게 놀라운 하나의 실험이 아니었다. 한 가지 방법으로 무엇이 가능한지를 결연히 내다보고, 거기에 보통 사람이라면 생각만 해도 주눅이 들 정도의 연구 프로그램을 결합시킨 것이었다. 크레브스는 때로는 하나의 과제를 위해서 무려 10개의 마노미터를 동시에 작동시키기도 했다. 그는 호흡에 쓰일 수 있는 다양한 물질을 정량씩 첨가하고, 호흡 억제제가 있거나 없는 상황에서 호흡률을 측정했다. 악마는 정말로 디테일에 있었다. 오늘날의 생화학자들은 당시에 알려진 것이 얼마나 없었는지, 세포의 작용이 얼마나 불투명했는지를 제대로 가늠하기 어렵다. 과학에서 흔히 그렇듯이, 어떤 실험은 처음부터 잘되었고, 어떤 실험은 예측했던 것과 정반대의 결과가 나왔다. 대개 조직 조각이 제대로 세척되지 않았거나 용액이 충분히 신선하지 않았거나 그밖의 다른 문제가 있었기 때문이다. 가끔은 작동 가설이 틀렸기 때문일 때도 있었다. 그러면 갑자기 이해의 진정한 진전으로 이어질 희망이 보이는 길이 열렸다. 크레브스의 실험 노트에는 이중, 삼중으로 표시된 느낌표가 가득한데, 모두 예기치 못한 발견으로 인해서 그의 심장 박동이 빨라진 순간들이었다. 누구보다도 침착한 크레브스 같은 사람도 흥분을 누르기는 어려웠던 것 같다. 과학자들이 객관적이고 냉철한 틀을 만들기 위해서 아무리 분투한다고 해도, 과학은 감정의 롤러코스터이다. 그것은 전적으로 인간의 탐구이다. 크레브스는 그렇게 매일, 매주, 매년 연구를 이어가면서, 호흡에서 양분이 연소되는 방식의 상세한 단계들을 조금씩, 천천히 맞춰나갔다.

심호흡

크레브스에게 처음 명성을 가져다준 연구는 요소의 합성에 관한 것이었다. 질소 함유 화합물인 요소는 오줌으로 배출되며, 단백질의 구성 재료인 아미노산이 분해되면서 형성된다. 아이러니하게도, 크레브스는 바르부르크가 초점을 맞추고 있던 호흡과는 거리를 두려고 하고 있었다. 그는 자신만의 연구 계획을 확립해야 했다. 그러나 그의 의문은 계속 같은 자리를 맴돌고 있었다. 크레브스는 아미노산이 요소를 형성하기 위해서 질소를 전달한 이후에 무슨 일이 일어나는지가 궁금했다. 정의에 따르면, 아미노산은 아미노기($-NH_2$)의 형태로 질소를 함유하고 있다.[4] 크레브스는 이 아미노기가 콩팥에서 암모니아(NH_3) 기체로 빠져 나와서 결국 요소로 배출될 것이라고 추론했다. 아미노산에 남아 있는 탄소 "뼈대"는 이제 카르복실산 carboxylic acid이라고 불리며, 탄소, 수소, 산소로만 구성되어 있다. 크레브스는 그의 조직 조각에서 형성되는 암모니아의 양을 측정하려고 했지만, 그의 마노미터로는 기체 압력의 전체적인 변화밖에 측정할 수 없었다. 의미 있는 측정을 하기 위해서는 우리가 앞에서 확인한 것처럼 호흡에서 소비되고 방출되는 기체의 비율도 계산에 넣어야 했다. 그러자 문제들이 흥미로워지기 시작했다.

크레브스는 아미노산을 추가하면 그의 조직 조각에서 호흡률이 증가하는데, 카르복실산을 추가해도 같은 결과가 나온다는 것을 발견했다. 그러

---

4 "기(group)"는 한 분자 내에 함께 결합되어 있는 몇 개의 원자들을 말한다. 이 원자들은 다른 분자로 옮겨졌을 때에도 같은 배열을 이루며 함께 달라붙어 있다. 기는 화학적으로 어느 정도 안정된 구조이며, 아미노산의 아미노기처럼 다양한 분자에서 반복적으로 발견된다. 원자는 분자를 이루는 기본적인 구성 재료이기는 하지만, 원자들은 주로 모여서 기를 형성하고, 이 기들이 모여서 더 큰 분자를 이룬다. 이런 식으로 계속 이어진다. 아미노산 같은 분자가 서로 연결되면 단백질 같은 거대 분자가 만들어질 수 있다. 그러나 한 단백질이 가지고 있는 실제 화학적 특성(이를테면 효소의 활성 부위)은 그 단백질에 포함된 기들의 특별한 화학적 성질에 의해서 결정된다. 어떤 기는 다른 기보다 더 반응성이 크다. 간단한 분자 속에 있는 여러 기들의 다양한 화학적 특성에 대해서는 잠시 후에 알아볼 것이다.

나 그 둘을 함께 넣으면 호흡률에 어떤 부가적인 효과도 나타나지 않았다. 오히려 아미노산의 분해(그리고 암모니아의 방출)는 카르복실산을 추가하면 억제되었다. 이런 담담한 결론을 내리기까지 크레브스가 몇 달 동안 얼마나 고된 연구를 했을지 상상할 수 있을 것이다. 그런데 이것은 무슨 뜻이었을까? 어쩌면 과도한 카르복실산이 아미노산의 분해 과정에 단순히 방해가 되었을지도 모른다. 앞에서 지적한 것처럼, 아미노산은 질소를 잃으면 카르복실산이 되기 때문에 이는 일리가 있다. 이것이 맞다면 두 종류의 분자는 같은 경로를 거쳐서 호흡이 일어나야 하는데, 이제 그 경로에 카르복실산이 꽉 들어차 있는 것이다. 확실히 카르복실산은 호흡에서 중요하다. 게다가 아미노산보다 아래에 있는 단계이면서, 호흡이라는 통제된 용광로에서 산소와 더 가까이 있는 단계이다.

그 점이 크레브스의 관심을 끈 까닭은 포도당이 분해되어도 카르복실산이 만들어지기 때문이었다. 포도당 분해의 처음 몇 단계는 1930년대 초반에 확립되었다. 앞에서 언급한 것처럼, 포도당 분자 1개는 6개의 탄소 원자를 가지고 있으며, 일반적인 화학식은 $C_6H_{12}O_6$이다. 이제 이 포도당을 6개의 탄소를 뼈대로 하는 분자라는 뜻으로 간단히 C6 당이라고 부르기로 하자. 포도당이 쪼개지면(이 과정은 해당解糖 과정glycolysis이라고 하는 정교하고 복잡한 일련의 단계들을 거쳐서 일어나는데, 여기서는 잠시 제쳐두자), 3개의 탄소로 이루어진 피루브산pyruvic acid이라는 분자 2개가 생긴다. C3 카르복실산인 피루브산은 일부 아미노산의 분해에 의해서도 만들어진다. 모든 것이 결국 카르복실산의 생성으로 이어지는 것 같았다. 크레브스는 흥분되기 시작했다. 그의 실험 노트에는 이중 느낌표가 그 어느 때보다도 많아졌다. 확실히 호흡의 비밀은 이 카르복실기들이 산소 속에서 어떻게 연소되는지에 있었다. 어떤 단계들은 거쳤을까? 에너지는 어떻게 방출되고 포착되고 사용되었을까?

이제 이 책의 주인공 분자들을 소개할 시간이다. 카르복실산이란 정확히 무엇일까? 내가 카르복실산 하나를 그려보겠다. 이것은 탄소가 3개인 피루브산이다.

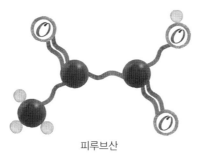

피루브산

이 그림에서 검은색 원은 탄소 원자, 작은 회색 원은 수소 원자, O자가 있는 흰색 원은 산소 원자를 나타낸다. 나는 원자들을 대략 실제 크기 비례에 맞춰 그렸다. 산소는 탄소보다 약간 작다. 산소 원자는 핵 속에 들어 있는 양성자의 개수가 8개로 6개인 탄소보다 2개 더 많은데, 이 추가적인 양성자가 주위의 전자구름을 더 가깝게 끌어당겨서 원자의 크기를 더 작아지게 하기 때문이다. 나는 이 책에서 이런 그림을 사용할 것이다. 화학에 대한 약간의 공포가 있는 사람들에게 이 그림이 일반적인 화학적 표현보다 덜 위협적이었으면 좋겠다. 그리고 한편으로는 이 그림들을 이 책의, 아니 생명 그 자체의 분자 주인공들의 애정 어린 초상화라고도 생각하고 싶다. 그러니 잠시 시간을 들여서 조금 친해져보자. 사람들이 지구상의 생명은 "탄소를 기반으로" 한다고 말할 때, 우리가 기본적으로 쥐고 있는 패는 카르복실산이다.

초상화는 외모에서 두드러지는 특징을 통해서 그 인물의 성격을 포착한다. 내 경우에는 큰 코, 길고 가느다란 눈, 잔주름, 희끗희끗한 턱수염이 될 것이다. 분자의 얼굴을 읽는 것은 더 어렵지만 할 수는 있다. 피루브산에 있는 각각의 탄소 원자는 저마다 독특한 특성이 있어서, 반응에 대한 성향과 행동이 뚜렷하게 다르다. 그림에서 왼쪽에 있는 탄소 원자를 예로 들어보자. 이 탄소 원자에는 3개의 수소 원자가 붙어 있다. 이런 탄소 원자는 보통 꽤 안정적이고 활성이 없다. 한마디로 둔하다. 그러나 수소 원자들 속에는 많은 에너지가 축적되어 있다. 그 에너지를 얼마나 쉽게 얻을 수 있는지는 분자의 환경에 달려 있다. 이렇게 빵빵한 배불뚝이는 줄무늬 정장을 말쑥하게 차려입은 은행가일까, 아니면 외다리에 애꾸눈인 해적일까? 이 경우에는 해적에 더 가깝다. 그 이유는 피루브산에서 가운데에 있는 탄소 원자가 산소와 이중결합을 하고 있기 때문이다. 이중결합은 그 무엇보다도 싸움을 좋아한다. 여분의 결합은 자신의 힘을 과시하려는 경향이 있다. 그런 점 때문에 피루브산은 살짝만 건드려도 불안정하고 반응을 잘한다. 이제 내 그림의 중간에 있는 산소가 『해리 포터』 시리즈에 등장하는 매드아이 무디처럼 나를 뚫어져라 쳐다본다. 이 악당 산소는 전문 용어로 "알파−케토alpha-keto"라고 하지만, 우리는 용어에 대해서는 걱정하지 않아도 된다. 그저 그것이 일을 벌어지게 만든다는 것만 알면 된다. 피루브산 분자의 이 부분에서는 아미노산을 형성하는 반응이 일어난다. 이를테면, 산소가 암모니아로 치환되어 아미노기가 형성되거나 그 반대 반응이 일어나는데, 이는 생물학에서 가장 중요한 변환들 중 하나이다(그리고 크레브스가 아미노산의 분해에 관한 연구를 하면서 탐구하던 것이었다).

그렇다면 오른쪽에 있는 세 번째 탄소는 어떨까? 역시 이중결합된 산소가 있지만, 이와 함께 수소와 결합된 또다른 산소도 있는 이런 배열은 성격이 매우 다르다. 사실 피루브산이 카르복실산으로 정의되는 것도 이 부분 때문이다. 산acid은 기회가 있을 때마다 양성자, 즉 양전하를 띠는 수소 원자의 핵을 떼버리려고 하는 분자이다. 피루브산을 물에 넣으면 다음과 같은 일이 일어난다.

이 그림에서 나는 카르복실기의 옆에 점선을 그렸다. 카르복실기는

피루브산　　　　　피루브산 이온　　　양성자

실제 양성자의 크기는 이 그림보다 훨씬 더 작지만, 실제 비율로 그리면 아주 작은 점보다도 더 작아질 것이다. 나는 양성자를 명확하게 나타내기 위해서 수소 원자와 같은 크기로 그렸다.

CO_2(탄소 원자 1개와 산소 원자 2개)와 산소 원자 중 하나에 부착된 수소 원자로 구성된다. 모든 카르복실산에는 카르복실기가 적어도 하나 이상 있으며, 두 개나 세 개가 있을 수도 있다. 이제 카르복실산이 양전하로 하전된 양성자를 잃으면, 이 카르복실산은 음전하(−)를 띠게 된다. 내 그림에서는 이 음전하를 위쪽에 있는 산소에 명확하게 표시했지만, 실제로 이 전하는 두 산소 원자 사이의 공간에 얇게 발라놓은 것처럼 흩어져서 동시성과 안정성이 있는 전자의 "비편재화된 구름delocalised cloud"을 형성한다. 그런 전하의 분포는 다음과 같이 나타낼 수도 있는데, 그러면 피루브산 이온에 체셔 고양이의 웃음과 비슷한 것이 생긴다.

피루브산

세포에서 카르복실산은 보통 음전하를 띠는 형태로 발견되며, 이런 형태일 때에는 이름 끝에 "ate"를 붙인다. 피루브산(양성자가 있다)은 양성자를 잃은 후에는 "피루브산 이온pyruvate"이 된다. 이 관례는 모든 카르복실산에 똑같이 적용된다. 카르복실기에 CO_2의 화학식이 포함된다는 점에도 주목하자. 이 CO_2는 실제로도 비교적 쉽게 CO_2 기체로 떨어져 나온다(그러면 이 경우에는 C2 카르복실산인 아세트산 이온acetate, 즉 식초가 남는다). 그러나 대개 그 체셔 고양이의 웃음이 의미하는 것은 카르복실기가 뚱뚱한 고양이만큼이나 게을러서 반응을 전혀 좋아하지 않는다는 것이다. 전체적으로 볼 때, 피루브산은 꽤 복잡하고 복합적인 성격을 지니고 있다. 뚱뚱하고 광기 어린 눈의 해적이 잘난 척 빙긋 웃고 있다. 해적 피루브산이다.

피루브산의 운명

카르복실산의 특성과 이제 친숙해졌으니, 카르복실산의 운명과 씨름하고 있던 크레브스의 이야기로 다시 돌아가자. 우리는 피루브산 자체가 호흡에서 중심 역할을 한다는 것을 확인했지만, 크레브스는 다른 카르복실산도 연관이 있다는 것을 알았다. 희한한 일은 사실상 거의 모든 카르복실산이 피루브산보다 탄소가 더 많다는 점이었다. 대개의 카로복실산이 4-6개 길이의 탄소 원자로 이루어진 데에 비해, 피루브산은 탄소가 3개뿐이었다. 그것이 무슨 문제가 되느냐고 묻는 소리가 들리는 것 같다. 호흡이 유기물질을 CO_2와 H_2O로 전환한다는 것을 떠올려보자. 포도당은 탄소 6개로 시작해서, 결국 6개의 CO_2 분자가 된다. 만약 탄소가 하나씩 차례로 떨어져 나간다면, 남아 있는 분자는 길이가 점점 짧아져야 할 것이다. 크레브스는 탄소가 6개인 포도당이 처음에 탄소 3개의 피루브산 분자 2개로 쪼개진다는 것을 알았다. 따라서 그 중간산물은 탄소 2개, 그 다음에는 탄소 1개로 줄어들어야 한다는 것이 합리적인 추측이었다. 다시 말해서 C3 피루브산이 C2 아세트산으로 분해되고, 결국 C1 CO_2가 되어야 하는 것이다. 그런데 정반대의 일이 일어나는 것처럼 보였다. C3 피루브산은 짧아지기는커녕, C4, 심지어 C6 카르복실산이 되었다. 왜 탄소 사슬이 더 짧아지지 않고 길어졌을까? 이해가 되지 않았다.

첫 번째 실마리는 헝가리의 괴짜 과학자인 얼베르트 센트죄르지로부터 나왔다. 1927년에 프레더릭 가울랜드 홉킨스 경과 함께 박사 학위를 마친 그는 과학적 성향이 있는 작은 귀족 가문 출신이었고, 정말로 독창적인 인물이었다. 그의 어머니는 오페라 가수였고, 구스타프 말러의 앞에서 오디션을 보았다. 당시 부다페스트 오페라단의 지휘자였던 말러는 그녀에게 목소리가 충분히 좋지는 않으니 결혼을 하라고 조언했다. 젊은 센트죄르지는 제1차 세계대전에 참전했고, 2년 후에는 전쟁에 너무나 염증이 난 나머지 자신의 팔에 총을 쐈다. 그렇게 뼈에 관통상을 입은 그는 적의 총에 맞았다고 주장했다. 이 이야기는 그의 짧은 자서전인 『20세기에서 길을 잃다Lost in the Twentieth Century』에 등장한다. 그는 요양을 하는 동안 의학 학위 공부를 마쳤다. 유럽을 돌아다니며 일종의 과학적 유랑을 하다가 마침내 케임브리지에 도착했고, 그곳에서 그는 훗날 비타민 C라고 알려지게 되는 것을 연구하기 시작했다. 그는 이 물질을 분리해냄으로써 1937년에 노벨상을 수상했다. 비타민 C는 포도당과 꽤 비슷한 C6 분자이며, 화학식은 $C_6H_8O_6$이다. 센트죄르지는 그 구조를 결정하기 위해서 씨름했다. 개구쟁이 같은 유머 감각을 지닌 그는 처음에는 이 물질에 "모른당ignose"이라는 이름을 붙였다("nose"는 당의 성질을 나타내고, "ig"는 자신의 무지ignorance를 나타낸다). 이 이름이 거부되자, 그는 "신만안당Godnose"이라는 이름을 제안했다. 결국 이 물질은 항괴혈병적anti-scorbutic(비타민 C 결핍증인 괴혈병을 예방하는) 특성이 있다는 의미로 아스코르브산ascorbic acid이라는 화학명을 얻게 되었다.[5] 크레브스와 센트죄르지는 크레브스가 아직 독일에 있

---

5 센트죄르지는 글솜씨가 뛰어났다. 생화학에서 가장 인상적인 명언을 따라가보면 그와 연관이 있는 것이 많다. 내가 가장 좋아하는 명언 중 하나인 "생명이란 쉴 곳을 찾

을 때 몇 번 마주친 적이 있었고, 과학적 견해는 조금 달랐지만 서로를 대단히 높이 평가했다. 실제로 센트죄르지는 옛 스승인 프레더릭 경에게 편지를 써서 크레브스의 딱한 처지에 관심을 가지게 했다. 이제 헝가리로 돌아간 센트죄르지는 예사롭지 않은 계에서 발견한 놀라운 결과를 발표했다. 다진 비둘기 가슴 근육을 이용하는 이 연구법은 그가 케임브리지에 있는 동안 도러시 니덤에게 배운 것이었다. 비둘기의 가슴 근육은 비행근이다. 비행은 에너지 면에서 매우 비용이 많이 들기 때문에, 비행근은 특별히 높은 물질대사율을 지탱할 수 있다. 당시에는 이 점이 중요했다. 호흡률이 높을수록 어떤 변화를 측정하기가 더 쉬워지기 때문이었다. 지금 와서 돌

고 있는 전자일 뿐이다"도 그의 말이다. 센트죄르지는 과학과 생명을 광범위하게 다루는 몇 권의 책을 쓰기도 했다. 그중에서 1960년대의 핵 위협을 진지하게 다룬 에세이집인 『미친 유인원(Crazy Ape)』은 「닥터 스트레인지러브(Dr Strangelove)」의 느낌이 난다. 나는 이 책을 쓰는 동안 우연히 그동안 몰랐던 그의 책을 한 권 알게 되었다. 1972년에 출간된 『살아 있는 상태(The Living State)』라는 책인데, 그의 생각은 내 생각과 놀라울 정도로 비슷했다. 심지어 우리는 지난 반세기 동안 많은 것을 새로 알게 되었는데도 말이다. 그의 글은 이렇게 시작한다. "모든 생물학자가 어느 순간 '생명은 무엇인가?'라는 질문을 던지지만, 만족스러운 답을 내놓은 사람은 아무도 없다." 오늘날에도 여전히 그렇다. 계속해서 그는 이렇게 말한다. "그렇게, 생명은 존재하지 않는다. 우리가 보고 측정할 수 있는 것은 '살아 있다'는 놀라운 성질을 나타내는 물질계이다. 우리가 던질 수 있는 더 희망적인 질문은 '물질에 생명을 가져다주는 특성은 무엇인가?'이다." 나는 이 글을 내 서론에 쓰려고도 생각했다. 좀더 뒷부분에는 유명한 구절이 있는데, 이것도 내 마음에 와닿는다. "내 과학적 경력은 생명을 이해하려는 욕망에 이끌려서 더 높은 차원에서 더 낮은 차원으로 내려왔다. 나는 동물에서 세포로, 세포에서 세균으로, 세균에서 분자로, 분자에서 전자로 왔다. 분자와 전자는 생명이 없기 때문에 이 이야기는 역설적이다. 그 길을 걸어오는 동안, 생명은 내 손가락 사이로 빠져 나갔다. 이 책은 지금까지 내가 힘겹게 내려왔던 그 사다리를 다시 올라가는 길을 찾으려는 내 노력의 결과이다. 의학으로 시작했기 때문에, 마무리도 의학적 문제로 하는 것이 알맞을 것이다. 암은 내게 소중했던 사람들을 대부분 앗아갔다."

이켜보면 오해를 불러일으키는 부분도 있었는데, 그 이유는 나중에 알게 될 것이다. 센트죄르지는 소량의 C4 카르복실산, 그중에서도 숙신산을 첨가하면 호흡률이 장기간에 걸쳐서 (600퍼센트까지!!) 증가하는 것을 발견했다. 그러나 실험이 끝나고 근육 속에 남아 있는 숙신산의 양이 정확히 얼마인지를 분석하면, 이 카르복실산은 조금도 줄어들지 않은 것으로 나타났다. 이 단순한 분자들은 자신은 소모되지 않으면서 반응 속도만 올렸다. 정의에 의하면, 이것은 **촉매**였다. 센트죄르지는 숙신산처럼 단순한 물질이 촉매 역할을 한다는 것이 이상하게 보일 수도 있을 것이라고 말했다. 하지만 촉매가 아니면 무엇일까?

숙신산 이온

촉매! 이 설명은 화학자에게는 별 문제가 아닐 수도 있지만, 대부분의 생화학자들에게는 확실히 예상치 못한 것이었다. 단어 연상 게임에서 생물학자에게 "촉매"라고 말하면, 그들은 아마 "효소"라고 답할 것이다. 효소는 유전자에 암호화되어 있는 단백질이며, 보통 수백 개의 아미노산 사슬로 구성되어 있어서 전체적으로 약 1,500개의 탄소 원자를 지니고 있다. 효소는 형태가 복잡하며, 특정 생화학 반응을 놀라울 정도로 정확하고 빠르게 일으킬 수 있다. 일반적으로 한 효소는 기질substrate이라고 하는 특정 분자의 형태와 전하에 맞춰져 있어서, 한 가지 반응에만 촉매로 작용한다. 그런데 숙신산 이온은 전혀 그렇지 않다. 단 4개의 탄소 원자로 이루어진 단순한 분자이며, 산소와 수소 원자 외에 다른 것은 없다. 내 그림에 나타나 있듯이, 숙신산은 아름답게 대칭을 이룬다. 2개의 카르복실기가 양 끝에 하나씩 달려 있어서, 도도하게 반응을 하지 않는 체셔 고양이의 웃음이 2개이다. 광기 어린 눈의 산소 원자는 없다. 빠르게 성격을 판독해보면, 해적보다는 특별히 도도한 은행가에 더 가깝다. 그러나 어찌 된 일인지는 모르지만, 숙신산 이온은 한 반응의 속도를 증가시킨다기보다는 전체적인 호흡의 속도를 증가시킨다. 이는 각각의 단계들을 더욱 당혹스럽게 만들 뿐이었다. 정리하자면, 숙신산은 꽤 반응성이 없는 편이지만 일반적인 촉매로서 작용했다. 당시 생물학에서 알려진 것들 가운데 이와 비슷한 것은 거의 없는 것 같았다. 거의 말이다.

수소 끌어당기기

센트죄르지는 가설을 세웠다. 이는 기발한 가설이 어떻게 과학을 막다른 길로 내몰 수 있는지를 보여주는 훌륭한 사례이다. 다행히도 이 막다른 길이 그리 길지 않았다. 그의 발상은 이랬다. 숙신산은 네 종류의 C4 카르복실산 중 하나였고(다른 3개는 푸마르산fumarate, 말산malate, 옥살로아세트산oxaloacetate이다), 이 네 종류 모두 센트죄르지가 밝힌 것처럼 어느 정도 비슷하게 호흡의 속도를 높일 수 있었다. 모두 호환이 가능한 것으로 알려졌고, 어떤 것도 호흡에서 소모되지 않았다. 이들 사이의 결정적인 차이는 탄소 사슬에 붙어 있는 수소 원자의 수였다. 저마다 이웃한 다른 카르복실산과 수소 원자가 2개씩 차이가 났다. 수소 원자 2개를 더 간단하게 2H라고 부르는 것에 익숙해지자.[6] 이 네 종류의 카르복실산은 다음과 같다.

---

6 H_2와 2H의 차이는 명확하게 구분하고 넘어가도록 하자. 중요한 차이가 있지만, 어쩌면 지나치게 규칙을 따지는 과학자들에 대한 화가 치밀어오를 수도 있을 것이다. 2H는 2개의 수소 원자이며, 그림에 나타난 카르복실산들처럼 서로 다른 분자에 부착되어 있다. 수소 원자는 핵 속에 있는 양성자 하나와 핵 주위에 있는 전자 하나를 포함

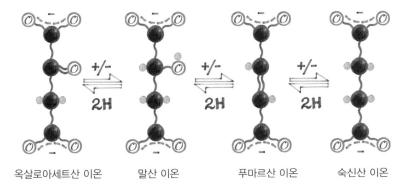

| 옥살로아세트산 이온 | 말산 이온 | 푸마르산 이온 | 숙신산 이온 |

센트죄르지가 관찰한 것처럼, 이 네 종류의 C4 카르복실산은 각각 2H씩 다르다. 푸마르산과 말산은 O도 차이가 나므로, 여기서 실제 차이는 H_2O이다.

    센트죄르지는 이런 패턴을 이미 본 적이 있었다. 비타민 C는 2H를 붙잡았다가 다른 것, 특히 비타민 E에 전달할 수 있다. 게다가 센트죄르지는 그가 세포에서 발견하여 "플라브flave"라고 부르던 연한 노란색 색소(플라빈 아데닌 디뉴클레오티드flavin adenine dinucleotide, 줄여서 FAD라고도 알려져 있고, 역시 호흡에 관여한다)에 매료되어 있었다. 플라브 역시 2H를 잃을 수 있었는데, 2H를 잃으면 무색이 되었다가 다시 얻으면 노란색으로 돌아갔다. 수소가 이동할 때 일어나는 이런 희한한 색 변화는 센트죄르지를 매료시켰다. 이제 여기에는 더욱 흥미를 자아내는 수소 이동 사례가 있었는데, 이것이 어찌된 영문인지 호흡과 연관이 있었다.

    호흡은 수소, 더 정확하게는 2H와의 반응으로 산소가 소모되는 것임을 떠올리자. 그 산물은 물, 즉 H_2O이다. 이 마지막 단계를 촉매하는 효소가

한다. 따라서 2H는 양성자 2개와 전자 2개를 나타내며, 이 양성자와 전자는 거의 어디에서나 끌어올 수 있다. 반면 H_2는 2개의 수소 원자가 공유결합으로 서로 결합되어 있는 기체이다. 이 결합에서 두 수소 원자는 자신이 가진 하나의 전자를 공유하므로, 이제 각각의 원자는 안쪽 껍질에 2개의 전자가 채워지면서 양자역학적으로 안정성을 띠게 된다. H_2 역시 2개의 양성자와 2개의 전자로 구성되지만, 이 경우에는 기체 형태의 H_2일 뿐이나.

헴 단백질인 시토크롬 산화효소임은 바르부르크가 이미 밝혀냈지만, 그러려면 어디에선가 2H를 얻어야만 했다. 센트죄르지가 상상한 그림은 일정 경로를 오가는 운반체들이 당에서 2H를 떼어내는 것이었다. 이 운반체들이 떼어낸 2H가 차례차례 전달되다가 마지막으로 산소에 이르고, H_2O가 형성되는 것이다. 아름다운 개념이었지만, 훗날 밝혀진 것처럼 **특정 부분에**서 틀렸다. 2H가 호흡에서 중요하다는 면에서는 대체로 옳지만, 카르복실산들의 정체성을 운반체로 보는 특정 부분에서는 그의 생각이 틀렸다. 그는 수소 운반체에 현혹되어 다른 것을 보지 못했다. 그러나 크레브스는 아니었다. 그는 무엇인가 다른 것을 보았다.

이제 1935년이 되었고, 크레브스는 셰필드로 자리를 옮겼다. 홉킨스는 자금을 모으지 못해서 케임브리지에서 크레브스의 봉급을 계속 줄 수가 없었다. 크레브스를 후계자로 생각하기는 했지만, 단기적으로 홉킨스가 할 수 있는 일은 거의 없었다. 얄궂게도 크레브스가 자리를 옮기고 얼마 지나지 않아, 케임브리지에 강사 자리가 하나 생겼다. 홉킨스는 크레브스에게 "책임 연구자"라는 직함과 함께 이 자리를 제안했다. 크레브스는 당연히 마음이 흔들렸지만, 셰필드의 새로운 동료들의 지원에 고마움을 느꼈고 그곳에서 더 많은 심적 여유도 얻었다. 게다가 근처 피크 디스트릭트의 자연 풍경도 사랑하게 되었다. 결국 그는 그곳에서 19년을 살면서 그 지역 여성과 결혼하고 가정을 일구었다.[7] 그러다가 1954년에 옥스퍼드로 갔다.

---

7 그는 1938년에 마거릿 필드하우스와 결혼했다. 셰필드 대학교 근처에 있는 한 가톨릭 수도원 학교의 교사였던 그녀는 마리아 몬테소리가 개발한 몬테소리 교육법을 잘 알고 있었다. 크레브스가 마거릿의 아버지에게 결혼 허락을 받으러 갔을 때, 필드하우스 씨는 마거릿에게 "네가 뭘 보고 좋아하는지 모르겠지만, 이 녀석은 빈틈이 하나도 없어 보인다"고 말했다. 마거릿은 즐겁게 웃으면서 "머지않아 빈틈이 보일 것"이라고 대답했다고 전해진다. 그들은 2남 1녀를 두었고, 막내인 존은 저명한 동물학자이자 과학 정책 자문가가 되었다(식품표준국, 영국 과학협회, 기후변화 위원회를 포

크레브스는 센트죄르지의 발견에 자극을 받았지만, 몇 가지 문제점도 확인할 수 있었다. 간단히 요약하자면, C4 카르복실산들이 센트죄르지의 주장처럼 단순히 수소 운반체인지, 아니면 크레브스 자신의 생각처럼 당 분해의 실제 **중간산물**인지에 대한 문제였다. 이는 과학적 추론이 얼마나 영리하게 작동하는지를 보여주는 좋은 사례이므로, 잠깐 자세히 살펴볼 가치가 있다. 난해하면서도 표면적으로는 비슷해 보이는 이 두 가지 생각 에서는 실제로 상반된 예측이 나오는데, 이 예측은 실험을 통해서 검증될 수 있다. 그 실험은 크레브스를 순환하는 회로라는 아름다운 개념으로 곧 장 이르게 했고, 믿기 어렵지만 이 순환 회로는 그후로 생화학에서 핵심 역 할을 하게 되었다. 센트죄르지의 생각은 세부적인 부분에서는 틀린 것으 로 밝혀졌지만, 그럼에도 가치가 있다. 그의 생각은 카르복실기에서 수소 (2H)를 제거한다는 이 회로의 기본 특징에 주목했기 때문이다. 나는 생화 학에서 우리가 무엇인가를 이해하기 위해서 해야 하는 추론이 얼마나 막연 한 것인지를 다시 한번 강조하고자 한다. 어떤 순간에도 우리에게는 무엇 인가가 그냥 "보인" 적은 없다. 이 문제를 더 깊이 생각해보자.

만약 C4 카르복실산이 단순히 수소 운반체라면, 당에서 2H가 떨어져 나와서 카르복실산에 전달될 때마다 남아 있는 당의 뼈대에서 CO_2가 방출 되어야 할 것이다. 포도당의 화학식은 $C_6H_{12}O_6$이다. 센트죄르지는 하나의 포도당에서 모두 6개의 2H가 떨어져 나오고, 각각의 2H가 C4 카르복실산 을 거쳐서 산소로 전달되면서 물을 형성한다고 상상했다. 카르복실산은 그 사이를 왕복하면서 운반체로서 작용하고 있었다. 이와 동시에 포도당 분자에서 떨어져 나온 탄소는 CO_2로 방출되어야 했다.

그러면 명확한 예측을 할 수 있다. 만약 카르복실산 운반체를 넉넉히 추

함한 여러 단체의 회장을 맡고 있다). 앞에서 언급했듯이, 그는 2007년에 로드(Lord) 작위를 받았고, 난민 과학자를 지원하기 위한 한스 크레브스 경 신탁을 설립했다.

가한다면, 산소가 없어도 당이 완전히 분해되어야 할 것이다. 이를 이해하려면, 보통은 산소가 2H의 최종 수용체라는 것을 기억해야 한다. 산소는 2H를 받아들여서 물을 형성하고, 이 물은 폐기물로 배출된다. 만약 C4 카르복실산이 단순히 2H를 산소에 전달하는 운반체로 작용한다면, 조직 조각에 추가된 C4 카르복실산은 전달할 산소가 없어도 포도당의 2H를 모두 떼어내서 받아들일 수 있어야 한다. 이 2H 운반체들이 불을 끄려고 일렬로 서서 물이 든 양동이를 전달하는 사람들이라고 상상해보자. 더 많은 양동이가 추가된다는 것은 양동이 속 2H를 산소에 비우지 않아도 양분에서 2H를 더 많이 떼어내어 양동이 속에 담을 수 있다는 것을 의미한다. 2H가 채워진 양동이만 늘어날 뿐이다. 만약 그렇다면, CO_2 역시 산소의 존재 유무에 상관없이 형성되어야 할 것이다. 그러나 이 실험에서는 산소가 없으면 CO_2가 거의 형성되지 않는 것으로 드러났다.

그 결과에 대해서는 두 사람 모두 동의했지만, 센트죄르지는 실험 환경이 대단히 미묘해서 측정에 어려움이 있기 때문이라고 생각했다. 반면 크레브스는 결과를 글자 그대로 해석했다. 그는 C4 카르복실산을 당 분해의 **중간산물**로 보았다. 따라서 아직 모든 CO_2가 떨어져 나오지 않았고, 이 마지막 단계를 위해서는 산소가 필요했다. 이 문제로 다시 돌아가서, 만약 크레브스가 상상한 대로 C3 피루브산이 정말로 중간산물이라면, 알려진 다음 중간산물인 C4 숙신산으로 어떻게든 변환이 되어야 할 것이다. 표면적으로 보았을 때, 이는 분해와는 정반대이다. 탄소 사슬의 길이가 짧아지는 것이 아니라 길어지는 것이기 때문이다. 당혹스러운 일이다.

그러나 크레브스에게는 실마리가 하나 있었다. 아마 다른 이들은 이 실마리를 상관이 없는 것으로 여기고 무심히 넘겼을지도 모른다. 감귤류 과일에서 새콤한 맛을 내는 C6 카르복실산인 시트르산citric acid이 몇 단계를 거쳐서 C4 숙신산으로 분해된다는 사실이 그 즈음에 밝혀졌다. 꽤 길게 이어지는 이 일련의 단계들은 겉보기에도 서로 연관이 있어 보이며, C6 시트르산이 C5 중간산물(α-케토글루타르산α-ketoglutarate이라고 불린다)을 거쳐서 네 종류의 C4 카르복실산에 이르렀다. 크레브스는 이 단계들을 거치면서 카르복실산의 탄소 원자 길이가 6개에서 4개로 짧아지는 동안 2개의 CO_2 분자가 방출된다는 점에 주목했다. 짐작컨대, CO_2가 빠져 나오는 이런 단계들이 진행되려면 산소가 들어가야 했을 것이다. 크레브스도 (센트죄르지의 방법을 변형해서) 비둘기의 가슴 근육으로 만든 얇은 조직 조각에 시트르산을 첨가했다. 그러자 숙신산을 넣었을 때와 비슷한 양상으로 호흡 속도가 빨라지는 것이 발견되었다. 시트르산은 확실히 호흡과 연관이 있었다. 결정적으로, 크레브스는 조직 조각에 시트르산을 추가할 때 호흡 억제제를 함께 넣어주면 숙신산이 축적된다는 것을 밝혀냈다. 최후의 일격과 같은 이 결과는 시트르산에서 숙신산을 거쳐서 이어지는 경로가 정말로 호흡의 정상적인 일부라는 의미일 수밖에 없었다. 호흡의 차단이 이런 중간산물들의 축적으로 이어졌기 때문이다. 간단히 정리하자면, 이제 크레브스는 피루브산(C3)에서 시트르산(C6), α-케토글루타르산(C5), 마지막으로 숙신산(C4)으로 이어지는 호흡의 중간산물들을 확인했다. 이 중간산물 중 하나를 추가하면 촉매 효과가 나면서 전체적인 호흡 속도가 빨라졌다. 이 모든 것은 결국 아주 복잡한 십자말풀이와 꽤 비슷한 과학 퍼즐 같은 것이었다.

순환 논리

이 십자말풀이를 옳은 방향에서 고민한 사람은 크레브스뿐이었다. 그와 가장 가까운 동료들조차도 그의 심중을 거의 알지 못했다. 그러나 크레브스는 이전에도 작은 분자의 촉매 효과에 대해서 궁리한 적이 있었다. 바로 요소 회로를 연구할 때였다. 그 분야의 모두가 동일한 정보를 가지고 있었으나, 그들과 달리 크레브스는 이미 순환하는 회로를 염두에 두고 있었다.

요소 회로는 아르기닌arginine이라고 하는 C6 아미노산에서 시작한다. 아르기닌은 한 효소에 의해서 크기가 다른 두 조각으로 쪼개지는데, 한 조각은 폐기물인 요소이고 한 조각은 아르기닌보다 조금 짧은 (C5) 아미노산인 오르니틴ornithine이다. 그 다음에 오르니틴에 무슨 일이 일어나는지는 알려지지 않았지만, 크레브스는 그의 조직 조각에 오르니틴을 더 첨가하면 어찌된 영문인지 오르니틴 자체는 소모되지 않으면서 요소 형성 속도가 증가한다는 것을 발견했다. 처음에는 이것이 그를 당혹스럽게 했다. 보통은 어떤 반응에서 산물이 축적되면 더 이상의 형성을 방해하는 경향이 있는데, 이 경우에는 그 반대였기 때문이다. 마침내 크레브스는 오르니틴이 촉매로 작용하고 있다는 것을 깨달았다. 오르니틴은 그 자체는 소모되지 않고 그 반응의 속도를 올렸다. 그러려면 오르니틴이 아르기닌을 더 많이 만들어내야 했다. 그래야만 더 많은 요소가 생성될 수 있고, 그가 추가한 오르니틴도 재생될 것이다. 다시 말해서 순환이 일어나야 했다! 아르기닌은 오르니틴에서 몇 단계를 더 거쳐서 다시 만들어졌고, 그 과정에서 CO_2 한 분자와 HN_3 두 분자가 추가되었다. 1932년에 홉킨스가 왕립학회에서 칭찬해 마지않은 이 아름다운 통찰은 생명 시스템living system에서 예상할 수 있는 정도의 의외성만 지녔을 뿐이었다.

크레브스는 생화학적 순환 회로가 필연적으로 촉매 역할을 한다는 것을 깨달았다. 본질적으로 어떤 성분을 더 추가하면 다음 성분이 더 많이 생기게 된다. 그렇게 차례차례 계속 이어지면, 결국에는 한 바퀴를 빙 돌아서 처음 성분이 다시 만들어지는 것이다. 다른 성분이 전혀 소모되지 않는 이유도 이것으로 설명이 된다. 각각의 성분은 그 전구체로부터 무한정 재생되어야 한다. 얼핏 생각하면 효율이 100퍼센트인 영구기관 이야기처럼 들릴 수도 있겠지만, 이 회로가 실제로 계속 돌아가려면 당연히 끊임없이 물질을 투입해야 한다. 가령 시트르산에서 시작하는 어떤 회로의 처음 몇 단계에서 CO_2 분자 2개와 2H 몇 쌍을 떼어낸다면, 이 회로가 온전하게 한 바퀴 돌기 위해서는 같은 성분을 보충해야 할 것이다. 그렇지 않으면 회로의 순환은 일어나지 않을 것이다. 그러나 보충되어야 하는 탄소, 수소, 산소가 동일한 형태의 분자일 필요는 없다. 이 원소들이 모두 결합된 유기 분자의 형태여도 된다. 다시 서론의 자동차 비유로 돌아가서, 크레브스 회로를 마법의 로터리라고 생각해보자. 그 마법의 로터리에 차를 가득 실은 자동차 운반 트럭 한 대가 당도한다. 각각의 분기점마다 눈부신 섬광이 터지면서 트럭의 뒤에 매달린 트레일러에서 차가 한 때씩 사라진다. 사라진 차는 자체적인 변신 여정을 시작하거나 고철을 얻기 위해서 해체된다. 로터리를 완전히 돌아 나오는 것은 트럭의 트랙터 부분뿐이다. 그런 다음, 펑! 마법처럼 트랙터에 다시 트레일러 한 대가 연결된다. 이 순환 회로는 짐을 가득 실은 트레일러가 트랙터에 연결될 때에만 시작될 수 있다. 따라서 로터리를 한 바퀴 돌 때마다 트랙터는 항상 재생된다. 이를 다시 화학 용어로 바꿔보면, 크레브스는 이 회로에 유기 분자들(트레일러)이 투입될 수 있다는 것을 깨달았다. 그리고 회로가 완전히 한 바퀴 돌면 그 유기 분자들이 CO_2와 여러 쌍의 2H로 분해되어 호흡의 용광로로 들어가고, 가장 간단한 탄소 뼈대(트랙터)만 남아서 분해할 다음 유기물을 다시 싣게 되는 것이다.

그렇다면 어떤 유기 분자가 이 회로에 투입되는 것일까? 크레브스는 피루브산에 초점을 맞췄다. 피루브산이 당과 일부 아미노산의 중간 분해 산물이라는 점을 기억하자. 이것이 회로에 투입되고 촉매 작용에 의해서 CO_2와 2H로 분해되고 있었을까?

이 문제의 가장 골칫거리는 마지막 C4 카르복실산인 옥살로아세트산 oxaloacetic acid이었다. 이것이 "트랙터"가 될 수 있을까? 옥살로아세트산은 시트르산의 분해에서 명확한 마지막 단계였지만 물질대사적 운명은 모호했다. 아니, 모호하다기보다는 몇 가지 다른 경로로 갈라져 들어갈 수 있었다(이에 대해서는 제5장에서 다시 살펴볼 것이다). 이런 모호한 경로들 중 하나가 크레브스의 눈길을 끌었다. 당시 시트르산이 옥살로아세트산과 피루브산으로 만들어질 수 있다는 사실이 막 밝혀졌는데, 실제로 두 물질은 꽤 가혹한 화학적 조건에서 효소 없이 결합될 수 있었다. 만약 비슷한 반응이 정상적인 물질대사 조건에서 효소의 촉매 작용에 의해 일어난다면, 크레브스는 그의 순환하는 회로의 초안을 완성하는 것이었다. 피루브산은 옥살로아세트산 위에 대충 얹혀서 회로에 투입되었고, 이는 짐을 가득 실은 트레일러가 트랙터에 연결된 것에 해당했다. 그것은 간단한 실험이었고, 그의 간절한 열망만큼이나 잘 작동했다. 피루브산과 옥살로아세트산을 조직 조각에 첨가하자, 정말로 시트르산이 보통의 생리학적 환경에서 빠르게 만들어졌다. 이제 남은 것은 설명이었다. 이 회로로 산소 소모, CO_2 방출, 피루브산 감소, 시트르산 형성을 설명할 수 있을까? 그렇다! 그렇다! 그렇다! 그렇다! 이 회로는 각각의 현상을 빠짐없이 설명했다! 아래의 그림은 크레브스가 이 회로에 대해 처음 내놓은 간단한 개념으로, 그의 유명한 1937년 논문에서 묘사된 것과도 어느 정도 비슷하다.

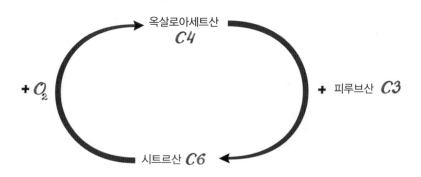

이 회로의 전체적인 효과는 피루브산 한 분자, 또는 적어도 피루브산과 밀접한 연관이 있는 무엇인가가 태워진다는 것이다. 옥살로아세트산과 결합해서 시트르산을 형성하는 것이 정확히 무엇인지는 여전히 미스터리였다. 이 그림에 묘사된 것처럼 C3 피루브산이라고 하기에는 탄소가 너무 많았기 때문이다. C4 분자 하나와 C3 분자 하나를 더하면 C6인 시트르산이 아니라, C7 분자가 되어야 할 것이다. 탄소 하나는 아마도 이 과정을 거치는 동안 어딘가에서 CO_2로 사라졌을 것이다. 이 논문이 「네이처」에서 거절당한 가장 유명한 논문 중 한 편이 된 배경에는 아마 이런 불확실성도 부분적으로 작용했을 것이다. 「네이처」는 순환하는 회로에 대한 크레브스의 논문을 반려하면서, 자신들은 발표를 기다리는 논문이 너무 많이 밀려 있어서 그의 논문은 다른 곳에서 발표하는 편이 더 나을지도 모르겠다는 이상한 권고를 했다.

그로부터 딱 10년 후인 1947년에 프리츠 리프먼은 피루브산에서 정말로 CO_2(그리고 2H)가 떨어져 나가고 C2 카르복실산이 남아서, 일종의 손잡이로 작용하는 더 큰 분자에 부착된다는 것을 발견했다. 그는 이렇게 조립된 분자 전체를 **아세틸 조효소 A**acetyl coenzyme A, 줄여서 아세틸 CoA라고 명명했다. 아세틸 CoA는 아주 오래된 세균에서 우리 자신에 이르는 모든 생명의 물질대사에서 가장 중심에 있는 분자일 수도 있음이 드러났다. 앞으로 우리는 이 분자를 계속 접하게 될 것이다. 일단 형성되면, 아세틸 CoA는 옥살로아세트산과 반응하여 시트르산을 만든다. 따라서 "짐을 가득 실은 트레일러"는 실제로 아세틸 CoA였다.

리프먼은 1920년대 후반에 베를린에서 공부했고, 그의 연구실은 크레브스의 연구실 옆방이었다. 리프먼도 훗날 나치를 피해서 탈출했는데, 그는 덴마크에서 뉴욕을 거쳐 마침내 보스턴에 도착했다. 리프먼은 속내를 알 수 없는 사람으로 악명이 높았다. 그는 사람들의 말을 가로막으면서 방금 했던 말을 다시 해달라고 요청하고는 했지만, 그들 말의 행간을 읽을 수 있는 것처럼 보였다. 아무도 찾아내지 못한 것을 속으로만 추측하면서 추궁하는 것 같았다. 그가 일평생 관심을 두고 탐구한 것은 생물학에서 통용되는 에너지 통화energy currency와 그 에너지 통화를 주고받는 방식이었다. 리프먼이 생화학에 남긴 특별한 지적 유산에는 그가 생명의 "보편적 에너지 통화"라고 부른 ATP(아데노신 3인산adenosine triphosphate의 줄임말)와 함께, 아세틸인산acetyl phosphate, 아세틸 CoA가 포함된다. 에너지 대사를 떠받치는 3개의 큰 기둥인 이 물질들에 대해서는 제3장에서 리프먼의 발자취를 따라 생명의 기원을 생각할 때 다시 다룰 것이다.

"아세틸"이라는 용어는 반응성이 별로 없는 2C 아세트산, 즉 식초를 가리킨다. 아래의 그림을 보면, 피루브산의 배불뚝이 부분과 체셔 고양이 웃음은 있지만 문제를 일으킬 광기 어린 눈의 산소는 없다. 아세트산을 옥살로아세트산과 반응시키려면, 아세트산 이온이 조효소 A에 부착되면서 활성화되어야 한다. 리프먼이 조효소 A라는 이름을 붙인 것은 다른 어떤 조효소 B와 구별하기 위한 것이 아니었다. 이 "A"는 "아세트산의 활성화 activation"를 의미한다. 여기서는 조효소 A의 화려한 복잡성은 제쳐두고, 아래의 그림에 있는 아세틸기만 보도록 하자. 아세트산 이온의 산소 원자 하나가 CoA의 황으로 바뀐 것에 주목하자(이 황은 "S"로 나타냈다). 이 미꾸라지 같은 황은 아세트산 이온 자체보다 더 반응성이 큰 혼성 분자를 만든

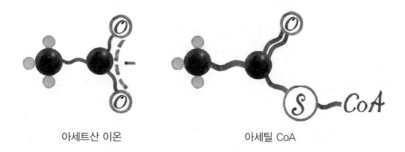

아세트산 이온   아세틸 CoA

다(그리고 남아 있는 산소가 조금 말똥말똥하게 쳐다보기 시작한다).

일단 이런 방식으로 활성화되면, C2 아세트산은 C4 옥살로아세트산에 부착되어 C6 시트르산을 내놓을 수 있다. 마침내 모든 것이 제대로 합쳐졌다. 포도당이 산화되는 과정은 이렇게 진행된다. 먼저, C6 포도당이 C3 피루브산 분자 2개로 쪼개지고, 각각의 피루브산은 아세틸 CoA로 분해된다. 그런 다음 이것이 크레브스 회로에 공급된다. 이 회로가 (피루브산에서 시작해서) 완전히 한 바퀴 돌아가면 CO_2 분자 3개와 H_2 분자 5개에 해당하는 2H 5쌍이 만들어진다.[8] 이 수소는 산소에 공급되고, 세포 호흡을 거쳐서 ATP의 형태로 에너지를 생산한다.

유사한 삶을 살았고 결국에는 과학적 발상에서 하나로 합쳐진 리프먼과 크레브스의 이야기에는 어떤 시적 감동이 있다. 따라서 1953년에 두 사람이 공동으로 노벨상을 수상한 일은 적절했던 것 같다. 그러나 이 이야기는 여기서 끝나지 않았다. 크레브스가 1937년에 설명하지 못한 또다른 세부적인 부분(누군가는 이것을 중요한 부분이라고 할지도 모른다)이 있었다. 1947년의 리프먼도 이 부분을 설명하지 못했다. 여러 쌍의 2H를 태워서 방출되는 에너지를 세포는 어떻게 포착해서 물질대사에 이용했을까? 이에 대한 의문은 조롱이 되었다. 리프먼은 방출된 에너지가 ATP의 형태로 보존된다는 것을 밝혀내기는 했지만, 2H의 연소가 ATP의 합성과 어떻게 짝을 이루는지는 아무도 알지 못했다. 이 문제는 이후 20년 동안 생화

---

8 더 꼼꼼한 계산을 바라는 사람을 위해서 말하자면, 태워지는 수소의 일부는 사실 물에서 유래한다. 이 물은 별개의 두 단계를 거쳐서 크레브스 회로의 중간산물에 추가된다(그 단계 중 하나는 320쪽의 그림에서 볼 수 있다). 포도당에서 2H를 떼어내면 6쌍의 2H를 얻을 수 있다는 것을 떠올려보자. 이에 비해 크레브스 회로는 10쌍의 2H를 떼어낼 수 있다. 따라서 호흡에서 태워지는 2H의 거의 절반은 물을 쪼개서 얻고(이는 기본적으로 광합성에서 일어나는 일이다), 그 다음에 추출된 수소를 태운다. 우리가 그런 일을 할 수 있는 줄 알았는가? 정말 놀랍다!

학에서 가장 화급한 문제였다. 그리고 홉킨스의 케임브리지 연구실에서 길러낸 매우 특이한 한 천재가 이 문제를 해결했다.

세포의 생명 구조

크레브스가 케임브리지를 떠나고 몇 년 후, 전쟁이 한창이던 1939년에 피터 미첼은 케임브리지에 대학원생으로 들어왔다. 그는 학교에서 운동을 하다가 다치는 바람에 입대를 할 수 없었다. 그는 정체를 알기 어려운 학생이었고, 그의 이야기는 지능의 범주를 나누는 것의 위험성을 다시금 일깨워주는 본보기이다. 그는 밑바탕이 되는 원리들을 스스로 알아냄으로써 기초부터 차근차근 이해할 수 있는 수학과 물리학 같은 학문에서 매우 뛰어난 능력을 발휘했다. 그러나 자신이 어떤 근본 원리를 전혀 찾아낼 수 없었던 영어와 역사 같은 과목은 싫어했다. 미첼은 가까스로 케임브리지에 입학할 수 있었는데, 수학자였던 그의 고등학교 교장이 미첼의 뛰어난 재능을 알아보고 힘을 써준 덕분이었다.

하마터면 미첼은 그를 믿어준 교장에게 보답하지 못할 뻔했다. 성적이 좋지 않았고, 처음에는 박사 학위를 받는 데 실패했기 때문이다. 그는 "동적인 것fluctid"과 "정적인 것statid"에 대한 고대 그리스의 학설을 발전시킨 자신만의 학설을 바탕으로, 세균이 세포의 안팎으로 분자를 어떻게 전달하는지에 대한 난해한 철학적 주제로 논문을 썼다. 그의 논문 심사관들은 그의 연구를 "논문의 주제가 결코 될 수 없다"고 무시했다. 미첼의 지도교수인 폴란드의 저명한 생화학자 데이비드 케일린은 "피터는 그의 심사관들에 비해서 너무 독창적"이라고 평했다. 미첼은 1951년에 페니실린의 작용 메커니즘이라는 더 평범한 주제로 마침내 박사 논문이 통과되었다. 프랜시스 크릭은 박사 학위를 받기까지 7년이 걸렸다는 점에서 미첼과 비슷하며, 그 과정에서 X선 결정학에 대한 수학적 이론을 독학하기도 했다. 어쩌면 두 사람은 오늘날의 연구 환경에서는 성공을 거두지 못했을지도 모른다.

이런 실패에도 불구하고, 미첼은 주위 사람들에게 확실히 깊은 인상을 주었다. 노벨상을 두 번 수상한 프레드 생어의 글에 따르면, "피터는 모든 주제에 대해 독창적인 생각을 가지고 있었고, 그 당시에도 우리는 그가 과학을 바꿀 수 있을지도 모른다고 생각했다." 종전 직후인 1947년, 마저리 스티븐슨은 (알렉산더 플레밍과 J. B. S. 홀데인의 강력한 지지를 받아서) 일반 미생물학회의 회장으로 선출되었다. 그녀는 회장 자격으로 이 학회의 연례 학술회의에 미첼을 주요 강연자로 초청했다. 일개 대학원생으로서는 전례가 없는 영광이었다. 안타깝게도 스티븐슨은 이 학회가 열리기 전에 유방암으로 사망했다. 그녀가 마지막으로 한 일 중 하나는 자신의 연구실 조교였던 제니퍼 모이얼에게 미첼과 함께 연구를 해보라고 권유한 것이었다. 스티븐슨은 두 사람이 서로를 잘 보완해줄 것이라고 생각했다. 모이얼은 뛰어난 실험가인 반면, 미첼은 과학적으로 기발한 생각들이 넘쳐났지만 실험에는 별로 주의를 기울이지 않았다. 한 동료 학생의 말에 따르면, 피터는 정해진 실험을 하기보다는 무슨 일이 일어나고 있는지에 대해 토론을 하고 싶어했다.

시대가 달랐다면 제니퍼 모이얼은 내가 상상도 할 수 없을 정도로 대단한 기량을 발휘했을지도 모른다. 1939년에 케임브리지 거턴 칼리지에 들어간 그녀는 자연과학을 공부했고, 생화학을 전공했다. 그녀는 여러 철학 강연에 참석하는 동안, 홉킨스의 또다른 제자인 비교생화학자 어니스트 볼드윈의 강의에 영감을 받았다. 모이얼은 1942년에 "문학사 자격" 과정을 수료했다. 서글픈 이야기를 하자면, 거턴 칼리지가 온전히 대학의 지위를 인정받은 1948년이 되기 전까지 케임브리지에서는 여자에게 학위를 수

여하지 않았다. "자격" 과정을 끝낸 직후, 모이얼은 영국군의 여성 부대인 보조지방 의용군에 입대했다. 곧 군사 정보부로 들어갔고, 신호 정보를 담당하는 M18 부대의 정보 장교가 되었다. 전쟁이 끝날 무렵이 되자, 그녀는 독일군 암호를 해독하여 정보를 분석하는 부대의 부사령관이 되었고, 그후에는 군인들의 민간인 생활 복귀를 도우면서 1년을 보냈다. 그러다가 1946년에 연구 조교로서 케임브리지의 마저리 스티븐슨의 실험실에 합류했고, 1947년에는 학과 다과모임에서 미첼과 처음 만났다. 그녀는 그의 날카로운 지성과 폭넓은 관심사에 매료되었고, 머리카락이 갈기처럼 멋지게 굽이치는 "베토벤" 같은 외모에도 끌렸다(미첼 역시 훗날 청력을 잃는다). 모이얼 자신도 평생 합창단에서 노래한 열정적인 음악가였다.

마저리 스티븐슨은 더 없이 뛰어난 선견지명으로 미첼과 모이얼이 함께 연구할 것을 권했다. 두 사람은 과학적 동반자가 되어 평생을 함께했고, 20세기 생물학의 패러다임 변화를 이끌었다. 그 변화는 홉킨스 생화학부의 자유로운 분위기에서 시작되었고, 1950년대 중반에 에든버러를 거쳐서 마침내 글린 연구소에서 절정에 이르렀다. 글린 연구소는 콘월 보드민 근처에 있는 멋진 18세기 장원 영주의 저택으로, 미첼은 이곳을 정성껏 복원해서 연구소 겸 집으로 썼다.[9] 과학에 대한 미첼의 독특한 선견지명은 글린

9 미첼에게는 숙부로부터 받은 약간의 재산이 있었다. 그의 숙부 고드프리 미첼 경은 건설 기술자였는데, 1919년에 조지 윔피라는 작고 부실한 건축업체 하나를 사들였다. 고드프리의 역동적인 지휘 아래, 윔피는 1982년에 고드프리가 사망할 때까지 잉글랜드에서 약 30만 채의 집을 지었다. 제2차 세계대전 동안 윔피 건설회사는 수백 곳의 비행장, 열기구 기지, 부두, 군영을 건설했고, 고드프리는 그 공로를 인정받아서 1948년에 기사 작위를 받았다. 그로부터 얼마 후에는 히스로 공항을 건설했다. 전쟁 기간 동안 윔피의 성공 덕분에, 피터 미첼은 케임브리지 주변에서 화려하게 눈에 띄는 인물이 될 수 있었다. 그는 갈기 같은 머리를 휘날리면서 은색 롤스로이스를 몰고 다녔다. 이후 주기적으로 나온 배당금은 글린 연구소의 매입과 개조를 가능하게 했고, 어려운 시기에도 이 연구소를 유지하는 데에 도움이 되었다.

연구소에 생기를 불어넣었고, 이곳은 전 세계 생체 에너지 학자들의 순례지가 되었다. 생체 에너지 학자들은 이곳에 몇 주일 또는 몇 개월씩 머물면서 연구를 하고, 생물학의 물리학에 대해 토론하고, 그 원천에 거나하게 취했다.

그 원천은 바로 미첼이 생각한 새로운 방식의 에너지 흐름이었다. 그 방식은 오늘날에야 겨우 생물학에서 제대로 이해되기 시작했는데, 이 주제에 대해서는 책의 후반부에서 다시 다룰 것이다. 크레브스는 선형 경로의 틀을 벗어나서 생각했고, 총 네 개의 순환 회로를 발견했다. 그러나 미첼은 정말로 화학을 완전히 초월했고, 알아듣는 사람이 거의 없는 새로운 언어로 양성자 동력proton-motive force, 막 전위electrical membrane potential, 벡터 화학vectorial chemistry, 양전기proticity에 대해서 이야기했다. 미첼의 학설은 신비로운 수학적 상징이라는 옷을 입고 있었고, 세포를 물에 용해된 분자들이 들어차 있는 단순한 주머니로 취급하는 개념을 거부했지만, 그의 생각은 본질적으로는 꽤 단순했다. 그는 세균이 어떻게 몸의 내부를 외부와 다르게 유지할 수 있는지에 대한 궁금증에 사로잡혔고, 그의 생각은 이런 궁금증에서 발전하기 시작했다. 미첼은 세균이 같은 일을 하는 특정 분자를 효소로 알아보고 세포를 둘러싸고 있는 막을 가로질러 그런 분자를 세포의 안팎으로 능동적으로 수송한다는 것을 깨달았다. 그러려면 펌프질을 해야 했다. 막에 박혀 있는 선택적 펌프에는 당연히 동력이 필요하므로 에너지가 든다. 미첼은 만약 그 펌프가 거꾸로 돌아간다면 어떻게 될지를 생각했다. 그는 세포 밖으로 퍼냈던 무엇인가가 다시 세포 속으로 흘러들어서 농도 기울기가 낮아지면, 이때 방출되는 에너지가 원칙적으로 일에 투입될 수 있다는 것을 알았다. 펌프가 터빈이 되는 것이다. 이는 풍선에 공기를 불어넣는 것과 비슷하다. 압축된 공기가 방출되면 일의 동력이 될 수 있다. 풍선의 경우에는 풍선 입구에서 빠르게 분사되는 공기가 추신력으로 작용해서 풍선이 방 안을 날아다니게 될 것이다.

바르부르크와 크레브스 모두 "세포의 생명 구조"를 이야기하면서, 일부 과정이 "세포의 생명과 얽매여 있다"고 주장했다. 생화학자들 중에는 이 관점을 불편해하는 사람이 많았는데, 생기론vitalism이라는 미덥지 못한 발상을 떠올리게 하기 때문이었다. 생기론은 살아 있는 물질에는 단순히 화학으로 환원될 수 없는 어떤 특별한 것이 있다는 암시를 내비친다. 솔직히 말해서 이런 관점은 오늘날에도 여전히 만연해 있다. 생화학의 목표는 조직을 갈아서 효소를 분리한 다음, 인간이 준비할 수 있는 가장 순수하고 오염되지 않은 환경에서 그 정확한 기능을 측정하는 것이었다. 발효는 그 고전적인 사례였다. 정말로 균질한 조직 속에서 진행되었다. 다른 생화학 반응은 처음에는 일어나지 않았지만, 준비 방법이 더 개선되자 결국에는 세포가 없는 추출물 속에서 실제로 일어났다. 따라서 바르부르크와 크레브스는 손상되지 않은 세포에서만 호흡이 일어날 수 있다고 강력하게 주장했지만, 대부분의 생화학자는 더 꼼꼼한 실험 방법이 개발되면 모든 생화학적 과정이 정제된 재료들 속에서 일어나는 것은 시간 문제일 뿐이라고 생각했다.

미첼은 그런 관점을 극도로 싫어했다. 완전무결한 막은 세포가 살아 있기 위해서 반드시 필요한 것이었다. 세포막은 기름으로 된 얇은 층이며, 모든 세포를 둘러싸고 있다. 두께는 100만 분의 6밀리미터(6나노미터)이고, 젤 같은 세포질cytoplasm을 감싸고 있다. 식물, 균류, 세균과 같은 일부 세포에는 더 단단하고 그물망처럼 생긴 세포벽도 있다. 세포벽은 세포의 팽창을 방지하고 기계적 손상으로부터 세포를 보호하지만, 작은 분자가 세포 안팎으로 이동할 수는 있게 해준다. 그러나 여기에서 중요한 것은 얇은 세포막이다. 지질로 이루어진 이 막은 전하를 띠는 입자의 이동을 차단한다. 아주 작은 양성자조차도 통과하지 못한다. 만약 막이 찢어져서 양성자가 갑자기 누출되면 그 세포는 금세 죽게 될 것이다. 미첼은 이 법칙이 세균 세포를 드나드는 물질의 운반뿐 아니라 호흡 과정 자체에도 적용된다는 것을 날카로운 통찰력으로 간파했다. "세포의 생명 구조"는 "막"에서 찾아야 했다. 크레브스 회로에서 유래한 2H를 태우려면 막이 필요했다. 그 관측 하나만으로도, 미첼은 그의 가설의 전체적인 뼈대를 충분히 잡을 수 있었다. 우리는 미첼의 예측처럼 크레브스 회로가 이런 막의 전기적 특성과 밀접한 연관이 있음을 알게 될 것이다. 그러나 그 방식에 대해서는 미첼도, 크레브스도 상상하지 못했다.

분리된 전하

나는 분자들에서 수소(2H)를 떼어내어 산소에 전달하는 과정에 대해 이야기했다. 이 2H는 용액에 녹아서 자유롭게 돌아다니지도 않고, 한때 센트죄르지가 생각했던 것처럼 카르복실산에 의해 왕복을 하지도 않는다. 이 수소들은 NAD⁺(궁금할까봐 이야기하자면 "니코틴아미드 아데닌 디뉴클레오티드nicotinamide adenine dinucleotide")라는 큰 분자와 결합하는 것으로 밝혀졌다.[10] NADH에 대해서는 이 책의 후반부에서 자세히 살펴보겠지만,

---

10 NADH도 바르부르크가 발견했지만, 그는 이 물질의 완전한 의미를 알아내지는 못했다. 그 일은 미국의 위대한 생화학자인 앨버트 레닌저(유명한 생화학 교재의 저자)의 몫이 되었고, 그는 1940년대 후반에 2편의 훌륭한 논문을 통해서 산소에 의한 NADH의 산화가 ATP 합성과 연관이 있다는 것을 밝혀냈다. 생체에너지학에 대한 레닌저의 선구적인 연구에는 호흡이 세포의 "발전소"인 미토콘드리아에서 일어난다는 것에 대한 증명도 포함된다. 레닌저는 매우 걸출한 생화학자였지만, NADH의 산화가 ATP 합성과 정확히 어떻게 짝을 이루는지에 대한 문제를 해결하지는 못했다. 이 분야 전체는 20년 동안 교착 상태에 빠져 있었다. 미첼은 전례 없는 개념적 도약을 통해서 이 문제의 답을 내놓았다.

지금은 NADH라는 용어에서 "H"에만 초점을 맞추자. 나의 바람은 당신이 파블로프적 반사 능력을 개발해서 NADH를 볼 때마다 "아하! 또 이 짐승이 수소, 아니 2H를 구성하는 전자 2개와 양성자 2개를 전달하는구나!"라고 생각하는 것이다.

세포 호흡에서 NADH는 2H를 산소에 전달하여 물(H_2O)을 형성하고 그 과정에서 발생하는 약간의 에너지를 포착한다. 그러나 NADH가 자신의 2H를 산소에 직접 전달하지는 않는다. 대신 막 자체와 연결되어 줄줄이 이어져 있는 운반체들을 따라서 전자가 뛰어 내려가는데(사실상 "양자 터널 quantum tunnel" 효과가 일어난다), 지금은 이것을 호흡 연쇄respiratory chain라고 부른다. 호흡 연쇄는 미첼의 스승인 데이비드 케일린의 발상이었다.[11] 내가 수소 원자 전체가 아닌 **전자**라고 말한 것에 주목하자. 전자를 제외한 양성자에서 무슨 일이 일어나는지에 대해서는 아무도 감을 잡지 못했지만, 양성자도 결국 산소와 만나서 물을 형성하는 것은 분명했다. 이 수십 년 된 짝짓기 수수께끼를 풀 열쇠가 양성자의 경로에 있다는 것을 안 사람은 오직 미첼뿐이었다. 다시 말해서 그는 2H를 산소로 전달하는 것이 ATP 합성과 정확히 어떻게 짝을 이루는지를 알아냈다.

미첼은 (크레브스 회로에서 유래하며 NADH의 형태인) 2H가 양성자와 전자로 쪼개진다고 제안했다. 전자는 막 자체에 박혀 있는 운반체의 호흡 연쇄를 따라서 산소로 전달되는데, 주위를 둘러싼 지질이 절연체 구실을

---

11 살짝 올빼미를 닮은 얼굴로 많은 이들의 사랑을 받은 인물인 케일린이 이끄는 케임브리지의 몰테노 연구소는 홉킨스의 생화학부와 잔디밭을 사이에 두고 마주보고 있었다. 그는 호흡의 특성에 대해 바르부르크와 길고 신랄한 논쟁을 벌였음에도, 10년 전에 크레브스를 따뜻하게 맞아주었다. 논쟁의 토대가 된 것은 세 가지 시토크롬이었는데, 각각의 시토크롬은 바르부르크의 발효소와는 달랐다. 이 시토크롬들을 발견한 케일린은 이들이 산소에 전자를 전달하는 운반체들로 이루어진 "호흡 연쇄"로 작동할 것이라고 제안했다.

함으로써 하나의 전류가 된다. 이런 전류는 막을 가로질러 양성자를 밀어내는 힘으로 작용한다. 미첼은 막이 양성자를 거의 통과시키지 못한다는 것을 알고 있었다. 막이 손상되어 양성자가 누출되면 호흡이 일어나지 않을 것이다. 양성자는 외부에 축적되어 막의 안쪽과 바깥쪽 사이에 양성자 농도(즉 pH) 차이를 만든다. 게다가 양성자는 양전하를 띠기 때문에, 막 바깥쪽에 양성자가 축적되면 막을 사이에 두고 전지처럼 전위차가 형성된다. 마지막으로 양성자가 다시 막 안쪽으로 흘러들면서 막에 박혀 있는 단백질 터빈을 돌리면 리프먼의 보편적 에너지 통화인 ATP가 합성된다. 따라서 ATP 합성은 미첼이 **양성자 동력**이라고 부르는 것에 의해서 일어난다. 그런 다음에야 비로소 양성자는 산소에 있는 전자와 다시 만나서 물을 형성한다.[12] 전체적으로 이 과정은 다음에 있는 그림과 비슷해 보일 것이다.

　이 모든 것이 지금은 당연한 지식으로 받아들여지고 있지만, 그 과정은 쉽지 않았다. 이 생각들을 두고 20년에 걸친 지독한 논쟁이 벌어졌다. 제니퍼 모이얼의 실험이 큰 기여를 한 덕분에 마침내 미첼의 생각이 받아들여졌고, 미첼은 1978년에 단독으로 노벨상을 수상했다. 오늘날에는 그녀의 결정적인 기여를 간과해서는 안 될 것이다. 미첼과 모이얼은 1960년대 중

---

12 여기에는 조금 뜻밖의 사연이 있는데, 크레브스와 R. E. 데이비스가 미첼보다 10년 앞서서 1951년에 비슷한 발상을 내놓았기 때문이다. 그들은 "이온 농도 차이가 호흡의 자유 에너지와 ATP 합성 사이의 연결고리를 형성할 가능성이 있다"고 제안했다. 계속해서 그들은 이렇게 말했다. "농도 차에 따라 작동하는 메커니즘은 농도 차를 흩뜨리는 이온의 혼합을 방지하는 특별한 구조를 가정할 수밖에 없다." 그런 구조는 바로 막이다. 그러나 크레브스와 데이비스는 검증 가능한 세부적인 부분까지는 들어가지 않았고, 작은 실험도 하지 않았다. 그리고 막 전위에 대해서는 논의하지 않았다. 미첼은 크레브스의 이런 생각을 알지 못했고, 몇 년 후에 그의 생각을 간과한 것에 대해서 크레브스에게 사과했다. 크레브스는 이렇게 답했다. "어쨌든 그것은 생각에 지나지 않았습니다. 가설이라고 말하기도 어려웠어요. 게다가 쓸 만한 실험으로 이어지지도 않았어요." 정말로 도량이 넓은 사람이다.

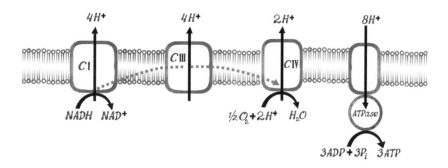

호흡 연쇄를 전체적으로 간략하게 묘사한 그림. NADH에서 산소로 전달되는 전자는 점선으로 나타난다. 이 전자들은 막에 박혀 있는 3개의 거대 단백질 복합체(복합체 I, III, IV; 복합체 II는 제4장에서 만날 것이다)를 통해서 전달된다. 이 전자의 흐름은 막을 통해 양성자 10개를 내보냄으로써 전위와 농도가 결합된 차이(양성자 동력)를 만들고, 이 차이는 ADP(아데노신 2인산adenosine diphosphate)와 무기 인산(P_i)으로 ATP를 합성하는 동력으로 작용한다. 인간의 경우 ATP 합성효소ATP synthase라는 모터가 한 바퀴 돌아갈 때마다 8개의 양성자가 통과하면서 3개의 ATP가 만들어진다. 나머지 양성자 2개는 "버려지는" 것이 아니라 다음 ATP 합성을 위해서 저장된다. 주목해야 할 점은 하나의 NADH에서 형성되는 ATP의 수가 정수가 아니라 분수라는 것이다(인간의 경우는 3.3). 그리고 그 수는 여러 가지 요인들에 따라 달라질 수 있어서, 오늘날까지 수십 년간 생체에너지학을 분주하게 만들고 있다.

반에 연이어 획기적인 논문을 「네이처」에 발표했고, 오늘날에도 여전히 쓰이고 있는 기본적인 실험적 접근법들도 함께 제시했다. 그들의 실험을 맛보기로 살짝만 소개하려고 한다(세부적인 내용에 대해서는 걱정하지 마시라). 그들은 (숙신산을 포함한) 다양한 기질과 산소가 주어지면 미토콘드리아의 막이 정말로 양성자를 퍼내서 배지가 일시적으로 산성화된다는 것을 증명했다. 그들은 살충제인 로테논rotenone 같은 전자 전달 억제제가 배지의 산성화를 부분적으로 차단한다는 것도 보여주었다. 그리고 그라미시딘gramicidin 같은 항생 물질이 전자 전달과 ATP 합성 사이의 연결을 끊는

"짝풀림제uncoupler"로 작용하여 양성자가 ATP의 합성을 일으키는 대신에 막을 통해서 다시 흘러들게 한다는 것도 밝혀냈다. 미첼과 모이얼은 이런 실험적 변수들을 절묘한 기술로 통제함으로써 화학양론적 관계도 대략적으로 확립할 수 있었다. 다시 말해서 퍼내어진 양성자 수에 대해서 소비된 산소 분자 수나 합성된 ATP 수의 대한 비율을 구할 수 있었다. 그 논문들은 개념적으로는 놀라울 정도로 새롭지만, 그들의 생각과 어법에는 그 시대가 고스란히 드러난다.

이런 실험은 호흡에서 필수적인 막의 역할과 함께 양성자 펌프의 작용과 ATP 합성의 기본적인 위상도 확립했지만, 실제로 양성자를 퍼내는 방법에 대해서는 거의 알아내지 못했다. 미첼은 여기에서도 혁명적인 발상을 내놓았지만, 세부적인 부분에서는 약간의 오류가 있었다. 특히 (운반체 자체의 특성이나 순서보다는) 막에 걸쳐 있는 단백질의 빠른 구조 변화를 통해서 양성자를 퍼낸다는 생각에는 오랫동안 반대해왔다. 간단히 말해서, 미첼의 아름다운 개념은 원론적으로는 맞다. 2H에서 O_2로 전달되는 전자의 흐름이 ATP 합성을 일으키는 양성자 회로와 정말로 짝을 이루었고, 미첼과 모이얼은 이것을 함께 증명해냈다. 그러나 펌프 작용의 세부적인 메커니즘에 대해서는 일부 오류가 있었다.

아마 미첼의 가장 큰 실수는 ATP 합성효소와 연관이 있을 것이다. 상징적이고 특별한 이 단백질은 막에 박힌 채로 돌아가고 있는 모터이다. 1960년대 초에 전자현미경으로 처음 관찰되었을 때 "생명의 기본 입자"라고 불리게 된 ATP 합성효소는 모든 미토콘드리아에 각각 수천 개씩 박혀 있다. 이제 우리는 이 나노 규모의 터빈을 통해서 유입되는 양성자의 흐름이 ATP의 합성을 일으킨다는 것을 알고 있다. 완전히 기계적으로 작동하는 ATP 합성효소의 작용은 미첼의 상상과는 전혀 달랐지만, 그래도 ATP 합성효소는 그의 가설의 정수를 보여준다. 초당 500회가 넘는 그 회전을 일

으키는 것은 미첼이 처음부터 예측했던 양성자 동력이기 때문이다.[13]

미첼의 오류와는 별개로, 그의 개념은 대단히 훌륭하다. 2H(크레브스 회로의 중간산물에서 추출된다)와 산소의 반응에 의해서 방출되는 에너지는 막을 하전시키는 전기 에너지로 변환된다. 이 전기 에너지는 굉장하다. 150−200밀리볼트라는 전압이 별 것 아닌 것처럼 들릴지도 모르지만, 앞에서 말했듯이 막의 두께는 극히 얇아서 두께가 6나노미터에 불과하다. 이 전기장의 세기는 (만약 당신이 막에 있는 분자가 되어 경험한다면) 1미터당 약 3,000만 볼트에 해당하며, 이는 막 1제곱나노미터 넓이마다 번개가 치고 있는 것과 같다. 그리고 인간의 몸에서 전기적으로 하전된 막의 넓이는 상상을 초월한다. 만약 우리 몸속 미토콘드리아의 막을 모두 평평하게 다려서 편다면, 축구장 약 4개의 넓이가 된다. 그 넓은 곳에 모조리 번개가 칠 정도의 전기를 띠고 있는 것이다.

이것이 복잡한 세포의 "발전소"인 우리의 미토콘드리아에서 호흡이 작동하는 방식이다. 미첼이 그의 화학삼투 가설chemiosmotic hypothesis을 발

---

13 미첼 자신도 세균에 대한 그의 초기 연구에서 단백질의 구조 변화를 제안한 적이 있었지만, 나중에는 단백질 구조 변화에 대한 생각에 고집스럽게 반대하면서 폴 보이어(훗날 존 워커 경과 함께 ATP 합성효소의 구조와 메커니즘에 대한 연구로 노벨상을 수상한다)와 오랜 논쟁을 벌였다. 미첼의 추론은 흥미로웠다. 그의 추론은 발상 자체의 진실성이 아닌 가설의 검증 방식과 연관이 있었다. 미첼은 과학에서는 형식상 가설을 반증할 수 있어야 한다는 칼 포퍼의 생각을 열렬히 지지했다. 미첼도 전자와 2H를 번갈아 운반하는 운반체를 처음부터 상정함으로써, 전달된 전자에 대해 퍼내어진 양성자의 정확한(따라서 검증이 가능한) 비율을 특정했다. 미첼의 주장에 따르면, 구조 변화에는 몇 개의 양성자나 전자의 수송이 연관되므로 적절한 엄밀성이 없이 형태가 바뀌는 단백질을 상상하는 것은 그것이 옳은지 그른지에 관계없이 가설을 반증하기가 어렵다. 이런 오류에도 불구하고, 미첼은 가장 당혹스러운 펌프 메커니즘 중 하나에 대해 사실상 옳았다. Q회로라고 알려진 이 메커니즘에서는 정확히 미첼이 제안한 공간적 짝지음(coupling) 방식을 통해서 퀴논(quinone)들이 막을 가로질러 양성자를 전달한다.

전시키고 있을 무렵인 1960년대 중반, 린 마굴리스는 독립생활을 하던 세균이 약 20억 년 전에 다른 세포 속으로 들어가면서(이를 세포내공생 endosymbiosis이라고 한다) 미토콘드리아가 되었다는 증거를 차곡차곡 모으기 시작하고 있었다. 나는 복잡한 생명체에서 미토콘드리아가 차지하는 독특한 중요성에 대해서는 다른 책에서 이미 다루었기 때문에 여기서는 일단 제쳐두려고 한다. 지금 우리의 요점은 세균의 작동방식이 미토콘드리아와 같다는 것이다. 다만 미첼도 잘 알고 있었던 것처럼, 세균에서는 세균 세포를 둘러싸고 있는 막이 하전되면서 세포의 힘장force field을 형성한다. 세균에서는 이런 전기적인 힘장이 ATP 합성보다 훨씬 더 큰 힘을 낸다. 이는 이 메커니즘이 모든 생명에 걸쳐서 보편적으로 보존되어 있는 이유를 부분적으로 설명한다. 무엇보다도, 양성자 동력은 가장 오래된 세균 중 일부에서 CO_2 고정을 일으킨다. 이를 통해서 우리는 양성자 동력이 생명이 시작된 바로 그 순간과 연결되어 있음을 알게 될 것이다. 나는 이런 힘장이 세포를 "자아self"로 정의될 수 있는 개별적인 존재로 만들지도 모른다는 주장을 하려고 한다. 만약 세균에도 자아라고 할 만한 것이 존재한다면 말이다(나는 존재한다고 생각한다). 이 관점은 미첼 자신의 개념에 기반을 두고 있으므로, 나는 미첼도 생명에 대한 이런 관점에 공감했을 것이라고 생각하고 싶다.

그러나 세포 호흡의 특별한 정교함에서 다른 이들이 얻은 메시지는 그것이 아니다. 생화학은 미첼의 사고 틀을 지탱하는 철학적 생각들을 외면하고, 양성자 펌프와 나노 모터의 놀라운 역학에만 관심을 두었다. 우리에게 남겨진 세포역학은 너무나 플라톤적으로 완벽해 보여서 어떻게 진화했을지 상상하기 어려울 정도이다. 겉보기에는 크레브스 회로가 돌아가면서 막 전위가 발생하고, 수조 개의 미토콘드리아에서 윙윙거리는 막 전위는 ATP 합성효소라는 나노 모터를 돌린다. 회로들 놀리는 회로, 톱니바퀴 속

톱니바퀴. 당연히 생화학자들은 기원에 대한 이야기나 완벽의 진화에 대한 추측을 피하고 싶어한다. 그러나 이는 지극히 평범한 현실을 간과하는 것이다. 그것은 완벽하지 않다.

기이한 왜곡

당신이 굶고 있다고 상상해보자. 당신은 살아가는 데에 필요한 에너지를 얻기 위해서 근육 속 단백질을 분해하기 시작할 것이다. 단백질 자체에서는 얻을 수 있는 것이 별로 없다. 당신이 태워야 하는 것은 그 구성성분인 아미노산이다. 1930년대 초반으로 돌아가서, 크레브스의 시작은 바로 그것이었다. 아미노산이 쪼개지면 암모니아와 카르복실산이 되고, 이 카르복실산이 크레브스 회로로 들어간다는 것을 다시 떠올려보자. 근육이 소모될 때 몸 곳곳으로 가장 많이 운반되는 아미노산은 단연 글루타민 glutamine이다. 글루타민은 C5 카르복실산인 α-케토글루타르산으로 전환된다. α-케토글루타르산은 크레브스 회로를 돌아서……더 많은 α-케토글루타르산을 형성한다. 크레브스 회로를 마치 유기 분자를 태우는 용광로처럼 생각해서는 안 된다. 크레브스 회로는 촉매이고, 이 회로 자체의 카르복실산들이 아닌 2C 아세트산의 분해를 촉매한다. 따라서 크레브스 회로는 아세트산이 더 많이 공급될 때에만 더 빨리 돌아갈 수 있다. 보통 아세트산은 포도당이나 지방이 분해될 때 공급된다. 하지만 만약 우리가 굶고 있으면, 포도당이나 지방은 이미 다 태워버렸을 것이다. 이제 우리는 단백질에 의지해야 한다.

물론 우리는 아미노산도 태울 수 있지만, 그 과정은 놀라울 정도로 복잡할 수 있다. α-케토글루타르산에 무슨 일이 일어나는지를 보자. 먼저 크레브스 회로를 따라 내려가면서 C4 카르복실산인 말산malate으로 분해된다. 그런 다음 말산은 2개의 막을 통과해서 미토콘드리아 바깥으로, 즉 세포기질cytosol로 배출된다. 세포기질에서 말산은 옥살로아세트산으로 산화되고, 피루브산의 활성 형태인 포스포엔올−피루브산phosphoenol-pyruvat을 거쳐서 마지막으로 피루브산 자체가 된다. 이 피루브산이 다시 미토콘드리아로 수송되고, 미토콘드리아에서 더 많은 수소와 CO_2를 떼어버리고 아세틸 CoA가 되어 크레브스 회로로 다시 들어간다. 그러면 드디어 완전히 태워질 수 있다. 이렇게 돌고 도는 길이라니! 합리적인 엔지니어가 생각해냈을 것이라고는 상상하기 어렵다. 왜 이렇게 빙빙 돌아가는 것일까?

그 해답의 일부는 우연과 연관이 있다. 크레브스 회로와 세포 호흡은 미토콘드리아 안에서 일어나며, 앞에서 말했던 것처럼 미토콘드리아는 한때 독립생활을 하던 세균이었다. 약 20억 년 전, 미토콘드리아는 그들의 세균물질대사 방식과 함께 복잡한 세포(진핵세포eukaryotic cell)의 조상이 될 세포의 몸속으로 들어왔다. 지금도 미토콘드리아는 세포 내에서 어느 정도다른 세상으로 남아 있다. 미토콘드리아를 둘러싸고 있는 2개의 막 중에서 가장 안쪽에 있는 막은 양성자도 통과할 수 없을 정도로 투과성이 없고, 오직 선택적 펌프를 통해서만 통과할 수 있다. 그렇기 때문에 말산은 내보내야 하고 피루브산은 들여와야 한다. 그러나 이는 이 문제의 부분적인 해답에 불과하다. 반응성 분자인 포스포엔올−피루브산은 새로운 당의 합성과 같은 물질대사의 중요한 분기점이며, 다양한 이유로 필요한데, 특히 DNA와 RNA의 당−인산 뼈대를 만드는 데에 쓰인다. 이런 합성은 대부분 미토콘드리아 바깥에서 일어난다. 따라서 새로운 당이 크레브스 회로를 거쳐서 아미노산으로부터 만들어질 수 있고, 우리 세포에서는 이런 방식이 종종 미토콘드리아를 드나드는 물질의 수송과 연관이 있다. 그리고 이는 내가 앞에서 살짝 언급한 것 하나를 떠오르게 한다. 바로 센트죄르지와 크레브스가 실험에서 운 좋게 선택한 비둘기 가슴 근육이다.

비둘기 가슴 근육은 숙신산을 첨가하면 호흡률이 600퍼센트 증가했다. 그 이유는 이 조직이 비행에 필요한 에너지를 공급하기 위해서 가능한 한 빨리 포도당을 산화시킬 준비를 하고 있기 때문이다(게다가 조직 조각은 아세틸 CoA 형성에 필요한 다량의 포도당을 공급받았다). 그러나 만약 그들이 간liver 조직으로 동일한 실험을 반복했다면, 같은 결과를 얻지 못했을 것이다. 왜냐하면 간은 크레브스 회로를 드나드는 유동을 필요로 하는 온갖 종류의 다른 일을 하고 있기 때문이다. 아미노산으로 포도당 만들기와 같은 일들을 하는 크레브스 회로는 온전하게 순환하는 회로라기보다는 빙글빙글 돌아가며 차들이 드나드는 로터리에 더 가깝다. 전체적으로 균형은 맞아야 한다. 그러나 그 특별한 통찰이 크레브스와 그를 따르는 세대들에게 아무리 큰 기회의 문을 열어주었다고 해도, 거기에 평범한 촉매 작용을 한다는 느낌은 없다. 촉매 작용은 특별한 사례이다.

그 이유는 충분히 단순하지만 생명에 중대한 영향을 끼쳤고, 이 책에서 우리는 그 영향을 탐구할 것이다. 크레브스 회로는 아미노산, 지방, 당, 그 밖의 많은 것을 합성하기 위한 전구체를 공급한다. 만약 크레브스 회로의 중간산물이 이런 합성을 위해서 빠져 나간다면, 회로에 남아 호흡을 위해서 수소를 공급할 중간산물은 줄어들 것이다. 각각의 중간산물은 회로가 완전히 한 바퀴를 돌아야만 재생될 수 있기 때문에, 분자마다 자체적인 작은 회로를 가지고 있다고 생각할 수 있다. 따라서 각각의 미토콘드리아에 있는 수백만 개의 중간산물이 모두 저마다 전용 회로를 돌리고 있는 것이다. 새로운 당을 만들기 위해서 중간산물을 끌어오면, 작은 회로들이 줄어들 것이다. 즉 새로운 분자를 만들기 위해서 에너지가 가장 필요할 때, 세포 에너지의 직접적인 약화가 일어나게 된다. 중간산물을 더 추가하면 작은 회로들이 더 늘어날 것이고, 이 각각의 작은 회로들은 호흡에서 연소될 수 있는 수소를 만들 수 있다. 이것이 크레브스가 관찰한 촉매 효과이다. 전체적인 균형 유지를 위해서, 생합성을 위해서 빠져 나간 중간산물은 다른 어딘가에서 대체되어 크레브스 회로로 들어와야 한다(이를 보충대사 anaplerosis라고 부른다). 따라서 크레브스 회로에 있는 모든 교차점에서는 거의 항상 물질이 드나드는 유동이 일어난다. 이렇게 드나드는 물질의 유동은 크레브스 회로를 완전히 한 바퀴 도는 것이 아니라 로터리처럼 이용한다. 그 결과 크레브스 회로는 평범한 로터리가 아니라 파리의 개선문 로터리나 영국 스윈던의 매직 로터리처럼 아주 복잡한 로터리가 된다.

완벽한 회로보다는 정신없는 로터리 같은 체계가 진화를 설명하기가 더쉬워 보일지도 모르지만, 이런 모습은 그와 정반대의 의문을 불러일으킬뿐이다. 수십억 년의 진화를 거쳤는데 왜 이런 어지러운 체계를 내놓은 것일까? 또는 왜 이 체계를 개선하지 못한 것일까? 크레브스 자신도 이 문제와 씨름했고, 생의 마지막 해인 1981년에는 물질대사 경로의 진화에 대한논문을 내놓았다. 내가 보기에, 그는 이 회로에 합성 측면이 있다는 것을완벽하게 알고는 있었지만 동물에서는 이 회로가 대체로 유기물의 분해에쓰인다고 보았던 것 같다. 대부분의 교재에서도 여전히 그렇게 소개되고있고, 나도 이 장에서 같은 방식으로 이 회로를 소개했다. 크레브스 회로의1차적인 목적은 분해이고, 합성은 부차적인 것이다. 이런 인상을 더욱 강화하는 것은 포스포에놀−피루브산 같은 중요한 물질대사 분기점이 미토콘드리아 외부에 있다는 사실이다. 크레브스 회로 자체와 떨어져 있다는점 때문에 동물에서는 물질대사의 중심에서 조금 벗어나 있는 것처럼 보인다. 크레브스는 산소 없이 살아가는 많은 미생물들이 이 회로를 주로 합성에 사용한다는 것을 알고 있었다. 그러나 내가 아는 한, 크레브스는 1966년부터 나오기 시작한 일련의 혁명적 논물들을 한 번도 인용한 적이 없다. 그 논문들은 일부 고대 세균에서는 크레브스 회로가 거꾸로 돌아갈 수 있음을 증명했다. 양분에서 $2H$와 CO_2를 떼어내어 에너지를 만드는 것이 아니라, 에너지를 쓰면서 2H와 CO_2를 반응시켜 유기 분자를 만드는 것이다. 다음 장에서는 이른바 이런 "역reverse" 크레브스 회로를 통해서 진화를 더 잘 이해할 수 있다는 점을 알게 될 것이다.

2

탄소의 경로

새잎이 돋아난 나무 한 그루를 상상해보자. 초록색 잎은 싱그럽고 윤이 난다. 아니면 안개 속에 우뚝 서 있는 거대한 삼나무를 상상해보자. 그 바늘잎은 색이 짙고 억세다. 발아래 이슬을 머금은 풀밭에는 군데군데 파릇파릇한 이끼가 흩어져 있다. 근처의 작은 연못에는 갈대숲이 무성하고, 그 아래에는 개구리밥이 수면을 뒤덮고 있다. 어쩌면 녹조도 잔뜩 끼어 있을지도 모른다. 또는 여름 안개 속에 노랗게 물들어 있는 사바나를 상상해보자. 그곳에서는 이따금 작은 덤불숲이 열기 속에서 아른거린다. 열대 우림의 아찔하게 높은 우듬지에는 리아나liana 덩굴이 늘어져 있다. 붉은 사막에는 거대한 선인장이 바위를 배경으로 늠름하게 서 있다. 북극의 툰드라에서는 마지막 백자작나무가 꽃이끼와 헤더heather에 자리를 내어준다. 만약 운이 좋다면 봄에 꽃이 만개한 모습을 볼 수 있을 것이다. 지의류lichen는 암석 위에 녹색과 주황색 물감이 튄 것처럼 보이지만, 현미경으로 보면 딴 세상의 미니어처 정원이다. 남극의 암석을 쪼개서 자세히 살펴보면, 표면 아래에서 남세균cyanobacteria의 청녹색 띠를 볼 수 있다. 또는 바다 밑바닥에 있는 울창한 다시마 숲을 생각해보자. 그곳에서는 눈부신 빛줄기가 어둠 속에 숨어 있는 뭔가의 은신처로 파고든다. 이제 다채로운 색과 무늬가 폭발하는 산호초가 있다. 꼬물거리는 폴립polyp은 그들의 생명과 영광을 전적으로 단세포 조류에 의존한다. 백화된 산호는 생각하지 말자. 가느다란 손가락뼈들의 무덤 같은 그곳에는 광합성 생물은 없다.

이런 이미지들은 진부할 수도 있지만, 우리 행성에서 일어나는 광합성의 범위가 얼마나 경이로운지를 잘 전달한다. 떠오른 이미지는 사진이나 영화에서 본 친숙한 풍경일 수도 있고, 만약 당신이 운이 좋다면 직접 탐험한 풍경일 수도 있을 것이다. 어느 쪽이든, 식물은 우리가 사랑하는 세상의 많은 부분을 떠오르게 하며, 평화롭게 빈둥거리는 것처럼 보인다. 식물에서는 이빨과 발톱을 피로 물들인 자연이 잘 연상되지 않고, 확실히 단조로운 획일성에 대한 생각은 들지 않는다. 그러나 표면 아래로 파고들어 초록의 잎사귀 안을 들여다보면, 식물은 모두 똑같다는 것을 알게 될 것이다. 이들 식물의 잎에서 발견되는 단백질은 절반 가까이가 어느 정도 동일하다. 이 단백질은 지구에서 가장 흔한 단백질이며, 이론의 여지는 있지만 가장 중요한 단백질이다. 공기 중의 이산화탄소를 받아들여서 유기 분자로 변환하는 이 단백질은 모든 식물, 그리고 궁극적으로 우리를 살아 있게 하는 물질이다. 그 단백질은 루비스코rubisco라는 수수께끼 같은 이름을 가졌다. 원래 이 이름은 선구적인 광합성 연구자인 샘 와일드먼에 대한 애정을 담아 장난스럽게 지어졌다(그가 지은 이름인 "단편-1 단백질fraction-1 protein"보다는 낫다). 만약 루비스코라는 이름이 아침에 먹는 시리얼 이름처럼 들린다면, 요점을 정확히 짚은 것이다. 루비스코는 균형이 잘 잡힌 필수 아미노산 공급원이기 때문에, 그는 수년간 그 단백질로 건강 보조식품(사실상 시리얼)을 개발하려고 했다.[1] 루비스코는 리불로스 2인산 카르복

---

[1] 이 모험은 실패로 돌아갔다. 와일드먼이 담배 잎에서 루비스코를 대량 추출하기 위해서 노스캐롤라이나에 시범 농장을 만든 1970년대 후반은 흡연의 위험성이 보편적으로 인식되기 시작할 무렵이었기 때문이다. 다른 모든 잎에서 발견되는 단백질과

실화 효소-산소화 효소ribulose bisphosphate carboxylase-oxygenase의 첫 글자들을 따서 만든 꽤 복잡한 약어라고도 할 수 있다. 각각의 용어마다 사연이 있지만, 천천히 알아보도록 하자.

루비스코는 너무나 풍부하다. 효소로서는 특이할 정도로 일을 못하기 때문이다. 일반적으로 효소는 엄청난 속도로 움직이면서 1초에 수백, 아니 수천 번씩 정확히 똑같은 반응을 촉매한다. 이와 대조적으로 루비스코의 회전률은 1초에 10반응에도 미치지 못한다. 이는 루비스코가 유기 분자로 변환하는(즉 "고정하는") 이산화탄소 분자의 수가 초당 10개가 안 된다는 뜻이다. 식물은 광합성 속도를 올리기 위해서 어쩔 수 없이 루비스코를 더 많이 만들어야 하므로, 루비스코가 지나치게 풍부한 것이다. 그러나 그것이 다가 아니다. 루비스코는 대부분의 효소보다 덜 특이적이다. 루비스코는 이산화탄소와 산소의 차이를 잘 구별하지 못한다(생각해보면, CO_2와 O_2의 차이는 탄소 원자 1개뿐이다). 아마 루비스코가 처음 진화한 수십억 년 전의 대기는 오늘날에 비해서 CO_2 농도가 훨씬 더 높았을 것이다. 반면 오늘날 대기의 21퍼센트를 차지하는 O_2는 당시에는 아주 희박했을 것이다. 따라서 루비스코의 구별 능력이 형편없어도 당시에는 O_2보다 CO_2를 고정할 확률이 훨씬 더 높았기 때문에 별 문제가 되지 않았을 것이다. 오늘날에는 상황이 바뀌었다. O_2 농도가 CO_2 농도보다 수백 배 더 높아졌다. 특히 활발하게 광합성이 일어나고 있는 잎에서는 CO_2를 게걸스럽게 집어먹고 O_2를 폐기물로 게워내기 때문에 그 차이가 더욱 두드러진다. 만약 기

똑같은 단백질이었지만, 담배의 단백질을 식품에 첨가한다는 생각은 상업적으로 못마땅하게 여겨졌다. 와일드먼이 왜 담배를 고집했는지는 나는 모른다. 그의 초기 연구가 담배모자이크바이러스(tobacco mosaic virus)에 관한 것이었고, 그후에도 항상 담배로만 연구를 했기 때문일 것이라고 추측할 뿐이다. 나이 든 과학자들에게 새로운 기술을 가르치는 것은 어렵다.

후가 덥고 건조하면, 기체 교환이 일어나는 잎의 구멍(기공^{stomata})이 닫히기 시작하면서 수분 손실을 막는다. 그러면 O_2 노폐물은 내부에 갇히고 CO_2 농도는 낮아지기 때문에, 루비스코에 심각한 문제가 생긴다. 작물은 이런 조건에서는 산출량의 4분의 1이 소실될 수도 있다. 루비스코가 O_2를 더 많이 "고정하므로" (광호흡^{photorespiration}이라고 불리는) 정교한 생화학적 속임수를 통해서 문제를 바로잡아야 하기 때문이다.

당연히 루비스코를 대체할 물질에 상업적 관심이 쏠렸다. 표면적으로는 더 합리적으로 설계된 대체물을 쓰면 당근의 수확량이 증대될 것이라는 희망이 머릿속에 아른거렸다. 그러나 단순히 탄소를 고정하는 그런 효소로만 보였던 루비스코는 더 흥미롭고 더 심오한 문제, 바로 생화학의 통일성이라는 신조를 상징적으로 보여준다. 서론에서 우리는 이 생각의 가치에 대해서 살짝 다루었다. 이 장에서는 그것이 악의적인 오해를 불러일으킬 수도 있음을 알게 될 것이다. 어떤 신조든지 반짝할 때가 있지만, 이 특별한 밈^{meme}은 여전히 교과서들에서 문젯거리로 남아 있다. 그 밈은 이렇다. 광합성은 (루비스코를 이용해서) CO_2를 당으로 변환하는 반면, 호흡은 그 당을 태운다. 이 문장을 조금 바꾸면, 당이 생화학의 중심이라는 물질대사의 중심 원리$^{central\ dogma}$가 된다. 당의 경로는 생화학 표에서 중심에 위치한다. 마술사가 주의를 딴 데로 돌려서 진짜 일이 행해지는 곳을 보지 못하게 하는 것처럼, 광합성과 호흡을 가르칠 때에도 정확히 그런 일이 일어난다. 심지어 그 속임수가 있다는 것조차 알아채지 못한다. 문제는 우리가 동물과 식물에 무한히 매료되어 있다는 점이다. 동물학과 식물학이라는 유서 깊은 학문에는 이런 매료가 반영되어 있다. 우리가 배운 것은 우리가 생각하는 방식을 수십 년간 좌우할 수 있다. 루비스코의 사례에서 문제점은 당에 지나치게 초점을 맞춤으로써 생명의 기원과 진화의 심오한 흐름과 우리의 생화학 사이의 근본적 연관성을 간과하게 되는 것이다.

식물과 동물을 구분하는 단순한 이분법. 식물은 광합성으로 당을 만들고 동물은 크레브스 회로를 통해서 이 당을 호흡한다는 개념은 당연히 부분적으로는 옳다. 그러나 심각한 오해도 불러일으켜서 물질대사의 구조는 잘 이해하지 못하게 하고, 따라서 병에 걸리면 무엇이 잘못되는지에 대해서도 잘 이해하지 못하게 한다. 우리는 학교에서 식물이 "독립영양 생물autotroph"이라고 배운다. 식물은 CO_2와 물 같은 무기 분자로 "당을 만든다." 반면 동물은 식물을 먹거나, 식물을 먹는 다른 동물을 먹어서 생명의 순환을 완성시킨다. 우리가 배운 바에 따르면, 독립영양 생물은 태양에 의존해서 에너지를 얻는다. 광합성이라는 영광스러운 일상의 기적을 통해서 빛 에너지와 공기 중에 있는 기체를 그들의 몸과 우리 몸을 이루는 물질로 변환시킨다. 이것이 생합성이다. CO_2 같은 단순한 분자를 생명의 구성 재료로, 궁극적으로는 거대한 분자 기계인 DNA와 단백질로 변환하는 것이다. 모든 학생이 이것을 배워야 한다는 것도 기적이지만, 우리는 식물이 지구상에 늦게 나타났다는 사실도 학생들에게 알려주어야 한다. 세균들이 우리의 식물을 만들어내기까지는 수십억 년이 걸렸다. 우리가 알고 있듯이, 광합성은 남세균에 의해서 발명되었다. 한때는 남조류blue-green algae라는 더 멋진 이름으로 불렸던 남세균 역시 파티에 꽤 늦게 도착했다. 이 정교한 세균이 나타나기 전, 이미 고대 지구에는 다른 독립영양 생물들이 기체와 암석을 이용해서 살아가고 있었다. 때로 그들은 지구 깊숙한 곳에서 살기도 했다. 그중에는 태양이 필요 없는 곳도 많았다. 생명(그리고 죽음……)의 심오한 화학을 이해하고 싶다면, 우리는 아득히 높은 진화의 산봉우리들을 올려다볼 것이 아니라 어둑한 창조의 협곡들로 눈을 돌려야 한다.

　이 장에서 우리는 가장 오래된 세균 중 일부가 크레브스 회로를 완전히 거꾸로 돌린다는 것을 알게 될 것이다. 이 세균들은 역회전하는 크레브스 회로를 생합성 엔진처럼 활용해서 CO_2와 H_2 기체를 유기 분자로 변환하여 성장을 일으킨다. 이 세균들이 크레브스가 발견한 친숙한 회로를 정말역으로 활용하기 때문에 나는 계속해서 "역" 크레브스 회로라는 용어를 쓸것이다. 그러나 이런 생합성 경로가 정방향이고, 우리의 크레브스 회로가거꾸로 된 형태라고 보는 것이 훨씬 더 일리가 있다. 용어는 그렇다 치고,우리는 이 고대의 생합성 크레브스 회로가 루비스코와 식물 엽록체의 조상인 남세균에서 광합성이 진화하기 10억 년 전부터 이미 CO_2를 고정하고 있었다는 것을 알게 될 것이다. 이런 역 크레브스 회로는 처음 등장했을 때에는 에너지 생산과는 별로 관계가 없었고, 생합성에 필요한 탄소 뼈대를 제공했다. 이런 관점은 세포 물질대사의 깊은 이면을 명확하게 설명하지만,지금도 더 의학적인 교재에는 대체로 빠져 있다. 이는 중대한 누락이다.

왜 그런지를 알아보려면, 먼저 우리는 광합성에서 탄소의 경로를 따라가면서 루비스코를 제자리에 가져다놓아야 한다. 우리의 굴곡진 길은 크레브스 회로의 순환 논리를 바로잡는 것부터 시작할 것이다. 크레브스 회로는 어쩌다가 오늘날과 같은 충돌하는 생합성 엔진이 되었을까? 먼저 방사성 동위원소, 특히 광합성 신화의 토대가 된 동위원소인 탄소−14의 발견에 얽힌 특별한 이야기에서부터 시작하자. 이 기막힌 새로운 접근법은크레브스와 바르부르크가 개척한 방법보다 엄청나게 강력했지만, 자칫 그릇된 해석을 하기가 쉬운 것으로 밝혀졌다. CO_2와 물이 생명의 물질로 변환되는 일련의 단계들을 이해하기 위한 탐구 여정은 그에 걸맞게 극적이고, 일상의 기적이기 때문에 그에 걸맞게 포착하기가 어렵다. 마침내 모든단계들이 확립되었을 때, 우리는 너무나 인간적인 실수를 저질렀다. 그것이 항상 옳다고 믿은 것이다.

방사성 동위원소의 출현

루비스코의 이야기는 1930년대로 거슬러 올라간다. 당시 어니스트 로런스와 스탠리 리빙스턴은 캘리포니아 버클리에 있는 "래드 연구소Rad Lab"(방사선 연구소radiation laboratory)에서 사이클로트론cyclotron을 개발 중이었다. 사이클로트론은 주로 양성자 같은 하전된 입자를 가속시켜서 표적 물질에 겨냥해 쏠 수 있는 고에너지 빔beam을 만든다. 원형의 진공 체임버vacuum chamber 속에 주입된 양성자가 빠르게 역전되는 전압(초당 수천 또는 수백만 회)에 의해 가속되면서 날아가는 동안, 양성자의 경로는 외부의 자기장에 의해서 원형으로 구부러진다. 양성자는 가속이 일어날 때마다 경로의 지름이 점점 커지면서 처음 위치에서 나선형으로 돌아나가게 된다. 최초의 "양성자 회전목마"는 지름이 5인치(12.7센티미터)에 불과했지만, 지름이 더 커질수록 나선 운동을 더 많이 할 수 있어서 속도도 더 빨라지고 에너지도 더 높아졌다. 1930대 말이 되자, 로런스는 지름 60인치(152.4센티미터)의 사이클로트론을 만들었다. 이 사이클로트론은 나선 운동을 통해서 광속의 5분의 1에 달하는 속도로 표적 물질에 닿는 양성자 빔을 만들 수 있었다.[2]

고에너지 양성자 빔은 표적이 되는 원자의 핵에 충격을 가함으로써 그 원자의 구조를 붕괴시켜서 동위원소를 만든다. 동위원소를 이루는 원자들

---

2 이 속도는 상대성 효과를 위한 보정이 필요 없을 정도로 광속보다 충분히 느리다. E = mc^2이기 때문에, 입자가 가속되어 빛의 속도에 가까워지면 전자기장에서 입자의 질량과 행동이 바뀐다. 이 점을 고려하여 전기장의 역전과 하전된 입자의 운동을 동기화(synchronising)시켜야 한다. 그렇기 때문에 사이클로트론의 더 강력한 후손들은 싱크로트론(synchrotron)이라고 불린다. 세계에서 가장 큰 원형 입자가속기는 제네바의 유럽 입자물리 연구소(CERN)에 있는 지름 27킬로미터의 대형 강입자 충돌기(Large Hadron Collider)이다.

은 핵 속에 들어 있는 중성자의 수가 달라서, 원자량이 제각각 조금씩 다르다. 원자의 화학적 특성은 양성자와 전자의 수로 결정되지만, 방사능 같은 다른 특성은 중성자의 수에 의해서 결정된다. 일반적으로 한 원자의 핵 속에 들어 있는 양성자와 중성자의 수는 거의 같고, 중성자 수가 더 많은 (또는 더 적은) 원자는 방사성을 띠는 경향이 있다. 핵은 불안정하다. 이는 핵이 끊임없이 스스로를 재배열해서 시간이 흐를수록 더 안정적인 상태가 되고, 그 과정에서 에너지 또는 아원자 입자subatomic particle를 방출한다는 뜻이다. 원자핵에 고에너지 양성자를 부딪히면 중성자나 양성자가 빠져 나오거나 끼어들면서 핵의 배열이 바뀔 수 있고, 종종 불안정한 상태가 되어 방사선을 방출하기도 한다. 로런스는 주로 핵물리학에 관심이 있었지만, 방사성 동위원소에 대한 대부분의 초기 연구는 고혈압이나 관절염의 치료와 함께 암 치료(이미 라듐이 쓰이고 있었다)에 적용할 새로운 의학적 방법을 개발하는 것을 목표로 했다.

그러나 가장 큰 차이는 이를 중요하게 적용한 생물학에서 나타났다. 1930년대 후반에 탄소−11의 등장을 필두로, 방사성 탄소 동위원소가 출현한 것이다. 탄소는 보통 양성자 6개와 중성자 6개로 원자핵이 구성되므로, 원자량이 12이다. 주기율표에서 탄소 옆에 있는 원소인 붕소의 결정에 중양자deuteron(중수소 원자의 핵, 중성자 1개와 양성자 1개로 구성된다)로 충격을 가하면, 일부 붕소가 양성자를 받아들여서 탄소−11(일반적으로 ^{11}C로 표기한다)이 된다. 한 원소를 다른 원소로 바꾸는 것은 납을 금으로 바꿀 방법을 찾았던 연금술사들의 목표였다. 1901년에 프레더릭 소디가 방사성 토륨이 저절로 라듐으로 바뀌고 있다는 것을 알았을 때, 그는 어니스트 러더퍼드에게 이렇게 외쳤다. "러더퍼드 교수, 이것은 변환 transmutation입니다!" 러더퍼드는 이렇게 대답했다. "제발 변환이라고 하지 마세요. 사람들이 우리를 연금술사 취급할 거예요!" 그러나 1930년대가 되자 transmutation은 연금술의 변환이 아니라 핵 변환이라는 의미로 널리 쓰이게 되었고, 중요한 것은 좋은 평가를 받을 만한 실험을 하는 것이었다. 사실 이 학설은 신뢰하기가 어려웠기 때문에 실험은 필수였다. 결과는 종종 예측하기 어려웠다. 빔(양성자나 중양자 같은 것)의 조성과 에너지는 물론, 충돌 지속 시간과 표적 물질에 따라서도 결과가 달라졌다. ^{11}C는 반감기가 20분에 불과했다. 즉 20분마다 그 절반이 ("양전자positron"의 방출로 인해서) 붕괴되어 붕소로 돌아간다는 뜻이다. 2시간 후에는 ^{11}C의 거의 99퍼센트가 붕괴되어 붕소로 돌아갈 것이고, 방사능도 처음의 100분의 1로 감소할 것이다. 얼마 지나지 않아, 잔류 방사능은 감지할 수 없는 수준으로 줄어들 것이다. 그렇기 때문에 연구자들이 그것으로 무엇인가를 할수 있는 시간은 별로 없었지만, 그것은 하나의 시작점이 되었다. 그리고 여기에 확실히 드라마가 더해졌다.

탄소 동위원소의 개척자들은 물리학과 생물학 사이에 끼어 있던 화학자들이었다. 일종의 과학적 신화와 같은 그들의 이야기는 일반 대중에게는 잘 알려져 있지 않지만, 자세히 다룰 가치가 있다. 우리가 물질대사의 중심에서 당에 초점을 맞추게 된 이유를 밝혀줄 뿐만 아니라, 정치의 구조적 문제가 어떻게 과학의 구조적 문제로 이어질 수 있는지, 그리고 도움이 되지 않는 과학적 신조가 어떻게 확고히 자리를 잡을 수 있는지를 보여주기 때문이다.

"큰 문제"

무대 왼쪽으로 마틴 케이멘과 샘 루빈이 등장한다. 동위원소 화학자인 두 사람은 1930년대 중반에 로런스의 래드 랩에 합류했다. 케이멘은 멋진 자서전에서 그 장면을 설명한다. 로런스 본인과 오피라는 애칭으로 불린 로

버트 오펜하이머(맨해튼 계획을 이끌어간 인물)는 우연히 그의 실험실을 방문한 양자 이론의 선구자 닐스 보어를 위해서 특별한 세미나를 연다. 그들은 백금이 고에너지 중양자 빔에 노출되었을 때 일어나는 붕괴에 대한 흥미로운 새로운 결과를 소개한다. 로런스가 먼저 그 자료를 간단히 소개하고, 오피가 "그 이론적 결과에 대한 놀라울 정도로 훌륭한 설명"을 시작하자 청중은 "멍하게 감탄"에 빠진다. 오펜하이머가 잠시 멈추자, 보어가 조심스럽게 손을 들고 서툰 영어로 말한다. 그 자료가 타당한지 믿기 어렵고, 따라서 그 학설에 어떤 실체적인 토대가 있는지도 믿기 어렵다는 이야기이다. 문제는 물리학이 아니라 화학에 있다. 보어의 말에 당황한 로런스는 케이멘과 루빈에게 실험을 반복해보기를 요청한다. 그들은 보어가 옳다는 것을 증명한다. 문제는 백금박 위에서 함께 구워진 실험실 먼지로 인한 화학적 오염이었다. 다행히도 이 무안한 사고는 로런스의 노벨상 수상에 방해가 되지 않았다. 로런스는 사이클로트론에 대한 그의 선구적인 연구로 1939년에 노벨상을 받았다.[3]

이런 협업의 경험은 케이멘과 루빈을 강한 우정으로 결속시켰고, 한편으로는 물리학 실험에서 적절한 화학적 분석과 실험 준비의 중요성을 분명하게 보여주었다. 처음으로 화학이 장려되었고, 심지어 생물학도 권유되었다. 자연스럽게 두 사람은 깨끗하게 처리된 ^{11}C 같은 방사성 동위원소에 대한 생물학 적용 가능성을 생각하기 시작했다. 그들의 처음 계획은 쥐에

---

3 사이클로트론 자체에 대한 발상은 무려 알베르트 아인슈타인 같은 인물로부터 비판을 받았다. 아인슈타인은 표적을 향해서 아원자 입자를 쏜다는 발상을 새가 많지 않은 어두운 곳에서 새를 잡겠다고 총을 쏘는 것에 비유했다. 원자가 사실상 빈 공간이라는 것이 아인슈타인의 요점이었다. 핵이 원자에서 차지하는 공간은 아주 작기 때문에(수소 원자의 경우는 약 0.0000000000004퍼센트), 결국 이 빔의 표적은 빈 공간이 되는 셈이다. 그러나 아인슈타인은 사이클로트론 빔 속에 들어 있는 입자의 수와 그 입자들이 나팔총으로 발사된다는 것을 예상하지 못했다.

서 당의 물질대사를 연구하는 것이었는데, 이 계획은 좋게 말하자면 너무 난해했다. 그들의 생각은 먼저 ^{11}C가 풍부한 CO_2에 식물을 노출시켜서 ^{11}C를 당에 편입시키는 것이었다. 식물이 광합성을 통해서 CO_2를 포도당으로 변환하면, 식물의 잎에서 그 당을 분리하고 정제해서 쥐에게 먹일 수 있을 것이라는 생각이었다. ^{11}C의 반감기가 20분이라는 것을 생각하면 애초에 무리한 계획이었고, 당연히 실망스럽게 끝났다. 포도당이나 다른 연관된 탄수화물에서는 어떤 ^{11}C도 찾을 수 없었다. 받아들이기 어려운 결과였지만, 이는 다른 가능성을 생각하는 계기가 되기도 했다. 만약 식물이 광합성을 통해서 포도당 같은 당을 전혀 만들지 않는다면 어떨까? 만약 그들이 잘못 짚고 있는 것이라면 어떨까?

루빈은 묘안이 떠올랐다. "왜 우리가 쥐들을 괴롭히고 있지? 우리가 합심하면 광합성 문제를 금방 해결할 수 있을 텐데!" 두 사람은 식물에서 CO_2 고정의 첫 번째 산물을 찾는 일에 집착하게 되었고, 케이멘은 이것을 "큰 문제Big Problem"라고 불렀다. 첫 번째 산물이 포도당이 아니라면, 도대체 무엇이었을까? 그해 초, 크레브스는 포도당이 분해되어 CO_2와 H_2O가 되는 각각의 단계를 명확하게 설명했다. 광합성은 이 과정을 뒤집은 것과 대체로 비슷하리라고 여겨졌지만, 실제로 어떤 일이 벌어지는지에 대해서는 전혀 알지 못했다. 어떤 단계들을 거쳐서 공기가 생명의 기질로 변환되고, 태양빛이 물질로 변환되는 것일까? 어떤 기적의 해부에 못지않은 "큰 문제"였던 이 연구는 인간이 핵폭탄을 만들며 신의 자리를 넘보던 오만한 시대 배경으로 인해서 끝내 결실을 이루지 못했다.

실행에는 어려움이 너무 많은 것으로 밝혀졌지만, 그들의 발상은 단순했다. ^{11}C가 풍부한 CO_2를 식물에 공급하고, 식물이 CO_2를 고정해서 ^{11}C가 들어간 새로운 유기 분자를 만들 시간을 조금 준 다음, 잎을 끓는 알코올에 넣어서 생화학적 과정을 멈추게 하는 것이었다. 만약 광합성 반응을 몇

분 후에 멈추게 하면, 대부분의 ^{11}C는 CO_2 고정의 초기 산물 속으로 들어가야 할 것이다. 시간을 조금 더 주고 반응을 멈추게 하면 그 이후의 산물들 속으로 들어갈 것이다. 그들은 방사성 분자를 분리한 다음, 유기화학의 표준 방식을 이용해서 그 물질을 확인하기만 하면 되었다. 시간을 달리하면서 실험하면, 전체 광합성 과정에서 탄소가 지나가는 경로를 알아낼 수 있을 것 같았다.

그 실험은 아름답고 단순하며……실패할 운명이었다. 시작부터 문제가 끊이지 않았다. 그들의 탐구는 래드 랩에서 딴짓 취급을 당했기 때문에, 강력한 37인치(94센티미터) 사이클로트론에 대한 이용 허가는 가끔씩만 떨어졌다. 사이클로트론에 접근할 수 있게 되면, 준비는 다 된 것이었다. 케이멘은 중양자를 퍼부은 붕소 산화물에서 방사성 CO_2를 분리해야 했는데, 이는 쉬운 일이 아니었다. 그 다음 귀한 표본을 가지고 "레트 하우스Rat House"에 있는 실험실로 달려갔다. 실험실에서는 루빈과 제브 하시드가 가이거 계수기와 분석을 위한 모든 시약을 준비하고 기다리고 있었다. 그들은 4시간 안에 분석을 끝내야 했다. 그 이후에는 방사선이 감지 불가능한 수준으로 줄어들기 때문이다. 케이멘은 종종 한밤중에 허둥지둥하던 그들의 모습이 다른 사람의 시선에는 "정신병원을 뛰어다니고 있는 세 명의 미친 사람"처럼 보였을 것이라고 생각했다. 게다가 분석 결과는 절망적으로 복잡했다. 방사성 CO_2의 총량이 너무 적어서 새롭게 형성되는 유기 분자는 확인할 수 없을 정도로 미량이었다. 그들이 검출할 수 있었던 약간의 방사능은 대개 더 큰 단백질과 연관이 있었다. 그들이 찾고 있던 작은 유기물은 그 단백질 표면에 단단히 결합되어 있었다. 어쨌든 그들은 생화학자가 아니라 물리학 연구실 소속의 물리화학자였기 때문에, 이런 종류의 연구를 위한 훈련은 거의 받지 않았다.

그러나 그들의 연구는 새로운 시대의 막을 열고 있었고, 광합성 학계에서는 그 모든 낭패에도 불구하고 어떤 가능성을 볼 수 있었다. 케이멘과 루빈은 진정한 발전을 이루었다(그러나 제브 하시드는 건강상의 이유로 그만두어야 했다). 1930년대 후반에는 CO_2가 식물의 엽록소에 직접 결합된다는 생각이 지배적이었다. 녹색의 광합성 색소인 엽록소가 빛을 흡수해서 활성화되면, 전자가 CO_2로 전달되어 포름알데히드formaldehyde(CH_2O)가 형성되고, 이 포름알데히드가 중합되어 탄소와 수소와 산소의 비율이 동일한 포도당($C_6H_{12}O_6$)이 형성된다고 여겨졌다. 루빈과 케이멘은 포름알데히드에 방사능이 전혀 축적되지 않는다는 것을 밝혀냈다(그리고 사실상 포도당에도 방사능이 없었다). 방사성 CO_2의 편입에는 심지어 빛도 필요 없었고, 어둠 속에서도 일어날 수 있었다.[4]

케이멘과 루빈은 광합성에 대한 이런 초기 생각이 틀렸음을 성공적으로 입증하면서, 한편으로는 진짜 탄소 고정 경로의 확인으로 향하는 긍정적인 첫 발도 내딛을 수 있었다. 그들은 광합성의 첫 번째 산물이 크레브스 회로의 중간산물과 같은 종류의 화학적 성질을 지닌 카르복실산임을 밝혀냈다. 이는 카르복실산과 크레브스 회로가 CO_2 고정, 따라서 모든 핵심 물질대사의 중심에 있다는 신호일 수 있었지만, 그 경로는 꼬여 있었다. 나는 제1장에서 카르복실기의 단위가 본질적으로 CO_2이며, CO_2로 분해될 수 있다고 말했다. 그 반대로도 가능하다. 어떤 유기 분자에 CO_2를 첨가하면, 카르복실산을 얻을 수 있다. 첫 단계는 믿을 수 없을 정도로 단순하다. 그러나 우리는 이런 겉모습 뒤에 많은 것들이 감춰져 있다는 사실을 알게

---

4 이 예상치 못한 발견을 생물학자들이 받아들이기까지는 약간의 시간이 필요했다. 그러나 독립영양 세균에서는 어둠 속에서 CO_2 고정이 일어난다는 것이 이미 밝혀져 있었다. 사실, 크레브스 자신도 (마노미터 측정법을 기반으로) 동물의 조직도 CO_2를 고정할 수 있다는 대담한 주장을 내놓았다. 그는 ^{11}C 동위원소를 이용해서 이를 증명할 수 있기를 바랐지만, 그렇게 할 수 없었다. 하버드로 가서 그곳의 사이클로트론으로 그의 발견을 검증하려던 계획이 전쟁이 발발하면서 무산되었기 때문이다.

될 것이다.

$$RH + CO_2 \rightarrow RCOOH$$

여기에서 "R"은 (당시에는) 확인되지 않은 기group를 나타낸다는 점에 주목하자. 루빈은 R이 실제로 당인산sugar phosphate이라고 주장하기까지 했지만(옳은 주장으로 밝혀졌다), 머지않아 역사는 비극적인 국면을 맞았다.

느린 붕괴

1940년. 유럽에서는 전쟁이 시작되었지만, 미국은 아직 참전하지 않았다. 긴장이 고조되던 그해, 케이멘과 루빈은 그들의 가장 중요한 발견을 해냈다. 그 발견은 고고학과 인류의 역사는 말할 것도 없고, 생명의 기반이 되는 물질대사에 대한 연구까지도 바꿔놓았다. 그러나 아이러니하게도 전쟁이나 광합성과는 직접적인 연관이 없었다. 그들은 느리게 붕괴되어 반감기가 5,700년인 탄소 동위원소, ^{14}C를 만들어냈다.

많은 면에서 ^{14}C는 발견되었다기보다는 발명된 것에 가까웠다. 그러나 훗날 아주 드물기는 하지만 자연적으로도 존재한다는 사실이 밝혀졌다. 비교적 안정적인 탄소 동위원소가 존재한다는 첫 번째 힌트는 질소 기체의 안개상자cloud chamber 연구에서 나왔다. 안개상자는 매혹적인 장치이다. 아마 아원자 입자를 맨눈으로 실제로 "볼" 수 있는 장치에 가장 가까울 것이다. 안개상자의 부피를 갑자기 팽창시키면(초기에는 상자의 바닥을 피스톤으로 만들었다) 내부의 기체가 냉각되어 증기 구름이 쉽게 형성된다. 우리에게 더 친숙한 진짜 구름이 하늘에서 만들어질 때 응결핵nucleator이라고 불리는 먼지 입자 주위로 작은 물방울이 응축되는 것처럼, 안개상자 속의 구름도 작은 입자 주위에 형성된다. 하전된 아원자 입자는 안개상자 속을 빠르게 통과하면서 바로 옆에 있는 분자들을 이온화시키는데(그 분자의 전자를 빼앗는다), 이것이 응결핵으로 작용해서 비행운과 비슷한 증기의 자취를 남긴다. 여기에서 매력적인 부분은 증기의 자취가 안개상자를 통과하는 아원자 입자의 종류에 따라 달라진다는 점이다. 양성자는 작고 빠르게 움직인다. 안개상자를 휙 지나가면서 길고 가느다란 자취를 남기고 유령처럼 홀연히 사라진다. 알파 입자(헬륨의 원자핵, 양성자 2개와 중성자 2개로 이루어진다)처럼 더 큰 입자는 더 짧고 뭉툭한 자취를 남긴다.

마틴 케이멘이 사이클로트론에서 뿜어져 나온 중성자를 질소 기체가 들어 있는 안개상자에 퍼부었을 때,[5] 그는 양성자에 해당하는 길고 가느다란 자취와 함께 무엇인가 더 짧고 뭉툭한 자취를 보았다. 그런 자취가 형성되려면 훨씬 더 무거운 하전 입자가 있어야 했다. 질소는 보통 원자량이 14이기 때문에(양성자 7개와 중성자 7개로 이루어진다), 중성자가 날아와서 질소의 핵에 부딪히면 양성자 1개가 그 중성자로 치환되면서 독특한 자취를 남긴다. 이제 이 핵에는 중성자 8개와 양성자 6개가 남게 된다. 이 원

---

5 중성자라고? 그렇다. 맞게 본 것이다. 양성자나 중양자의 고에너지 빔을 때리면 거의 모든 표적에서 중성자가 생성된다. 사이클로트론 자체에서도 입자를 가속하여 속도와 에너지를 더 높이면 곧바로 만들어질 수 있다. 1,000만 전자볼트(electron volt) 이상의 에너지에서는 중양자가 붕괴되기 시작하고, 중성자와 함께 감마선(고에너지 광자)도 방출된다. 중양자를 이런 속도까지 가속시키기 위한 전력 수요 때문에 1930년대의 버클리 시가지 전역에서는 주기적으로 정전이 발생했다. 1932년에 채드윅이 발견한 중성자는 사이클로트론에서 생성되어 1938년까지 암 치료에 이용되었지만, 어설픈 초기의 기술을 생각하면 이득보다는 부작용이 더 많았다. 당시 로런스는 그의 기계 중 하나를 이용해서 자신의 어머니의 암을 성공적으로 치료했다. 운 좋게도 그는 중성자 대신 X선을 사용했고, 결국 그의 어머니는 로런스보다 더 오래 살았다(로런스는 57세에 궤양성 대장염으로 사망했는데, 아마도 스트레스로 인해 병세가 악화되었을 것이다).

자는 원자량은 여전히 14이지만 양성자가 1개 줄었기 때문에 질소에서 탄소로 변환된다. 양성자 6개에 해당하는 원자번호 6번은 탄소이기 때문이다. 케이멘은 조금 풀이 죽어 있었다. 그의 주변에 있던 물리학자들, 특히 오펜하이머는 당시의 초보적인 원자물리학을 이용해서 그런 변환이 일어날 수 없다고 계산했기 때문이다. 그러나 케이멘은 화학자였고, 자신의 눈으로 본 증거를 믿었다. 그는 그것이 ^{14}C일 수밖에 없다는 것을 알았고, 오펜하이머는 (이번에도) 틀려야 했다. 케이멘은 ^{14}C를 대규모로 만들기 위한 온갖 시도를 했고, 로런스는 딱 한 번 그에게 가장 큰 사이클로트론을 필요한 만큼 사용할 시간을 주었다. 마침내 케이멘이 해냈다. 질산암모늄 ammonium nitrate에 사이클로트론에서 나온 중성자를 충돌시킴으로써, 그는 자신의 가장 원대한 꿈을 뛰어넘는 성공을 거두었다. 케이멘은 루빈과 함께 폭발 위험이 있는 질산암모늄 침전물에서 방사성 CO_2를 분리했고(훗날 로런스는 이를 금지했다), 가이거 계수기가 마비될 정도로 많은 ^{14}C를 만들었다.

그 과정은 결코 쉽지 않았다. 몇 달 동안 케이멘은 중양자를 붕소에, 그 다음에는 ^{13}C가 풍부한 흑연에 충돌시켰고, 결국 소량의 ^{14}C를 얻는 데에 성공했다. 몇 주일 동안 쉬지 않고 연구에 매진한 끝에, 마침내 케이멘은 한밤중에 일을 끝낼 수 있었다. 그는 루빈의 책상에 시료를 올려둔 다음 폭풍우를 뚫고 집으로 돌아갔다. 그날 밤 건너편 마을에서 살인 사건이 있었고, 미친 사람처럼 빗속을 비틀거리며 걸어가던 케이멘은 경찰에 붙잡혔다. 겁에 질린 살인 사건 목격자가 그를 알아보는 조짐이 없었기 때문에 그는 겨우 풀려날 수 있었다. 그러나 그 우연한 사건은 불길한 전조였다. 1941년의 미국 진주만 공습은 불신을 가져왔고, 불신은 어느새 공포로 바뀌었다. 샌프란시스코까지도 표적이 될 것만 같았다. 미국 정부는 래드 랩으로부터 사이클로트론들을 인계받아 방사성 동위원소, 특히 우라늄과 플루토늄을 집중적으로 생산했다. 케이멘은 새로운 연구계획을 개발하는 일을 맡았다. 루빈은 독가스인 포스겐phosgene을 이용한 침공으로부터 미국 해안선을 방어하는 연구에 투입되었다. 그가 사랑하는 광합성 연구로 얼른 돌아가기 위해서 장시간의 연구를 불사하던 루빈은 지칠 대로 지쳐 있었고, 졸음운전을 하다가 자신의 차를 부수는 사고를 냈다. 심각한 부상을 입은 사람은 없었지만, 루빈은 팔이 부러졌다. 얼마 후, 루빈은 한쪽 팔을 팔걸이에 고정한 채 실험실에서 액체 포스겐을 만들고 있었다. 그때 금이 간 유리 시험관 하나가 맹렬하게 끓고 있는 액체 공기 속에서 폭발하면서 치명적인 독가스가 루빈의 웃옷에 뿌려졌다. 치사량이 넘을지도 모른다는 것을 안 루빈은 다른 이들을 구하기 위해서 조용히 깨진 시험관을 가지고 밖으로 나왔다. 다음날, 서른 살도 되지 않은 그는 아내와 어린 자녀들을 남기고 폐수종으로 사망했다.

케이멘 역시 그의 광합성 연구를 포기할 수밖에 없었다. 뛰어난 비올라 연주자이기도 했던 그는 거장 바이올리니스트인 아이작 스턴과 절친한 사이였다. 케이멘은 스턴이 주최한 한 파티에 별 의심 없이 따라갔다. 그 파티에는 러시아 대사관의 대외연락관도 몇 명 참석했는데, 케이멘은 그들과 잠시 연락을 하며 지냈다. 그러나 케이멘은 이미 주목을 받고 있었다. 미국 정부가 오크 리지에 원자로를 운영하고 있는 것이 분명하다는 방사성 에너지에 대한 그의 추론 때문이었다. 정보원 없이는 결코 알아낼 수 없는 정보라고 의심을 사던 차에, 그의 이런 반역처럼 보이는 행동은 최후의 결정타가 되었다. 그는 갑자기 래드 랩에서 자리를 잃었다. 그의 아내도 그를 떠났다. 군 정보부의 감시로 인해서 케이멘은 과학 관련 업무에서 배제되었고, 결국 샌프란시스코의 조선소에서 일자리를 구했다. 전쟁이 끝난 후, 이 일은 그를 다시 수렁에 빠뜨렸다. 케이멘은 (오펜하이머와 다른 많은 과학자들과 마찬가지로) 비미 활동 조사위원회House Un-American Activities

Committee에 소환되었다. 그는 언론에 의해서 "빨갱이들과 이야기한 후 미군 프로젝트에서 해고된 원자력 과학자"라는 오명을 뒤집어썼고, 10년 넘게 지난 후에야 비로소 명예를 회복할 수 있었다. 케이멘은 성공적으로 과학계에 복귀했지만, 광합성에서 탄소 경로에 대한 그의 선구적인 연구를 다시 시작하지도 않았고, 그가 발견한 ^{14}C를 결코 활용하지 않았다. 만약 루빈이 살아 있었다면, 두 사람은 ^{14}C의 발견으로 노벨상을 받았어야 마땅하다. 노벨상은 사후에는 수상될 수 없기 때문에 그런 일은 일어나지 않았다. 두 사람의 합동 연구가 불시에 끝나면서, 대신 이 발견에서는 독특한 역사가 시작되었다. 그 역사는 오늘날에도 광합성에 대한 우리의 이해와 탄소 중심 물질대사, 특히 당이 생화학의 중추라는 생각에 여전히 영향을 주고 있다. 당시 광합성 경로에서 확인할 수 있는 것은 ^{14}C로 식별할 수 있는 탄소의 경로뿐이었고, 이 연구를 하기에 충분한 ^{14}C는 래드 랩에만 있었다. 주사위는 충분했다.

하나의 진정한 경로

광합성 연구의 진전을 간절히 바란 로런스는 종전 직후에 맨해튼 프로젝트의 동료였던 멜빈 캘빈을 고용했다. 전해지는 이야기에 따르면, 일본이 항복한 날에 로런스는 캘빈에게 "이제 방사성 탄소로 무엇인가 유용한 일을 해야 할 때"라고 말했다고 한다.

캘빈은 모든 면에서 뛰어나고 영감을 주는 인물이었고, 비상한 기억력을 지녔다. 그는 광합성의 "명반응light reaction"이라는 광화학적 마법에 더 흥미를 느꼈지만, 이를 결코 밝혀내지 못했다. 캘빈은 탄수화물 화학자인 앤드루 벤슨을 영입해서 그가 광합성에서 덜 흥미롭다고 생각한 탄소 경로에 초점을 맞추게 했는데, 아이러니하게도 그 연구가 이제 캘빈의 이름과 뗄 수 없는 관계가 되었다. 벤슨은 샘 루빈의 친구였다는 점에서 연구에 연속성을 제공할 뿐 아니라, 우연히도 루빈은 죽기 얼마 전에 ^{14}C에 대한 전 세계 공급을 벤슨에게 위임하기도 했다. 캘빈이 쉴 새 없이 떠올리는 수많은 생각들 중 일부는 황당함의 경계를 오락가락했고(내 짐작으로는 벤슨은 캘빈에게 기꺼이 그렇게 말할 수 있는 몇 안 되는 사람들 중 한 명이었을 것이다), 벤슨은 요란한 발상에 열중하지는 않았지만, 영리한 실험 설계를 고안하는 능력이 비상했다. 이후 몇 년간 그들이 이룬 발전은 많은 부분에서 벤슨의 창의력이 큰 역할을 했다.

캘빈과 벤슨은 클로렐라*Chlorella*라는 조류로 연구를 하기로 했다. 클로렐라는 높은 광도에서 육상식물보다 훨씬 빨리 광합성을 할 수 있었다. 연구는 벤슨의 유명한 "롤리팝lollipop" 덕분에 한결 편해졌다. 롤리팝은 양면에서 빛을 비출 수 있도록 납작하게 만든 유리 플라스크인데, 아래쪽에 달린 밸브를 이용해서 시료를 끓는 알코올로 흘려보내면 분석할 세포를 죽일 수 있었다. 벤슨의 가장 결단력 있는 변화는 아마 새로운 분석법을 적용했다는 점일 것이다. 그 분석법은 바로 초등학생들에게도 친숙한 종이 크로마토그래피paper chromatography였다. 벤슨은 이 방법에 두 가지 영리한 변화를 주었다. 그는 카르복실산과 당 같은 하전된 작은 분자를 2차원적으로 분리하기에 더 좋은 용매들을 선택했다(두 번째 용매는 첫 번째 용매와 수직 방향으로 이동시켰다). 두 번째 영리한 술수는 종이 위에 사진 필름을 두는 것이었는데, 그러면 방사능의 존재가 필름 위에 짙은 색으로 나타났다. 만약 ^{14}C가 특정 종류의 분자로 들어가면, 그 분자의 화학적 특성에 따라서 종이 위에서 그에 해당하는 정확한 위치로 이동할 것이다. 그때 ^{14}C에서 방출되는 방사능은 사진 필름에 검은 윤곽으로 그 존재를 드러낼 것이다. 이를테면, ^{14}C가 들어간 특정 당은 종이 위에서 항상 같은 자리로 이동해서 사진 필름에 "자동 방사선 사진autoradiograph"이라는 특징적인 검은 점을 남길 것이다. 그 다음에는 검은 점의 위치에 해당하는 종이 부분을 잘라내어 그 자리에 있는 당을 씻어내고 표준 화학 분석법으로 분석하면, 그 당의 정체를 확인할 수 있었다. 이 실험 방법은 일부로부터 "종이 위의 점들spots on paper"이라는 (매우 상상력이 부족한 표현으로) 조롱을 받기도 했지만, 이 실험 방법은 가능한 분석의 수준을 변모시켰다.

이 실험 환경에서는 1분 만에 광합성을 중단시켜도 무려 15개의 점이 형성되어 혼란의 여지를 아주 많이 만들어냈다. 단 10초 만에 클로렐라를 죽이면, 훨씬 더 분명한 신호를 얻을 수 있었다. 점이 딱 하나만 만들어졌는데, 하나의 산물에만 방사능이 나타난다는 의미였다. ^{14}C가 모두 그 산물로 들어간 것이다. 이 산물은 화학적 분석을 통해서 3C 카르복실산인 포스포글리세르산phosphoglycerate으로 밝혀졌다.

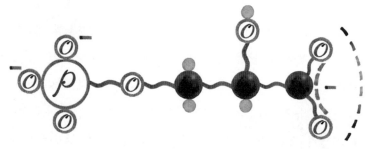

포스포글리세르산 이온

새롭게 고정된 CO_2(점선으로 강조되어 있다)가 탄소 2개짜리 분자와 결합되는 것처럼 보이는데, 이렇게 CO_2를 받아들이는 수용체acceptor 분자에 루빈과 케이멘의 예상대로 인산기(PO_4^{2-})도 부착되어 있다는 점에 주목하자. 이런 수수한 작은 분자를 의미하는 검은 얼룩 하나는 분명 형언하기 어려운 흥분을 불러일으켰을 것이다. 이에 대해서 잠시 생각을 해보자. 광합성이라는 일상의 기적보다 더 신비로운 것은 무엇일까? 식물은 광합성을 통해서 공기를 나무와 잎, 꽃과 열매로 바꾼다. 식물은 도대체 어떻게 이렇게 하는 것일까? 여기 그 의문에 대한 유형의 단서가 처음으로 나온 것이다. 그 단서는 자연의 가장 심오한 마법을 과학의 언어로, 인간이 이해할 수 있는 언어로, 이성적 사고의 언어로 바꿔놓았다. 그 모든 것이 하나의 검은 얼룩 속에 있었다. 그렇기 때문에 과학자들은 오묘해 보이는 그 얼룩에 그렇게 흥분한 것이었다. 그것은 그냥 얼룩이 아니라, 하나의 온전한 세상이었다!

그러나 그것은 한낱 값싼 통찰력이기도 했다. 1분도 되지 않아서, 그 방사능은 여러 다른 산물 속으로 퍼져 나갔다. 가장 세심한 화학적 방법을 써서 각각의 산물을 실험실에서 확인하기까지는 며칠, 몇 주, 때로는 몇 달이 걸리기도 했다. 가장 흔한 방사성 얼룩들 중에는 크레브스 회로의 중간 산물들이 다양하게 나타났다(그러나 전부 나타나지는 않았다). 특히 피루브산(C3), 숙신산(C4), 말산(C4)과 함께, 몇몇 아미노산과 약간의 당도 있었다. 이 물질들이 탄소 경로에 대해서 알려주는 것은 무엇일까? 크레브스의 논리에 따라, 캘빈과 벤슨은 C2 수용체가 CO_2를 얻어서 C3 산이 되는 회로를 찾고 있었다. 만약 세포에서 C2 수용체가 고갈되지 않는다면, 세포에서 C2 수용체가 재생되고 있어야 했다. 그렇지 않으면 모든 것이 서서히 정지하게 될 테니 순환하는 회로여야만 했다. 그들은 나중 산물에는 최소 두 가지 이상의 C4 카르복실산이 포함된다는 것을 알았다. 따라서 CO_2(그리고 더 많은 수소)가 또 추가되면서 말산이나 숙신산 같은 C4 산을 만드는 단계가 더 있을 것이라고 추측할 수 있었다. 그런 다음 이 C4 산이 둘로 쪼개지면, C2 수용체 하나와 다른 C2 분자 하나가 다시 만들어질 수 있을 것이다. 이제 이 새로운 C2 분자를 빼내서 당이나 아미노산을 만들 수 있고, 결국에는 단백질과 DNA도 만들 수 있을 것이다. 모든 것이 완벽하게 이치에 들어맞았지만……, 이 중에는 사실이 하나도 없었다. 1948년에 "광합성의 탄소 경로The Path of Carbon in Photosynthesis"라는 제목으로 「사이언스*Science*』에 발표한 논문을 시작으로, 캘빈과 벤슨과 다른 동료들은 같은 제목에 로마 숫자로 번호만 바꾼 논문들을 계속 발표했다. 1952년이 되자 논문 번호가 XX까지 올라갔지만, 솔직히 말해서 그들은 정답에 그다지 근접하지 못했다.[6]

그들을 혼란스럽게 한 문제는 크레브스 회로의 중간산물들이 계속 불쑥불쑥 나타난다는 점이었다. 결국에는 우리가 알고 있는 것처럼, 그 중간산물들은 진정한 광합성 경로에는 하나도 들어가지 않는 것으로 드러났다. 크레브스 회로의 중간산물들이 그렇게 자주 나타난 까닭은 그 물질들이 모든 물질대사에서 너무나 중요했기 때문이다. 이 특징에 대해서는 잠시 후에 다시 다룰 것이다. 그러나 여기에서는 그들이 오해를 하고 있었을 뿐이다.

해결의 실마리는 벤슨이 개인적으로 발견한 리불로스 2인산이라는 5탄당-인산인에 있는 것으로 드러났다(예산 회의를 하던 중에 심장마비로 쓰러진 캘빈이 회복을 위해 자리를 비운 사이에 발견되었다[7]). 이 당은 클로

---

6 최고의 저널에 연달아 발표되는 논문들도 본질적으로 틀릴 수 있다는 점은 곱씹어볼 가치가 있다. 그 논문들이 특별히 나쁜 논문이었다고 생각하지는 말기를 바란다. 그런 것과는 거리가 멀다. 과학은 어렵고, 우리는 모두 자주 틀린다. 더 어려운 문제일수록 더 많이 틀린다. 만약 이를 떠나서 어떤 도덕적 교훈을 얻고 싶다면, 발표된 논문의 대부분이 적어도 부분적으로는 오류가 있다는 가정을 해야 한다. 이는 과학자들이 공개적으로 승강이를 그렇게 자주 벌이는 이유에 대한 설명에도 도움이 된다. 그러나 이런 논쟁은 과학이 스스로 오류를 바로잡아가는 방법의 일부이다. 상세한 논문을 발표한다는 것은 과학자들이 정확히 어디에서 틀리는지, 더 나은 질문을 하는 방법은 무엇인지를 제시하는 것이다. 내가 아는 한, 과학적 방법은 인간이 하는 다른 노력들과는 다르다. 과학적 방법은 시간이 흐르면서 답을 개선해가기 위한 깔쭉톱니이다. 멀러의 깔쭉톱니 가설에서 해로운 돌연변이도 경이로운 생명의 진화를 일으키는 자연선택의 일부인 것처럼, 논문의 오류도 이 톱니바퀴의 일부이다.

7 캘빈의 아내인 제너비브가 직접 간호를 맡았다. 아내의 엄격한 식이요법하에, 캘빈은 체중을 30킬로그램이나 감량했고 담배도 끊었다. 그 예산 회의를 비난하는 것은

렐라에 CO_2가 부족할 때 축적되었다. 이는 정확히 CO_2 수용체에서 일어나야 하는 일이었다! 따라서 CO_2 수용체는 C2 분자가 아니라 C5 분자였다. 이 C5 분자는 CO_2가 추가되면 절반으로 쪼개지면서 C3 포스포글리세르산 분자 2개를 내놓았다. 조금 복잡한 숫자 퍼즐이기는 하지만, 이제 거의 산수만 남았다. 회로가 완전히 세 번 돌아가면 C3 분자가 6개 만들어진다. 그중 하나는 어딘가의 물질대사에 쓰이기 위해서 빼내어질 수 있지만, 나머지 C3 분자 5개는 재조정 과정을 거쳐서 C5 분자 3개로 재생되었다. 이 3개의 C5 분자는 모두 리불로스 2인산이어서 회로를 다시 세 번 돌릴 수 있었다. 오늘날 교과서에서 캘빈-벤슨 회로로 불리는 전체 경로는 1954년의 탁월한 논문 "광합성의 탄소 경로. XXI"에 발표되었다. 아래의 그림은 이 논문에 발표된 경로를 조금 변형한 것으로, 이 회로의 핵심을 보여준다.

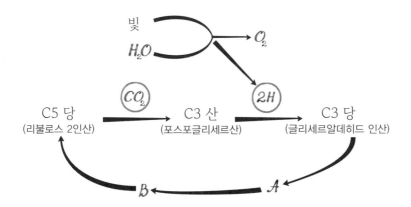

우리는 세부적인 부분은 신경 쓰지 않아도 된다. 이것을 당 물질대사라고 부르는 것으로 족하다. 태양 에너지에 의해서 물이 쪼개질 때(이 과정은 제4장에서 다룰 것이다) 나온 수소를 공급받은 포스포글리세르산은 글리세르알데히드 인산glyceraldehyde phosphate이라는 3탄당을 형성한다. 글리세

어떤 이유에서든 부당하며, 마침 그때 심장마비가 왔을 뿐이다.

르알데히드 인산은 다른 중간산물 당(여기서는 캘빈과 벤슨을 따라서 이 중간산물들을 A와 B라고 부르자[8])을 거쳐서 전환되어 5탄당 수용체 분자인 리불로스 2인산으로 재생된다.

리불로스 2인산이라는 이름이 낯익지 않은가? 세계에서 가장 흔한 아침 식사 시리얼, 효소 루비스코를 떠올려보자. 이것의 정확한 명칭은 리불로스 2인산 카르복실화 효소-산소화 효소이다. 여기에서 우리는 보는 것은 리불로스 2인산이 카르복실화carboxylation(CO_2가 첨가된다는 의미)되어 포스포글리세르산 2분자를 형성하는 것이다. "산소화 효소"의 작용은 앞의 그림에서 CO_2 대신 O_2가 들어가서 다른 산물이 만들어질 때에 일어난다. 탄소 고정 경로를 이해하기 위한 캘빈과 벤슨의 초기 시도에서 그들을 수없이 혼란에 빠트린 카르복실산들도 궁극적으로 이런 산소화 작용의 산물이다.

이 중요한 1954년 논문이 종지부를 찍은 것은 회로만이 아니었다. 캘빈은 "이제 갈 때가 되었다"는 말과 함께 갑자기 벤슨을 해고했고, 그 이유는

---

8 이 중간산물들이 무엇인지 정말 알고 싶은가? A는 6탄당인 과당 인산(fructose phosphate)이다. B는 크실룰로스 인산(xylulose phosphate)(5C), 에리트로스 인산(erythrose phosphate)(4C), 세도헵툴로스 인산(sedoheptulose phosphate)(7C)을 포함한 몇 가지 다른 당을 나타낸다. 그렇다, 터무니없이 복잡하다. 숫자 퍼즐은 대충 이렇게 작동한다. C6가 C2와 C4로 쪼개진다. C2는 C3와 결합하여 C5가 된다. C4는 C3와 결합하여 C7이 된다. C7은 C5와 C2로 쪼개지고, C2는 C3와 결합하여 C5를 만든다. 이 과정에는 3개의 C5 분자가 있지만, 그중 어떤 것도 우리가 원하는 C5는 아니다. C5 수용체인 리불로스 2인산이 되려면, 이 세 종류의 C5 분자 모두 더 많은 생화학적 과정을 거쳐서 전환되어야 한다. 이런 복잡한 화학적 과정 중 일부는 ATP 형태로 된 에너지가 필요한데, ATP 역시 광합성을 통해서 공급된다. 이것이 어떻게 작용하는지에 대해서는 나중에 알아볼 것이다. 머릿속이 슬슬 복잡해지기 시작했다면, 이것만 기억하자. 수 세대에 걸쳐 이 분야 전체를 현혹시켰다고 내가 말한 것이 바로 이 모든 당들과 관련된 화학이다. 그러니 이에 대해서는 걱정하지 말자.

한 번도 뚜렷하게 밝혀진 적이 없었다. 벤슨은 갈 곳이 없었고, 캘빈은 벤슨을 돕기 위한 어떤 노력도 하지 않았다. 무엇이 잘못되었던 것일까? 캘빈 자신이 소중하게 품고 있던 광화학에 대한 생각들이 최근에 결국 좌초되면서, 그가 이룬 가장 큰 성과에서 벤슨의 공이 더 커져버린 상황이 캘빈으로서는 분명 마음이 편치 않았을 것이다. 그리고 내가 보기에 예상 밖으로 빗나간 캘빈의 생각에 대해서 벤슨은 자신의 의견을 거침없이 이야기했을 것이라는 의심이 든다. 벤슨은 확실히 신랄한 평가를 하는 편이었다. 캘빈의 아내 제너비브는 벤슨에게 그가 계속 있으면 캘빈에게 또 심장마비가 일어날 것이라고 말했다. 나는 벤슨이 조금 무시하는 태도로 캘빈을 대한 것이 아닐까 싶기도 하다. 벤슨이 자신의 연구에 대해서 캘빈에게 일일 보고를 중단한 것은 분명했다. 그렇다고 해도, 이후 캘빈의 행동들은 그의 위신을 떨어뜨릴 뿐이었다. 벤슨이 떠나고 7년 후인 1961년, 캘빈은 "식물에서 이산화탄소 동화에 대한 그의 연구"로 단독으로 노벨상을 수상했다. 노벨상 수상 강연에서, 캘빈은 지나가는 말로 딱 한 번 벤슨을 언급했다. 게다가 1991년에 출간된 자서전에서는 벤슨을 역사에서 아예 지워버리기까지 했다. 총 175쪽인 이 책에는 벤슨에 대한 언급이 한마디도 없다. 사진도 없고(모두 51장의 사진이 실려 있다), 심지어 참고 문헌 목록이 매우 광범위함에도 불구하고 벤슨이 공동 저자인 논문에 대한 인용은 하나도 없다. 캘빈은 그의 이름을 "캘빈 회로"와 동의어로 만든 1954년의 유명한 논문조차 인용하지 않았다. 긴 세월이 흐른 뒤에 벤슨이 회상한 것처럼, 캘빈은 "그렇게까지 할 필요는 없었다. 더 바르게 처신할 수도 있었을 것이다."

나는 "캘빈 회로"라고 말한다. 오랫동안 교과서에 그렇게 실렸기 때문에 입에 붙어버렸다. 편하다는 것도 미덕이다. 여기서 나는 중요한 역할을 했던 또다른 인물을 언급하지 않은 것이 못내 마음에 걸린다. 제임스 배섬은 정확히 어떤 탄소 원자가 정확히 언제 방사능 꼬리표를 달게 되는지를 초 단위까지 알아내는 데에 중요한 역할을 했다. 이제는 많은 이들이 이 회로를 캘빈–벤슨–배섬 회로라고 부른다. 조금 길어지기는 했지만, 이렇게 부르는 것이 공정하다.[9]

내가 말하려는 요점은 공정성에 관한 것이 아니라 개인적 신화personal myth에 관한 것이다. 캘빈은 남달리 설득력이 있고 카리스마가 넘치는 사람이었다. 그는 2011년에 발행된 미국의 위대한 과학자 우표 시리즈에서 리처드 파인먼, 바버라 매클린톡, 라이너스 폴링, 에드윈 허블과 함께 소개되기도 했다. 캘빈의 명성은 하나의 진정한 광합성 경로 덕분이었다. 이 경로는 독립영양의 경로였고, 캘빈은 왕이었다. 그것은 당에 관한 모든 것이었다. 1970년대의 전형적인 주장은 "모든 독립영양 종이 캘빈 회로를 거쳐서 CO_2의 동화작용을 한다는 중요한 특성을 공통적으로 지니고 있다"는 것이었다. 만약 누군가 CO_2를 고정하는 다른 방법을 주장하는 만용을 저지른다면, 그것은 생화학의 통일성에 대한 반란이자 왕권에 대한 도전에 해당했다고 상상할 수 있을 것이다. 그 다음에 일어난 일들이 정확히 그랬

---

9 과학은 거의 항상 공동 작업이다. 대규모의 인원이 참여하는 일도 자주 있으며, 정도는 다를지 몰라도 그들 모두 중요한 기여를 한다. 영화를 만들 때 많은 인원이 참여하는 것과 마찬가지이다. 영화 제작이나 과학적 발견에서 한 개인의 성격이 어느 정도까지 영향을 미칠 수 있을까? 우리는 영화에서 감독이나 편집자나 작가나 프로듀서의 창의적인 감각을 인정할 수 있다. 한 편의 영화를 긴밀하게 조직된 전문가 집단이 만든 앙상블 작품으로만 생각한다면, 히치콕이나 세르지오 레오네 감독의 영화에서 중요한 무엇인가를 놓치는 것일 수 있다. 그러나 그들이 혼자서 영화를 만들 수 있다고 상상하는 것은 어처구니없는 일이다. 마찬가지로 과학에서도 개인의 추진력이나 창의력이나 남다른 강단은 인정해야 하는 것이 맞다. 나는 이 책에 등장하는 몇몇 인물에 대해서는 그들의 단점까지도 모두 칭송하고 있다. 과학을 개인들의 엄청난 업적으로 보는 것은 그들이 거인의 어깨 위에 서 있다고 하더라도 기본적으로 오해를 하고 있는 것이다. 그러나 천재와 변화의 힘이 있는 선견지명은 분명 존재한다. 오만한 과학자들은 항상 우선권이나 천재성을 주장한다. 모든 일이 바람을 잡듯 헛된 것이라는 전도서의 말은 뼈아픈 진실이다.

고, 그런 분위기 탓에 어떤 진전이 이루어지기까지 그렇게 오랜 시간이 걸렸다. 그렇다면 오늘날에는 진전이 이루어지고 있을까? CO_2의 고정으로 당이 만들어진다는 생각은 오늘날에도 대부분의 학생들이 배우고 있는 패러다임이다. 그리고 그런 방식에 머물러 있는 한, 우리는 생명의 화학을 관통하는 더 심오한 흐름을 결코 이해하지 못할 것이다.

역 크레브스 회로

버클리는 광합성 세계 위로 긴 그림자를 드리운다. 캘빈의 노벨상 수상 강연이 있고 5년 후에 역시 버클리 소속인 또다른 광합성 연구 권위자가 평행 우주에서 온 것 같은 논문을 발표했다. 폴란드인인 대니얼 아넌은 그의 영웅이던 잭 런던의 캘리포니아를 배경으로 한 소설들에 이끌려서 1930년대에 버클리로 왔다. 그는 평생 버클리에 있었지만, 아이러니하게도 "유럽 교수"라는 평판을 얻었다. 교수법이 조금 권위적이라는 의미도 있겠지만, 아마 과학에 대한 그의 접근법이 설득력 있고 논쟁적이며 철학적이라는 점도 반영되었을 것이다. 그는 자신의 실험실 회의에서조차도 악마의 대변자 역할을 하기를 좋아했다. 당연히 아넌은 캘빈과 사이가 좋지 않았다. 두 연구 집단을 화해시키려는 어설픈 시도로 개최된 연합 세미나는 아수라장이 되고 말았다. 세미나가 시작된 지 약 10분 만에, 캘빈과 아넌은 ^{14}C가 표지된 중간산물의 존재비에 대한 그들의 결과와 반응 속도를 놓고 논쟁을 벌이기 시작했다. "물리화학자의 정확성을 지닌 캘빈과 철학자의 논리력을 지닌 아넌"의 논쟁이 계속되었기 때문에 발표자는 조용히 입을 다물고 있어야 했다. 이후 캘빈에게는 아넌 연구 집단의 일원을 결코 인정하지 않는 것이 명예가 걸린 일이 되었다. 이런 언쟁으로 인해서, 버클리를 방문하는 손님들은 그들을 초대해준 쪽을 배신했다는 말이 나오지 않도록 경쟁

관계에 있는 다른 쪽을 만나려면 일정을 비밀리에 타진해야 했다.

마치 대칭을 맞추듯이, 아넌에게 명성을 가져다준 발견도 캘빈-벤슨 회로와 같은 해인 1954년에 발표되었다. 심지어 논문이 발표된 학술지도 같았다. 아넌은 광합성이 새로운 유기물을 만드는 것 이상의 일을 한다는 사실을 밝혀냈다. "광인산화photo-phosphorylation," 즉 빛을 이용해서 ATP를 합성함으로써 광합성에 필요한 에너지를 공급하기도 했다. 광인산화 과정은 기본적으로 호흡과 같은 방식으로 작동하는 것으로 밝혀졌다. 빛은 물을 쪼개고, 엽록소의 도움을 받아서 H_2O에서 2H를 떼어낸다. 이 2H는 전자 2개와 양성자 2개로 분리되고, 분리된 전자와 양성자는 호흡에서처럼 각각 다른 경로를 따라서 이동한다. 제1장에서 나왔던 피터 미첼의 "양성자 동력"을 떠올려보자. 광합성의 경우, 물에서 유래한 전자의 흐름이 막 너머로 양성자를 내보내는 힘으로 작용해서 양성자 동력을 만든다. 이런 양성자 동력은 ATP 합성효소라는 특별한 나노 터빈을 통해서 ATP 합성을 일으킨다. 식물도 호흡과 거의 똑같은 장치를 이용하지만, 다만 식물의 장치는 엽록체 속에 깊숙이 파묻혀 있다. 아넌은 이런 광합성의 "명반응light reaction"이 2H와 함께 ATP도 생산한다는 것을 밝혀냈다. 반면 캘빈과 벤슨은 이 2H가 3탄당인 글리세르알데히드 인산을 만드는 데에 쓰이며, 이 반응이 빛이 있을 때뿐만 아니라 어둠 속에서도 일어날 수 있음을 밝혀냈다.

이런 배경을 감안하여, 호평을 받은 아넌의 1966년 논문에 대한 반응을 상상해보자. 아넌은 마크 에번스, 밥 뷰캐넌과 함께 캘빈-벤슨 회로가 CO_2를 고정하는 유일한 경로가 아님을 밝혀냈다. 사실상 그들은 캘빈-벤슨 회로를 확실히 하찮은 것으로 보이게 만들었다. 그들은 캘빈-벤슨 회로 한 바퀴에는 단 한 분자의 CO_2만 들어가기 때문에 "회로가 완전히 한 바퀴를 돌 때 순 합성되는 3탄당 인산은 결국 3분의 1 분자이다"라고 썼다. 이와 대조적으로 그들은 녹색황세균green sulfur bacterium인 클로로비움

티오술파토필룸*Chlorobium thiosulfatophilum*을 소개했는데, 이 세균은 온천처럼 지독한 유황 냄새가 나는 물에서 광합성을 하면서 살아갔다. 그들의 보고에 따르면, 이 세균은 크레브스 회로를 거꾸로 돌렸다. 그렇게 하면서 "4분자의 CO_2를 받아들이고, 4C 디카르복실산인 옥살로아세트산을 순 합성한다. 옥살로아세트산은 그 자체가 이 회로의 중간산물이다. 따라서 옥살로아세트산 한 분자에서 시작해서 이 회로가 완전히 한 바퀴 돌아가면⋯⋯ 옥살로아세트산이 다시 생성되고, CO_2 4분자가 환원 고정되면서 두 번째 옥살로아세트산이 추가로 형성될 것이다."

이는 터보 엔진을 단 탄소 고정이었다! 뿐만 아니라 기하급수적 증가를 일으킬 수 있는 **자가촉매 작용**autocatalysis이다. 회로가 완전히 한 바퀴 돌면 2분자가 만들어지고, 두 바퀴 돌면 4분자, 세 바퀴 돌면 8분자, 네 바퀴면 16분자, 이런 식으로 계속 늘어나는 것이다. 이는 마치⋯⋯무엇인가 세균과 비슷하게 성장을 일으킬 수 있었다. 그들의 생각은 아래의 그림처럼 나타낼 수 있다(나는 중요한 부분만 강조하기 위해서 그들의 원래 그림을 조금 단순화했다).

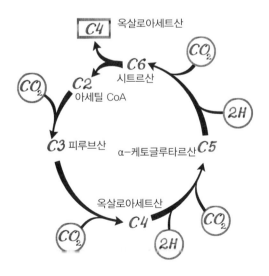

유기 분자에서 수소와 CO_2를 떼어내어 ATP를 만드는 대신, 역 크레브스 회로는 그와 상반되는 작용을 한다. CO_2와 수소를 써서 새로운 유기 분자를 만든다(그리고 약간의 ATP가 소모된다). 회로가 완전히 한 바퀴 돌면 시작점에 있는 분자에 더해서 한 분자가 더 만들어지는데, 앞의 그림에서는 옥살로아세트산이 만들어진다. 옥살로아세트산은 그 자체로 중간산물이기 때문에, 회로를 따라 돌아가면서 다른 중간산물을 만들 수 있다. 원론적으로는 C2와 C6 사이에 있는 중간산물은 무엇이든지 차출되어 생합성에 이용될 수 있다. 앞에서 보았듯이, 이 탄소 골격들은 생화학의 통화이다. 아미노산이 만들고 싶은가? 바로 여기, 크레브스 회로에서 시작하면 된다. 세포막을 위한 지방산이나 이소프렌isoprene을 만들고 싶은가? 아세틸 CoA에서 시작하면 된다. 당은 어떤가? 피루브산에서 시작하자. RNA나 DNA를 위한 뉴클레오티드는? 그 구성 재료는 아미노산과 당이다(둘 다 크레브스 회로에서 유래한다). 여기서 내가 소개하는 그림은 완전한 회로가 아니라는 점에 유의하자. 전체 회로는 321쪽에 있다. 그러나 여기에서는 역 크레브스 회로가 본래의 크레브스 회로를 거꾸로 돌린 것보다 조금 더 길다는 점을 알 수 있다. 역 크레브스 회로에는 통상적으로 크레브스 회로의 중간산물로 여겨지지 않는 몇 가지 카르복실산이 추가적으로 포함되며, 특히 아세틸 CoA와 피루브산이 포함된다(이에 더해 321쪽에서 볼 수 있듯이, 카르복실산과 당 사이의 물질대사를 연결하는 포스포엔올-피루브산도 있다). 역 크레브스 회로는 이 물질들을 물질대사의 중심에서 하나의 생합성 엔진으로 통합하며, 그 방식은 이치에 딱 들어맞는다. 크레브스 회로는 C2에서 C6에 이르는 탄소 골격을 제공하며, 이 탄소 골격들은 사실상 다른 모든 것을 만들 수 있는 생명의 레고 블록이다.

거꾸로 돌아가는 크레브스 회로가 탄소 고정을 통해서 성장을 일으킬 수 있다는 발상은 새로운 것은 아니었다. 1930년대 후반에 제안되었고, 루빈과 케이멘의 생각에도 확실히 영향을 주었다. 캘빈과 벤슨의 자동 방사선 사진에서 크레브스 회로의 중간산물들이 어디에나 나타나는 현상은 이 물질들의 중요성을 지적하기도 했지만, 5년 동안 그들을 적극적으로 현혹시키기도 했다. 결국 이 중간산물 중 어느 것도 캘빈-벤슨 회로의 일부가 아닌 것으로 드러났다. 그래서 아넌과 그의 동료들이 크레브스 회로의 중간산물을 더 많이 보고하기 위해서 ^{14}C 자동 방사선 사진이라는 벤슨의 방법을 이용했을 때, 그들이 과거의 실수를 재현하고 있는 것처럼 느껴졌을 것이다. 1980년에 트론헤임의 어느 만찬장에서 있었던 이야기가 있다. 당시 캘빈의 옆자리에는 미생물학자인 레이든 시레보가 앉아 있었는데, 캘빈은 시레보에게 무슨 연구를 하고 있는지 물었다. 그녀는 "말하기가 조금 망설여진다"고 운을 떼면서 이렇게 답했다. "독립영양을 하는 광합성 세균을 연구하고 있습니다. 그 세균은 CO_2를 고정하지만 캘빈 회로를 돌리지는 않습니다." "그럴 리가요." 캘빈은 웃으며 응수했고, 대화는 그렇게 끝났다.

아넌의 1966년 논문이 「미국 국립과학원 회보*Proceedings of the National Academy of Sciences of the USA*」에 발표된 것은 우연이 아니었다. 아넌은 이 단체의 회원이었기 때문에 자체 저널을 통해서 논문을 발표할 수 있었다. 이는 싹을 틔우지도 못하게 밟아버릴 수도 있는 통상적인 동료 검토peer review 절차를 피할 수 있었다는 의미이다.[10] 결국 역 크레브스 회로는 이 분

---

10 동료 검토는 종종 "금본위제"같은 대접을 받는데, 제대로만 작동한다면 정말 훌륭한 제도이다. 그러나 단 브레이븐이 오랫동안 주장한 것처럼 본질적으로 보수적이기도 하다(나는 브레이븐의 책, 특히 『과학적 자유[*Scientific Freedom*]』를 강력 추천한다). 문제는 두 가지이다. 첫째, 비슷한 연구를 하는 사람들끼리는 서로 적대적인 경우가 빈번하다. 어쩔 수 없이 경쟁자이고(협력자도 나쁘기는 마찬가지이다), 명성과 돈(논문과 연구비)을 좇고, 우리 모두 인간이기 때문이다. 둘째, 혁명적인 발상은 모두 사과 수레를 뒤집어엎는 것이라고 정의할 수 있다. 즉 동료들의 권위를 묵살하고,

야에서 더 광범위하게 받아들여지지 않았다. 그러다가 (25년이 지난 후인) 1980년대가 되자, 클로로비움에 정말로 캘빈-벤슨 회로가 없다는 것이 유전자 서열을 통해서 확인되었다. 하지만 이 세균은 역 크레브스 회로를 위한 유전자는 모두 가지고 있었다. 이런 개념이 뿌리를 내리기가 얼마나 어려운지를 잘 보여주는 사실은 아마 크레브스 자신이 역 크레브스 회로를 한 번도 논하지 않았다는 점일 것이다. 심지어 그는 1981년에 물질대사 경로의 진화에 관한 짧고 영향력 있는 논문을 발표할 때에도 이를 언급조차 하지 않았다. 당시까지는 광합성이 온전히 당에 관한 것이라는 신조가 수십 년간 이어져 내려오고 있었다. 당연히 식물에서도 광합성은 온전히 당에 관한 것이다. 그러나 그 선언에는 뚜렷한 모순이 있다. 크레브스 회로의 중간산물들이 식물에서 탄소 고정에 관여하지 않는다는 사실은 독립영양 물질대사에서는 초점이 다른 곳으로 이동하기 때문에 그 중간산물들의 중요성이 모호해진다는 것을 의미했다. 벤슨의 자동 방사선 사진을 처음 보았을 때, 나는 크게 놀랐다. 나는 당인산을 볼 것으로 기대했지만, 어디에서나 크레브스 회로의 중간산물들이 보였다. 캘빈과 벤슨이 5년 동안 길을 잃고 헤매게 만든 그 카르복실산들 말이다. 어떤 의미에서 보면, 카르복실산은 전혀 오해를 일으키지 않았다. 그 물질들은 중요한 무엇인가를 가리키고 있었다. 당은 지엽적이다. 캘빈-벤슨 회로(그리고 뉴클레오티드

심지어 그들이 틀렸음을 증명하기도 한다는 뜻이다. 가장 훌륭한 과학자, 즉 가장 훌륭한 인간은 자신의 감정은 접어두고 사과 상자 위에 올라서서 자신이 실수와 해석 오류를 범했음을 선언할 것이다. 그러나 보통은 그보다는 덜 명쾌하고, 우리가 이 책에서 본 것처럼 과학자들은 우리의 더 원초적인 본능을 억누르지 못한다. 이런 이유에서, 브레이븐은 과학에서 급진적으로 새로운 생각들을 평가하는 더 나은 방법을 개발해야 한다고 주장한다. 그것은 근본적으로 세계를 새로운 방식으로 볼 수 있도록 이끄는 방법이고, 20세기에 생명과 우주와 모든 것에 대한 우리의 이해에 혁명이 일어나는 데에 가장 큰 역할을 했던 것과 같은 종류의 방법이다.

를 만드는 과정)뿐 아니라 세포의 진정한 물질대사 허브인 크레브스 회로로 들어가야 하는 다른 모든 재료를 위해서 필요한 것은 카르복실산이다. 실제로 캘빈-벤슨 회로가 물질대사의 나머지 부분에 비해서 매우 지엽적이라는 사실은 이 회로를 물질대사의 추가적인 한 단위로 편입시키는 것을 더 손쉽게 만든다. 캘빈-벤슨 회로는 중심 물질대사의 핵심 경로들과는 별개로 조절될 수 있기 때문에, 세포의 다른 필수적인 과정들과 충돌하지 않고 상황 변화에 따라서 끄거나 켤 수 있다.

어쨌든 클로로비움 덕분에 크레브스 회로는 세포 물질대사의 중심이라는 정당한 자리를 되찾을 수 있었다. 혐기성 황세균은 훌륭한 방식으로 그들의 물질대사를 조직하고 있지만, 대부분의 사람들에게는 조금 낯설게 보일 수도 있다. 하지만 정확히 그 점이 문제이다. 황세균이 식물을 대신해서 우리의 사랑을 받을 일은 결코 없을 것이다. 황세균은 우리가 이해를 해야 하는 대상이다. 이 세균은 진화에 대한 훨씬 더 일관된 시각을 제공하며, 우리는 그 안에 함축된 의미를 통해서 우리 자신의 건강에 대한 실마리를 얻을 수 있다. 그러므로 광합성을 생각할 때에는 내가 이 장을 시작하면서 소개한 틀에 박힌 이미지만 떠올리지 말고, 녹색황세균의 계몽적인 물질대사도 조금 떠올려주기를 바란다.

성장을 일으키는 법

아넌과 뷰캐넌이 직면한 문제는 생화학의 통일성과 캘빈의 위압적인 성격만이 아니었다. 거꾸로 돌아가는 회로라는 발상은 열역학에도 반하는 것처럼 보였다. 센트죄르지와 크레브스는 크레브스 회로의 일부가 동물 세포에서도 거꾸로 돌아갈 수 있다는 것을 잘 알고 있었다. 그러나 그 이유는 불투명했다. 크레브스조차도 1939년에 피루브산이 카르복실화를 통해서 옥살로아세트산이 된다는 것을 사실로 받아들였고(117쪽에 있는 그림에서 C3가 C4로 바뀌는 단계), 이는 1940년에 확인되었다. 1945년에는 뉴욕에서 연구를 하고 있던 에스파냐의 위대한 생화학자 세베로 오초아가 동물 세포에서 α-케토글루타르산이 카르복실화되어 시트르산이 만들어질 수 있다는 것을 밝혀냈다(117쪽의 그림에서 C5가 C6로 바뀌는 단계). 이 놀라운 발견은 그 의미를 파악하기가 어려웠고, 오늘날에도 여전히 그렇다. CO_2의 고정은 동물이 아닌 식물에서만 일어난다고 알려져 있었다. 그런데 여기서는 동물의 조직, 즉 우리 자신의 조직이 식물처럼 행동하고 있었다! 그렇더라도, 나머지 두 카르복실화 단계(C2에서 C3, C4에서 C5)는 에너지 측면에서 너무 불리하기 때문에 생화학적으로 불가능하다고 여겨졌다. 이는 회로 전체의 역전은 불가능한 일로 간주되었다는 의미였다.

그러나 작은 황세균은 확실히 아무 문제없이 크레브스 회로를 역전시킬 수 있었다. 이를 위해서 이 세균은 작고 붉은 단백질을 이용했는데, 1960년대 초반에 발견된 이 단백질은 마술을 부릴 수 있는 것처럼 보였다. 이 단백질은 광합성에서 ATP 생산과 CO_2 고정을 위해서 반드시 필요했다. 그런데 이제는 크레브스 회로를 거꾸로 돌려서 생장을 일으킬 수도 있는 것처럼 보였다. 이 경이롭고 신비로운 수용체의 이름은 페레독신ferredoxin이었다.

페레독신이 붉은 이유는 철을 함유하고 있기 때문이다. 더 자세히 설명하자면, 페레독신은 몇 개의 원자로 이루어진 작은 광물 격자 한두 개와 결합되어 있으며, 이를 철-황 클러스터iron-sulfur cluster라고 한다. 이 클러스터들은 페레독신과 결합하면 전자를 전달하는 강력한 능력을 가지게 된다. 페레독신에 전자를 떠맡기는 것은 쉽지 않다. 그래서 여기에 태양이 필요하다. 빛은 물(또는 황화수소 같은 다른 공여체)에서 전자를 빼앗기 위해서 엽록소를 흥분시킴으로써, 광인산화를 통해서 ATP 합성을 일으키는 광합성 막에 전자의 흐름을 만든다. 그 흐름의 끝에는 최종 전자 수용체인 페레독신이 있다. 페레독신은 강력한 펀치를 날린다. 그 펀치로 자신의 전자를 CO_2에 직접(캘빈-벤슨 회로를 통해서 간접적으로) 전달한다. 또는 크레브스 회로에서 가장 고집 센 중간산물인 아세트산(C2)과 숙신산(C4)에 전달하여, 크레브스 회로를 완전히 거꾸로 돌려서 CO_2를 고정할 수 있다. 제1장에서 내가 그렸던 숙신산과 아세트산의 그림을 떠올려보자(59쪽과 70쪽). 그 불뚝한 배와 체셔 고양이의 웃음을……. 그 물질들은 마구 들쑤시지 않는 한 반응을 하기에는 너무 평온하다.

아세트산과 숙신산은 기본적인 화학적 특성이 비슷하다. 사실상 불활성인 카르복실기와 결합하기 위해서는 CO_2가 필요하다. 카르복실기가 $-CO_2$ 구조를 가지고 있다는 점을 기억하자. 따라서 CO_2는 자신과 매우 비슷한 것과 결합해야 한다. 페레독신(Fd)은 2H에서 취한 전자를 CO_2에 전달해서 탄소-탄소 결합을 형성할 수 있다.

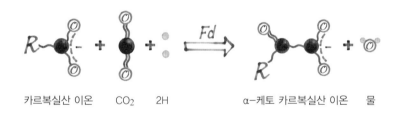

카르복실산 이온 CO_2 2H   α-케토 카르복실산 이온   물

정확히 어떻게 작동하는지에 대해서는 여기서는 신경 쓰지 말자(몇 단계를 거쳐서 일어나야 하는데, 만약 알고 싶다면 "부록 1"을 보라. 그 과정이 꽤 아름답다). 중요한 점은 페레독신이 생물학적으로 어디에도 비길 수 없는 능력을 가지고 있다는 점이다. 페레독신은 가장 반응성이 없는 분자에도 전자를 눌러넣을 수 있다. 그러나 여기에는 대가가 따른다. 페레독신은 산소와 자발적으로 반응하여, 산소 농도가 낮을 때에도 금세 산화된다. 따라서 산소가 있는 곳에서는 역 크레브스 회로가 대개 서서히 멈추게 된

다. 게다가 산소가 페레독신에서 홑전자를 얻으면 반응성이 있는 "자유 라디칼free radical"(짝이 없는 전자를 하나 이상 가지고 있는 분자, 일반적으로 반응성이 더욱 커진다)로 바뀌기 때문에 상황은 더 나빠진다. 산소 자유 라디칼은 난동을 부리기로 악명 높다. 산소 자유 라디칼에 의해 개시되는 일련의 긴 연쇄반응은 세포막의 지질을 산화시키고, 단백질의 불활성화를 일으키고, DNA에 돌연변이를 일으켜서 큰 손상을 유발하기도 한다. 간단히 말하면 나쁜 소식인 것이다. 자유 라디칼에 대해서는 제6장에서 더 살펴보겠지만, 여기서는 자유 라디칼이라는 것이 있으며 이것이 문제를 일으킬 수 있다는 점만 알고 넘어가자.

그 사실은 많은 것을 설명한다. 산소 농도가 증가하면서 역 크레브스 회로가 어떻게 엉망이 되었는지는 나중에 살펴볼 것이다. 지금은 역 크레브스 회로를 활용하는 세균이 오늘날에는 보통 산소 농도가 매우 낮은 환경에만 제한적으로 살고 있다는 점에 주목하자. 산소에 대한 그 세균들의 민감성은 왜 캘빈−벤슨 회로가 남세균과 식물에서 주를 이루게 되었는지를 설명한다. 식물은 여전히 페레독신에 의존하지만, 그 수준을 엄격하게 최소한으로 유지한다. 페레독신의 전자는 곧바로 $NADP^+$(니코틴산아미드 아데닌 디뉴클레오티드 인산nicotinamide adenine dinucleotide phosphate)로 전달되어 NADPH를 형성하는데, 그 과정은 다음과 같다.

NADPH는 페레독신처럼 홑전자들을 다루지 않고 전자쌍을 전달한다. 그러면 산소와의 반응은 훨씬 줄어들면서, 다른 분자에 전자를 밀어넣을 수 있는 힘은 충분히 유지할 수 있다.[11] NADPH는 크레브스 회로를 거꾸

---

11 $NADP^+$는 NAD^+(니코틴아미드 아데닌 디뉴클레오티드[nicotinamide adenine dinucleotide])가 인산화된 형태이다. 이전 장에서 NAD는 크레브스 회로의 중간산물에서 유래한 2H를 호흡 연쇄를 거쳐서 산소로 전달하는 일을 담당하는 주요 전달자로 나왔다. 일반적으로 NADH는 호흡과 관련된 분해 반응에서 전자를 전달하는 반

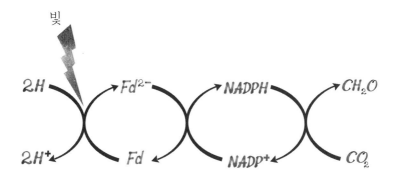

빛

$2H \rightarrow Fd^{2-} \rightarrow NADPH \rightarrow CH_2O$

$2H^+ \rightarrow Fd \rightarrow NADP^+ \rightarrow CO_2$

2H에서 CO_2로 전자를 전달해서 유기물인 CH_2O를 형성하려면, 광합성에서는 태양빛이 동력으로 필요하다. 2H는 광합성의 종류에 따라서 H_2S나 H_2나 H_2O에서 올 수 있지만, 2H에서 페레독신(Fd)으로 전자를 전달하여 Fd^{2-}를 만들기 위해서는 모두 태양빛이 필요하다. 산소가 있을 때에는 Fd^{2-}가 반응성이 있는 자유 라디칼을 생산할 수 있기 때문에 위험하다. 이런 위험을 대체로 피하기 위해서, Fd^{2-}는 CO_2에 직접 전자를 넘기기보다는 $NADP^+$에 빠르게 전자를 전달해서 NADPH를 형성한다.

로 돌릴 수 있는 능력은 없지만, 캘빈−벤슨 회로에서 당의 화학 반응을 촉진할 수는 있다. 진화에서 흔히 그렇듯이, 아무렇게나 뻗어 있는 이 회로는 크레브스 회로의 중간산물에서 당을 만드는 기존의 경로 두 개를 급하게 잘라 이어붙인 것처럼 보인다(혹시 궁금할까봐 말하자면, 이 두 경로는 포도당 신생합성gluconeogenesis과 5탄당 인산 경로pentose phosphate pathway이다). 여기에 유일하게 빠져 있는 것은 우리의 친구, 루비스코 효소이다. 놀랍게도 루비스코는 이제 고대 세균에 널리 존재하고 있으며 완전히 다른 일을

면, NADPH는 새로운 분자의 합성에서 쓰인다. 화학적 특성에서는 별 차이가 없지만, 이 두 전달자는 매우 다른 비율로 유지되면서 뚜렷하게 다른 유형의 반응을 촉진할 수 있다. $NADP^+$는 보통 전자가 채워진 NADPH의 형태로 존재하는 반면, NADH는 전자를 어딘가에 떠넘기고 주로 NAD^+의 형태로 있는 경향이 있다. NADPH의 중요성에 대해서는 세5상에서 나시 나눌 것이나.

하는 것으로 밝혀졌다. 그 일은 다른 세포의 RNA에서 유래한 당을 분해함으로써 종속영양 성장heterotrophic growth(다른 세포를 먹고 그것을 연료로 삼아 일어나는 성장)을 지탱하고 있었다. 따라서 캘빈-벤슨 회로는 프랑켄슈타인의 괴물 같은 회로이다. 어떻게 작동을 하기는 하지만, 그렇게 잘 작동하지는 못한다. 참을 수 없이 느린 루비스코의 회전률과 이 회로가 한 바퀴 돌아갈 때 고정되는 CO_2 분자의 수가 얼마나 적은지를 생각해보자. 이 회로는 어려운 상황에서 임시변통으로 급하게 끼워 맞춰졌다. 그리고 작동을 했기 때문에 버려지지 않은 것이다.

겉보기에는 무용한 것 같은 광호흡 과정을 통해서 루비스코가 O_2를 고정하는 경향도 페레독신과 산소의 반응을 방지해야 한다는 필요성으로 설명될 수 있을 것이다. 진화에서 정말로 무용한 것은 아주 드물다. 만약 자연선택을 거쳐서 살아남았다면, 거기에는 대개 이유가 있다. 루비스코의 경우, 잎의 내부에서 CO_2 농도는 낮아지고 O_2 농도는 높아질 때(기공이 닫혀 있을 때) 무슨 일이 일어날지 생각해보자. 이제 루비스코는 기질인 CO_2가 부족하기 때문에 반응이 둔화될 수밖에 없다. 이는 NADPH가 $NADP^+$로 다시 돌아가기 위해서 자신의 전자를 전달할 수 없다는 뜻이다. 그러면 전자를 전달하지 못한 페레독신이 산소와 반응하게 되는데, 때 마침 산소 농도도 증가하고 있다. 재앙을 피하기 위해서, 루비스코가 산소를 대신 소비한다. 광호흡은 NADPH를 $NADP^+$로 되돌려놓음으로써, 페레독신이 다시 전자를 넘길 수 있게 만든다. 따라서 광호흡은 반응성 페레독신과 산소의 농도를 동시에 낮추어 절박한 재앙을 피할 수 있게 해주는 안전밸브처럼 작용할 수 있다. 확실히 광호흡은 식물의 수확량에 상당한 손실을 가져올 수 있지만, 적어도 식물을 살날까지 살아 있게 해준다. 수확량 증대를 위해서 루비스코를 "개량된" 효소로 대체하면, 그 대가는 식물의 갑작스러운 죽음으로 나타날 수 있다. 분명 우리는 적당한 때를 찾아낼 것이다.

이 모든 추론은 캘빈-벤슨 회로의 비교적 늦은 진화와도 일치한다. 캘빈-벤슨 회로는 산소가 증가하고 있던 세계에서 나타났는데, 이는 산소 증가 이전의 초기 지구에는 역 크레브스 회로가 더 광범위하게 퍼져 있었음을 암시한다. 제3장에서 알게 될 것처럼, 이것은 생명 그 자체의 기원과도 연관이 있다. 역 크레브스 회로가 물질대사의 중심에 있는 한, 그런 관점은 타당하다. 추측컨대 역 크레브스 회로는 우리의 뒤집힌 회로보다 앞서 나타난 것으로 보이며, 이는 크레브스 회로가 지금도 세포에서 생합성 허브인 이유를 설명한다. 그러나 최근까지도, 계통수에서 역 크레브스 회로의 분포는 실망스러울 정도로 듬성듬성해 보였다. 심지어 산소를 피하는 혐기성 세균들 사이에서조차도 드문 것 같았다. 역 크레브스 회로가 발견된 이래로, 다른 탄소 고정 경로도 몇 가지 더 발견되었다. 지금까지 알려진 경로는 모두 6종류이다. 그중 어느 것도 역 크레브스 회로만큼 우아하지는 않지만, 그래도 모두 카르복실산과 연관이 있다. 따라서 이 경로들은 불안정한 캘빈-벤슨 회로보다는 우리가 알고 있는 물질대사 구조의 중심에 더 가까이 있다.

최근에는 역 크레브스 회로가 얼마나 오래되었는지를 엿볼 수 있는 두 가지 중요한 발견이 나왔다. 첫 번째 발견은 이 회로를 돌리기 위해서는 ATP와 페레독신이 공급되어야 한다는 점과 연관이 있다. 일반적으로 ATP와 페레독신은 광합성에서 유래한다. 가장 오래된 세균(또는 고세균archaea이라고 불리는 세균의 사촌) 중 어느 것도 광합성을 한 적이 없다고 여겨진다. 그렇게 정교한 과정은 나중에 특별한 무리에서만 나타났다. 만약 역 크레브스 회로가 항상 광합성에 의존한다면, 생명의 기원이나 초기 진화에 대해서 알려줄 수 있는 것이 별로 없을 것이다. 물질대사 구조의 심오한 이치에 대해서도 마찬가지이다. 그런 결론보다 앞서, 심해의 열수 분출구에서는 광합성 **없이** 역 크레브스 회로 방식으로 CO_2를 고정하는 세균이 발견되었다. 이 세균은 ATP와 페레독신을 만들기 위해서 태양이 필요하지 않다. 오로지 고대의 화학만으로 그런 것들을 만들 수 있다. 이 세균이 어떻게 그런 재주를 끌어냈는지에 대해서는 제4장에서 알아볼 것이다. 여기에서 요점은 역 크레브스 회로가 광합성보다 먼저 나타났고, 따라서 물질대사의 심오한 논리에 대해서 중요한 무엇인가를 정말로 말해줄지도 모른다는 것이다.

두 번째 중요한 발견은 역 크레브스 회로의 듬성듬성해 보이는 분포와 연관이 있다. 117쪽의 그림을 다시 보자. 맨 꼭대기에 있는 단계, 즉 시트르산을 옥살로아세트산과 아세틸 CoA로 쪼개는 단계를 촉매하는 효소는 반대 방향으로 돌아가는 우리의 크레브스 회로에서 친숙하게 볼 수 있는 "시트르산 합성효소"가 아니라 ATP 시트르산 분해효소ATP citrate lyase라는 다른 효소이다. 이 효소는 ATP를 써서 시트르산을 아세틸 CoA와 옥살로아세트산으로 분해한다고 알려져 있다. ATP 시트르산 분해효소가 암호화된 유전자는 역 크레브스 회로를 활용하는 모든 세균의 유전체에 존재한다고 여겨졌다. 계통발생학적 분석에서 이 유전자는 역 크레브스 회로의 존재를 진단하는 유전자로 받아들였다. 이를 토대로 그 듬성듬성한 분포가 추론된 것이다. 그런데 이제 일부 세균에서는 우리에게 친숙한 시트르산 합성효소가 정말로 회로를 거꾸로 돌아가게 할 수 있다는 것이 한 연구에서 밝혀졌다. 특히 CO_2의 농도가 높을 때 그런 일이 일어났다. 이는 엄청난 파문을 불러일으켰다. 만약 그 진단 유전자에 의지하지 않는다면, 역 크레브스 회로는 혐기성 세균과 고세균 사이에서 지금까지 생각했던 것보다 훨씬 더 광범위하게 퍼져 있을 수도 있었다. 얼마나 광범위하게 퍼져 있는지는 지금 당장은 알 길이 없다. 만약 역 크레브스 회로가 생명의 가장 초기 단계, 즉 CO_2 농도가 훨씬 더 높았을 때에 정말로 더 보편적이었다면, 그 중요성은 생명의 기원 자체로 거슬러 올라갈 수 있을 것이다.

혹시 생명의 기원은 H_2와 CO_2의 반응을 통해서 크레브스 회로의 중간 산물들을 만들기 위한 물질대사의 구조화는 아니었을까? 이 생합성 엔진은 처음부터 생명에 내장되어 있으면서 유전자와 단백질을 만들어낸 추진력은 아니었을까? 수십억 년 후, 대기에 산소가 가득해지자, 이 크레브스 회로는 그 방향을 완전히 바꿔서 옥탄가 높은 용감한 신세계에서 유기물질을 뜯어내어 태울 수 있는 특별한 기회를 잡은 것은 아니었을까? 이런 역전이 물질대사의 중심에 긴장 상태를 조성한 것은 아니었을까? 케이크를 온전히 가지고 있으면서 동시에 먹으려고도 하는 경우처럼, 이제는 같은 분자로 창조와 파괴를 동시에 해야 하는 상황인 것이다. 에너지의 흐름과 생장 사이의 아슬아슬한 균형이 무엇보다 중요한 암 같은 질병이나 노화의 근원에는 이런 긴장 상태가 있는 것은 아닐까? 계속 가보자.

3

기체에서 생명으로

"심해는 사막이어야 하지 않나요?" 깊은 바다 속에서 유선 송수신기를 통해서 올라온 잭 콜리스의 치직거리는 목소리가 룰루 호의 선상에 들렸다. 룰루 호는 떠다니는 고물상으로 묘사되던 연구 선박으로, 연구용 잠수정 앨빈 호의 모선이었다. 1977년 2월 17일, 콜리스는 자신이 이끄는 3인의 팀과 함께 단단히 밀봉된 앨빈 호를 타고 2킬로미터 아래로 내려갔다. 그들은 심해의 열수 분출구로 의심되는 온기를 추적하고 있었다. 그 전날에는 카메라가 부착된 2톤짜리 수중 장비를 강철 케이블에 매달고 해저를 끌고 다니면서 필름이 다 떨어질 때까지 3,000장의 해저 사진을 찍었다. 용암이 그대로 드러나 있는 바다 밑바닥의 모습은 표면적으로는 생명이 없는 것처럼 보였다. 그러나 국지적으로 온도가 급등한 곳에서 찍힌 13장의 연속 사진에서는 조개 밭 같은 것이 언뜻 보였다. 그 조개 밭은 안개 같은 푸른 바닷물 사이로 난데없이 나타났다가 빠르게 사라졌다. 조사를 위해서 젊은 잭 콜리스가 조종을 맡은 앨빈 호가 내려갔다. 그들은 상상도 하지 못한 진기한 광경을 맞이했다. 쓰러질 것처럼 아슬아슬하게 서 있는 굴뚝들이 캄캄한 심해로 검은 연기를 맹렬하게 토해내고 있었다. 그러나 이후 수십 년 동안 콜리스를 사로잡은 것은 그 굴뚝이 아니었다. 모선에 있던 대학원생 데브라 스테이크스는 그의 질문에 맞장구를 치면서 심해는 사막일 것 같다고 대답했다. "근데, 여기에 온갖 동물이 다 있어요." 콜리스가 말했다.

심해 탐험은 우주의 매혹적인 아름다움에는 결코 비길 수 없지만, 과학적 관점에서는 심해에서 온 이 간략한 보고도 달 착륙과 똑같이 인류의 위대한 도약이다. 당시 앨빈 호와 룰루 호의 선원들은 지질학자, 지구화학자, 지구물리학자였다. 생물학자가 필요하리라고는 아무도 상상하지 못했다. 수면 위로 가져온 표본들은 한 학생이 우연히 가져온 약간의 포름알데히드와 함께, 다량의 러시아제 보드카에 보존되었다. 그 특별한 발견에 대해 그들이 붙인 이름은 엉뚱한 상상을 불러일으킨다. 확실히 "장미 정원Rose Garden", "민들레 밭Dandelion Patch", "에덴 동산Garden of Eden"은 생물학적 엄격함이 부족하지만, 그 전까지 아무도 깃털 같은 붉은 털이 있는 거대한 관벌레들이 있는 들판을 본 적이 없었다. 별안간 룰루 호는 달 착륙에 맞먹는 발견을 하게 되었다. "우리 모두 방방 뛰고, 미친 듯이 춤을 췄어요. 난리가 났었죠!" 한 연구자는 이렇게 회상했다. 상상도 못 했던 발견이었다. 그곳에는 태양이나 광합성에 의존하는 것이 아니라, 열수 분출구에서 나오는 황화수소 기체로 살아가는 것처럼 보이는 먹이사슬이 있었다.

태양에서 그렇게 멀리 떨어진 곳에서 활기차게 살아가는 생명은 이내 생명의 기원에 대한 새로운 시각에 영감을 주었다. 콜리스는 해양학자인 존 배로스, 세라 호프먼과의 공동 연구를 통해서 이제는 고전이 된 「해저 온천과 지구 생명의 기원 사이의 관계에 대한 가설An Hypothesis Concerning the Relationship between Submarine Hot Springs and the Origin of Life on Earth」이라는 제목의 논문을 1981년에 발표했다.[1] 이 세 사람은 열수 분출구가 내뿜

---

1 한 번 탑승하면 대개 하루 종일 이어지는 앨빈 호 탐사의 베테랑인 존 배로스가 보여준 귀여운 인간적인 면모는 내게 인상적으로 다가왔다. "앨빈 호에는 화장실이 없

는 뜨겁고 반응성이 큰 기체에 대해 생각했다. 기체가 통과하는 열수 분출구의 표면에는 촉매 역할을 하는 금속이 함유되어 있었다. 처음에 그들이 생각한 기체는 수소, 메탄, 암모니아 같은 것이었다. 이 기체들은 목성의 소용돌이 구름을 만들기도 하고, 한때는 초기 지구의 대기에도 많았을 것으로 여겨졌다. 1953년, 과학 실험으로서는 드물게 「타임Time」지의 표지를 장식한 스탠리 밀러의 실험에서 밀러는 이런 기체들이 들어 있는 유리 플라스크에 번개를 흉내 낸 전기 방전을 일으켜서 단백질의 구성 재료인 아미노산을 만들었다. 콜리스와 배로스와 호프먼은 맹렬하게 뿜어져 나오는 분출구에서도 이와 비슷한 화학 작용이 일어날 것이라고 상상했다. 그러나 초기 지구의 대기는 이런 기체들로 이루어져 있지 않았을 것이라는 점이 점점 더 분명해지면서, 더 뜨거운 열수 분출구 역시 메탄과 암모니아보다는 비교적 산화된 기체들, 특히 이산화탄소가 주를 이루게 되었다. 게다가 열수 분출구 주위의 복잡한 먹이사슬이 광합성으로부터 완전히 독립적이지 않다는 것도 명확해졌다. 이 먹이사슬의 기반이 되는 것은 산소와 황화수소의 화학적 반응성인데, 산소는 광합성의 폐기물이다. 거대한 관벌레의 깃털에 있는 붉은색은 헤모글로빈의 한 종류에서 유래했고, 우리의 적혈구에서도 같은 종류의 색소가 산소를 운반하고 있다. 헤모글로빈은 관벌레의 몸속에서 공생하는 황세균에 산소를 전달한다. 황세균은 황화수소와 산소의 반응을 통해서 자신의 에너지와 열수 분출구 주위의 생물질 biomass 대부분을 만들어낸다. 광합성이 출현하기 전, 생명이 기원할 무렵에는 자유로운 산소는 있더라도 매우 적었다. 따라서 이런 생활방식은 불가능했다. 게다가 산소가 없는 계에는 에너지가 훨씬 적었다.

그러나 같은 이유에서 산소의 부재는 CO_2 고정을 훨씬 쉽게 만들었을

기 때문에 우리는 먹고 마시는 것을 조심해야 한다."

것이다. 1980년대 후반이 되자, 역 크레브스 회로는 드디어 신빙성을 얻었다. 모든 독립영양 세균이 캘빈-벤슨 회로에 의존하는 것은 아니라는 사실이 유전자 서열을 통해서 명확히 드러났기 때문이다. 생명의 기원에 대한 새로운 개념이 나올 때가 무르익었다. 대충 설명을 하자면, 역 크레브스 회로는 철-황 단백질, 특히 페레독신을 촉매로 이산화탄소와 산소의 반응을 일으켜서 카르복실산을 만들고, 이 카르복실산을 탄소 골격으로 삼아서 세포의 다른 모든 구성 재료가 만들어진다. 여기에서 유일한 문제는 역 크레브스 회로가 작동하려면 에너지(ATP)의 투입이 필요한데, 오늘날의 세균은 보통 광합성에서 ATP를 얻는다. 칠흑같이 어두운 심해의 열수 분출구에서는 에너지가 어디에서 유래할까? 광합성도 아니고, 그 폐기물인 산소도 아니다.[2]

화학자 귄터 베히터쇼이저와 지구화학자 마이크 러셀, 이 두 선구적인 과학자는 이산화탄소의 수소화를 통해서 카르복실산이 형성되는 과정에서 열수 분출구의 황화철 광물이 어떻게 촉매로 작용했는지에 대한 구체적이면서도 상반된 생각을 독립적으로 내놓았다. 베히터쇼이저는 그가 "황철석 끌어당김pyrites pulling"이라고 이름 붙인 정교한 과정을 상상했다. 이 과정에서 그는 황철석(바보 금fool's gold)의 합성을 역 크레브스 회로와 연관 지었다. 그의 생각은 독창적이기는 했지만, 세균의 경로와는 별로 유사성이 없었다. 이와 대조적으로 러셀은 세포막의 위상에 관해서 생각했다. 더 정확히 말하면, 막을 사이에 두고 생기는 양성자 기울기proton

---

2 사실, 이제 우리는 심해의 열수 분출구가 내뿜는 근적외선이 그 계에 살고 있는 몇몇 세균이 광합성을 일으킬 힘을 얻기에 충분하다는 사실을 알고 있다. 일부에서는 강한 자외선이 내리쬐는 지표수가 아닌 이런 심해에서 광합성이 시작되었을지도 모른다고 주장한다. 어쨌든 광합성은 비교적 복잡하며, 특정 세균 무리에서만 발견된다. 빛이 태고의 에너지원이었을 것 같지는 않다.

gradient를 성장의 동력으로 이용한다는 것이었다. 마이크 러셀의 생각은 내게 하나의 계시처럼 다가왔고, 거의 20년간 나 자신의 생각을 이끌어준 길잡이가 되어주었다고 말하고 싶다. 러셀의 가설에서는 대안적인 다른 유형의 해저 분출구를 생각했다. 그가 생각한 분출구는 세포 같은 미세한 구멍들로 이루어진 미로가 가득했고, 그 구멍들을 둘러싸고 있는 얇은 벽에는 황화철 광물이 들어 있었다. 당시에는 그런 분출구가 알려져 있지 않았지만, 그로부터 거의 10년 후에 앨빈 호의 선장인 데버라 켈리는 러셀의 예측과 거의 정확히 일치하는 분출구를 발견했다. 그러나 때로는 세부적인 부분이 큰 그림을 모호하게 만들기도 한다. 약간의 사적인 불화가 있기는 하지만(프로이트라면 사소한 차이의 자기애라고 일축할지도 모른다), 러셀과 베히터쇼이저는 둘 다 독립영양 메커니즘을 통한 생명의 기원을 상상했다. CO_2와 H_2 같은 기체로 역 크레브스 회로를 돌림으로써 성장했다는 것이었다. 이런 급진적인 개념은 지질학적 차원에서 커다란 간극을 만들었고, 이 간극은 오늘날까지 이어지고 있다. 생명은 심해의 열수 분출구에 있는 CO_2와 H_2에서 시작되었을까? 아니면 밀러로 거슬러 올라가는 전前생물적 화학prebiotic chemistry의 유서 깊은 전통적 주장처럼, 지표수에서 시안화물cyanide 같은 기체가 자외선으로부터 에너지를 얻어서 시작되었을까?

이 생각들은 사실상 모든 측면에서 상반된다. 심해 대 따뜻한 연못, 빛에너지 대 화학적 불균형, 물질대사 우선 대 유전자 우선, 독립영양 대 종속영양, 빠른 화학 대 느린 축적, 국지적 규모 대 행성적 규모, 생물학 대 화학, 이 중 생명의 기원으로 이끈 궁극적 길잡이는 어느 쪽이었는지에 대한 문제이다. 이 모든 용어의 의미에 대해서는 지금 걱정할 필요는 없다. 과학은 종종 열정적으로 격렬하게 자기주장을 고집하다가도 증거로 인해서 마지못해 동의하는 일이 있다는 이야기로 충분하다. 아직 그런 일이 일어나지 않은 것뿐이다. 먼저 나의 개인적인 편견을 고백해야 할 것 같다.

생물학적 에너지 흐름에 특별히 관심을 둔 생화학자로서, 생명의 기원이라는 황홀한 문제로 향하는 나만의 길은 합성화학의 오랜 지적 전통보다는 생화학의 첫 시작과 연관이 있다.[3] 내 관점에서, 해저 분출구의 발견은 초기 지구의 지질학적 환경과 이미 알고 있는 세균 물질대사가 처음으로 의미 있게 연결되는 순간이었다. 이 주제를 수십 년에 걸쳐 설득력 있게 발전시켜온 빌 마틴은 생명의 기원에 관한 가장 뛰어난 석학 중 한 사람이다. 그는 물질대사, 생리학, 유전학, 지질학을 이용해서 생화학이 시작되는 단계들의 기틀을 잡아왔다. 내가 특별히 좋아하는 시나리오는 꾸준한 성장을 강조한다. 끊임없는 흐름이 있는 어떤 국지적인 환경에서 CO_2가 쉴 새 없이 유기 분자로 전환되고, 이것이 간단한 화학적 이유로 인해서 스스로 원세포로 조립된다(이 원세포에는 비누 거품과 비슷한 방식으로 형성되는 막이 있다). 적어도 지구화학과 생화학 사이의 매끄러운 연속성, 즉 쉼 없는 행성적 과정의 산물로서의 생명을 상상하는 것은 가능하다. 그러나 "상상이 가능하다"는 것과 "일어났던 일을 보여주는" 것은 전혀 다르다. 여러 아름다운 생각들이 추악한 사실에 스러져갔다. 어떻게 우리가 아는 척을 할 수 있겠는가?

그 답이 무엇이든, 이런 다양한 관점들은 무익함과는 거리가 멀다. 오히려 태양계, 아니 더 넓은 세상의 어디에서 생명을 탐색할지에 대한 실용적

---

3 전통적인 합성화학은 뉴클레오티드 같은 이로운 산물을 높은 수율로 만드는 것을 목표로 하며, 원하지 않는 다른 산물에 오염되지 않는 것이 이상적이다. 합성화학자는 오늘날 생화학에서 쓰이는 경로에 대해서는 그들에게 논리적으로 보이는 화학(그런 화학은 별로 없다)이 아닌 한 그다지 관심이 없는 편이다. 생화학자는 거꾸로 생각하는 편이다. 자연선택은 선택성과 산출량을 개선한다. 따라서 처음 경로는 선택성과 산출량이 더 낮았어야 한다. 그렇지 않으면 자연선택이 작동할 이유가 전혀 없기 때문이다. 그러나 어떤 연구 프로그램이 낮은 선택성과 낮은 산출량을 특별히 목표로 한다면, 대부분의 합성화학자는 두드러기를 일으킬 것이다.

인 판단에 도움을 준다. 나사와 다른 항공우주국에서 지원해야 할 탐사는 화성일까, 아니면 토성과 목성의 얼음 위성인 엔셀라두스와 유로파일까? 만약 생명의 기원에 빛이 반드시 필요하다면, 엔셀라두스는 가장 후순위로 밀리는 탐사 장소일 것이다. 따뜻한 연못을 선호하는 사람들이 그렇게 주장하기 때문이다. 그러나 만약 생명이 심해의 열수 분출구에서 등장했다면, 엔셀라두스는 이상적인 탐사 장소이다. 엔셀라두스의 표면을 뒤덮고 있는 얼음 틈으로 뿜어져 나온 수백 킬로미터 높이의 물기둥을 통해서 판단할 때, 그 두꺼운 얼음 아래에는 수소 기체와 작은 유기 분자들이 부글거리는 액체 상태의 대양이 있기 때문이다. 나로서는 가장 먼저 살펴보아야 할 곳이다.

어쩌면 이보다 더 중요한 것은 오늘날 우리 자신의 건강과 물질대사와 관련된 실용적 의미일지도 모른다. 크레브스 회로가 물질대사의 중심에 있는 까닭은 열역학이 생명을 그런 식으로만 존재하게 하기 때문일까? 다시 말해서 운명인 것이다! 아니면, 이 화학은 유전자에 의해서 더 나중에 발명되었고, 우리가 충분히 똑똑하기만 하다면 얼마든지 갈아끼울 수 있는 정보 체계의 사소한 결과물에 불과할까? 노화와 질병 사이의 차이는 생명이 기원한 순간부터 세포에 새겨져 있는 물질대사의 결과일까? 아니면 유전자 편집과 합성생물학으로 극복할 수 있는 문제일까? 결국 이것은 유전자가 먼저인가, 물질대사가 먼저인가의 문제로 요약된다. 이 책의 요지는 에너지가 가장 원초적인 것이고, 에너지의 흐름이 유전 정보를 형성한다는 것이다. 나는 물질대사의 구조가 처음부터 (아마 심해의 바위투성이 분출구 속에) 확정되어 있었다는 주장을 하려고 한다. 이 장에서 우리는 생명 그 자체의 기원에서 유래한 증거를 이런 관점에서 탐구할 것이다.

얼마나 오래되어야 오래된 것인가?

역 크레브스 회로가 오래되었다는 데에는 의심의 여지가 별로 없다. 그러나 단지 오래되었다고 해서 생명의 기원과 바로 연결되는 것은 아니다. 이에 대한 어떤 증거가 있을까? 크레브스 회로가 생화학의 중심에서 돌아간다고 단순히 주장만 하는 것으로는 충분하지 않다. 그럴 수 있는 이유는 두 가지가 있다. 회로가 정말로 원시적일 수도 있고, 아니면 가장 효과적인 연결망의 위상일 수도 있다. 그렇다면 이는 유전자와 세포에 대한 자연선택을 통해서 다듬어져온 것이다. 유전자와 세포는 이미 복잡한 것들이고, 당연히 생명의 기원보다 나중에 나타났다. 만약 크레브스 회로가 정말로 원시적이라면, 열역학적으로 선호되는 경로가 나타나야 할 것이다. 만약 유전자에 대한 선택으로 정교하게 다듬어진 진화의 산물이라면, 원시적인 화학의 특징은 전혀 없을 것이다. 물론 둘 다일 수도 있다. 열역학적으로 호의적이면서, 물질대사를 위한 이상적인 연결망도 이루고 있는 것이다. 우리는 그 차이를 어떻게 구별할 수 있을까?

첫 번째 문제는 지질학적 타당성이다. 역 크레브스 회로에는 CO_2와 H_2 기체가 필요하고, 이와 함께 철-황 클러스터를 포함하는 촉매도 필요하다. 이 점에서 우리는 비교적 안전한 토대 위에 있다. 약 40억 년 전의 대기와 대양에는 오늘날보다 CO_2의 양이 훨씬 더 많았다는 것은 거의 확실하다. 아마 수천 배는 더 많았을 것이다. 오늘날 대부분의 탄소는 살아 있거나 죽은 유기물, 또는 석회암 같은 탄산염 암석으로 존재한다. 생명의 기원 이전에는 유기물이 훨씬 적었을 것이다. 생명이 나타나기 전에는 어떤 유기물도 없었을 것이라고 생각할지도 모르지만, "유기 분자"라는 용어는 생명체에 의해서 만들어진 분자라는 뜻이 아니라 생명체를 구성하는 **종류**의 분자, 즉 탄소에 수소가 부착된 분자를 가리킨다. 그리고 그런 분자는 화학자, 화산, 행성에 의해서도 만들어질 수 있고, 심지어 먼 우주 공간에 있는 소행성에서도 만들어질 수 있다.

초기 지구에는 석회암이 훨씬 적었는데, 석회암은 비교적 알칼리성 대양에서 형성되는 경향이 있기 때문이다. 우리는 지질학적 기록을 통해서 초기 지구의 산성 대양의 바닥에는 석회암이 거의 침전되지 않았다는 것을 알고 있다. 이제, 유기물과 석회암 속의 탄소가 모두 증발해서 태고의 상태처럼 CO_2의 형태로 대기와 대양으로 돌아갔다고 가정해보자. 그러면 이 CO_2는 대기 중에서 약 100바bar의 기압을 형성할 것이다(1바는 오늘날 해수면의 대기압과 대략 비슷하다). 이 CO_2의 대부분은 현무암 같은 화산암과 빠르게 반응해서 지각에 흡수되었을 것이다. 그러나 지질학자들은 그래도 남아 있는 10바 정도의 CO_2를 설명하기 위해서 여전히 애를 먹고 있다. 만약 1바만 남아 있다고 해도, 이는 오늘날에 비해 2만5,000배나 많은 양이다. 확실히 CO_2는 부족하지 않았다. CO_2는 맨틀로 끌려 내려가도 땅속에서 그리 오래 머물지 않고, 수천만 년 주기의 화산 분출을 통해서 대기 중으로 다시 빠져 나온다. 지구는 전혀 유별나지 않다. 화성과 금성의 대기는 약 95퍼센트가 CO_2로 이루어져 있고, 다른 항성을 공전하는 외계행성에서도 CO_2는 흔한 기체이다.

수소 역시 열수 분출구를 통해서 대양으로 보글보글 올라온다. 마이크 러셀과 빌 마틴은 초기 지구에는 열수 분출구가 훨씬 더 흔했을 것이라고 주장했다. 이런 분출구들은 화산 활동이 아닌 화학 작용에 의해서 만들어진다. 바닷물이 감람석olivine 같은 광물과 반응을 일으키는 것이다. 감람석은 상부 맨틀의 약 절반을 차지하므로, 맨틀이 바닷물과 직접 접촉하면 이런 암석-물 반응을 사실상 막을 수 없다. 이 반응은 감람석을 사문석serpentine으로 바꿔놓기 때문에 사문석화 작용serpentinisation이라고 불리며, 그로 인해서 수소 기체가 보글거리며 나오는 강한 알칼리성 열수가 만들어진다. 오늘날에는 비교적 가볍고 규산염이 풍부한 암석으로 구성된 지각이 맨틀과 대양 사이를 차단하고 있다. 그러나 40억 년 전에는 맨틀과 지각이 아직 분화되지 않았는데, 이는 당시에는 대륙이 없었고(이렇게 물로 이루어진 세상에는 지구라는 이름이 어울리지 않는다) 바다 밑바닥 전체에서 사문석화 작용이 일어나고 있었다는 것을 의미한다. 사문석화 작용이 광범위하게 일어났었다는 증거는 그 시기의 용암(코마티아이트 용암 komatiite lava이라고 알려져 있다)에 아주 많이 남아 있다. 수소 기체와 유기물이 풍부한 알칼리성 물기둥이 솟구치고 있는 엔셀라두스에서도 이런 반응이 일어나고 있는 것으로 여겨진다. 수소는 우주 공간으로 곧바로 빠져나가기 때문에 초기 지구의 대기에는 별로 축적되지 않았을 수도 있지만, 분출구 자체에는 H_2가 풍부했을 것이다. 따라서 역 크레브스 회로를 위한 두 가지 기질, H_2와 CO_2는 생명이 기원한 시기에 거의 무한정으로 존재했다. 시안화물 같은 기체를 기반으로 하는 다른 학설에 대해서는 이 정도로 확실하게 말할 수 없다. 페리시안화물ferricyanide 같은 비교적 안정적인 형태의 시안화물이 육상에 있는 따뜻한 연못에 축적될 수도 있었겠지만, 그 주장을 뒷받침할 증거는 별로 없다. 게다가 양적으로는 H_2와 CO_2와는 비교조차 할 수 없을 것이다.

물론, 아무리 많은 H_2와 CO_2가 있다고 해도 서로 반응을 하지 않으면 무의미하다. 시안화물과 관련 분자에서 아미노산, 뉴클레오티드, 지방산을 성공적으로 합성한 화학자들은 오랫동안 이런 비판을 해왔다. 이와 대조적으로 H_2와 CO_2 옹호자들은 최근까지 환호성을 지를 일이 별로 없었다. 대부분의 경우, 이 기체들은 관련 조건에서 반응성이 없는 상태를 고집스럽게 유지한다. 그러나 결론을 내리기는 아직 이르다. 변명을 하자면, 광물 촉매나 더 높은 압력을 포함하여 가능성 있는 반응 공간을 찾으려는 실질적인 노력이 부족했다고도 할 수 있다. 지난 몇 년 사이, 전생물적 화학에서는 작은 혁명이 있었다. CO_2가 성공적으로 카르복실산으로 전환되었고, 여기에는 크레브스 회로의 중간산물이 사실상 모두 포함된다. 이 선구적인 연구에서 조지프 모런과 동료 연구진은 수소 대신 철광석을 전자 공급원으로 썼다고 인정했다. 그러나 내가 이 글을 쓰는 동안, 마르티나 프라이너와 빌 마틴과 공동 연구를 하고 있던 모런은 열수 속 광물을 촉매로 활용해서 역 크레브스 회로의 결정적 구성성분인 아세트산과 피루브산을 형성하는 H_2와 CO_2 사이의 까다로운 반응을 일으키는 데에 성공했다. 이런 광물 촉매 중 하나인 그레이가이트greigite라는 황화철 광물은 그 기본 구조가 페레독신에 있는 철-황 클러스터와 비슷하다. 페레독신에도 오늘날 세포 속에서 가장 어려운 두 단계에서 촉매로 작용하는 단백질이다. 적어도 내 생각에는 이는 우연이 아니다. 지구에는 CO_2와 H_2가 풍부하고, 이 기체들이 카르복실산을 형성하는 반응을 용이하게 해주는 철-황 촉매도 함께 있다. 카르복실산은 역 크레브스 회로의 중간산물이며, 오늘날에도 여전히 물질대사의 중심에 있다. 열역학과 지질학은 명확하다. CO_2와 H_2는 어디에나 있고, 반응을 통해서 크레브스 회로의 중간산물을 형성할 수 있다.

그러나 다른 요소들은 더 모호하다. 계통발색학에 명확하게 나타난 바에 따르면, 계통수의 가장 초기 세포들은 (양분을 "먹기"보다는) H_2와 CO_2와 같은 기체를 이용해서 성장하는 독립영양을 했지만 이것이 역 크레브스 회로가 생명의 원형이라는 주장을 진정으로 뒷받침하는 것은 아니다. 만약 이 회로가 생명의 기원에서 나타났다면 그럴 수 있을 것이다. 그러나 이제 우리는 제2장에서 논의한 역 크레브스 회로와 캘빈-벤슨 회로 외에도, 생명계에 전체에 걸쳐서 CO_2를 고정하는 독립영양 경로가 4가지 더 있다는 것을 알고 있다. 그중에서 세균과 고세균이라는 양대 원생생물 무리에서 모두 발견되는 경로는 아세틸 CoA 경로 하나뿐이다. 이는 이 경로가 그들의 공통 조상, 즉 모든 생명의 마지막 공통 조상last universal common ancestor of all life(LUCA)에 존재한 유일한 경로였다는 것을 암시한다. 아세틸 CoA 경로는 크레브스 회로처럼 H_2와 CO_2에 의존하지만, 다른 면에서는 더 오래된 것처럼 보인다. 이 경로는 짧은 선형 경로이며, CO_2를 고정하기 위해서 (ATP 같은) 에너지를 추가로 투입할 필요가 없다. 게다가 역 크레브스 회로처럼, 아세틸 CoA 경로 역시 어디에나 있는 페레독신을 포함하여 고대의 철−황 단백질의 힘을 이용한다. 이 모든 요소들은 아세틸 CoA 경로가 CO_2를 고정하는 원형 경로임을 암시한다. 따라서 이런 계통발생학적 관점에서 볼 때, 역 크레브스 회로는 오래되기는 했지만 원형은 아닌 것처럼 보인다.

한편, 아세틸 CoA 경로의 최종 산물인 아세틸 CoA 자체는 역 크레브스 회로의 일부이기도 한 C2 분자이다. 아세틸 CoA는 물질대사에서 중요하기는 하지만, 더 많은 탄소를 포함하고 있는 대부분의 다른 분자들의 직접적인 공급원은 아니다. 예를 들면, 대부분의 아미노산은 3−6개의 탄소 원자를 포함한다. 이런 아미노산들은 (이론상으로는 그럴 수 있을 것 같지만) C2 단위를 필요에 따라서 붙이거나 조금씩 잘라서 만드는 것이 아니라, 더 많은 H_2를 이용해서 더 많은 CO_2를 고정하는 방식으로 크레브스 회로의 중간산물에서 만들어진다. 당도 마찬가지이다. 당은 C3 카르복실산인 포스포엔올−피루브산에서 형성된다. 유전물질인 RNA와 DNA를 구성하는 뉴클레오티드는 기본적으로 아미노산과 당에서 만들어진다. 이런 경로들은 모든 생명에 걸쳐 보존되어 있으므로, 아마 원형일 것이다. 다시 말해서 아세틸 CoA 경로는 원형처럼 보이지만 이 문제의 일부만 해결할 뿐이다. 문제의 나머지 부분(나머지 모든 생합성)은 크레브스 회로의 중간산물에 의존한다. 그러나 역 크레브스 회로 자체는 원형처럼 보이지 않는다. 이 모순을 어떻게 해결할 수 있을까?

이 난제를 해결할 가능성 있는 가설은 두 가지이다. 첫째는 역 크레브스 회로가 아닌 이 회로를 구성하는 카르복실산 중간산물 중 몇몇이 원형이라는 것이다. 특히 아세트산(C2), 피루브산(C3), 옥살로아세트산(C4), 숙신산(C4), α-케토글루타르산(C5), 이 다섯 가지 카르복실산은 모든 생명에 걸쳐 보편적으로 보존되어 있다. 크레브스 회로에 의해서가 아니면 이 물질들이 어떻게 연결되는지 궁금할 수도 있을 것이다. 그 답은 꽤 간단하다. 6가지 CO_2 고정 경로 중에서 5가지가 크레브스 회로의 중간산물들을 포함한다. 세균과 고세균에 공통으로 보존된 것은 아세틸 CoA 경로뿐이지만, 생명이 기원할 무렵에는 크레브스 회로의 중간산물을 만드는 다양한 방법이 있었을 수도 있다. 그러다가 마침내 저마다 다양한 조건에서 최적으로 작동하는 특유의 연결망 위상 구조를 지닌 5가지 경로로 "구체화된" 것이다. 이 경로들을 형성하는 물질의 무리에는 크레브스 회로의 중간산물들이 서로 중복되어 있다.

두 번째 가능성은 내가 이전 장에서 언급한 것이다. 역 크레브스 회로는 세균과 고세균에서 생각보다 더 광범위하게 보존되어 있을 수 있다. 이것이 사실일 수도 있는 까닭은 역 크레브스 회로의 존재를 확인하는 데에 일반적으로 쓰였던 효소인 ATP 시트르산 분해효소가 어쨌든 그런 진단을 할수 없는 것으로 밝혀졌기 때문이다. "정상적인" 산화 회로에서 발견되는 평범한 효소(크레브스 자신이 발견한 시트르산 합성효소)가 적어도 일부세균에서는 사실상 거꾸로 작동하는 것처럼 보인다. 원핵생물은 고농도의 CO_2와 같은 적절한 환경에서 연구된 적이 별로 없기 때문에, 어쩌면 대부분의 원핵생물도 그럴지 아무도 모르는 일이다. 만약 이런 역 방향의 작동이 광범위하게 일어난다면, 역 크레브스 회로는 정말로 원형처럼 보일 것이다. 지금 당장은 알 수 없다. 그러면 포기하고 기다려야 할까? 다행히도 그렇지는 않다. 이 문제에 접근할 수 있는 다른 방법들이 있다.

순환 법칙

"에너지는 흐르고, 물질은 순환한다." 전설적인 생물물리학자 해럴드 모로위츠의 이 명언은 언젠가는 열역학의 네 번째 법칙으로 격상될지도 모르지만, 지금은 모로위츠의 순환 법칙cycling law으로만 알려져 있다. 뉴욕 주 포킵 시에서 태어난 모로위츠는 어릴 적부터 비범했고, 1940년대에 물리학을 공부하러 열여섯의 나이로 예일 대학교에 들어갔다. 오랜 세월이 흐른 뒤, 그는 물리학에서 생물학으로 전공을 바꾼 이유를 자신의 학생들에게 이렇게 설명했다. 모로위츠는 1학년 때 다른 조기 입학 영재와 물리학 실험에서 조를 이루게 되었다. 열다섯 살이던 그 학생은 모로위츠보다 더 전설적인 인물인 머리 겔만이었다. 경쟁심이 강했던 어린 모로위츠는 만약 겔만이 전형적인 물리학자라면 자신은 분야를 바꿔야겠다고 결심했다. 훗날 모로위츠는 한 시험에서 겔만보다 2점 더 많이 받은 일이 물리학에서 자신이 이룬 최고의 업적이라고 선언했다. 나는 명언을 해석할 때 그 사람의 개인적인 철학을 고려해야 한다고 생각한다. 모로위츠는 (수십 년 동안 그의 학문적 본거지인) 예일 대학교의 졸업식 연설에서 학생들에게 이렇게 말했다. "순응이 반드시 미덕은 아닙니다. 노력이 악덕인 경우는 거의 없습니다. 희망은 도덕적 책무입니다. 그리고 유머 감각은 도움이 됩니다."

생물학자들은 모로위츠가 만들어낸 변화에 감사해야 할 것이다. 그는 물리학자의 엄격함을 생물학자의 절충주의에 결합시킨 가장 심오하고 유쾌한 사상가 중 한 사람이다. 모로위츠는 1980년대 초반에 더 많은 대중의 주목을 받게 되었다. 당시 그는 매클레인 대 아칸소 주 재판에 전문가 증인으로 소환되었는데, 이 재판은 1920년대의 스코프스 "원숭이 재판"(과학 교사인 존 스코프스가 테네시 주 법률을 어기고 학교에서 진화론을 가르쳤다는 이유로 벌금형을 받은 재판/옮긴이)을 따서 제2의 스코프스 재판이라고 불리기도 했다. 두 재판 모두 학교에서 진화생물학이나 "창조과학"을 가르치는 것과 연관이 있었다. 비평형 열역학의 선구자이며, 평생 생명의 기원에 매료되어 있던 모로위츠는 당시에 만연해 있던 생각에 대해 반대 증언을 했다. 그 생각은 바로 닫힌 계에서 엔트로피entropy(무질서)가 증가하는 경향, 즉 열역학 제2법칙을 생명이 거스른다는 것이었다. 끊임없이 햇빛이 쏟아지는 지구는 당연히 열린 계이다. 그리고 모로위츠는 "어떤 계를 흐르는 에너지는 그 계를 조직화하는 작용을 한다"고 공언했다. 윌리엄 오버턴 판사는 이른바 창조과학은 과학으로서 부적격하기 때문에 과학 수업에서 가르쳐서는 안 된다고 판결했다. 오버턴의 사건 요지 조서에 담긴 과학에 대한 설명은 지금까지 내가 읽어본 가장 훌륭한 설명 중 하나였다. "과학을 이끄는 것은 자연법칙이다. 과학은 자연법칙에 의해서 설명되어야 한다. 과학은 경험적 세계에 대한 검증을 할 수 있다. 과학의 결론은 잠정적이다 (반드시 최종 결론이어야 하는 것은 아니다). 과학은 반증이 가능하다." 기적과 초자연 현상을 불러내어 자연 세계를 "설명하는" 창조과학이나 그 방탕한 자손인 지적 설계에는 이 기준 중 어떤 것도 적용되지 않는다.[4]

---

4 이후 모로위츠는 명사 과학자가 되었고(종교에 전혀 무자비하지 않았다), 22년간 『병원 실무(Hospital Practice)』라는 학술지에 매달 에세이를 썼다. 이 글들은 과학과 사회 전반에 걸쳐서 폭넓은 주제를 다루었고, 『피자의 열역학(The Thermodynamics of Pizza)』, 『친절한 기요틴 박사(The Kindly Dr Guillotine)』와 같은 재미난 제목의 5권의 책으로 출간되었다. C. P. 스노는 이 책들에 대해 "내가 읽어본 것 중에서 가장 지혜롭고, 재기 넘치며, 박식하다"고 찬사를 보냈다. 모로위츠는 화성 표면에서 생명의 흔적을 조사한 바이킹 호 탐사를 포함한 나사의 여러 임무에서 고문으로 활동했고, 지금까지 만들어진 가장 큰 격리 생태계인 바이오스피어 2(Biosphere 2) 프로젝트(우주 공간에서 인간의 생명을 지탱하기 위한 닫힌 계의 성공 가능성을 탐구하기 위해서 설계되었다)의 자문 위원이었으며, 유명한 산타페 연구소의 창립 위원 중 한 사람이다. 그는 일생을 알차게 보냈다. 에릭 스미스와 함께 생명의 기원에 대한 웅장한 학술서를 완성했는데, 책의 출간을 6개월 앞둔 2016년에 88세로 폐혈증으로 사망했다.

모로위츠는 1968년에 출간된 『생물학의 에너지 흐름*Energy Flow in Biology*』에서 그의 순환 법칙을 다음과 같이 설명했다. "정상 상태steady state의 계에서, 하나의 원천source에서 하나의 배출구sink로 이어지며 그 계를 관통하는 에너지의 흐름은 그 계의 내부에 적어도 하나 이상의 순환을 일으킬 것이다." 이 생각은 살아 있는 계(이런 계에 있는 유기체는 모든 부분이 끊임없이 변화하고 있어도 정상 상태를 유지한다)를 토네이도, 허리케인, 고기압, 소용돌이 같은 친숙한 자연 현상과 만족스럽게 연결시켰고, 더 넓게는 은하계, 생태계와도 연결점을 만들었다. 모로위츠는 생태계에서 양분의 순환을 에너지 흐름의 필연적 결과로 보았다. 이를테면, 광합성은 물과 CO_2로 유기물(그리고 폐기물인 산소)을 만드는 반면, 호흡은 산소를 이용해서 같은 유기물을 분해하여 CO_2와 물로 되돌린다. 그는 이 점을 주목했다. 전체적으로 볼 때 이 과정들은 서로 다른 두 상태 사이를 순환한다. 이 상태들은 CO_2에서 유기 분자로 갔다가 다시 CO_2로 돌아가는 별개의 기계적 경로를 따른다. 별개의 기계적 경로에 대한 요건은 광합성과 호흡뿐 아니라 두 과정의 토대가 되는 물리적 화학에도 적용된다. 이런 물리적 화학은 생명이 없는 조건에서도 일어날 수 있다. 거의 같은 이유에서, 행성 규모에서도 단순한 역전이 일어나는 것은 불가능하다. 지구는 고에너지의 태양빛을 흡수하지만, 전체적으로 에너지 균형을 유지하면서 저에너지의 열을 방출하고 있다. 또다른 거대한 정상 상태의 순환인 것이다. 정리하자면 이렇다. 열의 분산은 어떤 경로도 완벽하게 가역적이지 않다는 것을 의미한다. 그래서 에너지의 흐름은 물질의 순환을 일으킨다.

생화학의 상징인 물질대사 경로 도표를 언제나 숭배했던 모로위츠는 크레브스 회로를 물질의 완벽한 사이클론cyclone으로 볼 수밖에 없었다. 모든 생화학 경로 도표의 중심에서, 크레브스 회로는 에너지 흐름과 근본적으로 연결되어 있다. 역 크레브스 회로는 모로위츠의 1968년 책이 출간되기 수년 전에 이미 발견되었지만, 그는 그것을 자신의 생각에 통합시키지 않았다. 그러나 나중에는 역 크레브스 회로가 열역학을 따르고 있다는 것을 알게 되었다. 만약 하나의 계를 통과하는 에너지의 흐름이 물질의 순환을 통해서 그 계를 조직화하는 작용을 한다면, 그리고 이런 법칙이 다른 모든 것들처럼 물질대사(그리고 그 기원)에도 적용된다면, 크레브스 회로는 열역학이라는 거스를 수 없는 신에 의해서 운명 지어진 필연일 것이다.

심지어 한 술 더 떠서, 역 크레브스 회로는 앞 장에서 지적한 것처럼 자가촉매 작용을 한다. C4 옥살로아세트산 한 분자로 시작하는 역 크레브스 회로가 한 바퀴 돌아가면, 옥살로아세트산 두 분자가 만들어진다. 다시 한 바퀴가 더 돌아가면 4개가 만들어지고, 그 다음에는 8개, 16개, 그렇게 이어진다. 이는 기하급수적 성장일 뿐 아니라, 두 배씩 늘어날 때마다 성장에 안정성이 결합된 복사본을 형성한다.[5] 당연히 모로위츠는 이것에 매료되었고 점점 더 빠져들었다. CO_2를 유기 분자로 바꾸는 자가촉매 회로라는 생각은 열역학의 법칙을 따랐고, 이에 더욱 힘을 실어준 것은 역 크레브스 회로에서 거의 일상적일 정도로 단순한 화학이 반복된다는 점이었다. 이런 반복은 더 짧은 우리의 산화적 경로(또는 다른 5종류의 CO_2 고정 경로)에서는 일어나지 않지만 역 크레브스 회로에서는 분명하게 나타난다. 일상적

---

5 혹시 헷갈릴까봐 말하자면……, 보통의 "정방향" 크레브스 회로는 촉매 작용을 한다. 즉, 회로가 완전히 한 바퀴 돌아가면 시작점이 재생된다. 만약 숙신산을 추가하면, 회로가 한 바퀴 돌아간 후에는 정확히 같은 양의 숙신산이 재생되는 동시에 최종 산물인 CO_2와 2H가 더 많이 만들어진다. 이와 대조적으로, 역 크레브스 회로는 자가촉매 작용을 한다. 회로가 완전히 한 바퀴 돌아가면 시작 물질의 복사본이 만들어져서 2개가 된다는 뜻이다. 만약 숙신산으로 시작한다면, 회로가 완전히 한 바퀴 돌아갔을 때 2분자의 숙신산이 만들어진다. 그러면 기하급수적 증가가 일어나거나, 시작 물질에 더해서 다른 크레브스 회로 중간산물이 하나 더 만들어진다. 이렇게 생성된 다른 중간산물은 아미노산 합성과 같은 다른 목적에 쓰일 수 있다.

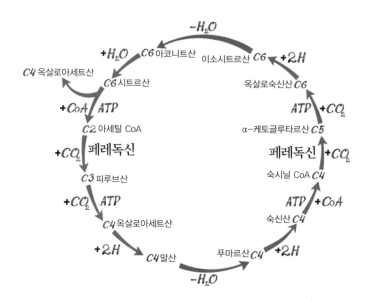

역 크레브스 회로에서는 굵은 글씨로 강조한 일련의 단계들이 반복된다. 페레독신에서 시작할 때, 반복되는 단계는 $+CO_2$, $+CO_2$, $+2H$, $-H_2O$, $+2H$, $+CoA$이다. 회로의 후반부가 진행될 때 유일한 차이는 뒤의 $+2H$가 $+H_2O$로 바뀌는 것뿐이다. 페레독신의 앞뒤로 있는 중요한 단계들에서 ATP가 요구되는 것도 거울을 비추듯 비슷하다는 점에 주목하자. 이 크레브스 회로는 완전히 한 바퀴씩 돌 때마다 회로 자체에 있는 옥살로아세트산과 함께, 추가로 한 분자의 옥살로아세트산이 더 만들어진다. 따라서 하나의 복사본에서 둘을 얻는 자가촉매적 순환 고리를 통한 안정적인 성장을 일으키고, 기하급수적 증가를 가능하게 한다.

인 반복은 필연성을 암시한다. 자연의 구조에 너무 깊이 새겨져 있어서 그냥 일어날 수밖에 없는 것이다(위의 그림을 보라).

필연성 대 불가능성

모로위츠의 개념은 아름답고 의미심장하다. 가까운 항성에서 오는 빛이 넘쳐나고 물이 있는 암석질 행성에는 생명이 등장할 수밖에 없다는 것을 암시한다. 심지어 그는 필연성의 한계를 탐구한 『모든 것의 등장*The Emergence of Everything*』이라는 책을 쓰기도 했다. 이 책에서 그는 화학의 결정론이 어디에서 생물학의 농간에 길을 내어주는지를 고찰한다. 그러나 인생에서처럼 과학에서도 아름다움은 위험한 길잡이가 될 수 있다. 생명은 단순함과는 거리가 멀고, 모로위츠의 관점에도 심각한 문제들이 있다. 그 중에서 가장 심각한 문제는 생명의 기원 연구의 또다른 선구자인 레슬리 오겔이 지적한 문제일 것이다.

오겔은 1940년대에 옥스퍼드에서 수학한 무기화학자이다. 그는 1953년에 크릭과 왓슨이 만든 DNA 분자 모형을 처음 본 사람들 중 한 명이었다. 당시 옥스퍼드에 있던 위대한 결정학자 도러시 호지킨은 그녀의 동료들에게 차 두 대에 나눠 타고 케임브리지로 가야 한다고 말했다. 훗날 크릭은 1970년대에 생명의 기원 쪽으로 잠시 진출한 동안, 샌디에이고의 소크 연구소에서 오겔과 합류했다. 이 분야에 대한 크릭의 급습은 『생명 그 자체*Life Itself*』라는 다소 야릇한 책으로 끝을 맺었는데, 이 책에서 그는 어떤 외계 문명이 의도적으로 지구에 생명의 씨를 심었다는 생각인 정향 범종설directed panspermia의 가능성을 다루었다. 이 개념은 유전 암호 문제에서 시작되었다. 크릭이 "동결된 우연frozen accident"이라고 선언한 이 문제는 유전 암호는 본질적으로 무작위적이며, 유전 암호가 보편적이 된 까닭은 다른 암호보다 뛰어나서가 아니라 일단 확립된 암호에 일어난 돌연변이적 변화는 파국을 초래하기 때문에 다른 암호가 나타날 수 없었다는 뜻이다. 이제 우리는 이것이 옳지 않다는 것을 안다. 그럼에도 이런 생각에서 "RNA 세계RNA world"가 나왔고, 특히 오겔은 이 가설의 선구자였다. 이 가설의 주장에 따르면, RNA는 주형이자 촉매로 작용할 수 있어서 생명의 기원에서 유전과 물질대사를 둘 다 일으킬 수 있었다.

오겔은 자신의 생각에 내포된 난점과 직면하는 것을 결코 두려워하지 않았다. 그는 만약 물질대사가 정말로 RNA 세계에서 발명되었다면 생화학적 구조에는 생명의 기원에 대한 어떤 통찰도 없을 것이라고 판단했다. 그 이유는 물질대사가 유전자에 쓰인 유전 정보의 산물이므로, 어떤 호의적인 지구화학적 맥락 속에서 열역학적으로 불가피하게 나타난 것이 아니기 때문이다. 다시 말해서 유전자가 먼저였다는 이야기이다. 정보는 생물학을 지배하고, 유전자 이전에 나타난 전생물적 화학은 그 형태가 무엇이든지 (오겔의 말에 따르면) 유전자의 산물을 참고로 읽을 수 없었다. 여기에는 오겔이 유전자와 선택의 산물이어야 한다고 주장한 역 크레브스 회로도 포함될 것이고, 따라서 역 크레브스 회로는 전생물적 화학에 대해서 어떤 통찰도 줄 수 없었다.[6]

오겔의 제2법칙이라고 일컬어지는 "진화는 당신보다 영리하다"와 같은 명쾌한 발언으로 유명한 오겔은 자기 조직화self-organising를 하는 생화학적 회로를 "마법에 대한 호소"라고 치부했다. 그는 사후에 출간된 「전생물적 지구에서 물질대사 순환의 불가능성The Implausibility of Metabolic Cycles on the Prebiotic Earth」이라는 제목의 유고에서 이 주제를 다시 다루었다. 그는 마지막 문장에서, 전생물적 역 크레브스 회로에 대해서 "돼지가 날 수 있다면 부류의 가상 화학"이라고 조롱했다. 오겔은 유전적으로 암호화된 효소가 없을 때, 역 크레브스 회로와 연관된 두 가지 심각한 문제를 부반응side reaction과 수율yield로 보았다. 효소는 특정 반응의 속도를 높임으로써 화학 반응이 특정 경로로만 이어지게 한다. 그러면 부반응이 제한되면서 원하

---

6 당연히 여기에는 RNA가 어떻게 정보를 획득하는지에 대한 자체적인 문제가 생긴다. 이는 대단히 심각한 문제이기 때문에, 폴 데이비스와 세라 워커 같은 역량 있는 사상가들은 정보의 기원을 설명할 새로운 물리법칙이 필요하다는 주장을 해왔다. 내 생각에는 만약 에너지의 흐름이 유전자와 정보의 기원을 구조화한다면 이 문제가 조금 덜 복잡해질 것 같다. 그것이 어떻게 가능할 수 있는지에 대해서는 이 장의 후반부에서 다룰 것이다.

지 않는 산물로 분산되는 것을 방지한다. 역 크레브스 회로에서 아무 단계나 하나만 보자. 그 단계는 가능한 몇 가지 반응 중 하나일 뿐이며, 그중에서 일어날 가능성이 가장 높은 반응일 필요도 없다. 효소가 없으면, 이렇게 산물들이 분산되면서 아주 작은 비율만 경로의 다음 단계에 필요한 물질이 될 것이다. 이는 차근차근 수율이 떨어져서 단계를 거칠수록 수율이 0에 가까워질 것이라는 뜻이다. 역 크레브스 회로는 시작 물질이 다시 만들어지려면 12단계를 거쳐야 한다. 오겔은 그런 역 크레브스 회로가 각 단계의 선택성과 수율을 높여주는 효소 없이 일어날 수 있다는 것은 말 그대로 불가능하다고 생각했다. 그런 다음 결정적인 한 방이 나왔다. 순환하는 회로의 첫 단계는 마지막 단계의 수율로 결정된다는 것이다. 자가촉매 작용의 가능성은 매우 희박해진다. 회로가 돌아갈 때마다 증폭할 것이 정확히 아무것도 없을 것이다.

　오겔의 주장이 매우 일리가 있다는 것에는 의문의 여지가 없다. 내 생각에는 역 크레브스 회로가 정말로 생물 이전의 것이 되려면 엄격하게 순환하는 회로라는 생각이 치명적인 걸림돌인 것 같다. 반면, 크레브스 회로의 중간산물에 대해서는 확실히 호의적이다. 이 물질들은 광물 촉매와 높은 압력만 주어지면 CO_2와 H_2에서 자발적으로 형성된다. 만들어질 가능성이 있는 다른 많은 산물들은 제외하고, 크레브스 회로의 중간산물들만 만들어지는 이런 화학은 오겔 생전에는 실험실에서 증명되지 않았다. 그러나 이 물질들이 완전히 순환하는 회로를 형성하지는 않는다는 점도 똑같이 중요하므로, 오겔의 주장은 유효하다. 게다가 완전한 회로에는 다른 문제도 있다. 부산물은 쓸모없는 것이 전혀 아니며, 물질대사의 나머지 부분을 구성하는 것이다. 우리는 크레브스 회로의 중간산물로 아미노산과 지방산과 당을 만들기를 원한다. 이 물질들이야말로 세포의 진짜 구성 재료이다. 게다가 열역학적으로도 선호되는 산물로 보인다. 마르쿠스 랄세르와 동료 연구진은 포도당 신생합성과 5탄당 인산 경로를 포함한 다른 핵심 물질대사 경로들이 효소 없이도 자발적으로 일어난다는 것을 증명했다. 이런 선호가 어느 정도까지 이어질 수 있는지를 알아보기 위해서, 내 실험실의 박사 과정 학생인 스튜어트 해리슨은 현재 전생물적 방식의 물질대사 경로를 따라서 아미노산과 당에서 뉴클레오티드가 합성되는 과정을 연구하고 있다. 대부분의 단계들이 금속 이온 같은 단순한 촉매만 주어지면 정말로 올바른 산물을 만든다. 이 모든 단계들을 연결시키려면 점점 더 어려워지겠지만, 해리슨은 흥미진진한 진전을 이루고 있다.[7]

여기에서 나의 요점이 더 명확해진다. 전생물적 화학에서 가장 필요 없는 것은 완벽한 자가촉매 회로이다. 이런 회로는 살아 있는 세포를 구성하는 모든 부반응을 희생시키면서 자기 복제만 한다. 그러나 한 바퀴씩 돌아갈 때마다 물질이 새어나가는 회로는 자가촉매 작용을 중단하므로, 세균이나 생화학에서 기하급수적 증가를 꿈꾸는 사람들에게는 훨씬 덜 매혹적이다. 그 회로는 어쩌면 한 바퀴를 온전히 돌 수 없을지도 모른다. 즉 부서진 회로인 것이다.

이것은 우리를 어디로 데려갈까? 과학에서 절충은 금기어일 수 있지만,

---

7 서서히 드러나고 있는 그림은 인류 원리(anthropic principle)를 연상시킨다. 인류 원리란 우리가 아는 우주가 존재하기 위해서는 (중력의 세기와 같은) 우주 상수들이 그 측정값과 매우 비슷해야 한다는 생각이다. 항성, 행성, 유기화학, 생명에 대해서 우리는 그것이 가능하다는 것을 알고 있다. 우주 상수는 "미세하게 조정되어" 있다. 어쩌면 우주마다 각기 다른 우주 상수가 존재하는 다중 우주가 있고, 우리는 우리를 키워낼 수 있는 우주에 살아야 하는 것일 수도 있다. 아니면 우주 상수가 그렇게 되기 위해서는 물리법칙 아래에 파묻혀 있는 어떤 더 심오한 이유, 즉 만물 이론(theory of everything)이 있을지도 모른다. 비슷한 맥락에서, 탄소 화학은 우리가 알고 있듯이 생명의 핵심 물질대사를 일으킬 수밖에 없는 것처럼 보인다. 그것이 우주의 본질에 대해서 무엇을 알려줄지는 다른 문제이다. 그리고 결론을 내리기 전에는 그것이 정말로 옳은지, 아니면 어떤 편견을 반영하는 것은 아닌지를 먼저 확인해야 할 것이다.

내가 보기에는 평범하고 반복적인 반응들의 규칙적 양상이 정말로 존재하는 것 같다. 이런 반응에서는 크레브스 회로의 중간산물들이 올바른 순서로 형성되지만, 처음에는 초반의 몇 단계, 아마 C3나 C4 중간산물까지만 만들어졌을 것이다. 이것은 회로가 아닌 선형 경로이므로, 크레브스 경로Krebs line라고 부르기로 하자. 지난 몇 년 동안, 우리는 이 크레브스 경로의 중간산물들이 CO_2와 H_2에서 정말로 자발적으로 형성된다는 강력한 실험적 증거들을 확인해왔다. 이는 대단한 중요하다. 어디에나 존재하는 지질학적 환경(알칼리성 열수 분출구)과 생화학의 핵심 물질(세포의 다른 성분을 만드는 원료가 되는 카르복실산)을 연결지음으로써, 이미 특유의 설명력이 있는 가설을 입증하기 때문이다. 실험에 의해서 밝혀진 바에 따르면, 세포의 구성성분 중 일부(일부 아미노산, 당, 지방산)는 동등한 조건하에서 정말로 크레브스 경로의 중간산물에서 형성될 수 있다.

원칙적으로 이는 H_2와 CO_2가 끊임없이 보충되는 열수 분출구의 지속적인 불균형으로 인해서 지속적인 반응이 일어날 수 있다는 의미이다. 이런 환경에서는 생화학의 핵심 성분이 끊임없이 형성되고 서로 반응하여 더 복잡한 반응의 연결망이 형성될 수도 있다. 따라서 끊임없는 흐름은 기하급수적 증가까지는 아니더라도 끊임없는 성장을 일으킬 수는 있을 것이다. 그러나 이 시나리오의 작동 가능성은 H_2와 CO_2에서 새로운 유기물이 형성되는 속도가 그 유기물이 물에 쓸려가거나 희석되거나 분해되어서 사라지는 속도보다 얼마나 빠른지에 달려 있다. 그리고 이것은 다른 무엇보다도 먼저 화학 그 자체에 의지한다.

어떤 반응이 일어날 가능성은 어느 정도는 생성물의 안정성과 연관이 있지만, 무엇보다도 중요한 것은 그 분자의 반응 성향, 즉 동역학적 특징이다. 화학에서는 "뜻이 있는 곳에 길이 있다"는 격언이 맞지 않는데, 때로는 그냥 길이 없기 때문이다. 모든 화학 경로에 하나의 뜻과 하나의 길이 있는 것은 아니다. 생명의 기원에서 우리가 찾고 있는 것은 딱 맞는 시기에 딱 맞는 장소에서, 딱 맞는 촉매에 의해서 일어나는 딱 맞는 반응, 즉 퍼펙트 스톰perfect storm 같은 것이다. 꽤 까다로운 주문처럼 들릴 수도 있겠지만, 한 가지 요건만은 그렇지 않다. 바로 광물 표면이다. 내가 보기에 광물 위에서 크레브스 경로의 화학은 그 뜻과 길이 너무 단단히 결합되어 있어서 마태오처럼 "생명에 이르는 문은 좁고 그 길은 험하다"라고 외치고 싶을 정도이다. 이것은 수소가 있는 곳에서 이산화탄소가 광물 표면과 결합할 때 일어나는 일을 중심으로 돌아가는 단순한 화학이다. 만약 크레브스 회로가 생명에서 왜 그렇게 중심을 차지하고 있는지 궁금하다면, 이 화학이 답이 되어줄 것이다. 가장 단순하고 가장 흔한 기체를 끊임없이 생명의 핵심 분자로 변환시킴으로써, (마침내 그 모습을 갖추게 되는) 크레브스 회로는 생명을 정말로 살아 있게 한다.

마술 표면

대전된 표면 근처에서 무슨 일이 일어날지를 생각해보자. 그 표면은 (그레이가이트처럼) 철과 황을 포함한 광물 표면이고, 그림에서는 아래쪽에 있는 물결선으로 나타낼 것이다. 이 표면에 가까이 배치된 CO_2 분자 하나를 상상해보자. CO_2 분자는 그림에서 점선으로 표시된 산소 원자와 광물 표면 사이의 전기적 인력에 의해서 그 자리에 고정될 것이다. 나는 "상상해보자"라고 말했지만 명확하게 말하자면, 내가 이제부터 설명할 CO_2의 흡착과 환원이 정말로 일어난다는 것은 실험으로 증명되었다. 어떤 표면에 결합하는 것은 효소와 조금 비슷한 작용을 한다. 끊임없이 전자를 공급하고 "딱 맞게" 분자를 배치해서 다음 단계가 일어날 수 있게 하는 것이다. 이 단계들을 차근차근 살펴보기 위해서, 나는 가능한 한 친근하게 주인공들의 "초상화"를 그려보았다. 관례상, 구부러진 검은 화살표는 전자 1쌍의 이동을 나타내고, 점선은 산소 원자와 표면 사이의 인력을 나타낸다는 것을 미리 말하고자 한다.

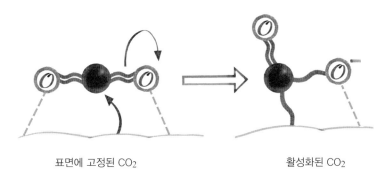

표면에 고정된 CO_2 · · · · · · · · · 활성화된 CO_2

방금 무슨 일이 일어난 것일까? 구부러진 화살표를 다시 살펴보자. 전자 1쌍이 광물 표면에서 탄소 원자로 직접 전달되고, 이것이 공유 전자쌍 1쌍이 산소로 이동하는 것을 촉진해서 음전하를 띠게 한다. 전자쌍 중 하나는 원래 산소에 속한 것이기 때문에, 이 이동으로는 전자 하나만큼의 음전하를 얻는다. 나는 화학적 메커니즘이 위협적으로 보일 수 있다는 것은 인정한다. 그리고 솔직히 말하면, 화학적 메커니즘은 명확하게 묘사할수록 실제 상황과는 멀어지게 되므로 그림으로 그리기가 불가능하다. 내가 여기서 보여주려는 단계들 대부분은 "진짜"가 아니다. 마치 탭댄스처럼 사실상 모든 단계 전체가 거의 동시에 연속적으로 일어난다. 나는 이 메커니즘을 명확하게 보여주기 위해서 한 번에 한두 단계씩으로 쪼개려고 한다. 그로 인해 쪽수가 늘어나면서 전체적인 과정이 실제보다 더 어려워 보이는 단점이 생겼다. 그러나 그림은 생명을 향해 거침없이 나아가는 각 단계의 논리를 말로는 전할 수 없는 방식으로 전달할 수 있다는 장점이 있다.

위의 구조는 광물 표면에서 전자가 전달됨으로써 안정화되는데, 이는 오늘날 세포에서 페레독신이 CO_2로 전자를 전달하여 안정화시키는 방식과 거의 동일하다(부록 1을 보라). 광물 표면과 페레독신 같은 효소 사이의 유사성은 주목할 만하다. 그레이가이트 같은 광물에 있는 철과 황의 격자 구조는 페레독신에서 화학 작용을 수행하는 작은 철−황 클러스터와 거의 동일하다. 광물과 클러스터는 둘 다 전자쌍의 전달을 더 쉽게 해주는 다른 금속, 특히 니켈을 포함할 수 있다. 그렇다면 효소와 광물 표면은 어디까지 유사할까? 크레브스 회로의 반복적인 화학까지도 설명할 수 있을까? 이 뒤에 무슨 일이 일어나는지를 살펴보자.

이제 전자가 또다시 움직이면서 광물 표면에 결합된 CO_2가 일산화탄소(CO)와 하전된 산소 원자로 쪼개지는데, 이 둘은 여전히 광물 표면에 부착되어 있다. 이런 움직임이 일어나는 동안 전자가 어떻게 행동하는지를 정확하게 아는 것은 그 자체로 양자적 예술 행위이며, 오늘날에도 세부적인 부분은 확실하지 않다. 전자는 이런 미세한 거리를 "뚫고 지나가서 tunnel(뛰어넘어서hop)," 가장 있을 법한 곳에 그냥 나타난다. 그러나 광물 표면에 결합된 CO_2가 CO로 환원된다는 것에는 실험적으로 의심의 여지가 없고, 대략 이렇게 표현될 수 있다.

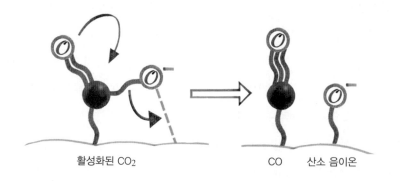

활성화된 CO_2 CO   산소 음이온

이런 모든 화학을 부추기는 것은 광물 표면에서 CO_2로 전달되는 전자이다. 그러나 호흡에서처럼, 전자는 양성자와 결합해서 수소 원자를 형성할 수도 있다. 약한 산성 환경에서는 이런 일이 발생하기가 훨씬 더 쉽다.

그런 환경에서는 양성자가 광물 표면에 있는 황과 결합해서 반응이 일어나는 곳과 가깝게 위치할 수도 있다. 그러면 양성자는 전자를 따라서 광물 표면에 부착된 CO_2로 이동할 수 있다. 전체적으로 볼 때, 전자와 양성자가 CO_2로 이동한 것은 수소 자체는 없었지만 수소의 이동과 같다. 대략 무슨 일이 일어났는지를 순서대로 보면 이렇다.

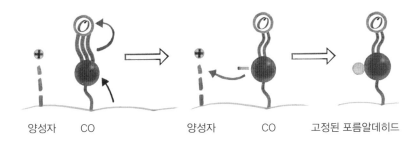

양성자 CO   양성자   CO   고정된 포름알데히드

앞에서와 마찬가지로 구부러진 화살표는 전자쌍의 이동을 나타낸다. 먼저 광물 표면에서 탄소 원자로 전자쌍이 이동하면, 산소 원자는 일산화탄소와 삼중 결합을 형성할 때 내놓았던 전자를 돌려받게 된다. 상상할 수 있겠지만, 가운데 그림에 있는 탄소 원자 위의 음전하는 안정적인 배치가 아니다. 그러나 약한 산성 환경에서는 주위에 결합 가능성이 있는 양성자가 있으므로 아주 일순간만 지속되고, 이내 양성자가 뛰어넘어와서 전하의 균형이 잡힌다. 만약 익숙하지 않다면, 여기에서 구부러진 화살표의 방식이 조금 혼란스러울 수도 있을 것이다. 화살표의 방향을 보면, 탄소 원자에서 물리적으로 떨어져 나온 전자쌍이 약간의 거리를 뛰어넘어서 양성자와 결합하는 것처럼 보일 수 있지만, 이 화살표는 그런 의미가 아니다. 오히려 전자쌍은 탄소에 단단히 붙어 있고, 그 전자쌍을 양성자와 공유한다는 의미이다. 원한다면, 전자쌍이 H^+로 넘어가서 H^-("수소화hydride" 이온)가 형성되고, 양전하로 하전된 탄소가 남는다는 쪽으로 생각해도 된다. 그 다음에는 무슨 일이 일어날까? H^-는 곧바로 C^+를 공격해서 공유결합을 형

성할 것이다. 어느 쪽이든, 최종 산물은 탄소에 부착된 수소 원자가 된다.

　여기에는 더욱 중요한 일반 원칙이 있는데, 양성자가 풍부한 산성 환경에서는 양성자를 찾기 어려운 알칼리성 환경에 비해서 탄소 원자에 전자를 전달하기가 훨씬 더 쉽다는 것이다. 이것은 잠시 후에 다시 다루겠다. 어쨌든 양성자에 전자 하나를 더하면 수소 원자가 되기 때문에, 전체적으로 보면 탄소에 수소 원자 하나를 더해서 유기 분자가 만들어지는 효과가 있다. 이와 같은 일은 반복적으로 일어날 수 있다. 따라서 그 다음에 일어나는 일은 이렇다. 가운데 그림에서 산소의 전자쌍이 근처의 양성자와 빠르게 공유되는 것에 주목하자. 이런 경우에는 OH("알코올"기)가 형성된다.

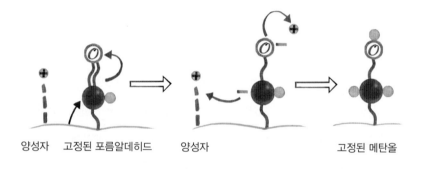

양성자　　　고정된 포름알데히드　　　양성자　　　　　　　　고정된 메탄올

　이 과정의 마지막 단계는 또 반복이다. 그러나 이번에는 산소가 마지막으로 전자쌍을 받아서 수산화 이온(OH^-)이 되어 떨어져 나가고, 이제 광물 표면에는 메틸기($-CH_3$)만 남는다. 이 메틸기는 우리가 피루브산과 아세트산에서 보았던 것과 같은 그 배불뚝이이다. 다시 말해서, 처음에는 산소 원자 2개와 결합해서 CO_2의 형태로 완전히 산화되어 있었던 탄소가 광물 표면에 그대로 부착된 채로 마침내 여러 개의 수소 원자와 결합한(다시 말해 "환원된") 형태가 된 것이다. 그 마지막 단계는 다음의 그림과 같다.

　여기에서 무슨 일이 생기는지를 보자. OH^-는 약한 산성 환경에서 분리되는데, 약한 산성 환경이므로 주위에는 H^+ 이온이 풍부하다. 이 둘은 곧

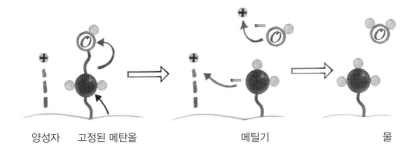

양성자　　고정된 메탄올　　　　　　　메틸기　　　　　　　　　물

바로 반응하여 오른쪽 그림처럼 H_2O, 즉 물을 형성한다. 순간적으로 일어나는 이런 중화반응을 일으키기 위해서 학창 시절에 산과 염기를 한 방울씩 떨구는 실험을 해본 기억이 있을 것이다. 이 반응은 두 가지 이유에서 중요하다. 첫째, OH^- 이온은 산성 환경에서는 쉽게 분리되지만, 주위에 이미 OH^- 이온이 많은 알칼리성 환경에서는 그렇지 않다. 그리고 둘째, 무엇이 형성되었는지를 보라. 바로 물이다! 이런 반응을 탈수 반응dehydration reaction이라고 한다. 물속 환경으로 물이 떨어져 나가고 있는 것이다. 생명의 기원에서는 이런 종류의 탈수가 불가능하다는 이야기도 있다. 그러나 당연히 세포에서는 이런 작용이 늘 일어나고 있다. 비록 효소와 ATP를 쓰기는 하지만 말이다. 생명의 깊은 비밀은 효소들이 결코 물을 턱턱 내놓지는 않는다는 것이다. 오히려 물의 구성성분인 OH^-와 H^+가 제거되는데, 이 OH^-와 H^+는 이 경우처럼 서로 결합해서 물이 되기도 하고, 인산염 같은 다른 분자에 따로 부착되기도 한다. 여기에서 중요한 점은 산성 환경에서는 전자의 이동이 물의 제거, 즉 습한 환경에서의 탈수를 능동적으로 선호한다는 점이다.

이제 가장 놀라운 단계를 향해 가보자. 나는 이런 일이 벌어지는 것이 놀랍다는 점을 인정할 수밖에 없다. 그러나 1920년대에 프란츠 피셔와 한스 트롭슈가 석탄에서 합성 휘발유를 만드는 방법을 개척한 이래로 알려져 있는 것처럼, 이는 확실히 일어나는 일이다. 이런 "피셔-트롭슈 합성

Fischer–Tropsch synthesis"은 석탄은 풍부하지만 석유는 없는 독일에서 훗날 전쟁에 총력을 기울이게 한 연료로 작용했다. 원래 산업 공정의 세부적인 부분은 우리와는 상관이 없지만(고온 고압의 기체상에서, CO로부터 일어나기 때문이다), 거의 동일한 과정이 열수 분출구 조건에서도 일어나는 것으로 밝혀졌다. 아래의 그림은 우리의 환경 조건에서 메틸기가 CO 옆에 위치할 때 일어나는 일이다.

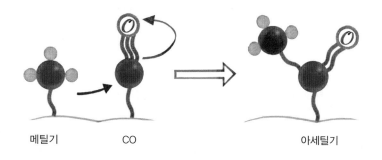

메틸기   CO   아세틸기

우리의 출발점이었던 CO를 떠올려보자. CO는 CO_2가 광물 표면에 결합되어 CO와 음전하를 띠는 산소 원자로 분리된다. 앞에서 우리가 본 것처럼, CO 분자로 전자가 이동하면서 형성된 메틸기($-CH_3$)는 이제 폴짝 뛰어서 CO에 결합될 수 있다. 이 반응은 산업에서 쓰이는 피셔–트롭슈 공정뿐 아니라 세포에서도 확실히 일어나고 있기는 하지만, 나는 여기서 놀라운 점을 발견했다. 세포에서는 아주 오래되고 널리 퍼져 있는 철–니켈–황 효소인 일산화탄소 탈수소 효소가 정확히 이 반응을 촉매한다. 이제 그 산물을 보자. 광물 표면에 부착된 이 분자는 전생물적 형태의 아세틸 CoA에 해당한다. 프리츠 리프먼에 의해서 발견된 아세틸 CoA는 가장 중요한 분자 중 하나이다. 우리는 단순한 술수로 아세틸 CoA를 간단히 모자에서 끄집어냈다. 아세틸 CoA에서는 아세틸 기가 황을 통해서 손잡이 역할을 하는 조효소coenzyme A와 결합하지만, 이 경우에는 아세틸 기가 광물 표면에 바로 결합되어 있다. 결정적으로 아세틸 CoA처럼 반응성도 비교적 높다. 게다가 음전하를 띠는 산소 원자(156쪽에 나타나 있는 것처럼, 이것 역시 첫 단계에서 형성된다)와 반응함으로써 자유로운 상태의 아세트산 이온을 충분히 쉽게 방출할 수 있다.

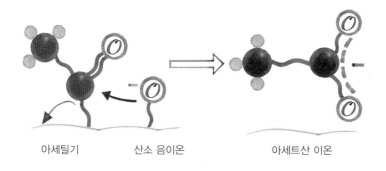

아세틸기   산소 음이온   아세트산 이온

이 그림에서는 한 쌍의 전자가 다시 광물 표면으로 돌아가는 것으로 묘사되고 있다는 것에 주목하자. 철-황 광물은 반도체이다. 말하자면, 이 광물들 사이에서는 전자가 이동할 수 있다. 이는 광물 표면에서 CO_2로 전달된 전자는 다시 채워질 수 있으므로, 이 과정은 표면에 어떤 영구적인 변화도 일으키지 않고 계속 반복될 수 있다는 의미이다. 광물 표면이 촉매 작용을 하는 것이다. 전자쌍이 광물 표면을 빠져 나와 전달될 때마다, 광물 표면에 있는 철이나 니켈은 전자를 잃게 되므로 산화된다. 만약 잃은 전자가 다른 어딘가에서 보충되지 않는다면, 위의 그림에 나타난 것처럼 광물 표면에 붙어 있는 카르복실산에서 전자가 돌아갈 수도 있다. 그러면 부착되어 있던 분자가 광물 표면에서 떨어져 나가는데, 이 경우에는 아세트산 이온이된다. 이 반응은 평형에 매우 가까우며 어느 방향으로든 일어날 수 있다.

역으로, 만약 전자가 다른 곳에서 보충된다면 놀라울 정도로 비슷한 단계를 거치는 화학 반응이 계속 일어날 수 있다. 내 말을 못 믿겠다면, 부록 2를 보라. 부록 2에서 나는 이와 거의 동일한 기본 원칙에 따라서 일어나는 역 크레브스 회로의 전반부를 단계별로 그려놓았다. 모로위츠가 관측한 것처럼, 회로의 후반부는 전반부와 같은 화학이 반복된다. CO_2와 광물로 시작하는 실험에서 이 분자들이 나타나는 것은 전혀 놀라운 일이 아니다. 그러나 이 모든 전자는 정확히 어디에서 보충되는 것일까? 그 답은 간단하다. 바로 알칼리성 열수 분출구에서 보글보글 올라오고 있는 수소 기체이다. 열수의 흐름 속에 있는 수소 기체의 농도가 높으면, 광물 표면에서 전자가 지속적으로 전달되는 경향이 나타날 것이다. 그러면 크레브스 회로의 중간산물뿐 아니라 더 긴 사슬의 카르복실산, 즉 지방산도 형성되어 막이 만들어질 수도 있을 것이다. 반대로 수소 기체의 농도가 낮아지면 광물 표면에서는 더 작은 카르복실산들이 방출되고 전자들은 다시 광물 표면으로 돌아가게 될 것이다. 따라서 CO_2를 고정하기 위한 전자의 공급원은 결국 H_2이다. 그리고 이런 공급원을 확보하려면 세포 구조가 필요하다.

원동력

H_2를 CO_2와 반응시키는 실험은 왜 최근까지도 그렇게 어려웠을까? 이 문제에는 촉매, 압력, pH(양성자 농도)라는 세 가지 측면이 있다. 촉매에 대해서는 이미 다루었다. 앞에서 몇 쪽에 걸쳐서 설명한 것처럼, 철-황 광물과 다른 광물의 표면은 올바른 화학 반응을 촉진한다. 그러나 촉매 작용을 하기 위해서는 H_2로부터 끊임없이 전자가 보충되어야 한다. 여기서 문제는 H_2가 반응성이 별로 없다는 것이다. 전자에 대한 강한 열망이 없는 (산소 같은) 분자에 자신의 전자를 밀어넣기에는 화학적 욕구가 미온적이다. 이 문제는 용액 속에서 악화되는데, H_2는 물에 잘 녹지 않아서 물속에는 H_2가 별로 없기 때문이다. 반응 물질의 양은 어떤 반응이 일어날 확률에 어느 정도 영향을 준다. 반응 물질이 적으면 반응이 일어날 확률도 줄어든다. 그렇기 때문에 압력이 매우 중요하다. 압력이 강할수록 수소가 더 잘 용해되

고, 결과적으로 반응성이 더 커진다. 철−황 촉매를 이용해서 H_2와 CO_2를 반응시키는 실험은 약 100바 정도의 압력에서 가장 성공적으로 진행되는데, 이는 약 1킬로미터 깊이의 바다 속 압력에 해당한다. 만약 생명이 정말로 심해의 열수 분출구에서 시작되었다면, 보통 수백 바에 이르렀을 그 압력이 심해의 열수 분출구 환경을 생명의 인큐베이터로서 선호하게 했을지도 모른다.

그러나 살아 있는 세포는 압력이 낮은 지표의 환경에서 H_2로 번성할 수 없다. 생명은 기적을 행할 수 없다. 그렇다면 세포는 어떻게 그 일을 해낼 수 있었을까? 세포의 명백한 문제는 이렇다. 미량의 H_2를 어떻게 다루어야 페레독신으로 전달할 전자를 잘 얻어낼 수 있을까? 그래야만 그 전자를 페레독신이 CO_2로 전달할 수 있기 때문이다. 그 방법은 여러 가지가 있지만, 대부분 복잡하고 다수의 효소가 관여하므로 전생물적 화학에는 적합하지 않아 보인다. 세포를 알칼리성 열수 분출구와 연결시키는 가장 흥미로운 가능성은 H_2와 CO_2의 반응성이 국지적인 H^+농도, 즉 pH에 의해서 결정된다는 점이다. 우리는 이미 CO_2와 관련해서 이 점을 주목했다. CO_2를 카르복실산으로 전환하기 위해서 필요한 단계들 중에는 pH가 약산성일 때 더 잘 작동하는 단계들이 많다. 양성자와 전자가 전하와 균형을 이루어서 물속에서 탈수 반응을 촉진하기 때문이다. 역설적이게도, H_2 기체는 이와 정반대이다. H_2는 양성자가 드물고 OH^-(수산화) 이온이 풍부한 알칼리성 조건에서 반응성이 더 커진다. 이유는 아주 간단하다. H_2가 페레독신이나 황화철 광물 같은 촉매에 전자를 전달한다고 상상해보자. H_2는 전자 2개와 양성자 2개로 구성되므로, H_2가 자신의 전자들을 촉매로 전달하면 H_2에는 양성자 한 쌍이 남게 된다. 산성 환경에서는 확실히 이런 반응이 선호되지 않을 것이다. 이미 양성자로 가득 차 있는 환경을 더 산성이 되게 하기 때문이다. 이런 종류의 일은 열역학을 거스른다. 그러나 만약 알칼리성 환경이라면, 방출되는 H^+가 곧바로 OH^-와 만나서 물을 형성하는 중화 반응이 일어날 수 있다. 이런 반응이 일어나는 것은 결코 막을 수 없다. 간단히 말하자면, H_2는 알칼리성 환경에서는 자신의 전자를 훨씬 더 격렬하게 다른 분자(예를 들면 철-황 촉매)로 보낼 것이다.

따라서 여기에서 문제는 H_2가 자신의 전자를 촉매로 보내려면 알칼리성 조건이어야 하지만, CO_2가 촉매에서 그 전자를 받으려면 산성 조건이어야 한다는 것이다. 그렇기 때문에 pH가 균일한 환경에서는 이 반응이 쉽게 일어날 수 없다. 게다가 H_2 기체의 반응성을 증가시켜줄 높은 압력도 필요하다. 그러나 세포의 화학 작용은 균일한 pH에서 일어나지 않는다. 세포 환경은 균일한 pH와는 거리가 멀다. 사실상 모든 세포는 H^+를 세포 밖으로 퍼내서, 세포의 바깥을 세포 내부보다 더 산성인 상태로 만든다. 그 pH 차이는 약 3단계인데, 다시 말하자면 약 1,000배의 H^+ 농도 차이가 나는 것이다.

메탄생성고세균methanogen 같은 고대의 세포에서는 막에 붙어 있는 철-황 단백질을 통해서 유입되는 H^+의 흐름이 H_2에서 CO_2로 전자의 이동을 촉진하여 유기물을 형성한다. 따라서 양성자 동력의 가장 본질적인 요건은 어쩌면 CO_2의 고정일지도 모른다. 그 대표적인 예가 "에너지 전환 수소화효소energy-converting hydrogenase," 즉 Ech이다. 이 막단백질은 H_2에서 페레독신으로 전자를 전달하는 철-니켈-황 클러스터 4개로 이루어져 있다. 이 클러스터 중 2개는 막에 있는 양성자 통로channel 바로 옆에 있으며, 그 성질을 결정하는 것은 양성자와의 결합, 다시 말해서 국지적인 pH이다. Ech는 양성자와 결합하고, H_2에서 전자를 받아들일 수 있다(전문 용어를 쓰자면, 환원이 더 쉬워진다). 그리고 양성자와 분리되면, Ech는 더 반응성이 커져서 자신의 전자를 페레독신에 떠넘길 수 있고, 페레독신은 그 전자를 다시 CO_2로 보낸다. 그런 다음 양성자가 들어와서 Ech와 결합하면, 이런 순환이 다시 반복된다. 다시 말해서, Ech는 일종의 스위치로 작용한다. "산화" 상태일 때(양성자와 결합했을 때)에는 H_2에서 전자를 추출하고, "환원" 상태일 때(양성자가 제거되었을 때)에는 페레독신에 전자를 떠넘긴다. 두 상태 사이의 차이는 약 200밀리볼트이다. 따라서 작은 pH 기울기가 "불가능"을 가능하게 할 뿐 아니라 사실상 쉼 없이 일어나게 만든다. ATP 합성효소 같은 분자 기계와 달리, 이런 메커니즘은 전생물적 조건에서도 작동할 수 있다.

그 방법은 이렇다. 알칼리성 열수 분출구에는 서로 연결되어 있는 미세한 구멍들이 가득한데, 그 구멍들은 위상이 세포와 비슷하다. 즉 내부는 알칼리성이고 외부는 산성이다. 알칼리성 열수의 흐름을 통해서 전달되는 H_2 기체는 반응성이 더 커지는 반면, 산성 바닷물 속에 녹아 있는 CO_2는 전자를 더 잘 받아들이려고 한다. 초기의 (용존 산소가 없는) 열수 분출구에서 두 위상을 분리하는 얇은 장벽에는 황화철 광물이 포함되어 있었고, 이런 장벽을 통해서 H_2의 전자가 장벽 반대쪽에 있는 CO_2로 전달될 수 있었다. 이 학설은 탄탄한 근거가 있지만, 그것만으로는 충분하지 않다. 이것은 실험적인 문제이며, 내 연구실과 다른 연구실에서는 현재 이 문제를 풀기 위해서 수년 동안 씨름하고 있다. 우리는 부분적으로만 성공을 거두었는데, 고압의 지속적인 흐름 속에서는 H_2가 작용하기 어렵기 때문이다. 그러나 내가 이 글을 쓰는 동안, 루번 허드슨과 빅터 소조(내 예전 학생이었고, 고맙게도 연구진에 내 이름을 포함시켜주었다)는 얇은 무기물 장벽을 사이에 두고 나타나는 pH 기울기가 한쪽의 H_2에서 다른 쪽의 CO_2로 전자의 전달을 정말로 쉬워지게 한다는 것을 증명했는데, 이때의 압력은 1.5바에 불과했다. 이 실험은 이 책에서 설명한 것처럼, 전자는 정말로 H_2에서 유래하는 반면에 양성자는 산성인 해수 용액에서 유래한다는 것을 탄소와 수소 동위원소를 이용하여 아름답게 증명했다. 게다가 결정적인 사실은 형성된 유기 분자(주로 포름산formate) 속의 탄소가 정말로 첨가된 CO_2에서 유래했다는 점이다. 보통의 대기압에서는 어떤 유기물도 형성되지 않았다. H_2 기체가 없거나 pH 기울기가 가파르지 않을 때에도 마찬가지였다. 이것은 아름다운 실험적 검증이다. 이번만큼은 추악한 사실에 의해서 살해되지 않았다. 그들에게 경의를 표한다.

작은 발걸음, 위대한 도약

어떻게 해야 우리는 열수 분출구에 있는 미세한 구멍에서 세포와 비슷한 최초의 구조로 나아갈 수 있을까? 이와 같은 전생물적 화학의 처음 몇 단계에서 생명까지 가는 길은 아직 멀다고 생각하는 것도 무리가 아니지만, 어떤 면에서 보면 생각보다 더 가까이 있을지도 모른다. 지방산을 예로 들어보자. 세포막의 주성분인 지방산은 카르복실산이 더 긴 사슬로 이어진 것뿐이다. 따라서 앞에서 설명한 것과 흡사한 종류의 화학을 통해서 형성될 수 있다. 이런 카르복실산은 열수 조건에서 피셔-트롭슈 합성에 의해서도 만들어질 수 있다. 마찬가지로 일부 아미노산은 카르복실산에서 산소 원자 하나를 질소로 치환함으로써 쉽게 만들 수 있고, (처음에 크레브스가 발견한 것처럼) 아미노산에서 카르복실산을 만드는 것도 가능하다.

동시에 이런 산물들은 놀라울 정도로 생명과 비슷한 특성을 지닐 수도 있다. 단순한 지방산들의 혼합물은 "원세포protocell"라고 불릴 수 있을 만한 것을 저절로 만든다. 오늘날의 세포막과 비슷하게, 얇은 이중층으로 된 막이 물 같은 내용물을 감싸는 것이다. 서로 합쳐지기도 하고 둘로 분리되기도 하는 이 매혹적인 존재들은 주위 환경의 열에 의해서만 부산스럽게 움직이는 것처럼 보인다. 춤추듯 움직이는 비눗방울의 마법을 생각하면 대충 이해가 될 것이다. 내 연구실에서 연구를 하고 있는 숀 조던과 하나디 람무는 열수와 같은 조건, 즉 pH 11, 섭씨 70도, 해수의 염도에서는 이런 원세포들이 더 쉽게 자가 생성된다는 것을 밝혀냈다. 몇 개의 작은 단계들이 반복되는 화학 작용만으로, 우리는 무기물의 미세한 구멍들에서 지질막으로 둘러싸인 유기질 원세포로 도약했다. 이제 다음 발걸음을 내딛을 준비가 되었다. 그런데 정확히 무엇을 해야 하는 것일까?

다음 단계는 그냥 만족스럽다. 이 원세포들은 어떻게 자라고 분열할 수 있었을까? 성장과 분열을 하려면, 원세포는 양성자 기울기를 이용해서 원세포 내부에서 더 많은 유기 분자(더 많은 지방산, 더 많은 아미노산)를 만들어야 했을 것이다. 100만 달러짜리 질문은 이렇다. 원세포 속에서 작동하고 있던 전생물적 형태의 Ech는 이런 성장을 일으킬 수 있었을까? 결론부터 말하자면, "그렇다." 우리는 철과 황화물이 섞인 용액 속에서 아미노산인 시스테인cysteine이 Ech와 페레독신에서 발견되는 것과 정확히 같은 유형의 클러스터(전문용어로는 4Fe4S 클러스터라고 한다)를 자발적으로 형성하는 것을 발견하고 크게 놀랐다. 심지어 이 클러스터들은 CO_2 같은 다른 분자에 전자를 떠넘기려는 비슷한 경향도 가지고 있다. 원칙적으로는 이런 철-황 클러스터가 원세포의 **내부**에서 새로운 카르복실산과 지방산과 아미노산의 형성을 일으킬 수 있다. 다시 말해서, 원세포의 성장을 일으킬 수 있는 것이다.

만약 범상치 않게 기민한 독자라면, 무기질의 미세한 구멍(나는 무기질 장벽을 통과하는 **전자**에 대해 이야기했다)에서 일어나는 유기물 합성과 원세포(나는 세포막을 통과하는 **양성자**에 대해 이야기했다)에서 일어나는 유기물 합성 사이의 차이점을 눈치 챘을 수도 있다. 기본적인 요건은 H_2는 알칼리성 환경에 있고, CO_2는 산성 환경에 있어야 한다. 원칙적으로 이런 배치는 전자보다는 무기질 장벽을 통과하는 양성자에 의해서 만들어질 수 있었다. 실제로 이는 실행 가능하다. 우리가 밝혀낸 바에 따르면, 양성자는 반대 방향으로 가려는 수산화 이온이나 철-황화물 상력을 200만

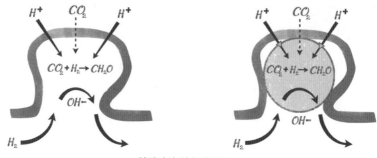

알칼리성 열수의 흐름

무기질 장벽(왼쪽) 또는 원세포를 둘러싸고 있는 무기질 장벽(오른쪽)을 통과하는 양성자의 이동은 미세한 구멍이나 원세포 내에서 유기물(CH_2O)의 형성을 일으킬 수 있다. 원세포의 막에 있는 삼각형(화살표 위)은 막에 붙어 있는 아미노산과 결합된 철-황 클러스터, 즉 원시 Ech(본문을 보라)를 나타낸다. 성장하고 있는 원세포들은 지질학적으로 지속되는 양성자 동력을 이용하기 위해서 열수 분출구의 장벽에 붙어 있어야 한다. CO_2는 이 장벽을 양성자보다 훨씬 더 느리게 통과하므로 점선 화살표로 나타난다.

배 더 빠르게 통과한다. 이런 차이는 알칼리성 쪽 장벽의 바로 안쪽에 가파른 pH 기울기를 만들 수 있다. 이 경우, "가파르다"는 것은 너비가 100만 분의 25밀리미터(25나노미터)에 불과한 철-황화물 나노 결정을 사이에 두고 4단계의 pH 차이(농도로는 1만 배 차이)가 난다는 의미이다. 그렇다면, 무기질의 미세한 구멍과 원세포는 상동相同일 가능성이 있다. 원세포는 알칼리성 쪽의 철-황화물 장벽에 달라붙어 있기 때문에, 양성자는 알칼리성 열수의 흐름에 의해서 흩어지기 전에 장벽을 곧바로 가로질러서 장벽 안쪽에 붙어 있는 원세포 속으로 흘러들어갈 수 있다. 지구화학과 생화학이 아름답게 이어지는 순간이다.

이런 계의 가장 중요한 특성은 원칙적으로 자신을 복제할 수 있고, 시간이 흐르면서 더 복잡해질 수 있다는 점일 것이다. 물리화학적 이유에서 새로운 지방산은 막으로 곧장 편입될 것이다. 반면 아미노산의 일부는 철과 황화물과 상호작용을 해서 페레독신 같은 FeS 클러스터를 더 많이 만들 것이다. FeS 클러스터가 가장 많은 원세포는 새로운 유기물을 가장 많이 만들어서 동일한 물리적 상호작용에서 더 유리할 것이다. 그러면 FeS 클러스터가 더 많이 만들어져서 유기물도 더 많이 만들어지고, 그렇게 계속 이어질 것이다. 다시 말해서 더 많은 FeS 클러스터를 지닌 원세포가 더 빨리 성장할 것이고, 더 많은 FeS 클러스터를 딸세포에 물려줄 것이다. 이런 종류의 양성 되먹임 고리는 매우 직접적인 형태의 물리적 유전이다. 바람직하다고 생각하기는 어렵지만, 유전heredity의 제1원리는 가진 사람이 더 넉넉하게 받는 것이다. 어쨌든 어떤 구조가 있는 환경에서 H_2와 CO_2가 지속적으로 흐르면 원세포의 복제가 일어날 것이고, 불균등한 형태의 성장과 함께 유전이 시작된다.

긍정적인 결과가 나타난다면 우리는 더 나아갈 수 있을 것이다. 우리는 핵심 물질대사의 많은 부분이 올바른 조건에서 저절로 생겨나는 것을 이미 보았다. 최초의 "생물학적" 촉매는 지구화학적 유동의 "유용한" 측면을 가속시켰을 것이다. 그런데 어떤 면에서 유용했을까? 무엇에 도움이 되었든지, 이 경우에는 그것이 원세포를 복제시키고 있었을 것이다. 따라서 최초의 생물학적 촉매는 원세포의 성장을 가속화했다. 궁극적으로 H_2와 CO_2가 새로운 원세포의 구조로 전환되었다는 의미이다. 내 생각에는 최초의 뉴클레오티드와 결국 RNA와 DNA까지도, 이렇게 복제하는 원세포의 내부에서 양성 되먹임을 통해서 등장한 것으로 보인다. 뉴클레오티드는 오늘날에도 여전히 효소와 함께 작용한다. CO_2 고정과 같은 중요한 반응을 촉매할 수 있고, 일반적으로 2H의 전달에 관여한다. 수많은 생물학적 반응에서 2H의 전달을 담당하는 NADH를 생각해보자. NADH의 정식 명칭은 니코틴아미드 아데닌 디뉴클레오티드……, 즉 뉴클레오티드이다. 따라서 뉴클레오티드를 합성하는 전생물적 경로가 나타나자마자(성장하는 원세포 속에 있는 전구체와 촉매의 농도가 높아지면서 쉬워졌을 것이다), CO_2 고정과 수소화를 통해서 원세포의 성장에 기여했을 것이다. 다시 말해서 양성 되먹임이 일어난 것이다.

내 연구실의 박사과정 학생인 라켈 누니스 파우메이라, 스튜어트 해리슨, 에런 핼펀은 이런 환경에서 유전 암호가 어떻게 나타날 수 있는지를 모형화하는 연구를 하고 있다.[8] 복제하는 원세포가 정말로 뉴클레오티드를 만든다고 가정하면, 그 다음 단계는 그 뉴클레오티드들을 중합하여 무작위적인 RNA 서열을 만드는 것이다. 이 RNA가 가지고 있는 정보 내용은 0이다. 그러면 유용성도 0이라는 의미로 생각할지 모르지만, 그렇지는 않다. 원세포의 성장이라는 면에서 임의의 유전자 서열을 생각해보자. 원세포의 성장을 강화하는 RNA 가닥들은 선호되는 반면, 원세포의 성장을 방해하는 RNA는 ("이기적" 행동을 통해서) 선택적으로 제거될 것이다.[9] 의미

---

8 원래 계획은 이것이 아니었지만, 암호를 깨는 것은 대단히 흥분되는 일이고, 우리는 꽤 순항 중이다. 어떻게 내가 그들을 멈추게 할 수 있겠는가?

9 임의의 RNA 가닥이 어떻게 원세포의 성장에 영향을 줄 수 있는지 의아할 수도 있을 것이다. 그 답은 RNA와 아미노산 사이의 생물물리학적 상호작용에 의해서 결정된다. "코돈 속 암호(code within the codons)"라는 흥미로운 것이 있다. 이를테면, 물과 친화력이 적은 소수성 아미노산은 RNA 코돈에서 소수성 염기와 우선적으로 상호작용을 한다는 의미이다. 우리는 아미노산의 크기와 소수성과 연관된 생물물리학적 상호작용만으로 꽤 많은 유전 암호를 예측할 수 있다. 따라서 (G와 A 같은) 소수성 문자를 주로 포함하고 있는 짧은 RNA 서열은 소수성 아미노산과 상호작용을 해서 소수성 펩티드(peptide)를 형성할 것이다. 이 펩티드는 생물물리학적 이유에서 원세포의 막을 분할할 것이다. CO_2 고정과 같은 어떤 기능의 가능성은 그 위치에 따라서 결정될 것이다. 반대로 친수성(親水性) 아미노산은 더 친수성인 문자(C와 U)를 포함하는 RNA와 상호작용을 한다. 이런 RNA는 친수성 펩티드를 형성할 것이고, 이렇게 형성된 펩티드는 물로 이루어진 세포기질 속에 머물면서 Mg^{2+} 같은 금속 이온과 상호작용을 할 수 있다. RNA 중합과 같은 기능은 그 당시의 위치에 따라서 결정될 것이다. 짧은 펩티드를 이루는 아미노산 서열의 이런 주형은 RNA의 문자 서열에 의해

는 기능과 함께 생겨난다. 다시 말해서 유전 암호는 정보를 "발명할" 필요가 전혀 없었다. 정보는 처음부터 원세포의 성장에서 그 의미를 얻는다. 이런 관점에서 보면, 유전 정보는 더 정확한 형태의 성장을 가능하게 할 뿐이다. 유전자는 자신의 체계를 더 정확하고 신속하게 재생산한다. 다시 말해서, 유전자는 원세포가 자신을 더 잘 복제할 수 있도록 도왔다는 이야기이다. 복제하는 원세포가 저절로 나타날 수 있는 한, 정보의 기원과 관련해서 개념적 문제는 없다. 그리고 복제하는 원세포는 저절로 나타날 수 있다.

이 모든 것은 유전자가 원세포에서 나타났다는 것을 의미한다. 그리고 유전자의 초기 가치는 H_2와 CO_2로 크레브스 회로의 중간산물을 만들어서 성장을 촉진하는 것이었다. 물질대사의 중심에 있는 이런 성장의 요건이 의미하는 것은 그런 핵심 생화학적 경로를 유전자가 결코 대체할 수 없다는 것이다. 정보는 성장하는 원세포라는 맥락 속에서 존재하게 되었고, 오늘날까지도 유전자는 그들의 숙주 세포에서 조상 대대로 내려오는 화학을 재현하고 있다. 유전자는 물질대사를 발명하기는커녕 아득히 오래된 물질대사 경로 속에서 **만들어졌고**, 결국 세포를 그들의 물리적 요람에서 벗어나게 했다. 그리고 아주 멀리 떨어진 장소에서 조상의 것과 동일한 화학을 재현하고 있다. 따라서 세포가 유지하고 있는 것은 열수 분출구에서 원세포를 처음 만들어낸 그 화학, 즉 지구 자체와의 변치 않는 생화학적 연관성이다. 그 이래로 세상은 몰라보게 달라졌지만, 그 화학은 유전자에 의해서 충실하게 재현되어왔다. 그 화학이야말로 우리 존재의 가장 깊은 곳에 있는 지성소, 우리의 존재 자체이다.

서 결정된다. 이런 RNA 문자 서열은 기능과 직접적인 연관이 있는 유전 암호가 되어, 원세포의 성장에 대한 선택을 통해서 진화할 수 있다.

앞으로 나아가는 법

이 책은 유전의 기원이 아닌 크레브스 회로의 기원에 대한 책이다. 따라서 복제하는 원세포와 유전 암호의 기원에 얽힌 복잡한 이야기는 다른 기회, 다른 책을 위해서 남겨두도록 하자. 지금은 우리의 긴 여정을 위해서 다루어야 할 몇 가지 광범위한 주제가 있다. 한 가지 중요한 점은 우리가 이야기하고 있는 유형의 조건에서는 H_2와 CO_2에서 유기 분자의 합성이 열역학적으로 선호된다는 점이다. 다시 말해서, H_2와 CO_2의 혼합물은 세포의 생물질biomass보다 전체적인 에너지 상태가 더 높아서, CO_2와 H_2가 서로 반응해서 생물질을 형성하면 에너지가 **방출될** 것이라는 의미이다. 그러나 어떤 분자는 다른 분자보다 만들기가 더 쉽다. 카르복실산, 아미노산, 지방산은 모두 자발적으로 형성되지만, RNA 합성은 더 어렵다. 여기에는 확실히 해결하기 어려운 어떤 문제가 있는 것 같다. ATP를 합성하기 위해서는 제1장에서 언급했듯이, 양성자 기울기를 통해서 얻은 힘으로 ATP 합성효소라는 모터를 돌려야 한다. 이 멋진 나노 모터가 유전 정보와 자연선택의 산물이라는 점에는 의문의 여지가 없다. 전생물적 세계에서 우연히 툭 튀어나온 것이 아니다. 따라서 최초의 세포는 유전자와 단백질을 만들기 위해서 ATP가 필요할 때, ATP 합성효소 없이 어떻게 꾸려나갈 수 있었을까?

그 해답은 꽤 단순한 것으로 드러났다. ATP는 아세틸인산에서 직접적으로 형성될 수 있고, 아세틸인산은 아세틸 CoA나 이에 해당하는 더 단순한 전생물적 단계의 물질에서 형성될 수 있다. 앞에서 내가 개략적으로 설명했던 반응 단계들로 다시 돌아가보자. 나는 (아세틸 CoA에 있는 것과 같은) 아세틸기가 FeS 표면에 붙어 있는 것까지 설명했다. 만약 이 아세틸기가 (내가 앞에서 설명한 반응의 산소 대신) 광물 표면에 붙어 있는 무기인산과 반응한다면, 그 산물은 아세틸인산이 될 것이다.

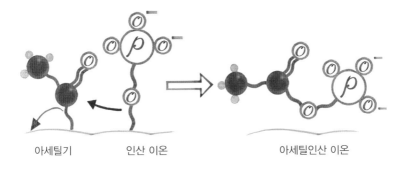

아세틸기　　　인산 이온　　　　　　　아세틸인산 이온

아세틸인산은 오늘날의 세균과 고세균에서도 아세틸 CoA와 ATP 사이의 중요한 중간산물이며, 프리츠 리프먼에 의해서 처음 발견되었다. 이 단순한 화학은 물에서 일어난다. 이론적으로는 전생물적 조건에서도 일어나야 하며, 우리는 정말로 그렇다는 것을 밝혀냈다. 아세틸인산은 2C 전구체인 티오아세트산thioacetate에서 형성된다. 일단 형성되면, 아세틸인산은 자신의 인산을 ADP(아데노신 2인산)에 전달하여 적당한 수율(20퍼센트)로 ATP를 형성할 것이며, 그 과정은 대략 다음과 같다.

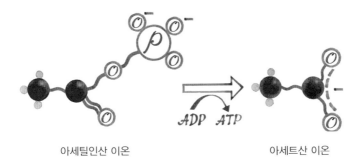

아세틸인산 이온　　　　　　　　　　아세트산 이온

내 연구실의 박사과정 학생인 실바나 피나는 ATP 합성이 철 이온(Fe^{3+})을 촉매로 아름답게 일어난다는 것을 밝혀냈다. 그러나 그녀가 시도했던 다른 금속 이온은 어떤 것도 같은 작용을 일으키지 못했다. 이 결과는 ATP가 왜 보편적 에너지 통화인지를 설명할지도 모른다. 그러나 여기에서 요점은 ATP가 물속에서 간단한 화학 반응을 통해서 비로 형성될 수 있다는 점이다. 게다가 이 간단한 화학 반응이 세포를 양성자 기울기에 대한 의존에서 벗어나게 하지 않는다는 점도 중요하다. 오히려 양성자 기울기가 있어야만 티오아세트산과 아세틸인산 같은 반응성 분자의 합성이 애초에 일어날 수 있다. 양성자 기울기는 깔쭉톱니라고 생각해야 한다. 한 방향으로만 돌아가서 원세포의 화학적 상태를 평형에서 점점 멀어지게 하는 것이다. 이 경우, 아세틸인산과 ATP는 막과 가까운 국지적인 산성 환경에서 쉽게 형성될 수 있지만, 더 알칼리성을 띠는 세포 내부의 조건에서는 훨씬 덜 안정적이다(그래서 반응성이 더 커지고 평형에서 멀어진다). 반응성이라는 면에서 볼 때, 약 세 자릿수의 차이가 나므로 그냥 웃어넘길 수는 없다.

서서히 등장하고 있는 더 큰 그림은 이렇다. H_2와 CO_2를 안정적으로 공급하는 열수 분출구는 이 기체들이 카르복실산들을 만드는 반응을 일으키기에 딱 알맞은 조건이다. 이 카르복실산들이 형성되는 화학적 메커니즘은 역 크레브스 회로의 단계들을 닮았다. 이는 이 화학이 정말로 물질대사의 원시적인 토대임을 암시한다. 크레브스 회로의 중간산물들은 아미노산, 지방산, 당, 그리고 궁극적으로 뉴클레오티드를 만들기 위한 보편적인 전구체이다. 이 모든 물질이 전생물적 조건에서 정확히 어떻게 형성되는지(촉매는 무엇이고, 어떤 되먹임이 일어나는지)에 대한 문제는 내 연구실과 다른 연구실에서 활발하게 연구되고 있다. 그러나 몇 가지 원칙은 분명하다. 촉매와 양성자 기울기는 열역학적으로 선호되는 반응의 운동 장벽을 더 낮출 뿐이다. 이 반응들이 얼마나 앞으로 나아갈 수 있는지를 결정하는 원동력은 H_2와 CO_2 사이의 반응성이다. 구할 수 있는 H_2가 더 많을수록 더 많은 유기 산물이 만들어질 것이고, 이런 반응들을 출발점에서부터 더 멀리까지 나아가게 할 것이다. 이는 해변으로 밀려오는 부드러운 파도에 빗대어 생각할 수 있다. 바닷물이 얼마나 멀리까지 들어올 수 있는지는 지형에 따라 국지적으로 다르지만, 궁극적으로는 바닷물의 원동력, 즉 조수의 세기에 의해서 결정된다.

열수분출구의 미덕은 열수의 흐름이 지속적이라는 것이다. 만약 어느 한순간에 반응을 일으키는 H_2의 양이 아주 적더라도 다음 순간에 H_2가 보충된다면, 같은 반응이 계속 일어날 수 있을 것이다. 성장은 새로운 유기물의 끊임없는 형성이고, 그러려면 그 환경에 기체들의 지속적인 흐름과 반응이 있어야 한다. 열수 분출구 속에 있는 무기질의 미세한 구멍은 원세포를 위한 완벽한 보금자리이다. 원세포들은 그 작은 틈새에 자리를 잡고 국지적인 흐름을 이용해서 성장하고, 분열하고, 자리를 잡고, 성장한다. 그렇게 계속 성장한다.

이제 이 장을 마무리하면서 의미심장한 상상을 해보려고 한다. 나는 지금까지 생명의 "독립영양적" 기원을 설명했다. 광물 표면에서 기체들이 반응하면서 유기 분자가 형성되고, 시간이 흐르면서 성장을 일으킨다. 이런 성장을 일으키는 환경 조건이 단 하나뿐이라고 해도, 전 세계 해저에 있는 수백만 개의 열수 분출구에서 동시에 반복적으로 일어날 수 있었을 것이다. 물질대사의 깊은 구조에는 CO_2와 H_2, 양성자 기울기, 철-황화물 촉매라는 이런 출발점이 투영되어 있다. 물질대사는 저절로 진행되는 것이 아니다. 환경에 의해서 일어나며, 궁극적으로는 수소의 압력에 의해서 일어난다. 모든 생화학 경로는 사실상 평형에 가까운데, 이는 물질대사의 유동이 어떤 방향으로든 진행될 수 있다는 뜻이다. 유동의 방향은 생화학에 내재된 것이 아니라, 환경의 원동력에 의존하는 외재적인 것일 수밖에 없다. 생명은 평형과는 거리가 먼 환경 조건을 필요로 한다. 이런 환경에서 정방향으로 일어나는 물질대사는 끊임없이 반응을 일으키는 주위 환경에 의해서 유지된다. 가장 단순한 이런 환경은 끊임없는 흐름이다. 따라서 물질대사를 정방향으로 밀고 나아갈 수 있는 수소를 구할 수 있는 한, 성장은 계속될 수 있다. 그 수소가 땅속에서 보글보글 올라오는 것이든, 물이 단단히 쥐고 있던 것을 광합성을 통해서 태양의 힘으로 탈취한 것이든 상관없다. 여기에서 의문이 생긴다. 만약 수소의 공급이 고갈되면 무슨 일이 일어날까? 만약 열수 분출구가 마르면, 즉 열수가 다른 데로 흐르거나 공기 중의 산소 농도가 올라가면 어떻게 될까? 그러면 같은 물질대사 경로가 어쩔 수 없이 역방향으로 진행되면서 유기물이 산화되어 CO_2와 수소가 형성될 것이다. 이제 수소는 산소 속에서 태워지면서 원자 하나마다 약간의 에너지를 방출하게 된다. 크레브스 회로의 방향이 뒤집히는 것이다. 그리고 세상도 뒤집힌다.

4

격변

당신에게 뼈대가 완전히 없는 것은 아니다. 당신은 척추는 없어도 연골로 이루어진 유연한 막대 모양의 뼈대인 척삭notochord을 가지고 있고, 이 척삭은 수백만 세대를 거치면서 제대로 된 등뼈로 발전할 것이다. 지금은 척삭을 구부리면서 장어처럼 물속에서 너울거리며 움직인다. 결코 빠를 수는 없다. 차라리 바닥에 있는 부드러운 진흙 속에 파묻혀서 가만히 머리만 내놓고, 파도에 밀려오는 먹이 알갱이를 걸러 먹는 것이 낫다. 지렁이 같은 모양의 머리에는 신경이 조금 부풀어 있는데, 이것은 언젠가 뇌가 될 것이다. 눈은 별로 쓸모가 없지만, 적어도 괴물이 다가오는 것을 알아챌 수는 있어서 머리를 재빨리 다시 파묻을 수 있다. 오, 세상이 바뀌었다! 얼마 전까지만 해도 세상에는 여과 섭식자들이 가득했다. 엽상체葉狀體처럼 납작한 몸을 부드럽게 움직이던 그들은 어떤 영혼도 해치지 않았다. 별로 기억나는 것은 없지만 당신은 에디아카라기의 정원을 본능적으로 아련하게 그리워한다. 그러나 이제는 커다란 갑판을 두른 전쟁 기계들이 있다. 그 전쟁 기계들은 날카로운 발톱과 가시를 세우고, 작은 결정체가 줄지어 배열되어 있는 눈으로 모든 방향에서 당신을 응시한다. 당신은 길이 5센티미터 남짓의 연한 한입거리 식사이다. 단백질이 풍부한 근육이 바삭바삭한 막대에 붙어 있는 당신은 아노말로카리스*Anomalocaris*에게는 맛난 간식이다. 이런 경우에는 머리를 다시 감추는 것이 좋다. 가시 돋친 괴물이 1,000배 더 많아진 이런 무시무시한 신세계에서 살아남으려면 조금 몸을 사리는 편이 도움이 될 것이다.

어쨌든 당신은 살아남았다. 우리 척추동물은 당신에게 경의를 표하고, 피카이아*Pikaia*라는 이름을 붙여서 당신을 기린다.[1] 진흙 속에 몸을 숨긴 것이 현명한 선택이었음을 우리는 이 장의 후반부에서 알게 될 것이다. 그런데 세상은 어떻게 이런 포식자와 피식자의 세계로 급변하게 되었을까? 우리는 캄브리아기의 한가운데에 있다. 아마 5억2,000만 년 전일 것이다. 캄브리아기는 40억 년의 생명의 역사에서 우리가 처음으로 우리 자신의 세계라고 인정한 시기이다. 이 시기의 생명체들은 눈과 껍데기, 다리와 더듬이를 가지고 있으며, 우리가 잘 이해할 수 있는 방식으로 행동한다. 살아남기 위해서 허둥지둥 달아나고, 공격을 하러 급강하를 한다. 이들은 살아 숨 쉬는 피조물이고, 숨을 빼앗기면 죽는다. 이들은 산소가 있는 세계, 태

---

1 나와 같은 세대의 많은 사람들이 그렇듯이, 나도 스티븐 제이 굴드의 멋진 책 『원더풀 라이프(*Wonderful Life*)』에서 피카이아를 처음 접했다. 척추동물로 향하는 진화의 여정에서 피카이아의 위치에 대해서는 의문이 제기되어왔고, 공방이 이어지고 있다. 이를테면, 피카이아에는 (무척추동물처럼) 큐티클(cuticle)이 있는 것처럼 보인다는 것이다. 나는 고생물학자가 아니므로 이에 대해서는 어떤 의견도 내놓지 않을 것이다. 그러나 문화는 과학에서도 중요하다. 변변찮은 피카이아의 모습은 우리의 가장 미천한 동물적 기원에 대한 탐구를 상징한다. 이는 엄밀히 따지면 사실이 아니지만 문화적으로는 중요하다. 더 큰 진실은 최초의 척삭동물들이 작고 지렁이 같은 형태였다는 것이 거의 확실하다는 점이다. 피카이아 자체는 캐나다에 있는 버제스 셰일에서만 알려져 있고, 연대는 약 5억800만 년 전이다. 척삭동물일 가능성이 있는 더 오래된 사례들로는 중국 윈난 성 근처에 있는 마오톈샨 셰일에서 발견된 밀로쿤밍기아(*Myllokunmingia*)(5억1,800만 년 전), 하이쿠이크티스(*Haikouichthys*)(5억2,500만 년 전), 종지안이크티스(*Zhongjianichthys*)(5억3,000만 년 전)가 있다.

울 에너지가 있는 곳에서만 존재할 수 있는 피조물이다. 만약 우리가 시간을 거슬러서 할루키게니아*Hallucigenia*의 근육으로 조직검사를 할 수 있다면, 나는 한 가지만은 꽤 확신할 수 있을 것 같다. 이 생명체는 완전한 산화적 크렙스 회로를 우리와 똑같은 방식으로 돌리고 있었을 것이다. 성체가 될 때까지 살아남은 캄브리아기 동물 중 일부는 암이나 오늘날 우리가 알고 있는 다른 퇴행성 질환, 노년 자체의 경화증으로 고통을 겪었을지도 모른다는 데에도 약간의 판돈을 걸고 싶다.

5억 년 전에 죽은 생명체가 남긴 것이라고는 단단한 껍데기뿐인데, 우리가 어떻게 그 생화학적 작용에 대해서 무엇인가를 알 수 있을까? 미스터리를 더욱 깊어지게 하는 것은 화석 기록에서 이 생명체들의 갑작스러운 등장이다. "캄브리아기 대폭발Cambrian explosion"이라고 불리는 이 시기에는 우리가 인정할 만한 최초의 동물들이 세계 전역의 지층에서 갑자기 폭발적으로 나타난다. 다윈이 『종의 기원*On the Origin of Species*』에서 캄브리아기 이전의 동물 화석이 없다는 점에 대해서 "어떤 만족스러운 답도 내놓지 못했다"는 이야기는 유명하다. "다윈의 딜레마"로 알려진 이 수수께끼는 점진적으로 일어나는 자연선택이라는 개념 자체를 위태롭게 하는 것처럼 보인다(스포일러를 하자면, 그렇지는 않았다. "점진적gradual"이라는 용어의 의미만 위태로웠을 뿐이다). 오스트레일리아의 에디아카라 언덕에서 발견된 큰(1미터 이하) 화석들은 이 미스터리를 더 미묘하고 복잡하게 만들었다. 캄브리아기보다 연대가 수천만 년 더 오래된 이 신비로운 화석들은 대개 깊은 물속의 한 지점에 고정되어 살아가는 여과 섭식 동물들로 해석되지만, 현생 동물들과 어떤 연관이 있는지에 대해서는 합의된 의견이 별로 없다. 대부분의 고생물학자는 이 동물들 중 일부를 좌우대칭 동물(몸의 중심을 따라 대략적으로 좌우가 같은 동물, 우리 인간도 여기에 해당한다)로 해석하지만, 이들이 육상의 암석 위에 자라던 지의류였다는 주장을 굽히지 않는 사람들도 있을 정도로 아직 불확실한 부분이 많다. 모두가 동의할 수 있는 것은 이들이 캄브리아기 대폭발이 일어나기 직전에 사실상 흔적도 없이 전부 사라졌다는 것이다. 에디아카라 생물들의 온화한 생활방식은 가위손 참살자들과 그 희생자들의 기괴한 캄브리아기 서커스로 바뀌었다.

화석 자체는 수수께끼이지만, 지질학과 생리학과 생태학적 맥락에서는 그 답이 부분적으로 산소에 있다고 가리킨다. O_2는 광합성 폐기물로 축적되었고, 생명이 등장한 이래로 처음 20억 년 동안은 사실상 대기 중에 없었다는 점을 기억하자. 그것은 전혀 우연이 아니다. 산소가 생성되는 행성에서 생명이 시작될 확률은 0에 가깝다는 것에는 이론의 여지가 거의 없다. 수소는 CO_2와 반응해야만 유기 분자를 형성할 수 있다. 그러나 H_2는 CO_2보다는 산소와 훨씬 더 격렬하게 반응하므로, 산소가 있다면 유기 분자가 형성되는 반응은 거의 일어나지 않을 것이다. 간단히 말해서, 크레브스 회로 자체의 저변에는 이런 긴장 상태가 깔려 있다. 40억 년 전에 생명의 존재를 이끌어낸 H_2와 CO_2의 화학은 그로부터 30억 년 이상 흐른 뒤에는 캄브리아기 대폭발을 일으킨 2H와 O_2의 화학으로 바뀌었다. 유기물을 만드는 역 크레브스 회로에서 그 유기물을 태우는 우리의 산화된 회로로 역회전을 일으킨 것이다. 말 그대로 격변revolution을 일으킨 회전revolution이었다.

산소는 왜 독특한가

대기 중의 산소가 오늘날의 수준으로 상승하기까지의 여정은 길고도 우여곡절이 많았다. 이에 대해서는 이 장의 후반부에서 눈덩이 지구, 대산화 사건, 페름기 말의 대멸종 같은 좀더 극적인 사건의 관점에서 살펴볼 것이다. 지금은 캄브리아기 대폭발이 일어날 무렵에는 산소 농도가 거의 현대와 같은 수준까지 상승한 증거가 암석 속에 풍부하게 남아 있다는 이야기로 충분하다. 캄브리아기 대폭발의 도화선에 불을 붙인 것이 산소는 아니지만, 산소가 없었다면 이 폭발은 젖은 폭죽처럼 시시하게 끝났을 것이다. 산소는 독특하다. O_2 분자는 "자유 라디칼"이다. 즉 짝을 이루지 않은 전자를 가지고 있다는 뜻인데, 산소에는 이런 전자가 2개 있다. 산소의 이런 성질은 폭발적인 반응 잠재력을 설명할 뿐 아니라, 공기 중에 축적되는 역설적인 경향에 대해서도 설명한다. 산소는 반응성 기체로서는 꽤 운이 좋게도, 거의 21퍼센트라는 엄청난 농도로 공기 중에 축적된다.

안정성과 반응성이 이런 균형을 이루는 이유는 양자역학의 규칙 때문이다. 양자역학의 규칙으로 인해서 산소는 녹슬고 있는 철처럼 홀전자를 제공하는 분자와만 반응을 하고, 더 안정적인 전자쌍을 가지고 있는 분자와는 반응을 하지 않는다. 유기 분자들은 대개 홀전자와 함께 분리되지 않는다(거의 항상 짝을 이룬 전자만 다룬다). 따라서 산소와 쉽게 반응하지 않는다. 그렇기 때문에 우리는 자발적으로 연소되지 않고, 산소는 공기 중에 그렇게 고농도로 축적될 수 있는 것이다. 그러나 유기 물질도 제대로 불을 붙이면 당연히 활활 타게 된다. 연소는 자유 라디칼의 연쇄반응이다. 연소가 일어날 때에는 고에너지 중간산물이 유기 분자에서 홀전자를 뜯어내서 산소와 직접 반응하게 만들 수 있다. 호흡은 통제된 형태의 연소이다. 방출되는 에너지의 양은 정확히 동등하지만, 아주 작은 단계들로 나뉘어 방출되어 ATP 합성의 동력이 된다. 세포 호흡은 "2H"에서 한 번에 하나씩 전자를 추출하기 위해서 대단히 먼 길을 돌아가며, 그렇게 추출한 전자를 산소라는 괴팍한 용에게 하나씩 먹이로 던져준다(제1장을 보라). 이 모든 것이 산소가 왜 독특한지를 설명한다. 산소는 반응을 하면 엄청난 양의 에너지를 제공하지만, 꽤 제한적인 조건에서만 반응을 한다. 산화질소 같은 다른 분자도 산소만큼 많은 에너지를 공급할 수는 있지만, 너무 많은 것들과 너무 빠르게 반응하기 때문에 공기 중에 축적될 수 없다. 그 결과, 지구의 에너지 역사는 대기와 대양 속에 들어 있는 산소의 이야기가 되었다. 탄소의 전자쌍 화학과 산소의 홀전자 행동을 관장하는 양자적 규칙이 없었다면, 우리가 알고 사랑하는 세상은 존재하지 못했을 것이라고 생각하면 정신이 번쩍 든다.

이렇게 해서 우리는 캄브리아기 대폭발의 연료가 다름 아닌 완전한 산화적 크레브스 회로였다는 생리학적 특성을 안다. 이것은 숫자 놀음이다. 호기성 호흡은 약 40퍼센트의 효율로 작동한다. 따라서 내 점심 식사의 에너지 함량 중 약 40퍼센트는 ATP 같은 활용 가능한 에너지로 전환된다. 산소가 없으면(그리고 질산염처럼 산소가 있을 때에만 축적되는 "구경꾼 bystander" 분자가 없으면), 최대 에너지 효율은 10퍼센트에 가까워진다. 에너지 효율은 먹이 그물에서 가능한 영양 단계trophic level의 수를 제한한다. 각각의 영양 단계가 올라갈수록 구할 수 있는 에너지가 줄어들기 때문이다. 그러면 지탱할 수 있는 개체군의 크기도 영양 단계가 올라갈 때마다 감소하고, 결국에는 아주 적은 양의 에너지만 남아서 어떤 개체군도 지탱할 수 없게 된다. 생존 가능한 개체군을 유지하기 위해서는 탄소 고정을 통해서 구할 수 있는 에너지의 최소 1퍼센트가 필요하다고 상상해보자. 효율이 40퍼센트인 호기성 호흡에서는 효율 1퍼센트에 도달할 때까지 5단계의 영양 단계를 유지할 수 있다(각 영양 단계는 순서대로 40, 16, 6.4, 2.6, 1.02 퍼센트의 에너지를 얻을 수 있다). 산소가 없으면, 단 2단계 만에 1퍼센트에 도달한다. 물론 이것은 단순 계산이고, 실제로는 구할 수 있는 고정된 탄소의 총량과 생존 가능한 개체군의 크기와 산소의 양과 그외의 여러 요인들에 따라 다를 것이다. 그럼에도, 복잡한 먹이 그물은 산소가 잘 공급되는 세계에서만 존재할 가능성이 높다. 무엇보다도 캄브리아기 대폭발은 오늘날 우리가 사는 세계의 시작을 알렸다. 복잡한 생태계, 복합적인 영양 단계, 포식자와 피식자 사이의 경쟁, 그외의 모든 것이 캄브리아기 대폭발과 함께 생겨났다. 이 중에서 산소 없이 지구상에 존재할 수는 것은 아무것도 없다. 그리고 동물의 호기성 호흡은 항상 크레브스 회로를 돌린다. 이것은 보편적이다. 우리는 모두 캄브리아기 동물의 후손이다. 따라서 그 동물들도 호기성 호흡과 연관해서 크레브스 회로를 이용했을 것이라고 추론할 수 있다.

그러나 산소의 증가가 변화를 일으켰다는 더 오래된 생각은 (그런 생각이 용인되는 것과는 반대로) 정답과는 거리가 멀다. 긴 지구의 역사에서 동물과 식물이 각각 딱 한 번씩만 나타났다는 사실에서, 유전적 틀과 같은 발달의 제약도 그들의 진화를 방해하고 있었다는 것을 이미 짐작할 수 있다. 만약 증가하고 있는 산소가 복잡성으로 향하는 막을 올렸을 뿐이라면, 육상 식물의 등장까지 1억 년이라는 시간이 걸린 것을 어떻게 설명할 수 있을까? 그리고 호기성 세균 세포로 구성된 다세포 동물을 우리가 결코 볼 수 없는 이유는 무엇일까? 이와 관련된 문제들을 제대로 파악하려면(그리고 이 책의 후반부에서 나이가 들면 무슨 문제가 생기는지를 이해하려면), 우리는 생명의 기원까지 거슬러 올라가는 아주 먼 과거를 돌아보아야 한다. 이전 장에서 우리는 크레브스 회로에 앞서 나타났을 가능성이 있는 선형 경로인 크레브스 경로에 대해서 이야기했다. 먼저, 왜 크레브스 경로는 순환하는 회로로 바뀌었을까? 그리고 어떻게 방향을 바꿔서 호기성 호흡과 연결된 것일까? 그런 일이 일어났을 때 유기체들은 어떻게 살아남았을까? 크레브스 회로의 방향이 뒤집혀도 크레브스 회로 전구체의 필요성이 없어지지는 않았다. 아미노산에서 당, 지방산, 뉴클레오티드에 이르기까지, 세포의 구성 재료가 되는 모든 분자가 크레브스 회로 전구체들에서 만들어졌기 때문이다. 모든 것을 동시에 할 수는 없으므로, 적어도 유동의 영리한 통제가 필요했다. 서로 다른 유형의 물질대사 유동이 양립할 수는 없다. 크레브스 회로가 양 방향으로 동시에 돌아갈 수는 없다……아닌가?

나 역시 이 문제가 어리둥절했다는 점을 고백한다. 그러다가 단순한 생각 하나가 퍼뜩 스쳤다. 세균과 단세포 원생생물은 정말로 이런저런 일을 다 해야 할 것이다. 이들은 환경이 달라질 때마다 그에 맞춰서 성장이나 에너지 생산을 하기 위해서 유전자를 켜거나 끈다. 말하자면 순차 처리를 하는 것이다. 그러나 다세포 유기체는 병렬 처리를 통해서 문제를 해결할 수 있다. 다양한 조직은 특별한 일을 수행하도록 전문화되고, 저마다 꽤 단순한 (또는 적어도 모순되지 않은) 크레브스 회로의 유동을 갖추고 있다. 이 회로의 중심에 있는 깊은 긴장 상태, 즉 생합성 대 에너지라는 음과 양은 다세포성multicellularity 자체를 통해서 일부 해결된다. 그 안에서 다양한 기관이 다양한 일을 수행하기 위해서 협력한다. 나는 이것이 캄브리아기 대폭발의 영광이라고 생각하고 싶다. 그 동물들은 더 큰 생태계의 일부로서가 아니라 그들의 몸속에서 처음으로 크레브스 회로의 음양의 균형을 이루었다. 이는 사소한 유전적 조절과는 전혀 다르다. 물질대사 유동이 진정한 경로를 찾지 못하면, 생명 그 자체를 위태롭게 만들기 때문이다. 즉 성장하고, 고치고, 돌아다니고, 보고, 생각하는 우리의 능력이 손상된다. 이 장에서 우리는 살아 있다는 것이 어떤 것인지를 알아볼 것이다.

지구에 플러그 꽂기

다시 생명이 등장하는 심해의 열수 분출구로 돌아가보자. H_2가 지속적으로 공급되고 공짜 양성자 기울기가 있는 그곳은 필요한 모든 것이 이미 준비되어 있다. 성장은 계속될 수 있고, 적어도 열역학적으로는 유전자와 세포의 출현에 지장이 될 만한 장애는 없다. 하지만 세포가 열수 분출구를 벗어나서 덜 풍요로운 환경으로 이동하면 무슨 일이 일어날까? 이제 세포는 더 적은 H_2로 견디거나 H_2S 같은 다른 급원에서 수소를 추출해야 한다.

어느 쪽이든지 세포의 성장을 위해서 필요한 전자는 모두 지질학적 급원, 궁극적으로 지구의 맨틀에서 유래한다. 맨틀에는 철과 니켈 같은 전자 밀도가 높은(환원된) 금속이 풍부하다. 이와 대조적으로, 대기권과 수권은 상대적으로 산화되어 있다. CO_2처럼 전자가 비교적 부족한 기체들로 주로 구성되어 있어서, 상대적으로 양전하를 띤다. 이런 관점에서 보면, 지구는 내부가 외부에 비해 음전하를 띠는 거대한 배터리이다. 환원된 맨틀이 산화된 대양이나 대기와 접하는 열수 분출구와 화산은 우리 행성의 불지옥 같은 내부로 통하는 관문이다. 광합성이 진화하기 전, 지구상 모든 생명의 동력이었던 전자의 흐름은 이런 지옥의 간헐천에서 뿜어져 나왔다. 이런 거대한 배터리에서 나오는 전류는 생물권의 크기를 제한했고, 초기 생명은 엄격한 검약을 강요받았을 것이다.

최초의 세포들이 직면한 가장 큰 문제는 H_2와 CO_2 사이의 반응을 일으키기 위해서 자체적인 양성자 기울기를 만들어야 한다는 것이었다. 내부는 환원 상태인 알칼리성이고 외부는 산화 상태인 산성인 세포의 위상 구조는 열수 분출구, 아니 지구 자체와 매우 유사하다. 세포는 지구의 축소판 같은 작은 배터리이다. 우리가 앞 장에서 확인한 것처럼, 막을 통과하는 양성자의 흐름(양성자 동력)은 H_2와 CO_2뿐 아니라 Ech 같은 막 단백질의 반응성, 더 정확하게는 환원 전위를 조절할 수 있다. 전체적으로 볼 때, 양성자 동력은 H_2에서 FeS 단백질인 페레독신으로 전자를 이동시키는 어려운 과정을 일으켜서 CO_2를 손쉽게 고정한다. 내부로 유입되는 이런 양성자의 흐름은 조상의 상태이다. 양성자 동력은 페레독신의 반응 외에도 ATP 합성도 일으킨다. 앞에서 보았듯이, 역 크레브스 회로를 돌려서 CO_2를 고정하려면 ATP와 페레독신이 둘 다 필요하다. 따라서 최초의 세포들이 열수 분출구를 탈출했을 때, 그 세포들은 이와 같은 과정을 일으키기 위한 자체적인 양성자 동력을 만들 수 있어야 했다. 양성자를 퍼내려면 비용이 든다. 설상가상으로 똑같이 지옥 같은 급원에서 뿜어져 나오는 똑같은 수소에 의지해야 한다.

이것이 어떻게 작용하는지에 대한 상세한 내용은 신경 쓰지 않아도 된다.[2] 중요한 것은 H_2를 소모하면서 양성자 동력을 만들어낸다는 것이다. 양성자 동력은 CO_2를 고정하기 위해서 필요한 페레독신과 ATP를 합성하는 동력이 된다. 세균에서는 양성자를 퍼낼 때조차도 페레독신이 필요한 경우가 많다. 페레독신은 H_2에서 전자를 포획하여 전자 수용체에 전달한다. 이때 방출되는 에너지는 호흡에서처럼 양성자를 퍼내는 데 쓰인다. 초기 지구에서 가장 흔한 전자 수용체는 산소가 아니라 CO_2 자체였을 가능성이 높다. CO_2로 2H의 전달이 반복되면 메탄(CH_4)과 물(H_2O)이 폐기물

---

2 그러나 나는 어쨌든 이야기를 하지 않고는 못 배기겠다. 지난 10년 사이 생체에너지 학에서 이루어진 가장 중요하고 아름다운 연구 중 일부에서, 롤프 토어와 볼프강 부켈은 마침내 영리한 재주를 발견했다. 속임수를 연상시키는 그 이름은 바로 쌍갈림(bifurcation)이다. H_2의 전자 2개는 철-니켈-황 클러스터가 가득한 커다란 단백질 내부의 깊숙한 곳에서 분리된다. 전자 하나는 상대적으로 양전하를 띠는 곳으로 도약하여 정상적인 화학 규칙을 따르는 반면, 다른 전자 하나는 상대적으로 음전하를 띠는 쪽으로 밀려나서 페레독신 위에 안착하는 믿기 어려운 일이 일어난다. 에너지 면에서는 가능하다. 이 두 전자의 도약은 항상 연결되어 있기 때문에, 쉬운 도약이 일어나면 어려운 도약을 일으키기에 충분한 에너지가 방출된다. 전자 쌍갈림이라는 이 정교한 과정은 혐기성 세균 사이에서는 실질적으로 어디에나 있는 것으로 밝혀졌고, 오랫동안 풀리지 않던 여러 수수께끼들에 대한 설명이 되어준다. 이를테면, 제3장의 후반부에서 다룬 심해의 열수 분출구에서 살아가는 비광합성 세균은 이를 이용해서 역 크레브스 회로를 돌리는 데에 필요한 ATP와 페레독신을 생산한다. 그러나 전자 쌍갈림에서 중요한 점은 막을 가로질러 양성자를 퍼내기 위한 힘을 제공할 뿐이라는 것이다. 본문에서 설명한 것처럼, 전자 쌍갈림은 양성자 동력을 매개로 우회적으로 CO_2 고정을 일으킨다. 열렬한 애호가라면 이런 세포 중 다수가 양성자가 아닌 나트륨 이온을 퍼낸다는 것에 주목할지도 모른다. 그러나 그들의 성장은 나트륨-양성자 역수송체(sodium-proton antiporter)에 의존하므로, 나트륨 기울기를 양성자 기울기로 전환하는 것이 필요해 보인다.

로 생성된다. 이 경우, 전달된 각각의 2H는 2개의 양성자를 퍼낼 수 있다. 이는 호기성 호흡으로 얻을 수 있는 에너지의 5분의 1에 불과하다. 그렇더라도 같은 과정을 계속 반복하면 생물질을 생산할 CO_2를 고정하기에 충분한 양성자 동력이 만들어진다. 이런 방식으로 살아가는 세포들, 특히 메탄생성고세균은 새로운 생물질에 비해서 질량 기준으로 40배나 더 많은 폐기물을 만든다. 다시 말해서, 메탄생성고세균이 소비하는 모든 H_2 중에서 생물질로 전환되는 양은 40분의 1에 불과하고, 나머지는 양성자를 퍼내는 데쓰인다는 것이다. 이는 사소한 비용이 아니다. 세포의 적합도fitness는 그 자손으로 가장 잘 측정되기 때문이다. 자신을 많이 복제할수록, 다시 말해서성장과 생식을 잘 할수록 많은 자손을 남긴다. 빠듯한 에너지 예산의 약98퍼센트를 성장이 아닌 막을 하전시키는 데에 소모한다는 것이 지나친낭비처럼 보이지만, 이 고대의 세포들은 정확히 그렇게 하고 있다("에필로그"에서 우리는 이 세균들이 왜 양성자를 퍼내야 하는지에 대한 다른 추론도 접하게 될 것이다). 이 모든 것을 통해서 볼 때, 수소는 마지막 한 방울까지도 중요하고, 특히 페레독신은 가장 귀한 생물학적 통화이다.

우리가 계속 마주치고 있는 페레독신이라는 붉은 단백질은 모든 물질대사에서 대단히 중요하다. 페레독신이 아주 오래되었다는 것과 생명에서중추적인 역할을 한다는 것은 생물정보학의 위대한 선구자인 마거릿 데이호프에 의해서 가장 명확하게 확인되었다. 대니얼 아넌과 그의 동료 연구진이 역 크레브스 회로를 처음 보고한 해인 1966년, 마거릿 데이호프는 (리처드 에크와의 공동 연구를 통해서) 큰 전쟁을 불러온 논문 한 편을 「사이언스」에 발표했다. 데이호프는 뉴욕 대학교에서 수학으로 학사 학위를 받은 후, 천공 카드를 이용해서 화학 결합의 공명 에너지를 계산함으로써 컬럼비아 대학교에서 양자화학 박사 학위를 받았다. 그녀는 미국 국립생의학 연구재단에 부책임자로 참여했고, 그곳에서 유명 우주학자인 칼 세이건과 협업을 하게 되었다. 세이건의 도움을 얻어, 데이호프는 컴퓨터 기술을 접목한 그녀의 결합 에너지 연구를 보강하여 행성의 대기를 구성하는 기체들의 평형 농도를 계산할 수 있는 프로그램을 개발했다. 여기에는 금성, 목성, 화성과 같은 행성뿐 아니라 원시 지구의 대기도 포함되었다. 나는 그 당시에 칼 세이건이 린 마굴리스와 부부였다는 것에 크게 놀랐다. 그가 인류에게 남긴 가장 큰 유산은 20세기에 가장 뛰어난 두 여성 과학자의 우주론적 관점에 불을 붙인 것이 아닐까 한다. 독특하게도, 데이호프는 광합성 같은 행성적 과정의 기저에 있는 양자 메커니즘에 대한 깊은 이해를 (결합 에너지를 기반으로) 단백질 서열을 비교하는 그녀의 선구적인 컴퓨터 연구와 연결시킬 수 있었다. 오늘날 계통분류학의 토대가 된 이 연구에서, 데이호프는 지금까지와는 전혀 다른 방식으로 지구 생명의 역사를 재구성할 수 있었다. 그 모든 것의 시작은 1966년에 발표된 페레독신에 대한 그녀의 탁월한 논문이었다.

진화 역사의 세부적인 부분이 단백질들의 아미노산 서열 속에 미묘한 차이로 기록되어 있을 수 있다는 생각은 1958년에 프랜시스 크릭이 처음 내놓았으며, 1960년대 초반에 라이너스 폴링과 에밀 주커칸들에 의해서 처음으로 적용되었다. 이들은 고릴라와 인간과 말의 헤모글로빈 단백질의 차이를 조사했다. 즉 최근 역사를 살핀 것이다. 데이호프는 훨씬 더 야심찼다. 오늘날에도 쓰이는 아미노산의 알파벳 약어를 개발한 그녀는 페레독신의 극단적인 예스러움에 대한 물리화학적 주장을 연이어 내놓았다. 당시 그녀는 페레독신의 아미노산 서열이 대략 반복적이라는 것을 밝혀냈다. 이는 원래의 단백질이 중복되었음을 암시한다. 그 다음, 가장 오래된 4개의 아미노산으로 이루어진 서열이 반복되고, 이후 간간이 다른 서열이 추가되었음을 밝혀냈다. 그녀의 주장에 따르면, 페레독신의 서열이 처음 만들어진 시기는 20개의 아미노산의 유전 암호가 전부 생기기도 전까지 거슬러간다. 유전 암호가 완성되기 전이라니! 정말 놀랍고 혁명적이었다. 나는 지금도 그 논문을 읽었을 때의 전율이 생생하다. 그 논문에는 아무것도 없는 상태에서 단백질을 만드는 방법, 단백질 서열에 숨어 있는 규칙적인 특징을 찾아내어 진화 역사를 밝혀내는 방법, 단백질 서열 속에 깊이 보존되어 있는 것을 통해서 원시 화학과 기능을 연결시키는 방법이 담겨 있었다. 오늘날에는 이것이 표준이지만, 이 표준은 「사이언스」에 실린 그녀의 몇 쪽짜리 논문에서 완전한 형태를 갖추고 튀어나온 것처럼 보인다.

세균의 단백질 서열이 더 많이 밝혀질수록, 데이호프는 페레독신 외에도 시토크롬cytochrome c 같은 다른 생체에너지 관련 단백질을 함께 이용해서 생명 역사의 밑그림을 그려나갈 수 있었다. 그녀의 계통수가 암시하는 가장 오래된 세포는 클로스트리디움Clostridium이었다. 이 종류의 세균 중 일부는 우리가 이 책에서 다룬 바로 그 메커니즘을 통해서 (메탄생성고세균과 상당히 비슷한 방식으로) H_2와 CO_2를 이용해서 살아간다. 또한 데이호프는 크로마티움Chromatium과 클로로비움 같은 세균에서 일어나는 아주 오래된 형태의 광합성에 주목했다. 이 세균들은 물이 아닌 H_2S를 전자 공여체로 이용한다. 이런 책략 덕분에 이 세균들은 부족한 H_2를 CO_2 고정보다는 양성자를 퍼내는 데에 써야 하는 비광합성 세균과 달리, 부담스러운 비용으로부터 해방되었다. **비산소성** 광합성에서는 엽록소가 H_2S에서 전자를 떼어낸다(물에서 떼어내는 것보다 훨씬 더 쉽다). 떼어낸 전자는 페레독신으로 직접 전달된다. 폐기물은 산소가 아니라 황이다. 여기에서 대단히 유리한 점은 공여체(H_2S)에서 수용체(페레독신)로, 그 다음 CO_2로 전달되는 전자의 이동이 태양에 의해서 일어난다는 것이다. 40배의 비용이 드는 메탄생성고세균과 달리, 양성자를 퍼내는 동력을 얻기 위해서 연료를 태울 필요가 없다. 태양이 이 동력을 대신 제공하기 때문이다. 그러나 우리에게 친숙한 **산소성** 광합성(산소가 폐기물이다)에 비하면, 여전히 심각한 약점이 있다. 그 모든 전자들이 화산이나 열수 분출구 같은 지질학적 급원에서 유래하기 때문에, 이 세균들은 여전히 지구에 플러그를 꼽고 있는 셈이다.

비산소성 광합성에는 더 미묘한 문제도 있다. ATP를 만들거나 페레독신을 환원시킬 수는 있지만, 두 가지를 동시에 할 수는 없다. 그 이유는 비산소성 광합성을 하는 세균은 광계photosystem가 하나이기 때문이다. 광계는 (빛에 의해서 에너지를 얻은 전자가 엽록소에서 나와서 다시 엽록소로 들어가는 전자의 순환 흐름을 통해서) ATP를 합성하거나, 황화수소(H_2S) 같은 공여체에서 얻은 전자를 페레독신에 전달함으로써 CO_2를 고정한다. 두 과정을 결합시키려면 두 광계를 병렬로 연결해야 하는데, 이것이 산소성 광합성에서 일어나는 일이다(이에 대해서는 뒤에서 살펴볼 것이다). 요약하자면, 초기 광합성 세균은 양성자를 퍼내는 비용에서 부분적으로만 자유로워졌다.

계속해서 데이호프는 산소성 광합성이 20억 년 이전에 나타났다는 것을 밝혀냈다. 그러나 그보다 수십 년 전에 오토 바르부르크가 제안한 것처럼, 호흡의 진화 이후일 것이라고 추정했다. 아마도 이런 고대의 호흡 형태는 자외선 복사 같은 물리적 과정에 의해서 물이 분해되면서 만들어진 미량의 산소를 이용하거나, 질소 산화물(번개나 화산에 의해 형성될 수 있다) 같은 대체 분자를 산소 대신 이용했을 것이다. 무엇보다도 데이호프의 가장 강력한 연구 결과는 식물의 엽록체 속 페레독신 서열과 동물의 미토콘드리아 속 시토크롬 c 서열을 이용해서 린 마굴리스가 옳았음을 밝혀낸 연구일 것이다. 미토콘드리아와 엽록체는 마굴리스의 주장처럼 정말로 독립생활을 하던 원핵생물이었다. 이런 상세한 세포 계통수의 조각들을 맞춘 그 다음 해에 마거릿 데이호프는 안타깝게도 쉰일곱의 나이에 심장마비로 숨을 거두었다. 초기 진화에 대한 그녀의 주장이 모두 맞는 것은 아니지만, 그녀는 생물학에서 중요한 인물로 찬사를 받아 마땅하다. 오늘날 우리가 생명의 초기 역사를 이렇게 상세하게 비교할 수 있게 해준 계통발생학적 방법의 뿌리에는 데이호프의 선구적인 연구가 있다.

그러나 나는 좀더 나아가보려고 한다. 내가 여기에서 분명하게 말하고 싶은 것은, 산소성 광합성이 진화하기 전까지는 생물의 세계가 에너지 면에서 극히 제한적이었다는 것이다. 주로 화산이나 열수 분출구에서 뿜어져 나오는 H_2와 H_2S 같은 기체를 이용해서, ATP를 합성하고 페레독신의 산화를 일으켰다. 이런 세계는 생화학에 각인처럼 남아 있다. 산소성 광합성의 진화가 어떻게 새로운 지평을 열었는지를 탐구하기에 앞서, 이런 제약이 어떻게 보편적인 생화학의 중심을 이루고 있는지부터 먼저 살펴보자. 이 제약들은 캄브리아기 대폭발에서 동물의 등장과 놀라울 정도로 연관이 있기 때문이다.

에너지 면에서 제한된 세계의 구조

이전 장을 마무리하면서 생각했던 의미심장한 상상을 다시 떠올려보자. 대부분의 생화학은 평형에 가깝다. 다시 말해서 물질대사 경로들은 어느 쪽으로든지 진행될 수 있다. 유동이 유독 한 방향으로만 잘 일어난다면 그 환경에 원동력이 있다고 추론할 수 있다. 열수 분출구에서는 그 원동력이 수소이다. 수소는 새로운 유기 분자를 만드는 방향으로 유동을 밀어낸다. 그러나 만약 열수의 흐름이 불안정해지면 H_2의 농도는 낮아질 것이다. 분출구를 남기고, 원동력은 다른 방향으로 추진되기 시작한다. 물질대사의 유동은 거꾸로 흐를 것이다. 주로 아미노산과 뉴클레오티드로 이루어진 세포의 주성분은 산화되기 시작한다. 이 물질들은 같은 물질대사 경로를 따라 역류하면서 새로운 에너지 급원이 될 만한 것을 제공할 것이다. 빌 마틴의 주장처럼, 어쩌면 이것이 생명을 유지하기 위해서 다른 세포를 먹는 종속영양의 기원일지도 모른다. 이는 원시 수프가 생명의 기원이라는 오랜 생각에 대한 반대 주장이기도 하다. 그런 수프는 수백, 어쩌면 수천 가지의 다른 분자들로 만들어지며, 분자마다 그것을 분해하여 에너지를 추출할 다른 경로가 필요하다. 그것은 생명의 세계에서 우리가 보는 것과는 다르다. 우리에게는 동일한 독립영양 경로를 뒤집은 것에 해당하는 몇 가지 경로만 있을 뿐이다. 이는 강력한 원동력이 있는 환경에서 독립영양 경로가 먼저 출현했음을 암시한다. 반면 종속영양 경로는 독립영양 경로를 일으킨 원동력이 약해진 환경에서 독립영양 경로가 거꾸로 돌아가면서 시작되었을 것이다.

물질대사 유동의 이런 가역성은 개별적인 세포보다는 생태계에 적용된다. 만약 당신이 하나의 세포라면, 당신이 가장 바라지 않은 것은 환경의 변덕에 맞춰서 물질대사 경로가 계속 바뀌는 일일 것이다. 당신이 가장 바라는 일은 흐름을 얻는 것이다. 이상적인 장소는 열수 분출구나 화산, 아니면 정방향의 원동력을 최대치로 활용할 수 있는 곳이다. 첫째도 위치, 둘째도 위치, 셋째도 위치이다. 그 다음으로 바라는 일은 비용을 줄이는 것, 즉 CO_2를 고정하기 위한 ATP 요구량을 최소화하는 것이다. 그러려면 정방향의 반응을 가능한 한 쉽게 만들어야 한다. 이런 관점에서 볼 때, 역 크레브스 회로를 통해서 피루브산 한 분자를 만드는 데에 드는 ATP 비용이 캘빈-벤슨 회로를 통한 비용의 절반도 되지 않는다는 점은 인상적이다(산소성 광합성에서는 같은 에너지 제약에 직면하지 않는다). 그러나 이런 효율은 산소 농도가 0에 가까운 최적의 조건에서만 작용하므로, 위치와 밀접한 관계가 있다.

그러나 항상 운이 좋을 수는 없다. 때로는 물에 휩쓸려서 나쁜 장소로 가기도 할 것이다. 그럴 때를 대비해서 물질대사 유동을 조절하는 법도 배워두는 것이 좋다. 그런 이유에서, 자연선택은 중요한 조절 효소들을 만들었다. 이 효소는 한 방향으로만 작동하면서, 밸브와 비슷한 방식으로 "역류"를 방지한다. 확실히 이런 일방통행 체계는 효율을 개선한다. 독립영양 세포는 한 방향으로 유동을 고정하고, 종속영양 세포는 그와 반대 방향으로 주된 경로를 고정한다. 세균은 흔히 다른 세균의 폐기물로 성장하며, 다양한 층위 속에서 부대끼며 살아간다. 앞에서 우리가 본 것처럼, 메탄생성고세균은 메탄을 폐기물로 내놓는다. 이와 대조적으로 메탄영양세균methanotroph은 메탄을 산화시켜서 에너지를 얻기 때문에 메탄 급원인 메탄생성고세균 옆에서 살아가는 것이 이득이다. 사실, 양쪽 모두에 이득이다. 이 역시 생태계의 규칙이다. 폐기물을 제거하면 정방향의 물질대사가 잘 일어날 것이다. 이는 완제품이 빨리 팔리지 않으면 공장의 조립 라인이 꽉 막히는 것과 같은 이치이다. 우리에게 가장 친숙한 생물학적 사례로는 알코올 발효를 들 수 있다. 에탄올은 폐기물이다. 에탄올이 약 15퍼센트보다 더 많이 축적되면, 발효는 서서히 멈춘다. 최종산물이 경로를 억제하는 것이다. 포도주의 알코올이 15퍼센트를 넘지 않는 것도 그런 이유 때문이다(강화 와인이나 브랜디를 만들려면 증류를 해야 한다). 그러나 에탄올을 제거하면 발효가 재개될 수 있다. 당신의 폐기물이 에탄올이라면, 그 에탄올을 게걸스럽게 먹는 다른 세포가 가까이 살고 있는 것이 가장 좋을 것이다. 정리하자면, 세포는 그들의 기질 농도를 증가시키는 동시에 원하지 않는 폐기물을 빨리 제거할 궁리를 하는데, 이 둘이 함께 작용하여 물질대사 경로를 정방향으로 나아가게 한다.

나는 이 원리가 미생물 생태계를 얼마나 지배하고 있는지에 대해 눈이 확 뜨이는 듯한 경험을 한 적이 있다. 몇 년 전 나는 숀 맥글린을 만난 다음, 캘리포니아 공과대학에 있는 빅토리아 오펀의 연구실에서 연구를 하고 있었다. 맥글린은 나노-심스nano-SIMS라는 영리한 기술을 이용해서, 탁한 메탄 웅덩이(해저에서 메탄이 보글보글 올라오는 곳) 속에 있는 특정 세균과 고세균의 정확한 위치를 영상화하고 있었다. 그 세균과 고세균들은 그들의 계통발생학적 특징에 따라 형광 표지를 달고 있었다. 어두운 방에서 그는 내게 붉은색, 보라색, 금색, 초록색 점들로 이루어진 마법의 별자리를 보여주었다. 더 자세히 검사해보면 그 점들 자체가 세포 덩어리로 구성된 다면체였다. 종종 서로 다른 두 가지 색이 나타나기도 했는데, 각각의 색은 각기 다른 종류의 세균이나 고세균을 나타내는 표지였다. 그 덩어리들은 대개 크기가 비슷했고, 심지어 분포하는 세포들의 수가 일치하기도 했다. 정확한 화학양론stoichiometry이었다. 이런 화학양론에는 세포의 색에 따라 다양해서, 긴밀한 물질대사가 일어나는 세포들 사이의 관계, 즉 얼마나 많은 폐기물이 한 세포 집단에서 생산되어 다른 세포 집단에서 소비되는지, 덩어리들 사이를 가로질러 얼마나 멀리까지 기체가 확산되는지(또는 전자가 도약하는지), 그리고 당연히 다른 미지의 미묘한 요소들이 반영되었다. 그러나 그 미묘한 요소들이 무엇이든, 유형은 항상 동일하므로 분명 단순하고 재현 가능한 법칙들의 지배를 받고 있을 것이다. 과학의 전율을 이렇게 손으로 만지듯 분명하게 느껴본 적은 거의 없었던 것 같다. 이 예사롭지 않은 "공상과학" 기술을 통해서 세균 세계에서 예상치 못했던 생태적 질서가 드러나고 있었다. 당시에는 그들이 이 결과를 발표하기 전이었고, 그래서 이 지구상의 다른 이들은 거의 모르는 자연의 숨겨진 질서를 흘낏 본 듯한 흥분이 있었다(이들의 연구는 그로부터 1년 후에 「네이처」에 발표되었다). 내가 얻은 교훈은 단순했다. 세포는 혼자서 살지 않는다. 서로의 물질대사를 가장 최적으로 일으킬 수 있는 방식으로 긴밀하게 협동하며 살아간다. 정확한 화학양론은 최적의 상태를 대변한다. 유전적으로 다른 세포들 사이에 긴밀한 협력이 일어나고 있다는 의미이다. 이런 단단한 "결속" 안에서, 빠듯한 자원을 주고받으면서 물질대사의 흐름을 유지한다. 세균조차도 다른 세균과 함께 어울리면서 이득을 얻는다. 이는 대부분의 세균을 분리 배양하기가 그렇게 어려운 이유 중 하나이기도 하다.

나는 이 추론이 크레브스 회로 자체에도 적용될 것이라고 추측한다. 생화학자 에리히 그나이거는 이것을 우로보로스ouroboros에 비교한다.[3] 고대 이집트(그리고 후대의 연금술)의 상징인 우로보로스는 자기 꼬리를 물고 있는 뱀 또는 용이다. 이 신화 속 짐승은 일반적으로 영원히 순환하며 소생하는 것, 삶과 죽음과 부활이라는 순환을 상징한다고 해석된다. 그나이거는 여기서 열역학적 의미도 보았다. 우로보로스 순환은 100퍼센트 효율로 작동한다. 이 뱀은 부활을 위한 에너지를 온전히 자신의 꼬리를 먹음으로써 얻고, 외부에서는 어떤 에너지 공급도 없다. 생명은 **영구 기관**은 아니다. 따라서 이 우로보로스 개념은 둘 다 순환을 한다는 공통점 외에는 크레브스 회로를 직접적으로 의미하지는 않는다. 그러나 열역학적 효율에 대해서는 말하는 바가 있다. 우리는 물질대사 경로의 원동력에 대해 이야기를 해왔다. 원동력을 최적화한다는 것은 이 경로로 들어오는 기질의 농도는 높이고 최종 산물은 제거하는 것을 의미한다. 따라서 반응의 방향은 평형에 가깝다.

만약 좋은 급원 옆에 살아서(열수 분출구가 그런 곳일 것이다) A의 농도가 증가하면, 반응이 정방향으로 진행될 수 있다. 그리고 B는 C를 형성하기 위해서 제거되므로 감소한다.

---

3 에리히 그나이거는 대단한 인물이다. 특히 호흡 측정(respirometry) 분야에서는 전설인 그는 슈뢰딩거와 미첼의 생물물리학적 전통에 푹 빠져 있으며, 자신의 회사를 설립하여 우로보로스라는 이름의 정밀한 플루오르 호흡 측정기(fluorespirometer)(바르부르크와 크레브스가 사용했던 마노미터의 후손)를 만들었다. 그나이거는 과학만큼 미술(그리고 슈냅스와 음악과 철학도)을 사랑해서, 인스브루크에 있는 그의 화랑에는 멋진 우로보로스 컬렉션이 있다.

지금까지 우리는 크레브스 경로를 고려했고, 이것이 왜 애초에 순환하는 회로가 되었는지에 대한 문제를 제기해왔다. 크레브스 경로를 따라서 정방향의 유동이 유지되려면, 먼저 생기는 중간산물의 농도는 높고 나중에 생기는 산물의 농도는 더 낮아야 한다. 더 구체적으로 말하면, 경로를 따라서 유동이 앞뒤로 진동하는 것을 방지하려면 최종 산물인 시트르산을 제거해야 한다. 크레브스 경로가 완전한 회로로 전환될 때 이룰 수 있는 것이 바로 그것이다. 최종 산물인 시트르산이 쌓이지 않고, 그 자체의 전구체인 아세틸 CoA 같은 물질로 전환됨으로써 제거되는 것이다. 그리고 아세틸 CoA는 더 많은 CO_2를 고정하는 데에 필요한 바로 그 분자이다.[4] 게다가 이 단계를 촉매하는 효소(ATP 시트르산 분해효소)는 시트르산을 분해하기 위해서 ATP를 소모하기 때문에 사실상 비가역적이다. 따라서 역 크레브스 회로는 정말로 우로보로스이다. 자신의 꼬리를 삼킴으로써, 이 회로는 끊임없이 정방향으로 반응이 일어나게 하고 있다. 내가 보기에, 역 크레브스 회로는 생명의 가장 중심에 있는 영묘한 우로보로스이다. 그것은

---

4 눈 밝은 독자라면 이 말이 조금 모호하다는 것을 눈치 챘을 것이다. 시트르산은 아세틸 CoA와 옥살로아세트산으로 분해되며, 이 둘은 시트르산을 재생할 수 있다. 여기서 골칫거리는 고농도의 옥살로아세트산이 아세틸 CoA로 더 많은 옥살로아세트산을 합성하는 데에 방해가 될 수 있다는 것이다. 그러므로 역 크레브스 회로는 일반적으로 옥살로아세트산을 재생하는 반면, 아세틸 CoA는 빼돌려서 지방산, 당(피루브산 경유), ATP(아세틸인산 경유)를 만드는 것으로 보인다. 이 관점은 당과 지방 대사가 어떻게 기본적인 크레브스 회로에서 분리되었는지를 설명할 수도 있다. 만약 그렇다면, 위의 주장은 아세틸 CoA보다는 옥살로아세트산에 대한 이야기이자 대부분의 생합성을 위한 고에너지 원료로서 옥살로아세트산과 아세틸 CoA를 재생하는 역 크레브스 회로에 대한 이야기가 된다. 어떤 경우가 되었든지, ATP 시트르산 분해효소의 비가역성은 유동을 정방향으로 나아가게 한다.

뱀과 같은 유형의 존재가 아니라 분자들이 순식간에 지나가는 무형의 유동이다. 수십억 년이 지난 지금도 여전히 돌아가고 있는 이 순환 회로를 유지해온 원자는 바로 영원토록 별을 빛나게 하는 그 원자, 수소였다.

광합성의 여명

이런 혐기성 세계의 엄격한 제약과는 대조적으로, 일상의 기적인 산소성 광합성이 선사하는 자유를 상상해보자. 나무와 조류와 남세균은 모두 사실상 동일한 장치를 이용해서 조용히 윙윙거리면서 CO_2를 고정하고 ATP를 생산한다. 산소는 버려지는 폐기물이며, 최초의 대규모 오염물질이었다. 산소가 CO_2가 아닌 물에서 나온다는 것을 기억하기를 바란다. 수소, 즉 2H를 추출하기 위해서 물이 쪼개지는 것이다. 이제 이 이야기는 친숙하게 들려야 한다. 물을 쪼개기는 쉽지 않다. 그래서 태양 에너지가 엽록소라는 놀라운 변환기transducer의 작용에 집중된다. 말 그대로 변환기인 엽록소는 빛, 정확히는 붉은 빛의 광자를 흡수하고, 전자를 들뜨게 한다. 들뜬 상태의 전자는 원래 주인을 벗어나서 막 속에 박혀 있는 전자 전달계electron-transport chain를 통해서 빠르게 도망친다. 순간적으로 화가 치민 엽록소는 제사장 격의 단백질이 벌벌 떨면서 희생 제물로 바친 대체물을 낚아챈다. 이 희생 제물은 중세의 용을 달래기 위한 처녀 같은 것이 아니라 물이다. 도망. 채워넣기. 도망. 채워넣기. 정말로 하루 종일 이렇게 할 수 있다. 전자는 흐른다. 엽록소는 빛을 전기로 변환한다. 처음으로, 생명은 기포가 부글거리는 우리 행성 깊은 곳으로부터 해방되었다. 더 이상 세포들은 화산 기체나 사문암이 만들어지는 바다 밑바닥이나 검은 연기에서 뿜어져 나오는 금속 황화물에 의존할 필요가 없어졌다. 태양 자체가 연료로 바뀌었다. 멀리 떨어져 있는 열핵 반응기인 태양은 그 연료에 불을 붙였다.

그렇다면, 이 모든 전자는 어디로 가는 것일까? 궁극적으로 전자와 양성자, 즉 2H는 CO_2와 결합되어 유기 분자를 형성한다. 우리는 그것보다 잘 할 수 있다. 캘빈-벤슨 회로는 이 2H를 C3 분자인 포스포글리세르산에 끼워 맞춰서 C3 당인 글리세르알데히드 인산을 만든다(111쪽에 있는 그림에서 다시 확인할 수 있다). 당으로 가는 경로는 험하고도 익숙하다. 전자가 막을 가로질러 앞뒤로 지그재그로 움직이기 때문에 험하고, 그렇게 휙휙 두 번 방향을 바꿔서 찾아간 곳이……익숙한 페레독신이다. 게다가 광합성에서 쓰이는 전자 전달계는 혐기성 세균에서 쓰이는 호흡 장치와 기본적으로 같다. 동일한 철-황 클러스터들로 곧바로 이어지는 이 장치는 이제 엽록소에서 전자를 훔치는 용도로 개조되었다. 이 단백질들은 페레독신으로 어설프게 전자를 전달하지 않고, 혐기성 세균과 같은 방식으로 양성자를 퍼낸다. 아니, 이 점에서는 우리의 미토콘드리아와 같은 방식이라고 말해야 할 것이다. 그리고 이 양성자는 동일한 ATP 합성효소를 통해서 다시 흘러 들어오면서 ATP를 만든다. 엽록소조차도 비산소성 광합성에서 쓰이는 것과 비슷하다. 산소성 광합성으로 오면서 바뀐 것은 (큰 틀에서 볼 때) 전체적인 순서뿐이다. 기존의 두 광계를 일렬로 연결해서 지그재그로 험하게 이동하는 Z 체계Z scheme를 만든 것이다. 그리고 당연히 남세균은 역 크레브스 회로가 아닌 캘빈-벤슨 회로를 썼다. 적어도 부분적으로는, 산소가 있을 때에는 캘빈-벤슨 회로가 더 잘 작동했기 때문일 것이다. 당시 산소는 산소성 광합성의 폐기물로서 범지구적인 문제일 뿐이었다.

이것은 작은 발걸음이 큰 도약을 일으켜서 지구를 변화시킨 또다른 사례이다. 여기에서 바뀐 것이 무엇인지를 생각해보자. 세포는 더 이상 H_2, H_2S, Fe^{2+}(모두 열수 분출구에서 일어나는 과정에서 유래한다)에서 추출되는 소량의 전자를 이용해서 양성자를 퍼낼 수 없었을 것이다. 게다가 양성자 기울기를 이용해서 페레독신 환원이나 ATP 합성 중 하나를 하는 것도 더 이상은 불가능해서 혐기성 세계의 선택권은 더욱 좁아졌을 것이다. 초기 형태의 광합성에서 쓰이던 별개의 두 광계를 Z자 모양으로 서로 연결함으로써, 산소성 광합성은 이제 ATP 생산과 페레독신 환원을 동시에 할 수 있었다. 이제 태양의 힘은 물에서 전자의 흐름을 일으키기 시작했다. 물은 어디에나 있다! 첫 번째 광계에서는 ATP를 합성하고, 두 번째 광계에서는 페레독신을 환원했다. 일렬로 연결된 두 광계(Z 체계)에 물에서 얻은 전자를 통과시킴으로써, 산소성 광합성은 생명을 그 근원인 열수 분출구로부터 해방시켰다. 혐기성 세계의 답답한 에너지 제약이 마침내 풀리면서, 보이지 않는 얇은 막으로 열수 분출구에 달라붙어 있던 생명은 이 행성을 뒤덮을 정도로 확장될 수 있었다. 그렇게 지구는 우주 공간을 향해서 살아 있다고 외치는 청록색 행성으로 변모했다.

그러나 그 확장에는 20억 년이라는 어마어마하게 긴 시간이 걸렸다. 산소성 광합성은 남세균이나 그 이전의 다른 생명체에서 처음 나타났지만, 그 시기가 정확히 언제였는지는 불분명하다. 최초의 분명한 증거는 약 23억 년 전의 대산화 사건Great Oxidation Event(줄여서 "GOE"라고 부른다)이다. 당시 지구는 붉게 녹이 슬고 얼어붙었다. 이 두 변화는 모두 대기 중에 축적되기 시작한 산소 때문이라고 볼 수 있다. 주로 산화철로 구성된 녹슨 암석은 붉은 지층과 호상 철광층banded iron formation이 되었지만, 다른 금속도 산화되었다. 암석에서 녹아나온 산화된 금속은 환경에 축적되었고, 남아프리카 칼라하리의 망간 광산 같은 거대한 광상을 이루기도 했다. 수백 제곱킬로미터를 뒤덮고 있는 이 광대한 망간 광산은 연대가 22억 년 전까지 올라간다. 전 지구적인 한랭화를 촉발한 것도 산소이다. 메탄은 (자발적으로 또는 메탄영양세균의 도움으로) 산소와 반응하며, 온실기체이다. 공기 중에서 메탄이 제거되면 지구는 냉각된다. 산소 농도가 높아질수록 메탄은 더 산화되었다. 그렇게 섬세한 균형의 추가 기울었고, 지구 전체에

빙하가 형성되는 최초의 눈덩이 지구가 되었다. 그 뒤로 지구는 수천만 년 동안 얼음 속에 갇혀 있다가, 화산에서 CO_2가 방출되면서 마침내 다시 따뜻해졌다.

GOE와 눈덩이 지구의 드라마를 제쳐놓고 광합성의 역사를 재구성하는 것은 비겁한 일이다. 최초의 광합성 세균은 GOE보다 얼마나 오래 전에 나타났을까? 유전자 서열을 토대로 하는 분자시계로는 어려운 점이 많다. 기준점으로 잡을 만한 것(남세균처럼 모두가 동의할 수 있는 미화석 같은 것)이 드물고, 지질시대에는 유전자의 진화 속도에 대한 제약이 거의 없기 때문이다. 산소의 "흔적"(살짝 산화된 광물)은 무려 30억 년 전부터 산소성 광합성이 있었음을 암시한다. 그러나 이에 대해서는 격렬한 논쟁이 있고, 어쩌면 세균의 물질대사를 반영하는 것일지도 모른다. 마찬가지로 광합성의 초기 진화에 반하는 증거도 거의 없다. 만약 형성되고 있던 산소가 모두 메탄과 빠르게 반응했다면, 고대의 암석에는 산소의 흔적이 전혀 없을 것이다. 그럴싸하게 들리지 않는다는 것은 인정하지만, 생명의 역사에서 상식은 최악의 길잡이이다. 실제로 대기 중 산소 농도는 정확히 이런 균형에 달려 있어서, 광합성으로 산소가 만들어지는 속도와 호흡, 부패, 광물의 산화 따위로 산소가 소비되는 속도의 차이로 결정된다. 이 과정들을 모두 "호흡"으로 뭉뚱그리면, 광합성과 거의 정확히 균형을 이룬다(여기에서 "CH_2O"는 모든 형태의 유기물을 의미한다).

$$H_2O + CO_2 \quad \underset{\text{호흡}}{\overset{\text{광합성}}{\rightleftharpoons}} \quad CH_2O + O_2$$

이 속도의 장기적인 균형은 대기의 조성이 적어도 주요 기체인 질소와 산소에 대해서는 거의 일정하게 유지되는 이유를 설명한다. 그러나 지질시대를 놓고 보면 이는 명백히 사실이 아니다. 사실상 0이었던 산소 농도는 오늘날 거의 21퍼센트까지 상승했다. 광합성으로 산소가 생성되는 속도와 산화 과정을 통해서 산소가 제거되는 속도 사이의 차이가 대단히 컸던 시기가 분명 있었을 것이다. 기나긴 지질시대에 걸쳐서 산소가 축적되려면 광합성으로 형성된 유기 탄소가 산화로부터 보호되어야 한다. 이를테면 석탄이나 석유의 형태로 땅속에 묻히는 것이다. 매장된 탄소의 대부분은 실제로 탄소가 풍부한 셰일 속에 격리되어 있다. 이 셰일의 추출이 경제적인 이유에서 실행 불가능하다는 것이 우리로서는 고마울 따름이다. 원칙적으로는 얼마나 많은 유기 탄소가 언제 파묻혔는지를 알게 되면, 지질시대에 산소가 축적된 대략적인 과정을 파악할 수 있을 것이다. 그러나 현실적으로는 확실하게 알기 어렵다. 다행히도 우리에게는 탄소 동위원소라는 비장의 카드가 있다. 우리는 제2장에서 ^{11}C와 ^{14}C라는 두 가지 탄소 동위원소를 만났다. 여기에서 다룰 세 번째 탄소 동위원소는 ^{13}C이다. ^{13}C는 안정적이다. ^{13}C의 핵에는 6개의 양성자와 7개의 중성자가 있다. ^{13}C가 안정적이라는 사실은 자연에서 ^{12}C와 ^{13}C의 비율이 시간의 흐름에 따라 변하지 않는다는 것을 의미한다. 적어도 방사성 붕괴로 인해서 이 비율이 변하지는 않는다. 그러나 ^{13}C는 흔하지 않아서, ^{12}C의 100분의 1에 불과하다.

루비스코를 떠올려보자. 세계에서 가장 흔한 단백질인 루비스코는 캘빈-벤슨 회로에서 CO_2를 고정하는 일을 담당한다. 루비스코는 두 가지 안정적인 탄소 형태 중에서 더 가벼운 ^{12}C 쪽으로 살짝 치우쳐 있다. 나는 이 CO_2 분자들이 탁구공처럼 여기저기 부딪히고 튕긴다고 생각한다. 그러다가 가끔씩 루비스코 같은 효소와도 충돌할 것이다. 가벼운 분자일수록 더 빠르게 튕겨나가기 때문에, 효소와 더 자주 부딪힐 것이다. 루비스코의 경우, 유기 탄소에서 ^{12}C가 ^{13}C보다 (표준적인 비율에 비해서) 30퍼밀per mille(30/1000) 정도 더 풍부해지는 결과를 가져온다. 이런 차이는 오늘날의 식물뿐 아니라 고대의 암석에 갇힌 유기물의 흔적에서도 측정될 수 있다. 이런 편향으로 인해서 대양과 대기에는 ^{13}C가 조금 더 많이 남는다. 그런 미묘한 증가는 이후 석회암의 조성에도 반영된다. 석회암은 대양에 침전된 무기 탄산염에서 형성된다. 바다 속 염분처럼, 탄산염의 농도는 모든 대양에서 전반적으로 대략 일정하다. 그러므로 시간의 흐름에 따른 석회암속 ^{13}C의 함량 변화는 지구 전체에 걸쳐서 유기 탄소가 얼마나 파묻혔는지를 나타내는 지표이다. ^{12}C가 많이 파묻힐수록, 같은 시기의 석회암 퇴적층에는 ^{13}C의 함량이 더 커진다.

따라서 GOE에 나타난 ^{13}C의 급격한 증가는 탄소가 파묻히고 산소 농도가 증가했다는 것을 대변한다. 이런 흔적을 대기 조성의 추정치로 변환하는 것은 매우 복잡하며, 우리는 거기까지 갈 필요는 없다. 우리는 그저 높은 ^{13}C 농도가 붉은 지층에서부터 망간 광산에 이르는 다양한 산소의 증거중 하나라는 것만 기억하자. 그러나 이후 ^{13}C는 약 10억 년 동안 고르게 유지된다. 이 시기는 때로 "지루한 10억 년"이라고 불리지만, 복잡한 ("진핵") 세포와 함께 유성생식 같은 형질이 진화한 시기였다. 생물학적으로는 전혀 지루한 시기가 아니었다. 나는 다른 책들에서 이 주제를 계속 곱씹어왔지만, 여기서는 관련성이 적다.[5] 지금 당장 중요한 것은 두 가지이다. 첫째,

---

5 그러나 이 장에서 다루고 있는 원동력이라는 관점에서 맛보기로만 소개하겠다. 미토콘드리아 속 NAD^+와 NADH의 비율은 세포기질과 비교했을 때 놀라운 차이가 있다. 나는 애리조나 대학교의 웨인 윌리스 덕분에 여기에 관심을 가지게 되었다. 이것이 진핵세포에서만 가능한 이유는 진핵세포만이 미토콘드리아라는 분리된 구역을 가지고 있기 때문이다. 미토콘드리아의 내막은 NAD^+나 NADH를 바로 통과시키지 않는다. 세포기질에서 포도당 분해(해당 과정)의 처음 단계들이 일어날 때에는 전자를 수용하기 위해서 여분의 NAD^+가 많이 필요하다. 그래야만 해당 과정을 통해서 ATP 합성이 대단히 빨리 일어날 수 있다. 그래서 NAD^+와 NADH의 비율이 약 1000 : 1로 유지된다. 이와 대조적으로, 미토콘드리아 내에서는 그 최적 비율이 다르다. 미토콘드리아에서는 NADH가 다시 NAD^+로 산화되기 때문에, 호흡 연쇄에 공급할 충분한 NADH가 필요하다. 미토콘드리아에서는 NAD^+와 NADH의 비율이 보통 1 : 1에 가

지루한 10억 년 내내 대기 중의 산소 농도는 현재의 약 1–10퍼센트 정도의 낮은 수준을 유지했고, 심해는 무산소 상태였다. 둘째, 지루한 10억 년이 끝날 무렵에 지구에 무엇인가 격변이 일어났다. 2억 년에 걸친 이 기간에는 눈덩이 지구가 이어졌고, 탄산염 속에 있는 ^{13}C의 값에도 극심한 변동이 일어났다. 어떤 곳은 ^{13}C의 값이 급등해서 산소가 넘쳐나는 세상을 증언하고 있지만, 어떤 곳은 급감해서 해석이 어려울 정도였다. 게다가 가장 크게 감소한 직후에 캄브리아기 대폭발이 일어났다. 이 수수께끼 같은 감소를 이해하는 것이 동물의 기원을 이해하는 열쇠이다.

슈람의 수수께끼

슈람의 수수께끼라는 이름은 오만에 있는 탄산염이 풍부한 퇴적암인 슈람층Shuram Formation에서 나온 것이다. 슈람층에는 지구 역사에서 단일 사건으로는 가장 큰 "음성 동위원소 이상negative isotope excursion"을 나타내는 지층이 있다. 연대가 5억6,000만 년 전인 지층에서 지구 평균보다 5퍼밀 정도 높게 시작되는 ^{13}C의 흔적은 갑자기 (맨틀의 ^{13}C 함량보다 훨씬 낮은) 12퍼밀 이하로 떨어졌고, 이후 1,000만 년에 걸쳐서 서서히 회복되었다. 재미없고 딱딱한 전문적인 이야기로 들리는가? 이는 실로 충격적인 이야기이다!

깝다. 즉, 세포기질과는 거의 세 자릿수의 차이가 난다. 이를 위한 묘수는 미토콘드리아의 막 전위를 이용해서 어떤 펌프(혹시 궁금할까봐 말하자면, 말산–아스파트산 왕복통로[malate-aspartate shuttle]이다)를 작동시키는 것이다. 이 펌프의 전체적인 효과는 세포기질에서는 NADH를 산화시키고 미토콘드리아에서는 NAD⁺를 환원시킴으로써, 각각의 구역에서 그 비율을 (따라서 그 원동력을) 최적화하는 것이다. 따라서 진핵생물 속의 미토콘드리아는 더 많은 ATP 합성이 가능할 뿐 아니라, 세균에서는 불가능한 방식으로 그 원동력을 최적화할 수 있다. 이 경우에는 정말로 크면 클수록 좋다.

이것이 무슨 뜻인지 생각해보자. ^{12}C에 비해서 ^{13}C가 감소했다는 것은 수백만 년 동안 파묻힌 탄소보다 산화된 탄소가 훨씬 더 많았음을 나타낸다. 이는 다시 산소가 소비되고 있었음을 나타낸다. 공기 중에서 산소가 제거되면서 엄청난 산소 부족이 일어났을 것이다. 그러나 이 시기가 끝나고 캄브리아기가 시작될 무렵이 되자, 대양의 산소 농도는 오늘날의 수준에 가까워지면서 바삐 돌아가는 포식자와 피식자의 세계가 막이 올랐다. 심지어 슈람층이 쌓인 그 시기 자체에도 대기 중에 산소 증가의 징후가 있다. 언뜻 생각하면 여기에 모순될 만한 것은 없는 것 같다. 산소 농도가 떨어졌다가 다시 오르면 안 될 이유도 없고, 대기와 대양의 산소 농도가 다를 수도 있지 않을까? 문제는 그 하락의 규모가 유례없이 크다는 점이다. 우리는 1,000만 년에 걸쳐서 그렇게 극적으로 ^{13}C 농도를 끌어내리려면 얼마나 많은 산소가 소비되어야 하는지를 계산할 수 있다. 그 답은 냉혹하게도 **전부**이다. 대기에도 대양에도 산소가 없었을 것이다. 슈람층이 어떤 예외일 것이라는 생각은 하지 말자. 세계 전역에 있는 같은 시기의 다른 지층들도 같은 이야기를 하고 있다. 이 수수께끼는 실재한다.

유니버시티 칼리지 런던(UCL)의 내 동료인 그레이엄 실즈는 자신이 이 수수께끼를 풀었다고 생각한다. 만약 그가 옳다면(나는 그렇다고 생각한다), 동물의 진화에 대해 많은 것을 말해줄 것이다. 이해를 위해서, 우리는 우리의 관점을 두 가지 방식으로 조정해야 한다. 첫째, 지각 속에 물리적으로 파묻히는 것은 유기 탄소가 격리되는 유일한 방법이 아니다. 대양의 일부가 단순히 꽉 막히면서 실즈가 "토탄 늪 대양peat-bog oceans"이라고 부르는 거대한 물웅덩이 같은 것이 형성될 수도 있다. 그러면 유기물이 그 물속으로 녹아 나와서 스코틀랜드의 습지와 비슷한 갈색 물이 되었을 것이다. 선캄브리아 시대 후기까지 그 토탄 늪 대양의 산소 농도가 심해만큼 낮았다면, 이 물질들이 부패하는 데에는 오랜 시간이 걸렸을 수도 있다. 이것이

통째로 산화된다면 물이 단번에 맑아지고, 막대한 양의 $^{12}CO_2$가 다시 계로 유입될 것이다. 이는 확실히 슈람 이상을 설명하기에 충분한 양이다. 그러나 이 모든 탄소는 대기 중에서 얻어낼 산소도 없이 어떻게 산화될 수 있었을까? 실즈의 말에 따르면, 그 해답은 생물학이 아닌 지질학에 있다. 산화제는 산소가 아니었다. 적어도 직접적으로는 아니었다. 그 산화제는 바로 황산염sulfate이었다. GOE부터 산소 농도가 줄곧 증가하면서, 육상에는 증발로 인한 황산염 퇴적층이 점차 축적되었다. 슈람 이상 시기가 될 무렵에는 황산염이 20억 년 내내 육상에 쌓이고 있었다. 초대륙들이 나타났다가 사라지고, 커다란 육괴들이 올라왔다가 갈라지는 동안 얕은 바다들이 생겼는데, 이 바다들이 부분적으로 증발하면서 석고gypsum 같은 황산염 광물로 이루어진 거대한 퇴적층이 형성된 것이다. 약 5억 6,000만 년 전, 이동하는 대륙들이 모여서 곤드와나를 형성할 때, 이런 거대한 황산염 퇴적층은 대륙이 충돌하고 산맥이 융기하는 동안 높이 솟아올랐을 것이다. 융기하는 산맥이 침식되면서, 황산염의 거대한 유동이 다시 대양 쪽으로 흘러갔다. 이 흐름은 판구조 운동의 힘뿐만 아니라 우연의 손길도 반영한다. 거대한 석고 증발암이 우연찮게 물이 있는 분지의 옆에 위치했던 것이다. 간단히 말해서 이는 결코 쉽게 일어날 수 있는 일이 아니었다.

황산염도 산소처럼 전자 수용체이지만, 산소에 비하면 매우 약한 수용체이다. 세균은 광합성이 시작되기 이전의 아주 먼 옛날 혐기성 시절에 황산염을 활용하는 법을 처음 배우기는 했지만, 그 세균의 풍부도는 산소화된 세계에서 크게 증가했다. 황산염 환원 세균은 종속영양 생물이다. 유기 분자, 즉 먹이에서 전자를 떼어내어 황산염에 전달함으로써 에너지를 얻고, 산소가 있는 곳에서 (물 대신) 황화수소를 폐기물로 만든다. 이런 황산염 중 일부는 용해된 철과 반응하여, 바보 금이라고도 알려진 황철석 같은 불용성 황화철을 형성한다. 그리고 이 불용성 황화철은 내양의 밑바닥에 가라앉고, 용해된 유기 탄소에서 뜯어낸 전자와 함께 파묻힌다. 다시 말해서, 토탄 늪 대양은 산소가 아닌 황산염에 의해 산화되었다. 그 결과 막대한 양의 $^{12}CO_2$가 다시 계로 방출되었고, 오래 전에 사라진 그 전자들은 화석 연료가 아닌 가짜 금의 형태로 파묻혔다. 이제 웃는 사람은 누구일까.[6]

이는 동물의 초기 진화에 관해서 무엇을 말하고 있을까? 이 토탄 늪 대양에서는 그곳에 갇혀 있던 유기 탄소가 모두 산화될 때까지, 1,000만 년 동안 거의 내내 황화수소의 악취를 풍기고 있었다는 것을 암시한다. 이 대대적인 산화에서는 산소가 있더라도 거의 소비되지 않았다. 따라서 이와 정반대 편에서 등장하고 있던 세계에는 맑고 산소가 있는 물이 있었고, 이는 캄브리아기 포식자를 위한 완벽한 세계였다. 그런데 왜 이 동물들은 납작한 몸을 부드럽게 흔들고 있던 에디아카라기의 동물이 아닐까? 하버드 대학교의 지질학자인 앤디 놀은 지구 역사의 또다른 극적인 시기인 페름기 말의 대멸종에서 그 실마리를 찾았다. 약 2억5,000만 년 전은 지구 온난화 시기이기도 했다. 당시의 온난화는 산소의 감소와 CO_2의 증가, 악취가 풍기는 황화물 바다가 복합적인 독소로 작용했다. 대양에서는 95퍼센트의 종이 질식사할 정도로 죽음의 지대가 확장되었다. 그러나 저승사자는 무차별적이지 않았다. 놀의 지적에 따르면, 이 5퍼센트가 살아남은 것은 우연이 아니었다. 이 5퍼센트에 포함된 동물은 주로 호흡계와 순환계를 가지

6 확실히 실즈는 아니다. 그는 묵묵히 자신의 연구에 몰두하고 있다. 슈람 이상은 탄소 동위원소 기록에 나타난 유일한 수수께끼가 아니다. 어떤 수수께끼는 황산염의 산화로 인해서 혼란에 빠졌을 수도 있고, 심지어 정반대로 황산염의 퇴적이 혼란을 초래할 수도 있다. 만약 슈람의 ^{13}C 대규모 감소가 대양으로 흘러든 황산염으로 설명될 수 있다면, GOE 직후에 급등한 이유는 어느 정도는 육상에서 황산염이 제거되었기 때문일 수도 있다. 이는 왜 ^{13}C 신호가 그렇게 컸는지를 설명할 수 있지만, 그 직후 산소 농도는 0에 가까울 정도로 급락했다. ^{13}C의 변동이 탄소의 매장과 산소화 사건만을 반영한다는 생각은 확실히 잘못된 판단이다.

고 있어서 능동적으로 산소를 공급할 수 있는 동물, 소량의 산소를 근육에 전달하고 여분의 CO_2나 황화물을 제거할 수 있는 동물이었다. 이 질긴 생존자들은 부패한 진흙 속에서 굴을 파고 살아가는 생활에 적응했고, 가장 숨 막히는 조건에서도 활동할 수 있었다. 페름기에 살았던 부드러운 여과 섭식자들은 산소 요구량은 적었지만 순환계가 없었다. 이들은 사라졌다.

페름기 말의 대멸종이 일어나기 3억 년 전인 5억5,000만 년 전, 에디아카리기의 동물들 역시 숨을 쉴 수 없는 황화물의 바다에서 몰살되었다. 그 기록은 진흙 속에 남아 있다. 최초의 "흔적 화석trace fossil"(말 그대로 구멍을 파는 동물들의 흔적, 오늘날에도 바닷가나 갯벌에서 그런 구멍들을 볼수 있다)은 슈람 이상의 시기와 연대가 비슷하다. 이 흔적을 남긴 동물은 좌우대칭이며 근육이 있는 지렁이 같은 형태의 동물로, 피카이아 같은 척삭동물과 무척추동물의 조상이다. 이 동물은 단순한 순환계를 가지고 있었다. 이들의 순환계는 근육으로 둘러싸인 열린 체강에 지나지 않았고, 심장은 단순히 더 두꺼운 근육이었다. 초기 좌우대칭 동물들은 미오글로빈myoglobin과 헤모글로빈haemoglobin 같은 색소를 이용해서 산소를 저장하고 순환시키는 방법과 함께, CO_2를 제거하는 방법을 이미 지니고 있었다. 이들은 적당한 양의 황화물을 다룰 수 있었는데, 여기에는 이 무리에 속하는 동물이라면 거의 다 가지고 있는 (황화물 퀴논 환원효소sulfide quinone reductase와 대체 산화효소alternative oxidase 같은) 효소들이 이용되었다. 이 효소들은 황화수소에서 전자를 떼어내어 최종적으로 산소에 전달했고, 이 과정에서 황화물을 해독했다. 이는 능동적인 전략이다. 물질대사가 부진한 상태에서 수동적으로 겨우 살아남는 것이 아니라, 산소 농도가 낮은 조건과 물리적으로 맞붙어 싸우면서 다 죽어가던 불꽃을 살려낸 것이다. 수백만 가지의 물컹한 것들이 살아남았고, 나도 살아남았다. 적어도 내 조상인 피카이아는 이 곤란한 상태를 빠져 나왔다. 동물의 세포생리학적 특징이 산소로 인해서 형태를 갖춰가기는커녕, 우리가 알고 있는 것과 같은 크레브스 회로뿐 아니라 오늘날 우리를 위한 모든 수단은 이런 환경에서 만들어졌다.

우리의 세포 내부에서 보는 관점

우리에게는 CO_2와 H_2 기체를 생명의 분자들로 변환시키는 동안 자신의 꼬리를 먹는 우로보로스 같은 크레브스 회로가 남았다. 완전한 크레브스 회로가 세균과 고세균 사이에서 얼마나 흔한지는 불분명하지만, 하나만은 확실하다. 대부분의 세균과 고세균은 어느 방향으로든지 이 회로를 완전히 순환시키지는 않는다. 대체로 "회로"를 절반으로 나눠서, 순환하는 회로보다는 포크처럼 갈라진 경로로 나아간다. 이 포크의 한쪽 갈래는 환원적 경로이고, 다른 한쪽 갈래는 산화적 경로이다. 환원적 경로는 C2 아세틸 CoA에서 시작해서 C3 피루브산, C4 옥살로아세트산을 거쳐서 말산, 푸마르산, 숙신산으로 나아간다. 이는 (센트죄르지가 1930년대에 예측한 대로) 생합성에 쓰이는 역 크레브스 경로이고, 우리는 이전 몇 장에 걸쳐서 이 경로를 따라갔다. 산화적 경로는 크레브스 자신이 만든 경로의 처음 몇 단계와 일치한다. 여기에서는 아세틸 CoA가 옥살로아세트산과 결합하여 C6 시트르산을 형성하고, 이소시트르산을 거쳐서 C5 α-케토글루타르산 (주요 아미노산인 글루타민의 합성에 쓰인다)으로 이어지고, 때로는 C4 숙시닐 CoA로 넘어간다.

그래서 그 갈래들의 요점이 무엇인지 궁금할 수도 있을 것이다. 「스타워즈」식으로 말하면, 그 갈래들은 포스force의 균형을 가져온다. 성장을 위한 균형인 것이다. 만약 산소 농도가 낮으면, 한쪽 갈래에서는 NADH(여기서는 2H로 나타난다)를 소모하지만 다른 한쪽 갈래에서는 NADH를 만든다.

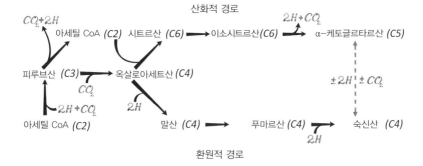

순환하지 않는 크레브스 경로의 두 갈래, 미생물에서 흔한 유동의 유형이다. 이 두 갈래의 경로는 산소 농도가 낮을 때 2H 소모와 2H 형성의 균형을 맞춤으로써, NADH나 젖산 같은 폐기물이 많이 축적되지 않으면서 물질대사와 ATP 합성이 계속 일어나게 한다.

이 두 갈래는 함께 2H의 공여체와 수용체 사이의 평형을 유지하면서, 한편으로는 약간의 ATP를 합성한다.

이 경로의 두 갈래는 C4 숙신산 근처에서 만난다. 역 크레브스 회로에서는 푸마르산을 숙신산으로 전환하는 효소를 푸마르산 환원효소fumarate reductase라고 부른다. 이 회로의 유일한 효소라는 점에서 독특한 이 효소는 지금도 미토콘드리아 막에 박혀 있으며, 호흡 연쇄에서 전자를 포획할 수 있다. 따라서 산소가 없으면 푸마르산이 최종 전자 수용체로 작용할 수 있다. 그러면 폐기물로 숙신산이 만들어지고, 약간의 양성자를 펴내어 ATP를 합성할 수 있다(그 방법은 다음 장에서 살펴볼 것이다). 숙신산의 축적은 저산소hypoxic 상태에 생리적으로 적응했음을 나타내는 강력한 신호이며, 많은 유전자의 활성 상태를 바꾼다. 반대로, 산소를 구할 수 있으면 푸마르산 환원효소는 스위치가 꺼지고, 숙신산 탈수소효소succinate dehydrogenase라는 다른 효소가 활성화된다. 이 효소는 구조적으로는 매우 비슷하지만(확실히 같은 조상에서 유래했다), 정반대의 작용을 한다. 숙신산에서 전자를 뜯어내어 푸마르산을 만들고, 그 전자는 호흡 연쇄를 통해서 산소로 바로 보낸다. 다시 말해서 숙신산은 외부 조건에 따라서, 즉 구할 수 있는 산소의 양에 따라서, 크레브스 회로의 유동 방향을 이리저리 바꿀 수 있는 하나의 분기점tipping point이다.

산소 농도의 급격한 상승(우리는 그렇지 않았다는 것을 알고 있다)이 크레브스 회로를 거꾸로(우리를 기준으로 정방향으로) 돌게 만든다는 생각은 모든 면에서 빗나가 있다. 산소 농도는 GOE 시기인 23억 년 전 무렵에 상승했지만, 그후로 거의 20억 년 동안 낮게 유지되었다(심해에서는 0에 가까웠다). 더 솔직하게 말하자면, 크레브스 회로가 완벽한 플라톤적 순환이라는 개념, 환원 불가능한 복잡성을 지니고 있어서 진화가 불가능하다는 개념은 완전히 잘못되었다. 일부 세균은 최대 효율을 위해서 우로보로스처럼 닫힌 상태이지만, 대부분의 세균과 고세균과 단세포 원생생물(그냥 미생물이라는 옛 용어를 쓰겠다)은 대체로 회로가 아닌 두 갈래 경로를 이용한다. 당연히 일부 호기성 미생물도 닫힌 산화적 회로를 쓸 수는 있지만, 대부분의 호기성 미생물은 완전히 닫힌 회로를 거의 이용하지 않는다.

이 두 갈래의 경로는 또다른 흥미로운 균형을 지적한다. 미생물은 변화하는 환경에 휘둘린다. 이들은 살아남기 위해서 유전자를 켜거나 끄면서 그들의 물질대사 상태를 조정해야 한다. 각각의 물질대사 상태는 특정 유형의 유동을 나타내고, 따라서 미생물의 상태는 시간의 흐름에 따라서 계속 바뀐다. 아이러니하게도, 실제로 미생물이 물질대사 면에서 대단히 다재다능하다는 점은 잘 알려져 있지 않다. 다음 장에서 우리는 암세포에서 빠른 성장을 위한 최적의 크레브스 회로 유동에 대해서 고찰할 것이다. 비록 우연히 드러난 사실들이 많기는 하지만, 암에 대해서는 점점 더 많은 것들이 알려지고 있기 때문이다. 일부에서는 암세포가 더 원시적인 에너지 표현형으로 "되돌아간" 것이라고 주장하지만, 이는 잘못 이해한 것이다.

암세포의 크레브스 회로는 확실히 "교과서적"이지 않다. 물론 다른 많은 세포들도 그렇다. 지금 인식해야 하는 중요한 점은 완전한 산화적 크레브스 회로가 ATP를 생산하는 가장 효율적인 방법이기는 하지만, 성장과 복제를 최적으로 지원하지는 않는다는 점이다. ATP는 성장의 한 측면일 뿐이다. 성장을 촉진하는 생화학 경로의 최적화는 규범적인 크레브스 회로를 요구하지 않고, 종종 꽤 다른 것을 요구한다.

그렇다면 왜 교과서는 여전히 산화적 크레브스 회로와 ATP 합성에 매달려 있을까? 미생물과 다세포 유기체 사이의 차이는 무엇일까? 캄브리아기 대폭발 이전의 고생스러웠던 시대에는 무슨 일이 있었을까? 악취가 풍기는 진흙 속을 기어다니며 황화물을 킁킁거리고 그 속에서 성장과 생식을 하려면, 고대의 혐기성 세계만큼이나 엄격하고 효율적인 에너지 활용이 중요할 것이다. 그리고 같은 원리는 여기서 우리의 길잡이로도 도움이 될 수 있다.

첫 번째 원리는 원동력을 극대화하는 것이다. 그러려면 산소 농도는 올리고 CO_2 노폐물을 제거해야 한다. 당신의 호흡계에 공기를 통하게 해야 한다. 산소를 저장하고 필요할 때 천천히 방출되도록 해야 하는데, 이는 미오글로빈과 헤모글로빈이 하는 일이다. 이 두 글로빈 단백질이 암호화된 유전자는 당시의 초기 동물에서 반복적으로 복제되면서 큰 단백질군을 이루었고, 이 단백질들은 목적에 따라 조금씩 다르게 특화되었다. 두 번째 원리는 ATP의 사용을 최소화하거나 그 합성을 최대화하는 것인데, 이 둘은 대략 같은 것이다. 뇌처럼 대단히 활동적인 조직의 경우, 이는 완전한 산화적 크레브스 회로를 의미한다. 가능한 한 NADH를 많이 만들고, 양성자를 최대한 많이 퍼내고, 기질을 고농도로 재생산하는 것이다. 간단히 말해서, 효율을 위해서 닫힌 회로를 돌리는 것이다. 산화적 크레브스 회로도 꼬리가 머리로 바뀌는 우로보로스이다. 크레브스는 이 회로가 ATP 합성의 효율을 최적화한다는 것을 잘 알고 있었다(우리가 앞에서 주목한 것처럼, 두 분자의 물을 태우기도 한다). 그리고 그것은 유동의 방향을 고정한다는 것을 의미하며, 이를 위해서는 쉽게 방향을 바꾸지 않는 몇 가지 결정적인 효소가 이용된다. 정확히 그 효소들 때문에 한때는 역방향의 회로를 만드는 것이 불가능해 보이기도 했다(우리는 이 효소들이 실제로는 그렇지 않다는 것을 알게 되었다).

그러나 완전한 산화적 회로는 바로 그 자체의 특성 때문에 생합성을 위한 전구체를 만들 수 없다. 전구체를 만들기 위해서는 회로를 들락날락하는 유동이 필요하다. 그런 유동은 회로를 로터리처럼 바꿔놓고, 어쩌면 회로의 일부 구간에서는 역류가 일어날 수도 있다. 물론 생합성은 여전히 ATP가 필요하다. 생식샘처럼 산소 요구량이 훨씬 낮은 조직은 해당 과정을 거쳐서 당을 발효시키거나 특이한 형태의 호흡으로 ATP를 만든다(다음 장에서는 그런 호흡을 확인하게 될 것이다). 그렇다고 해서 그런 조직에 미토콘드리아가 필요 없다는 뜻은 아니다. 오히려 반대로, 그런 조직의 크레브스 회로는 여러 암세포와 마찬가지로 생합성 방식으로 돌아가고 있다. 조직마다 필요한 것은 다 다르다. 어떤 조직은 ATP 요구량이 높고, 어떤 조직은 생합성을 필요로 한다. 이런 각각의 상태는 크레브스 회로를 통한 최적의 유동 유형으로 나타난다.

동물의 다세포 구조는 조직마다 물질대사 상태를 동시에 개별적으로 바꿀 수 있는 **병렬** 처리를 허용한다. 그러면서 각 조직의 유동 유형들이 서로 균형을 이루게 한다. 이는 그 어떤 균형보다도 섬세하며, 동물에서 복잡한 다세포성의 진화를 뒷받침할 수 있었다.

우리는 세균과 고세균이 종종 어우러져 공생하는 것을 보았다. 이들은 화학양론적으로 정확하게, 한쪽의 폐기물을 다른 쪽이 섭취했다. 이는 이 세포들의 물질대사를 안정적으로 유지하는 데에 도움을 준다. 그렇게 형성된 물질대사의 항상성homeostasis은 이 세포들을 환경 변화로부터 지켜준다. 동물의 다양한 조직도 이런 방식으로 볼 수 있다. 개개의 조직은 어느 정도까지는 폐기물을 받아들이거나 내놓으면서 물질대사의 균형을 안정적으로 유지한다. 아마 어떤 조직에서 젖산이나 글루타민을 내놓으면 다른 조직에서 산화될 것이다. 항상성과 관련해서 우리에게 가장 친숙한 개념은 체온과 pH와 염분 균형 따위를 안정적으로 유지하는 것이다. 유기체가 조직들 사이의 물질대사 유동을 상호 보완하는 방식으로 전체적인 항상성을 유지한다는 생각은 조금 낯설지만, 진핵세포의 큰 유전체는 정확히 이것을 가능하게 한다. 에디아카라 동물상을 이루었던 최초의 동물들은 조직이 별로 분화되지 않았다. 그래서 환경 조건이 그들에게 쾌적한 범위를 벗어나자 비운을 맞게 되었다. 그들에게 그것은 죽음의 범위였다. 그러나 굴을 파고 사는 좌우대칭 동물인 척추동물과 무척추동물의 조상은 이미 그때 아슬아슬한 외줄타기 같은 물질대사의 균형을 실험하고 있었다. 캄브리아기의 동이 틀 무렵이 되자, 그들은 그 기술을 완성했다. 바다가 맑아지면서 산소가 녹아 있는 물이 반짝이고 있을 때, 이 동물들은 이미 그들의 근육과 뇌 속에 완전한 크레브스 회로를 갖추고, 조직마다 다른 다양한 생합성 유동 방식 사이에서 균형을 맞추고 있었다. 산소 농도의 증가는 그들에게 터보 엔진이 되었다.

우리가 제1장에서 보았듯이, 크레브스가 그의 회로에 대한 개념을 세울 때 비둘기 가슴 근육을 선택한 것은 행운이었다. 다른 조직들은 더 복잡한 양상을 나타낸다. 그런데도 포도당을 태우는 단순한 회로에 대한 생각은 지금도 교과서적 지식으로 지속되고 있다. 따라서 크레브스 회로가 예상보다 훨씬 더 복잡한 방식으로 조절된다는 발견은 충격으로 다가왔다. 처음부터 물질대사의 유동을 조직들 사이의 공생처럼 병렬로 조절한다는 것은 외줄타기 같은 곡예였다. 그것은 교묘한 조절 수완이 없이는 결코 작동할 수 없었고, 그 자체로 동물과 식물에서 "세포-조직-기관이라는 단계로 나뉘는" 독특한 복잡성의 기원을 어느 정도 설명한다. 이제 대사체학에서는 암, 당뇨병, 신경 변성neurodegeneration과 같은 노화 관련 질환의 토대가 되는 물질대사에 대한 연구에 힘을 기울이고 있다. 유전자가 물질대사를 조절한다는 지나치게 단순화된 생각에 빈틈이 보이기 시작했고, 조직들 간의 섬세한 공생이 동물의 건강과 수명을 지탱하고 있다는 사실이 드러나고 있다. 저산소증, 감염, 염증, 돌연변이는 모두 크레브스 회로를 통과하는 유동의 양상을 바꿀 수 있다. 수백 또는 수천 개의 유전자가 켜지거나 꺼지는 연쇄 효과가 일어나면서, 세포와 조직의 안정된 (후성유전학적epigenetic) 상태가 변하는 것이다. 조직의 기능은 결국 삐걱거리기 시작하고, 생합성 경로는 주춤거리고, ATP 합성은 감소하고, 조직 간의 섬세한 공생망은 끊어지기 시작한다. 그렇게 우리는 늙어간다.

5

어둠을 향해서

분자생물학에서 가장 서정적인 혁명가인 프랑수아 자코브는 "모든 세포의 꿈은 두 개가 되는 것"이라고 말했다. 어떤 세포도 그 꿈을 온전히 이루지는 못한다. 암세포처럼 무분별하게 그 꿈을 좇으면 꿈은 악몽으로 바뀐다. 자연선택의 근시안적인 즉흥성을 그보다 더 적나라하게 보여주는 것도 없을 것이다. 선택에서 중요한 것은 그 순간뿐이다. 앞일을 내다보지도 않고, 균형을 생각하지도 않고, 파멸이 예견되어도 속도를 늦추지 않는다. 지금 당장 그 순간을 위한, 다수가 아닌 오직 자신만을 위한 최고의 책략일 뿐이며, 종종 실수도 있다. 암세포는 산더미처럼 쌓여서 죽고, 괴사된 육신은 전장의 참호보다 더 참혹하다. 구사일생으로 살아남은 세포는 돌연변이를 일으키고, 진화하고, 적응하고, 그들의 변화된 환경을 이용하면서 막다른 최후에 다다를 때까지 이기적으로 행동한다. 암세포의 끔찍한 점은 한계가 없다는 것이다. 암세포는 그들의 의미 없는 삶과 죽음을 위한 연료를 얻기 위해서 우리의 육신을 먹어치울 것이며, 만약 우리가 운이 없다면 우리의 목숨 역시 앗아갈 것이다. 나는 암에 대한 글을 쓰고 있지만, 내 마음속 깊은 곳에도 무의미한 탐욕과 인간성의 파탄이 있음을 고백해야 한다. 우리 자신의 내면에 있는 그것이 암세포보다는 나은 것이기를 기원한다.

히틀러는 암과의 전쟁을 선포했고, 죽음의 공포에 시달리며 살았다. 닉슨 대통령 역시 그랬고, 그것이 그의 행정부의 가장 중요한 정책이었기를 바랐다. 1971년에 닉슨이 암과의 전쟁을 선포했을 때, 정확히 10년 전에 존 F. 케네디가 선택하고 이미 완수한 달 착륙보다 그 일이 훨씬 더 어려울 것이라고 누가 생각이나 했겠는가. 원자폭탄을 만들기 위한 맨해튼 계획은 3년이 걸렸다. 우리는 암과의 전쟁을 위해서 그보다 최소 10배 더 많은 시간을 써왔지만, 아직도 그 끝이 보이지 않는다. 미국 국립 보건통계 센터에 따르면, 악성 종양으로 인한 전체 사망률은 1971년 이래로 거의 변동이 없다.[1] 물론 발전은 있었다. 특히 초기 암의 경우에는 놀라울 정도로 큰 발전을 보이고 있지만, 우리 대부분은 친구나 가족이 암으로 죽어가는 것을 속수무책으로 지켜본 경험이 있다. 우리는 우리가 답을 모른다는 것을 알고 있다.

내가 생화학을 처음 공부하던 1980년대에는 그 해답이 손에 닿을 듯 말 듯 가까이 있는 것처럼 보였다. 암유전자oncogene와 종양 억제 유전자 tumour-suppressor gene라는 새로운 패러다임이 등장하고 있었다. 이 유전자들은 돌연변이가 일어났을 때 세포 주기를 조절해서 세포가 맥락을 무시하고 분열에 분열을 거듭할 수 있게 해준다. 무작위로 흩어져 있는 점들처럼 보였던 돌연변이들이 이제는 순서대로 이으면 그림이 되는 의미 있는 점들

---

1 암의 초기 진단과 치료에서는 대단한 성공을 거두었기 때문에, 이 이야기가 놀랍게 여겨질 수도 있을 것이다. 사실, 전체적인 암 사망률은 1990년 이래로 꾸준히 감소하고 있다. 그러나 더 장기적인 추세는 1958년부터 1990년까지 서서히 증가한 것으로 나타난다. 2016년의 전체 암 사망률은 1950년대보다 아주 조금 낮은 수준이다. 출처는 미국 국립 보건통계 센터의 통계 보고서이다. National Center for Health Statistics, Deaths: Final Data for 2016, National Vital Statistics Reports, Vol. 67 No. 5, 26 July 2018 (Figure 6): https://www.cdc.gov/nchs/data/nvsr/nvsr67_05.pdf.

로 보이기 시작했다. 새로운 이해가 모습을 드러낼 때에는 과학적 전율이 있다. 게다가 이 새로운 패러다임은 생물학을 지배하고 있는 관점인 정보에 기반을 두고 있었다. DNA에서 단백질로 정보가 흐른다는 생물학의 중심원리는 이제 암의 중심원리로 모습이 바뀌었다. DNA의 돌연변이 때문에 신호의 의미가 왜곡되면서 결함이 있는 단백질이 만들어지는 것이다. 악의적인 형태로 말이 옮겨지면서, 평범한 신호는 **계속 성장해!**와 **죽지 마!**라는 명령으로 변질된다.

이 새로운 이해가 유전자의 서열 분석과 연관 돌연변이의 정확한 위치 파악이 가능해지던 시기에 발전하고 있었다는 사실은 말할 필요도 없다. 정확한 돌연변이가 드러나면, 종종 그것이 정확히 어떻게 해를 입히는지가 명확히 밝혀지고는 했다. 하늘도 돕고 있었다. 유전자 서열 분석이라는 강력한 방법론 덕분에 DNA 문자 하나에 일어난 변화를 단백질 메커니즘의 변화와 연결시킬 수 있었다. 그렇게 신호 전달, 변형, 암세포로 이어지는 깔끔한 결과가 성립되었다. 개념은 단순하면서 세부적으로는 사실상 무한한 내용을 담고 있는 이런 조합은 당연히 너무도 매력적이었다. 서열분석기sequencer로 들어가기만 하면 답이 줄줄 나왔다. 심지어 검증할 주관적 가설이 없기 때문에 객관적으로 보이기까지 했다. 서열분석기에서 나온 자료는 명백했고, 그것을 제한하는 것은 그 패러다임 자체뿐이었다(그 패러다임도 당연히 하나의 가설이다). 내가 이 글을 쓰는 동안, 암 유전체 아틀라스the Cancer Genome Atlas에는 2만 3,000개의 유전자에 대한 암 발생 돌연변이가 300만 개 이상 정리되어 있다. 우리가 나무를 보느라 숲을 보지 못하고 있는 것은 아닌지 궁금한 것도 무리가 아니다.

돌연변이가 암을 일으킨다는 생각은 여전히 주된 패러다임으로 남아 있다. 2020년 「네이처」 특별호에는 다음과 같은 글이 있다. "암은 유전체의 냉으로, 세포의 수요 암 유전자가 체세포 돌연변이를 획득함으로써 일어난다." 그러나 지난 10년간, 이 거대한 패러다임이 너무 멀리까지 굴러온 것처럼 보이기 시작했다. 치료라는 측면에서 볼 때, 이 패러다임이 약속을 이행하지 못한 것은 확실하다. 그렇다면 악성 암으로 인한 사망률이 1971년 이래로 변하지 않은 이유는 무엇일까? 암유전자 패러다임은 사실 틀린 것은 아니지만, 전적으로 옳은 것도 아니다. 암유전자와 종양 억제 유전자는 확실히 돌연변이를 잘 일으키고, 확실히 암을 일으킬 수 있다. 그러나 그 패러다임에서 암시할 수도 있는 것보다 훨씬 더 중요한 것은 맥락이다. 오늘날에도 우리는 신조들에 대해 면역이 없고, 암이 유전체의 병이라는 생각은 신조에 아주 가깝다. 생물학에는 정보만 있는 것이 아니다. 인간의 잘못을 오로지 개인의 탓으로만 돌릴 수 없고, 우리가 살고 있는 사회에서 반성할 부분도 있는 것처럼, 암의 원인이라고 말하는 암유전자의 효과도 확정적인 것이 아니라 환경에서 그 의미를 찾을 수 있다. "불량 세포 하나"가 암을 일으킨다는 생각은 과학적인 도덕 이야기이다. 불량 세포는 그 유전자가 여러 차례 맹목적으로 두들겨 맞아서 생긴 불행한 산물이며, 무관심한 세상에서 제멋대로 폭력을 휘두른다. 우연히 (또는 유전적인 불운 탓에) 너무 많이 두드려 맞은 이 불쌍한 세포가 광란의 증식을 시작하면, 공동체에서 보내는 이성적인 신호로는 억제할 수가 없다. 말하자면, 잔인한 세상 속의 무의미한 냉혹함, 복수만을 생각하는 조커와 같은 암울함이다.

그러나 이런 암울한 유전적 결정론에 대한 놀라운 반증들이 있다. 만약 암이 불량 세포 하나에서 유래한 클론done이라면, 그 세포를 엇나가게 한 돌연변이는 그 후손, 즉 모든 종양 세포에 기록되어야 할 것이다. 그런데 항상 그렇지는 않다. 많은 종양에서 위치에 따라서 다른 돌연변이가 발견되고, 겹치는 돌연변이가 거의 없는 경우도 종종 있다. 이는 돌연변이가 종양을 유발하는 발단이라기보다는 종양이 성장하는 동안 축적되는 것임을 의미한다. 사실, 나중에 돌연변이가 축적되는 것은 꽤 일리가 있다. 잘 알려져 있듯이, 암세포에서는 유전적 불안정성이 발달하기 때문이다. 즉 암세포는 정상 세포보다 새로운 돌연변이를 훨씬 더 빨리 축적한다. 이런 돌연변이가 병을 악화시킬 수는 있겠지만, 이런 이질성heterogeneity은 처음 그 암을 일으킨 돌연변이와는 일치하지 않는다. 마찬가지로 동일한 암 유발 돌연변이가 종양 주변이나 몸의 다른 곳에 있는 정상 조직에서 종종 발견된다는 사실도 의문스럽다. 확실히 암유전자가 항상 암적 성장을 일으키는 것은 아니다. 한편, 종양의 미세환경에서 암세포를 채취해서 보통의 세포 환경에 이식하면, 암적 성장이 서서히 멈추는 경향이 있고, 종종 프로그램된 세포 죽음이 일어나기도 한다. 암세포가 이런 방식으로 바뀔 수 있다는 것은 무척 고무적이다. 똑같은 유전적 돌연변이가 일어난다고 해서 세포의 운명이 반드시 똑같은 것은 아니다. 이런 관점과 일치하는 더 오래된 연구도 있다. 이 연구에서 밝혀진 바에 따르면, 유형이 다른 세포의 핵을 이식해도 이식을 받은 세포는 표현형phenotype이 바뀌지 않는다. 세포의 상태를 결정하는 것은 핵에 있는 유전자가 아니라 세포질이다. 다시 말해서, 유전자는 세포 내부(또는 외부)에서 오는 신호에 의해서 켜지거나 꺼진다. 돌연변이가 반드시 암을 일으키는 것은 아니며, 세포질에서 보내는 잘못된 신호가 암의 원인일 수도 있다.

더 나아가, 많은 발암물질도 즉각적으로 돌연변이를 일으키는 것이 아니다. 암을 유발하기까지 몇 년이 걸릴 수도 있다. 몸에서는 그 발암물질이 이미 사라진 지 한참이 지난 후인 것이다. 아마 전 세계적으로 암의 3분의 1은 B형과 C형 간염, 주혈흡충증schistosomiasis 같은 만성 감염과 연관이 있을 것이다. 이런 감염은 (DNA 속으로 들어가기 때문에) 유전자에 돌연변이를 일으킬 수도 있지만, 정상적인 세포분열 레버를 당겨서 세포의 증식을 유발할 수도 있다. 그중 어떤 것이 실제로 암을 일으키는지는 불분명하다. 아마 암의 가장 큰 위험 요소는 노화일 것이다. 암 발생률은 나이에 비례하여 지수함수적으로 증가한다. 50세가 넘는 사람은 24세 이하인 사람에 비해 발병 위험이 약 90배 더 크다. 나는 이제 50대 중반이다. 내가 60대 초반이 되면 암 발병 위험은 2배 더 증가하고, 70대가 되면 다시 2배 더 증가할 것이다. 암울한 전망이다.

어쩌면 이런 위험 추이가 나이와 함께 꾸준히 축적되는 돌연변이로 설명된다고 생각할 수도 있다. 그저 우연히 암의 원인이 되는 유전자에 돌연변이가 축적되는 비극이 일어나는 것이다. 그러나 나이에 따른 돌연변이의 축적은 하나의 과정으로서 암이나 노화를 설명하기에는 너무 느리다. 게다가 인간은 생쥐 같은 동물보다 한 개체를 만들기 위해서 10배 더 많은 횟수의 DNA 복제를 하는데도(복제를 할 때마다 돌연변이가 생긴다) 왜 암 발병률은 더 높지 않은지, 또는 왜 코끼리는 암 발병률이 여전히 더 낮은지도 설명하지 못한다. 이 중 어떤 것도 암에서 돌연변이가 일어나지 않는다는 이야기는 아니다. 돌연변이는 분명 일어난다. 또한 돌연변이가 암의 발달에서 결정적 역할을 할 수 없다는 주장을 하려는 것도 아니다. 돌연변이는 세포를 확실히 어떤 성장 유형에 갇히게 함으로써, 되돌아가기 어렵게 만들 수도 있다(그러나 우리가 주목한 것처럼, 미세환경의 변화가 성장의 스위치를 끌 수도 있다). 문제는 유전적 돌연변이가 암의 주요 원인이냐는 것이다. 만약 그렇지 않다면, 그 원인은 무엇일까?

암의 주요 원인이 될 만한 대안이 하나 있기는 하다. 역사적으로 논란이 되어서 거의 1세기 동안 과학의 뒤안길에 숨겨져 있던 이 대안은 크레브스의 스승인 위대한 생화학자 오토 바르부르크까지 거슬러 올라간다. 이 대안이 지난 10년 사이에 유명해지게 된 이유는 부분적으로는 크레브스 회로의 효소들이 암호화되어 있는 유전자들의 돌연변이가 암을 일으킬 수 있다는 뜻밖의 발견 때문이다. 바르부르크가 보기에 암은 호흡 장치가 손상된 결과, 즉 에너지의 문제였지만, 이 관점은 현재 우리가 알고 있는 수많은 세부적인 사실들로 인해서 더 이상 유효하지 않다. 그러나 크레브스 회로를 통한 물질대사 유동은 확실히 중요하다. 우리는 크레브스 회로가 에너지뿐 아니라 성장과도 연관이 있음을 확인했다. 암은 무엇보다도 비정상적인 성장의 문제이다. 암을 나타내는 징후는 놀라울 정도로 다양하지만, 내가 보기에는 암의 물질대사에 대한 이해의 핵심은 항상 "돈을 따라간다"는 것이다. 다시 말해서, 유전적인 것이든 다른 것이든 간에, 물질대사의 변화가 어떻게 **성장**을 용이하게 하는지에 대한 문제이다(성장을 촉진하는 스위치를 켜는 것일 수도 있고, 성장을 억제하는 스위치를 끄는 것이 될 수도 있다). 이 장에서 우리는 에너지와 성장 사이의 긴장 상태, 크레브스 회로의 음양이 암의 근본 원인을 어떻게 설명하기 시작하는지를 살펴볼 것이다.

바르부르크 효과

오토 바르부르크는 천재였다. 그는 노벨상을 세 번 받을 뻔했고, 충분히 그럴 만했다. 어떤 측면에서 보면, 그는 시대를 반세기 정도 앞서 살았다. 1930년대부터 그는 금연, 자동차로 인한 환경오염 방지, 건강하게 먹기(그는 비료를 피했다), 규칙적인 운동, 비타민 B군이 보강된 식단(비타민 B는 세포에서 수소를 전달하는 NADH의 형성에 도움을 주는데, NADH도 바르부르크가 발견했다)을 옹호했다. 암에 대한 그의 설명은 지난 10년 사이에 다시 유행하게 되었고, 이른바 "바르부르크 효과Warburg effect"를 언급하는 논문의 수는 거의 기하급수적으로 증가하고 있다. 암세포는 효모처럼 산소가 있을 때조차도 포도당으로 호흡하기보다는 발효를 하는 경향이 있는데, 이를 바르부르크 효과라고 한다. 바르부르크의 여러 발견들 중에는 원래 호흡과 발효를 위한 장치와 관련된 것들이 많았다. 또한 그는 수많은 다른 과학자들에게 특별한 스승이었고, 크레브스를 포함한 그의 제자들 중 다수가 훗날 노벨상을 수상했다.

그러나 바르부르크는 과학에서의 옳고 그름에 대한 단순화된 생각과 관련된 문제점을 잘 보여주기도 한다. 그는 자신의 관점을 강요했고, 그의 독단주의는 그가 경청보다는 논쟁을 주로 했다는 것을 의미한다. 때로는 그런 논쟁이 수십 년간 이어졌다. 그의 오만함에 제1차 세계대전 이전의 독일 제국에서 자란 그의 특별한 어린 시절도 한몫을 했다는 점에는 의심의 여지가 없다. 그의 아버지인 에밀은 저명한 물리학자였고, 그의 부모는 정통파 유대교인이었다. 에밀은 부모님과 크게 다툰 뒤에 개신교로 개종한 것으로 보인다. 오토의 어머니는 군과 정부 관료를 배출한 독일 남부의 개신교 가문 출신이며, 사교적이면서도 단호했다. 1896년에 에밀이 물리학 연구소의 소장이 되자, 그의 가족은 베를린으로 이사했다. 프로이센 과학 아카데미의 회원으로서, 에밀은 당대의 과학계 명사들과 친분을 쌓게 되었다. 암 생물학자인 앙겔라 오토는 이렇게 썼다.

바르부르크 가족의 집은 저녁이면 활기찬 사교의 장이 되었다. 아인슈타인이 바이올린을 켜고, 플랑크가 피아노를 치고, J. H. 반트호프와 발터 네른스트 같은 다른 동료들이 음악이나 문학이나 철학적인 유희에 참여했다. 이런 손님들이 자연과학에 대한 오토의 관심과 그의 인격 형성에 영향을 주었다는 것에는 의심의 여지가 없다.

문화적으로 다재다능한 과학자들이 얼마나 많았는지도 충격적이지만, 나는 위대한 바이올리니스트인 프리츠 크라이슬러가 그의 친구인 아인슈타인에게 했다는 말이 떠오른다. 두 사람은 현악 4중주를 함께 연주하기도 했었다. "그거 아는가, 알베르트, 자네의 문제는 셈이 안 된다는 것이

네!" 제1차 세계대전이 끝나갈 무렵, 아인슈타인은 오토의 어머니의 부탁으로 오토에게 편지를 썼다. 부상을 입은 후에(이 일로 오토는 철십자 훈장을 받았다) 다시 러시아 전선으로 돌아가지 말고, 베를린에 있는 연구실로 복귀하라고 설득하기 위해서였다. 오토는 마지못해 그 뜻을 따랐다. 제1차 세계대전은 그가 인생에서 연구를 멈춘 유일한 시기였다.[2]

이런 훌륭한 물리학자 친구들은 확실히 생물학에 대한 오토 바르부르크의 관점에 영향을 끼쳤다. 바르부르크 자신이 물리학자는 아니었지만, 생물학에 대한 그의 관점은 항상 물리학자의 명쾌한 단순성을 추구했다. 생물학에는 그렇게 철저한 법칙은 드물다. 바르부르크는 생물학의 근본적인 측면에 대해서 적어도 세 번의 장기적인 논쟁을 벌였다. 첫 번째 논쟁은 데이비드 케일린과 벌인 호흡의 특성에 대한 논쟁이었다. 제1장에서 언급했듯이, 케일린은 세 가지 시토크롬을 확인했고, 이 시토크롬들이 하나의 호흡 연쇄로서 전자를 산소까지 전달한다고 주장했다. 바르부르크는 그렇게 생각하지 않았다. 그는 자신의 "호흡 발효제"만 있으면 된다고 생각했다. 이제는 시토크롬 산화효소라고 알려진 그의 호흡 발효제가 단일한 반응 중심이며, 복합적인 장치가 아니라는 것이었다. 바르부르크는 산소에 대한 전자 전달과 관련해서 정말로 중요한 효소를 발견했고, 이 발견으로 1931년에 노벨상을 수상했다. 그러나 그는 맥락 면에서는 틀렸다. 호흡이 실제로는 막 너머로 양성자를 퍼냄으로써 형성되는 강한 전위로 인해서 작

---

2 바르부르크는 적극적으로 전쟁을 즐겼는데, 그것이 내게는 J. B. S. 홀데인을 연상시킨다. 홀데인 역시 제1차 세계대전을 즐겼다. 소문에 따르면, 그는 무인지대를 자전거로 안전하게 건널 수 있다고 내기를 걸었다. 그를 본 독일군이 너무 놀라서 그를 쏘지 못할 것이기 때문이었다. 그는 그것을 제대로 증명해 보였다고 한다. 과학적으로 대담한 생각을 내놓는 것(바르부르크와 홀데인도 의문의 여지없이 여기에 적용된다)과 신체적 위험을 즐기는 경향 사이에 어떤 상관관계가 있는지를 알아보는 것도 흥미로울 듯하다.

동한다는 생각은 그의 마음속에서 결코 떠오르지 않았던 듯하다.

이런 태도는 광합성에 대한 바르부르크의 관점에도 영향을 미쳤고, 그로 인해 산소 한 분자를 만들기 위해서 필요한 광자photon의 수를 놓고 로버트 에머슨과 오랜 논쟁을 벌이게 되었다. 에머슨은 바르부르크 밑에서 박사 학위를 받은 후, 일리노이로 가서 광합성의 역학에 관심이 있는 연구자들로 이루어진 "중서부 집단Mid-West gang"을 조직했다. 바르부르크는 원래 산소 한 분자를 방출하기 위해서 필요한 광자는 4개뿐이라고 주장하다가 나중에는 일종의 열역학적 이상을 추구하면서 겨우 2개라고 선언했다. 에머슨은 자신의 스승에게 도전하고 싶지 않았지만, 그의 측정 결과로는 8-12개의 광자가 필요한 것으로 나타났다. 늘 그랬던 것처럼, 바르부르크는 더 광범위한 발견에는 관심이 없었고 Z 체계(제4장을 보라)의 증거를 간단히 무시했다. 이번에도 완벽한 물리학이라는 이상에 토대를 두는 그의 태도는 다음 구절에 잘 나타나 있다. "자연이 태양 에너지를 화학 에너지로 변환하는 반응, 유기 세계의 존재 기반이 되는 반응은 투입되는 빛 에너지 중에서 손실되는 양이 더 많을 정도로 그렇게 불완전하지 않다. 오히려 반대로, 그 반응은 세계 그 자체처럼 거의 완벽하다." 내가 생각하기에, 이 말은 양자역학의 기이함에 대해서 "신은 주사위놀이를 하지 않는다"고 했던 아인슈타인의 반응과 일맥상통한다. 생명이 완벽에 가깝다는 생각은 어디에서나 지저분한 거래가 일어난다는 것을 아는 진화생물학자에게는 이질적이다. 그러나 바르부르크는 복잡하게 얽혀 있는 생명의 복잡성을 걸러내는 프리즘을 통해서 자연을 보았다. 그는 에머슨이 틀렸다고 비난했지만, 결국 자신의 측정에서도 광자 12개라는 추정치를 얻었다. 그러나 그는 어떤 실수도 인정하지 않았다. 케일린과의 장기적인 논쟁에서와 마찬가지로, 문제는 자신이 틀릴 리 없다는 생각과 다른 이들의 능력에 대한 무시가 자연에 대한 그의 이상적인 시각과 결합되었다는 점이다. 확실히 그는 천재였지만, 이런 결점들은 한 과학자이자 인간으로서 그의 위상을 깎아내렸다.

암에 대한 바르부르크의 강력한 선언도 이런 면에 비추어 해석해야 한다. 그의 첫 번째 실험은 실로 충격적이었고, 수십 년의 연구를 위한 밑바탕이 되었다. 1920년대 초반, 바르부르크는 산소가 있을 때조차도 암세포가 "정상" 세포보다 70배나 많은 젖산을 생산한다는 것을 밝혀냈다. 이는 물리적으로 엄청나게 큰 수이다. 무려 두 자릿수의 차이가 난다! 이것은 무슨 의미일까? 젖산도 카르복실산의 일종이며, 쉽게 양성자 하나를 내놓고 이온을 형성한다. 동물에서 젖산은 피루브산에서 형성되며, 포도당 발효의 폐기물이다. 효모도 정확히 같은 경로를 거치지만, 마지막 몇 단계만 달라지면서 우리가 더 좋아하는 에탄올이라는 산물을 만든다. 아래의 그림은 동물에서 일어나는 반응이다. 왼쪽의 피루브산 이온은 NADH에서 "2H"를 받아서 오른쪽의 젖산 이온을 형성한다.

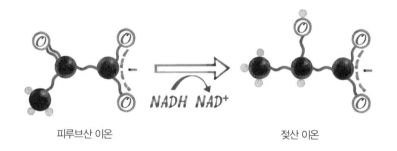

피루브산 이온   젖산 이온

대부분의 사람들에게 젖산은 마라톤 선수의 피로와 근육 경련과 연관된 분자로 친숙할 것이다. 물론 더 평범한 사람들은 더 짧은 거리를 달려도 같은 증상을 겪는다. 중간에 있는 "광기 어린 눈"의 산소가 OH기, 즉 알코올기로 대체된 것을 볼 수 있다. 알코올기는 반응성이 훨씬 작지만 여전히 약간의 독성이 있다. 젖산의 누적은 보통 산소 부족을 나타낸다. 즉 크레브스 회로와 호흡을 통해서 충분한 ATP를 만들 수 없다는 뜻이다. 호흡처

럼 발효도 ATP를 생산하지만, 그 양은 10분의 1에 불과하다. 포도당을 피루브산 이온으로 분해하면("해당 과정"), 보통 ATP 2분자와 NADH 2분자(말하자면 "2H"인데, 대개 호흡에서 산화된다)가 만들어진다. 산소를 구할 수 없을 때의 문제점은 너무 많은 NAD^+가 2H를 받아들여서 NADH가 된다는 것이다.

$$NAD^+ + 2H \longrightarrow NADH + H^+$$

이것이 왜 문제일까? NADH가 산화되어 NAD^+로 돌아가지 못하면, 해당 과정에서는 포도당이 분해되면서 나오는 2H를 더 받아들일 수 없어서 더 많은 ATP를 생산할 수 없기 때문이다. NADH의 산화는 보통 호흡에 의해서 이루어지지만, 산소가 없는 상태에서 NADH를 산화시키려면 피루브산 이온을 젖산 이온으로 전환해야 한다. 내 그림을 다시 보자. 이런 반응의 존재 이유는 NADH의 산화이다. 그래야만 해당 과정이 계속 일어나면서 약간의 ATP가 생산되기 때문이다. 젖산 이온은 세포에서 휩쓸려 나가는 폐기물이며, 좋은 기회가 있으면 몸의 다른 곳에서 재사용될 수도 있다. 요약하자면, 산소가 없을 때에는 발효를 통해서 약간의 ATP를 합성할 수 있다는 것이다.

바르부르크는 해당 과정의 주요 반응들을 짜맞추는 과정에서 중요한 역할을 했지만, 암은 이미 그의 생각을 사로잡아가고 있었다. 암세포는 산소를 충분히 구할 수 있을 때조차도, 정상에 비해 10분의 1에 불과한 ATP를 생산하면서 (생합성 같은) 다른 목적에 쓰일 수 있는 3C 분자들을 허비하는 방탕한 전략으로 바꾸고는 했다. 도대체 왜 그러는 것일까? 바르부르크는 호흡 장치가 손상을 입은 것이 분명하다고 확신했다. 암세포는 바르부르크가 더 하등하다고 여긴 생명 형태로 돌아갔고, 더 고등한 우리 세포가 지니고 있는 분화 능력과 구조를 상실하면서 수선하는 능력을 잃었다는 것이다. 그는 발효를 "하등한 유기체의 에너지 공급 반응"이라고 묘사했고, "가장 하등한 생명 형태 중 하나"인 효모조차도 "기이한 형태의 퇴화"를 하지 않고서는 발효만으로 살아갈 수 없다고 주장했다. 누군가에게는 이 말이 거의 히틀러의 제3제국식 언어처럼 들릴 수도 있을 것이다. 바르부르크는 암의 복잡성을 명확한 관점으로 요약했다. 그는 "암조차도……중요한 원인은 하나뿐"이라고 썼다. 그 원인은 바로 "정상적인 체세포에서 일어나는 산소 호흡이 당의 발효로 바뀌는 것"이었다.

암의 퇴화에 관한 이런 관점과 완치에 대한 전망 덕분에, 아마 바르부르크가 히틀러 치하에서 살아남을 수 있었을 것이다. 바르부르크는 자신을 개신교도이면서 독일인 애국자라고 생각했지만, 나치는 그를 50퍼센트 유대인으로 간주하고 잠시 직위에서 해제했다. 그러나 "누가 유대인인지는 내가 결정한다"는 괴링의 선언 아래, 바르부르크는 곧바로 제자리로 돌아갔다. 그 이유는 베일에 싸여 있지만, 히틀러는 암에 대해 뿌리 깊은 공포를 가지고 있었던 것으로 보인다. 히틀러가 진정으로 사랑했던 유일한 사람이라고 전해지는 그의 어머니는 아돌프가 열여덟 살일 때 유방암으로 세상을 떠났다. 유대인이었던 그녀의 의사 에두아르트 블로흐는 이렇게 썼다. "겉으로 보기에, 어머니에 대한 히틀러의 사랑은 그의 가장 충격적인 특징이었다. 나는 그렇게 긴밀한 애착은 본 적이 없다. 내 경력을 통틀어, 아돌프 히틀러만큼 슬픔을 가누지 못하는 사람을 본 적이 없다." 몇 년 동안, 히틀러는 블로흐 박사에게 엽서를 보냈고, 1937년에는 블로흐 박사와 그의 가족이 오스트리아를 빠져 나올 수 있도록 안전 통행권을 허가해주었다. 블로흐 가족은 마침내 뉴욕 브롱크스에 도착했다. 어쩌면 히틀러가 블로흐의 행방을 조사하게 된 계기는 1930년대에 암에 걸릴 뻔한 일 때문일시도 모른다. 히틀러는 1935년에 왼쪽 성대에서 성장물을 하나 제거했다(그리고 1944년에 하나 더 제거했다).

이런 맥락은 바르부르크에 대한 나치의 관용에도 분명 한몫을 했을 것이다. 바르부르크는 망설임 없이 구원을 약속했다. 1940년에 바르부르크는 암 문제가 "2년 안에 해결될 것"이라고 예측하면서, 세 번째 노벨상 후보 지명에 대한 희망을 드러냈다. 나치의 통치 기간 내내 바르부르크는 몸을 낮추고 지냈다. 그는 체제에 대해서는 거의 비판을 하지 않았지만, 크레브스와 다른 이들을 도우려고 노력했다. 그러나 겉보기에는 나치와 결탁한 것 같았기 때문에 다른 과학자들로부터 호감을 얻지는 못했다. 크레브스는 "자신의 유대인 혈통을 이런 식으로 희석시켜서 나치와 조약을 맺으려는 바르부르크의 의지는 독일 밖에 있는 동료들을 격분시켰다"고 썼다. 크레브스는 그의 스승의 과학적 업적을 칭송하면서 애정 어린 전기를 썼지만, 한 인간으로서 바르부르크에 대해서는 양가적인 모습을 보였다. "괴테가 파우스트에 대해 한 말처럼, 그는 '결코 분투를 멈추지 않는 사람'이었다. 그래서 파우스트처럼 그도 좋은 사람이었다." 얼핏 찬사 같지만, 어쩌면 누구에게라도 할 수 있는 좋은 말일 수도 있다.

물질대사의 재배선

암에 대한 바르부르크의 태도는 광합성 때와 마찬가지로 그의 실험보다는 그의 철학과 더 연관이 많았다. 산소가 있어도 포도당을 발효하려는 암세포의 경향인 바르부르크 효과는 흔히 약칭으로 "호기성 해당 과정"이라고도 불리는데, 이것의 기본적인 문제점은 보편성과 거리가 멀다는 것이다. 많은 암은 호기성 해당 과정에 전혀 의존하지 않는다. 이는 바르부르크 자신의 측정에서도 그렇게 나타났고, 그를 비방하는 사람들의 실험 결과와도 일치했다. 정상 조직도 비슷한 정도로 호기성 해당 과정을 할 수 있고,

줄기세포stem cell(조직에서 새로운 세포를 키워낸다)는 일반적으로 호기성 해당 과정에서 나온 ATP에 의존하여 필요한 에너지를 얻는다. 어떤 암세포는 심지어 외부에서 젖산 이온을 받아들여서 그들의 미토콘드리아 내부에서 태우기도 하는데, 이는 역 바르부르크 효과reverse Warburg effect라고 불린다. 따라서 바르부르크 효과는 확실히 암의 보편적인 요소는 아니다. 그렇다면 지난 10년간 바르부르크 효과를 인용한 논문의 수가 급증한 이유는 무엇일까? 바르부르크가 완전히 틀린 것도 아니기 때문이다. 그는 무엇인가를 발견했었다. 다만 올바른 처신을 하지 못했을 뿐이다.

상충하는 자료에 직면하고도 사실이라고 강변하고, 반대자들의 생각은 얕잡아보는 바르부르크의 성향은 그의 유명한 1956년 「사이언스」 논문에서 정점에 이르렀다. 이에 대해서는 잠시 짚고 넘어갈 가치가 있다. 인생에서와 마찬가지로 과학에서도 독선으로 인해서 진실이 어떻게 표류할 수 있는지를 보여주기 때문이다. 바르부르크는 도전장조차 던지지 않았다. "암세포의 발효 또는 그 중요성이 논란이 될 수 있는 시대는 끝났다. 오늘날의 그 누구도 우리가 암세포의 기원을 이해한다는 것을 의심할 수 없을 것이다……. 암세포에서 일어나는 호흡의 손상과 과도한 발효의 원인을 우리가 알아내기만 한다면 말이다." 재능 있는 연구자인 브리턴 챈스와 시드니 와인하우스는 바르부르크 자신의 자료조차도 그의 말을 뒷받침하지 않는다고 날카롭게 지적했다. 그의 독선적인 논조는 성인군자도 분노하게 만들 것이다. 그런 성향 때문에 바르부르크는 편집광으로 치부되었다. 그러나 한편으로는, 부분적으로 오해석이 있기는 해도 그의 관점이 논리 정연하고 일관성이 있다는 사실도 간과되었다.

바르부르크는 비슷한 맥락의 글을 이어갔다. "만약 생명의 과정에 대한 설명이 그 과정을 물리학과 화학으로 환원하는 것이라면, 오늘날 암세포의 기원에 대해서는 특수한 것이든 일반적인 것이든 다른 설명은 없다." 상대성 이론에 대한 이런 모호한 언급은 물리학이 유일한 진짜 과학이며, 바르부르크 자신이야말로 그 분야의 유일한 물리학자라는 것을 연상시키려는 의도로 보인다. 나는 문을 박차고 나가는 성난 발걸음 소리가 들리는 것 같다. "이런 관점에서 볼 때, 물질대사가 구체적으로 명시되지 않는 한, **돌연변이와 발암물질**은 대안이 아니라 공허한 말일 뿐이다. 온갖 발암물질과 암 바이러스의 지속적인 발견은 암과의 싸움에서 더 해로울 수도 있다. 이런 발견은 근원적인 현상들을 모호하게 함으로써 예방에 필요한 측정을 방해하고, 그로 인해서 암에 걸리게 될 수도 있다." 감정적인 면에서만 생각하면, 그의 말은 내 말에 동의하지 않으면 사람들이 죽는 것은 네 책임이라는 뜻일 수도 있다. 그러나 그런 감정적인 맥락을 빼고 이 말을 살펴보면, 꽤 맞는 말이다. 그렇기 때문에 바르부르크 효과가 르네상스를 맞은 것이다. 돌연변이, 발암물질, 암 바이러스는 정말로 모두 물질대사 장치로 수렴된다. 물론, 바르부르크가 근원적인 현상들을 모호하게 한다고 무시한 세부적인 부분을 일평생 연구한 수천 명의 연구자들이 없었다면, 우리는 그것을 알지 못했을 것이다. 그러나 이제 우리는 많은 암유전자, 종양억제 유전자, 암 바이러스가 정말로 모두 물질대사의 배선을 어떤 형태로든 바꾼다는 것을 알고 있다.

암이 유전 질환이라기보다는 근본적으로 물질대사 질환이라는 바르부르크의 주장은 대체로 옳았지만, 그는 세포 호흡에 초점을 맞춤으로써 핵심을 놓쳤다. 핵심은 성장이다. 그리고 성장을 하려면 ATP 이상의 것이 필요하다. 호흡은 우리가 나이가 들수록 당연히 감소한다. 그러나 그 저변에 있는 문제점은 ATP의 부족이 아니라, 물질대사 유동과 유전자 활성이 성장을 선호하는 상태 쪽으로 이동하는 것이다. 세포를 복제하려면 세포의 모든 내용물을 두 배로 만들어야 한다. 이는 RNA와 DNA의 뉴클레오티드를 만들 새로운 당과 아미노산, 단백질을 만들 새로운 아미노산, 막을 만들 새로운 지방산이 있어야 한다는 의미일 뿐만 아니라, 세포 죽음 프로 그램(아포토시스apoptosis)을 촉발하는 검문소의 통제를 피하기 위해서 충분한 항산화 방어를 해야 한다는 것도 의미한다. 성장에 필요한 기질 중 일부는 혈액을 통해서 전달되지만, 대부분의 기질은 세포라는 자체적인 도가니 속에 있는 전구체들로 만들어야 한다. 그래서 세포 복제에 필요한 모든 것을 만들기 위해서는 물질대사의 재배선이 필요하다.

흥미로운 사례를 하나 소개하겠다. 선구적인 암 생물학자인 크레이그 톰프슨은 지난 수십 년간 바르부르크 효과를 물질대사 재프로그래밍이라는 측면에서 재해석하기 위해서 그 누구보다도 노력해왔다. 톰프슨은 세포막의 주성분이며 16개의 탄소로 이루어진 지방산인 팔미트산palmitate 을 예로 든다. 팔미트산 1분자를 만들려면 7분자의 ATP가 필요하지만, 이 맥락에서 더 중요한 것은 8분자의 아세틸 CoA에서 유래하는 16개의 탄소와 14개의 NADPH에서 유래하는 28개의 전자가 필요하다는 것이다. NADPH에 대해서는 잠시 후에 다시 다루겠지만, 지금은 NADH와 같은 것이 아니라는 점만 알아두자. 이런 것 때문에 생화학이 귀찮고 짜증날 수는 있겠지만, 여기서 눈여겨보아야 할 것은 P이다. NADPH에서 "P"는 인산을 나타내며, 인산은 NADPH가 다른 효소들과 상호작용을 할 수 있게 해준다. 그러나 NADPH는 반응을 촉진하는 힘이 더 크므로, NADPH의 P는 "강력한power" 형태의 수소로 나타낸다고 생각할 수 있다.[3] 일반적으로

---

3 NADPH와 NADH는 구조적으로 동일하다. 따라서 NADPH가 NADH보다 더 강력한 이유는 구조와는 관련이 없고, 예상되는 화학적 평형으로부터 얼마나 멀리 있는지와 연관이 있다. 산소가 존재하면, NADH와 NADPH는 둘 다 완전히 산화되어 각각 NAD^+와 $NADP^+$가 되어야 한다. 그러나 세포 내에서 NADH는 미토콘드리아 내부에서는 전체의 20-30퍼센트를 차지하고, 세포기질에서는 1/1000에 불과하다 (제4장의 각주 5번을 보라). 이와 대조적으로, $NADP^+$ 집단(pool)의 경우는 거의 다 NADPH로 구성되어 있다. 약 99.5퍼센트가 NADPH의 형태이고, $NADP^+$는 겨우 0.5

NADH와 NADPH는 둘 다 2H를 전달한다. 그러나 NADH는 2H를 호흡이라는 용광로로 전달하여 ATP를 생산하는 반면, 강력한 형태인 NADPH는 주로 생합성을 일으켜서 새로운 분자를 만든다. 즉 NADPH는 성장과 복제를 위해서 반드시 필요하다. 또한 세포의 항산화 방어를 유지하는 글루타티온glutathione이라는 작은 폴리펩티드의 생산을 위해서도 필요하다. 글루타티온에 대해서는 다음 장에서 알아볼 것이다. 여기서는 세포가 충분한 NADPH를 만들 수 없으면 산화 스트레스에 더 취약해지고, 프로그램된 세포 죽음에 의한 자살을 할 가능성이 더 높아진다는 것만 눈여겨보도록 하자. 암세포는 더 많은 NADPH를 만듦으로써 이런 운명에서 탈출한다. 대체로 NADPH를 만드는 것은 적어도 성장을 위해서(따라서 암을 위해서) ATP를 만드는 것만큼 중요하다. 그리고 세포는 ATP, NADPH, 탄소골격 사이의 올바른 균형을 맞추기 위해서 물질대사의 배선을 연결한다.

여기에서 문제가 생긴다. 포도당에서 시작해보자. 기억하고 있겠지만, 포도당은 6탄당이다. 포도당 한 분자는 호기성 호흡을 통해서 30−36분자의 ATP를 생산할 수 있지만, NADPH는 (5탄당 인산 경로pentose phosphate shunt라고 알려진 경로를 통해서) 단 2분자만 만들 수 있다. 아니면 팔미트산에 필요한 16개의 탄소 중 6개를 공급할 수도 있다. 즉 포도당 한 분자가 공급할 수 있는 ATP의 양은 팔미트산 한 분자를 만들기 위해서 필요한 양의 5배에 달한다. 반면 팔미트산 한 분자를 만들기 위해서 필요한 NADPH를 생산하려면 7분자의 포도당이 필요하다. 톰프슨은 이것을 35배 비대칭thirty-five-fold asymmetry이라고 부른다. 7개의 포도당 중 3분자는 팔미트산에 16개의 탄소를 공급하기 위해서 필요하고, 호흡을 통해서 완전히 산화되는 포도당은 4분자뿐이므로 이 비대칭은 조금 상쇄된다. 그러

퍼센트이다. 이는 NADPH가 (바람이 너무 많이 들어간 풍선처럼) 평형으로부터 훨씬 멀리 떨어져 있어서 더 많은 일을 할 수 있다는 의미이다.

나 그것을 고려한다고 해도, 하나의 팔미트산을 만들기 위해서 필요한 포도당 7분자는 팔미트산의 합성에 쓰일 탄소와 NADPH를 제거한 후에도 거의 200개에 가까운 ATP를 공급할 것이다. 이 ATP 중에서 실제로 필요한 것은 7개뿐이라는 점을 기억하자. 따라서 생합성에 필요하지 않은 포도당을 모두 호흡하면 ATP를 필요한 것보다 28배 더 많이 만들게 될 것이다.

어쩌면 당신은 ATP를 많이 만드는 것이 뭐가 나쁜지 의아할지도 모르겠다. 그러나 사실 여기에는 심각한 비용이 든다. 여분의 ATP가 할 일 없이 돌아다니면, 포도당을 분해하는 해당 과정의 스위치가 꺼지고, 팔미트산을 만드는 데에 필요한 NADPH와 아세틸 CoA를 형성에 차질이 생긴다. 마찬가지로 ATP가 충분히 빠르게 소비되지 못하면 크레브스 회로를 통과하는 유동도 느려져야 한다. 그 이유는 호흡 속도와 그에 따른 크레브스 회로의 속도가 ATP 합성효소를 통과하는 양성자의 흐름에 의존하기 때문이다. ATP가 축적되면 양성자의 흐름이 정체된다. 크레브스 회로에서 유동이 느려지면, 구할 수 있는 생합성 전구체가 줄어들고 성장이 지체된다. 우리의 조립 라인 비유를 떠올려보자. 만약 제품이 옮겨지지 않아서 공장에 쌓이게 되면, 조립 라인은 상품이 안전하게 팔릴 수 있을 때까지 폐쇄되어야 할 것이다. 이와 마찬가지로, 당신은 ATP가 쌓이는 것을 원하지 않는다. 만약 당신이 암세포라면, 가장 원하지 않는 일은 세포 호흡을 통해서 포도당을 태우는 일일 것이다. 포도당을 태우면 ATP가 쌓이기 때문이다. 생합성과 ATP 합성은 필요한 조건들이 그냥 서로 잘 맞지 않는다.

지방산 합성에는 특별히 많은 NADPH가 요구되기 때문에 팔미트산의 경우는 조금 과장된 사례이기는 하지만, 아미노산과 뉴클레오티드의 합성에도 ATP보다는 NADPH와 상당량의 탄소가 더 많이 소비된다. RNA와 DNA, 특히 단백질의 합성은 ATP 요구량이 더 높다(단위체monomer를 사슬로 연결하기 위해서는 탄소나 NADPH가 아니라 ATP가 든다). 그러나

이 경우에 기본적으로 그 요구량은 실제로 만들어지는 단백질의 양에 따라 다르다. 조직의 일꾼은 "분화된" 세포이다. 분화되었다고 불리는 이유는 현미경으로 구별할 수 있는 수많은 세포 구조를 가지고 있기 때문이다. 이런 구조는 대체로 단백질로 만들어지며, 단백질의 합성에는 무엇보다도 높은 ATP 비용이 들어간다. 이 모든 장치를 작동시킬 때에도 눈물겨울 정도로 많은 ATP가 요구된다. 이와 같은 이유들 때문에, 일단 세포가 분화되어 조직에서 특별한 일을 수행하게 되면 일반적인 세포는 ATP 공급을 위해서 호기성 호흡으로 바꿀 수밖에 없다.[4] 그러나 암세포는 이런 비용을 삭감하기 위해서 분화를 포기한다. 이제 암세포는 단백질을 덜 만들고 덜 작동시켜서 소비를 줄이는 반면, 성장을 위한 탄소와 NADPH는 더 많이 포획한다. 암은 성장을 하려면 그들의 물질대사를 다시 프로그래밍 해야 한다. 크레브스 회로와 호흡을 통한 ATP 생산을 버리고, 일반적으로 호기성 해당 과정으로 바꾼다. 바르부르크 효과인 것이다. 바르부르크 효과가 기본적으로 호흡의 퇴화를 반영한다고 생각하는 것은 요점을 잘못 짚은 것이다. 이는 ATP에 관한 문제가 아니라 성장에 관한 문제이다. ATP는 성장을 느려지게 하므로, 암세포는 ATP를 너무 많이 만들어서는 안 된다. 암세포가 호기성 해당 과정으로 바꾸는 정확한 이유는 ATP를 덜 만들어서 더 빠른 성장을 선호하기 때문이다.

이것이 전부였다면 내 이야기는 여기서 끝났을 것이고, 암 문제는 오래

---

4 반대로 조직에서 가장 새로운 세포를 만드는 줄기세포는 일반적으로 분화가 되어 있지 않다. 즉 내부에 뭐가 별로 없다는 뜻이다. 그리고 줄기세포는 호흡보다는 호기성 해당 과정(발효)에 의존해서 에너지를 생성하는 경향이 있다. 이런 측면에서 보면 줄기세포는 암세포와 비슷하다. 새로운 세포들이 분화할 때에는 대개 에너지를 얻기 위해서 호흡으로 전환한다. 그 일을 할 수 있게 해주는 효소는 피루브산 탈수소효소 (pyruvate dehydrogenase)이다. 이 중요한 조절 효소에 대해서는 제6장에서 다시 살펴볼 것이다.

전에 해결되었을 것이다. 암세포에서 물질대사 유동이 해당 과정 쪽으로 우회된다는 것을 알게 되었을 때, 나는 왜 그것을 크레브스 회로에 대한 책에 쓰게 되었을까? 이제부터 당신이 그 답을 알게 되기를 바란다. 생명이 시작된 그때부터, 크레브스 회로는 생합성의 중심에 있었다. 세포는 항상 성장과 에너지 사이의 균형을 유지해야 했고, 크레브스 회로의 음양에 기초를 두고 있는 이 균형은 맨 처음부터 존재했다. 크레브스 회로의 효소에서 일어난 돌연변이들이 암을 일으킬 수 있다는 것은 전혀 놀라운 일이 아니어야 했지만, 그래도 놀라웠다. 그리고 지난 몇 년에 걸쳐, 이 돌연변이들은 세포가 나빠지면 무엇이 잘못되는지에 대해서 우리에게 많은 것을 가르쳐주었다. 이런 돌연변이들이 모든 형태의 암을 일으킨다는 뜻은 아니다. 오히려 이 돌연변이들은 중심 물질대사 경로의 안내도를 제공함으로써, 우리가 나이 들어가는 동안 무엇이 잘못되는지를 보여주기 시작했다.

고대의 스위치

크레브스 회로의 효소가 암호화된 유전자에서 암과 관련된 돌연변이는 숙신산 탈수소효소와 푸마르산 수화효소fumarate hydratase에서 처음 발견되었다. 이 돌연변이들은 모두 C4 중간산물인 숙신산 이온 근처에서 크레브스 회로의 유동을 차단한다. 나는 케임브리지에서 크리스티안 프레자로부터 이 이야기를 처음 들었을 때를 결코 잊을 수 없다. 그의 학과에서 강의를 하기 전이었는데, 그날 내가 무슨 이야기를 했었는지는 생각이 나지 않지만, 암에서 크레브스 회로에 대한 그의 관점이 불러일으킨 흥분은 그대로 남아 있다. 그 이래로 프레자는 전 세계에 걸쳐 있는 소수의 동료 연구진과 함께 암에서 물질대사의 유동과 크레브스 회로의 역할에 대한 개념을 다시 성립해가고 있다.

제4장의 말미에서 살짝 다룬 동물의 기원에 대한 이야기를 떠올려보자. 동물은 캄브리아기 대폭발이 일어나기 직전인 원생대 후기의 바다 밑바닥에 쌓여 있던 진흙 속에서 기원했는데, 이런 초기 동물들은 산소는 적고 황화수소는 과도하게 많은 환경에서 살아가야 했다. 이런 조건에서 크레브스 회로에 무슨 일이 일어나는지를 생각해보자. 산소가 없으면 NADH는 쉽게 산화되지 않으므로 쌓이게 된다. 해당 과정에서처럼, NADH의 축적은 정상적인 유동을 방해한다. 그러나 우리는 크레브스 회로가 종종 두 갈래로 갈라지는 경로로 작동한다는 것을 알고 있다. 이 두 갈래의 경로에서 NADH를 생산하는 산화 경로는 NADH를 소비하는 환원 경로와 균형을 이룬다(209쪽의 그림을 보라). 이 두 갈래의 경로는 숙신산 근처에서 합쳐진다. 그리고 그것은 우연이 아니다.

낮은 농도의 산소에 대처해야 하는 여러 동물에서, 조금 과도한 NADH는 약간의 ATP 합성을 허용할 수 있다. 이는 거북 같은 동물이 물속에서 어떻게 몇 시간 동안이나 숨을 쉬지 않고 생존할 수 있는지를 부분적으로 설명해준다. 산소를 구할 수 없으면, 푸마르산이 대체 전자 수용체로 이용된다. 즉 전자가 산소 대신 푸마르산으로 흘러든다는 뜻이다. 이것이 가능한 이유는 푸마르산 환원효소(우리의 숙신산 탈수소효소와 구조가 비슷하다)가 미토콘드리아 내막에 박혀 있기 때문이다. 호흡 연쇄의 복합체 II를 형성하는 이 효소는 크레브스 회로의 효소 중에서 유일하게 물리적으로 막에 자리하고 있다. 따라서 전자는 복합체 I의 NADH에서 복합체 II의 푸마르산 이온으로 흘러서 숙신산 이온을 폐기물로 내놓을 수 있다. 이런 전자의 흐름은 복합체 I에서 4개의 양성자를 퍼낼 수 있게 함으로써, 푸마르산 환원효소를 가진 동물에서 약간의 ATP 합성을 일으킨다. 전체적으로는 다음과 같이 작동한다(여기에서 CI는 복합체 I, CII는 복합체 II, 오른쪽의 복합체는 나노모터인 ATP 합성효소를 가리킨다).

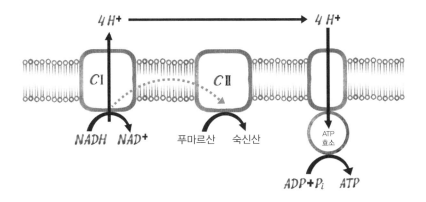

점선은 전자 2개가 NADH에서 푸마르산으로 이동하는 것을 나타낸다. 폐기물인 숙신산은 축적되고, 미토콘드리아에서 쉽게 빠져 나올 수 있다. 이제 여기서 문제가 생기는데, 이 문제로 인해서 이런 고대의 메커니즘은 여전히 암과 밀접한 연관이 있다. 숙신산은 강력한 신호이다. 이는 숙신산이 미토콘드리아 내에서만 만들어질 수 있는 유일한 크레브스 회로의 중간 산물이기 때문이며(다른 중간산물은 세포의 다른 곳에서 형성될 수 있다), 더 정확히 말하면 그 효소가 미토콘드리아 내막에 복합체 II로서 위치하고 있기 때문이다. 이런 위치는 숙신산이 미토콘드리아 기능의 전체적인 상태에 대해 독특한 되먹임 신호로 작용한다는 것을 의미한다. 즉 세포가 필요로 하는 충분한 ATP를 공급하기 위한 미토콘드리아의 능력을 평가하는 정보를 제공하는 것이다. 간단히 말해서, 숙신산이 축적되고 있으면 호흡에서 무엇인가 당장 바로잡아야 하는 문제가 생기고 있는 것이다! 따라서 숙신산은 단순한 폐기물이 아니라, 유전자의 활성을 켜거나 끌 수 있는 신호인 셈이다.

세포기질로 들어간 숙신산은 숙신산의 정상적인 작용을 차단하는 프롤릴 수산화효소prolyl hydroxylase라는 종류의 단백질과 결합한다. 프롤릴 수산화효소들의 정상적인 작용 중에서 가장 흥미로운 작용은 "산소농도 유노

인자hypoxia-inducible factor" 또는 HIF$_{1\alpha}$라고 불리는 다른 단백질을 표적으로 삼아서 분해하는 일이다. 여기에는 중요한 사실이 하나 있다. HIF$_{1\alpha}$는 구성적으로constitutively 형성된다. 다시 말해서, 이 단백질은 암호화된 유전자가 계속 읽히면서 끊임없이 형성된다 그러나 HIF$_{1\alpha}$는 형성되자마자 프롤릴 수산화효소의 표적이 되어 분해되므로, 반감기가 5분에 불과하다. 5분! 단백질 합성은 비용과 시간이 많이 드는 과정이다. 우리가 싱싱한 새 단백질을 만든다고 상상해보자. 그 새 단백질을 어떻게 해야 할까? 쓸 생각은 하지도 말고, 바로 파괴해야 한다! 그것을 끊임없이 반복하는 것이다. 일찍이 아인슈타인은 광기란 같은 일을 끊임없이 반복하면서 다른 결과를 기대하는 것이라고 정의했다. 그런데 정확히 그런 일을 사실상 모든 세포가, 사실상 항상 벌이고 있다. 그리고 산소를 구할 수 있는 한, 결과는 항상 같을 것이다. 그러나 만약 산소 농도가 낮아지면, 숙신산이 쌓이면서 HIF$_{1\alpha}$의 분해를 차단하게 된다. 그리고 이제 HIF$_{1\alpha}$는 핵으로 가서 DNA와 결합하고 수백 가지 유전자의 스위치를 켠다. 이 모든 작용과 소동은 단 하나의 목적에 부합하므로, 그것이 결정적인 것이라고 확신할 수밖에 없다. 바로 세포가 질식사하기 전에 문제를 바로잡을 시간을 벌어주는 것이다. HIF$_{1\alpha}$가 끊임없이 만들어지는 까닭은 산소 부족이라는 희귀한 위급 상황에서 완전히 기능하는 (싱싱한 새) HIF$_{1\alpha}$ 단백질 복사본이 제때에 핵에 도달할 수 있도록 보장하기 위해서이다.

그렇다면 제때에 핵에 도달한 HIF$_{1\alpha}$는 어떻게 세포를 죽음의 위험에서 구할 수 있을까? HIF$_{1\alpha}$가 표적으로 삼는 유전자들을 살펴보자. 먼저 해당 과정의 유전자들이 있다. 우리는 이 유전자들이 산소가 없을 때 ATP 합성을 촉진한다는 것을 알고 있다. 그러나 HIF$_{1\alpha}$에 의해서 스위치가 켜지는 유전자에 암호화된 단백질 중에는 성장과 염증을 일으키는 단백질도 있다. 내가 저산소에 대해 이야기할 때, 비닐봉지가 머리에 씌워지거나 물에 빠져서 죽어가는 상황을 상상할 수도 있겠지만, 그런 재앙들은 유전자의 활성을 바꿔서 바로잡기에는 너무나 갑작스럽다. 이 장치들은 그런 상황을 위한 것이 아니다. 일반적으로 낮은 산소 농도와 연관이 있는 조건을 생각해보자. 대부분의 동물에서 가장 예측 가능하며 생명을 위협할 수 있는 형태의 저산소증은 감염이다. 증식하고 있는 세균과 면역세포는 공급될 수 있는 것보다 더 빠른 속도로 산소를 소비하고, 이는 부종과 손상과 모세혈관의 부분적인 폐색으로 이어진다. 따라서 HIF$_{1\alpha}$에 의해서 스위치가 켜지는 유전자는 저산소 상태를 다루는 유전자에만 국한되지 않는다. 이 유전자들은 전체적인 염증 반응도 조율한다. 염증 신호는 새로운 혈관의 성장과 면역세포의 증식, 더 많은 세포 죽음에 대한 방관자 세포bystander cell의 내성을 촉진한다. 간단히 말해서, HIF$_{1\alpha}$는 낮은 산소 농도에 대한 반응의 조정을 돕는다. 이것이 세포의 성장을 자극해서 해당 과정을 상향 조절하고 세포에서 필요한 ATP와 NADPH와 탄소 요구량의 균형을 맞춘다. 이렇게 성장과 생존과 염증을 촉진하는 조건들이 너무 오래 지속되면, 암세포가 통제할 수 없을 정도로 성장할 수도 있다.

그런 조건이 어떻게 지속될 수 있을까? 숙신산 자체로 다시 돌아가보자. 우리 자신의 세포는 최초의 동물이 그랬던 것처럼 숙신산을 형성하기 위한 전자의 이동으로는 ATP를 만들 수 없다. 우리 조상이 푸마르산 환원효소의 유전자를 상실했기 때문이다. 짐작컨대 그들은 환경에서 더 이상 고농도의 황화수소를 다룰 필요가 없었을 것이다. 우리는 고여 있는 진흙탕을 버리고, 산소가 가득한 공기로 숨을 쉬기 위해서 결국 육상으로 올라왔다. 그러나 우리의 숙신산 탈수소효소는 방향을 바꿀 수 있었고, 푸마르산에서 숙신산으로 전자를 전달할 수 있었다. 그래서 우리는 비록 곁다리로 ATP를 생산하지는 못해도, 같은 방식으로 숙신산을 축적할 수 있다. 사실, 숙신산과 푸마르산 사이의 상호 전환은 평형 상태에 가깝다. 즉

각 반응물의 농도, 막의 전위, ADP에 대한 ATP의 양에 따라서 반응의 방향이 빠르게 뒤집힐 수 있다는 뜻이다. 간단히 말해서, 숙신산은 호흡 체계 전체의 상태를 실시간으로 평가하고 반영하여 섬세하게 균형을 유지한다. 심지어 크레브스 회로의 유동에 생긴 약간의 장애도 숙신산 농도로 알 수 있으며, 이런 장애는 유전자 활성의 변화를 통해서 해결된다. 이 메커니즘과 연관이 있는 것으로 밝혀진 질병 목록을 보면 정신이 번쩍 든다. 그중 몇몇은 다음 장에서 다시 만나겠지만, 조직에 산소가 잘 전달되지 않을 때 흔히 나타날 수 있는 장애를 잠시 생각해보자. 뇌졸중, 심장마비, 치매, 관절염, 장기 이식, 이 모든 것의 중심에는 숙신산의 축적이 있다.[5]

숙신산 탈수소효소나 푸마르산 수화효소 같은 효소에 돌연변이가 생기면, 다른 면에서는 완벽하게 건강한 세포에 숙신산의 축적이 일어날 것이다. 물질대사의 흐름을 댐으로 막으면, 그 댐의 뒤에는 분명 저수지가 형성될 것이다.

어쩌면 당신은 이것을 가짜 뉴스라고 할 수도 있다. 주위에 산소가 풍

---

5 1990년대로 거슬러 올라가서 당시 박사 과정을 밟고 있던 나는 이식된 장기에 대한 산소 전달을 주제로 연구를 하고 있었다. 나는 신장을 며칠 보관하다가 이식 수술을 하게 되면 산소의 재공급이 미토콘드리아에 대혼란을 일으키는 것을 발견했다. NADH는 매우 느리게 산화되었고, 전자는 호흡 연쇄를 따라 시토크롬 산화효소와 산소로 내려가지 않는 것처럼 보였다. 나는 무엇이 잘못되고 있는 것인지 전혀 알 수 없었다. 20년 후, 케임브리지의 마이크 머피와 크리스티안 프레자와 동료 연구진은 그 메커니즘을 매우 아름답고 상세하게 밝혀냈다. 이식을 위해서 보관되는 장기에는 심근경색(심장마비)에서처럼, 숙신산은 쌓이는 반면 산소는 제한된다. 그러다가 산소가 다시 들어오면(재관류[reperfusion]), 숙신산이 빠르게 산화되고 그 전자가 복합체 II로 흘러간다. 이렇게 과도한 전자는 사실상 계를 침몰시키고, 복합체 I에서 NADH의 산화를 방해한다. 그 결과 호흡의 기계장치에 손상을 줄 수 있는 반응성 산소종(reactive oxygen species, ROS)이 갑자기 많이 만들어진다. 내가 설명하기 위해 씨름했던 미토콘드리아의 자기 파괴가 일어나는 것이다. ROS에 대해서는 제6장에서 좀더 생각해볼 것이다.

240

α-케토글루타르산 ⟶ 숙시닐 CoA ⟶ **숙신산** ⟶ **푸마르산** ✕ 말산

부한데도, 이 돌연변이는 세포가 저산소 환경에서 살아남아야 한다고 생각하게 만든다. 나는 푸마르산과 숙신산의 역할이 신호 효과라는 면에서 겹친다는 점을 말하고자 한다. 둘 다 HIF₁ₐ와 그와 연관된 단백질들을 안정화시켜서 한 묶음의 "후성유전학적" 효과를 낸다(어떤 유전자는 조용히 시키고 어떤 유전자는 증폭시킬 수 있다는 뜻이다). 세부적인 부분에서 길을 잃지 말고, 하나만 기억하자. 이 돌연변이들은 산소가 있을 때조차도 해당 과정의 스위치를 활성화시켜서, 즉 바르부르크 효과를 통해서 세포의 성장을 일으킬 수 있다. 초기 동물이 했던 것과 같은 목적을 수행하는 데에 필요한 기계장치는 내내 그 자리에 있었지만, 필요할 때까지 스위치가 꺼져 있었다. 크레브스 회로의 효소에 생긴 돌연변이는 잘못된 맥락에서 이런 기계장치를 작동시키고, (그 스위치는 산소와 연결되어 있지 않기 때문에) 다시 중단시킬 명확한 방법이 없어서 암의 위험이 증가한다.

위험은 증가하지만……확실한 것은 아무것도 없다. 더 많은 것이 요구된다. 숙신산 탈수소효소의 돌연변이는 호기성 해당 과정으로의 전환을 촉진하지만, 그것은 반쪽 이야기에 불과하다. 계속 돈을 따라가보자. 세포의 복제에는 ATP, NADPH, 탄소만 연관이 있는 것이 아니다. 단백질을 위한 새로운 아미노산, RNA와 DNA를 위한 뉴클레오티드를 만들려면 질소도 반드시 필요하다. 대체로 세포에는 약간의 질소가 회전하고 있지만, 체내에서 질소는 아미노산인 글루타민의 형태로 전달된다. 그리고 그것 역시 크레브스 회로와 관련이 있다.

또다른 역전

대부분의 암은 포도당과 글루타민만 있으면 성장할 수 있다. 이 기질들은 암이 필요로 하는 모든 것을 만족시킨다. 그리고 그 둘 중에서……암은 글루타민을 더 좋아한다. 나는 10년 전에 울프슨 연구소의 소장인 살바도르 몬카다와 그의 사무실에서 글루타민과 크레브스 회로에 대해 토론을 했던 기억이 생생하다. 몬카다처럼 약학과 학술 조사라는 두 분야에서 모두 독보적인 인물은 거의 없었다. 암에 대한 문제에 이르기 전, 그는 수십 년간 혈관계를 연구하고 있었다. 그의 연구는 반응성 기체인 일산화질소(NO)가 혈관을 확장한다는 것을 다른 연구소와 동시에 발견하면서 정점에 달했는데, 이 연구를 토대로 만들어진 유명한 발기부전 약이 바로 비아그라이다. 일산화질소는 (바르부르크가 그의 "호흡 발효소"에서 헴 색소를 확인하려고 사용했던) 일산화탄소처럼, 시토크롬 산화효소와 결합하여 호흡을 차단하고 프로그램된 세포 죽음을 조절한다. 이 발견을 계기로 몬카다는 세포 주기의 조절에서 미토콘드리아의 역할을 탐구하게 되었다.

배지에서 암세포를 배양하면 포도당이나 글루타민을 제거할 때 그들의 세포주기에 나타나는 급격한 변화를 확인할 수 있다. 우리가 이야기를 나누었을 즈음, 몬카다는 포도당을 빼앗긴 암세포는 성장을 오래 멈추지 않지만 글루타민을 빼앗긴 암세포는 성공 가능성이 영구적으로 꺾인다는 사실을 막 증명한 참이었다. 당시 그는 손에 분필을 들고 눈을 반짝이면서 크레브스 회로에서 세포기질로 정신없이 뻗어나가는 화살표들을 그리고 있었다. 시트르산 쪽으로 역전되는 유동. 밖으로 나온 다음, 아세틸 CoA와 옥살로아세트산으로 분해. 그 다음에는 피루브산과 젖산. 이 모든 과정이 포도당이 아닌 글루타민에서 시작되었고, 계속 진행되었다. 얼떨떨했지만, 다가올 폭풍에 비하면 그것은 서막에 불과했다. 나는 그 폭풍이 몬카다의 작품이 아니라는 것을 애석하게 생각한다. 그는 얼마 지나지 않아서 UCL을 떠나서 맨체스터 대학교에 신설된 암과학 연구소의 소장을 맡게 되었다. 그러나 나는 글루타민을 생각할 때마다 칠판 앞에서 왔다 갔다 하던 몬카다가 떠오른다. 분자는 이렇게 개성을 얻는다.

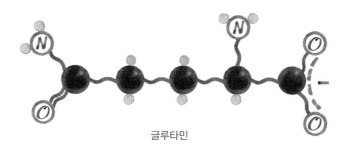

글루타민

이 폭풍의 첫 물결은 2012년에 나브디프 샨델과 랠프 데베라디니스와 동료 연구진이 일으켰다. 그들이 「네이처」에 보고한 결과에 따르면, 미토콘드리아에 결함이 있는 세포는 상습적으로 크레브스 회로의 일부를 거꾸로 돌려서 α-케토글루타르산(C5)을 CO_2와 반응시켜서 시트르산(C6)을 만들었다. 이는 동물에서는 희귀한 탄소 고정 사례로, 태양 없이 일어나는 광합성에 해당했다. 제2장에서 지적했듯이, 이런 반응은 오래 전에 이미 발견되었다. 에스파냐의 위대한 생화학자 세베로 오초아가 1946년에 뉴욕 대학교에서 발견했고, 세균에서는 역 크레브스 회로의 일부로 잘 알려지게 되었다. 그러나 여기에서 특이한 점은 그 규모였다. 이런 역류는 푸마르산 수화효소에 돌연변이가 있는 암세포의 **주된** 양상이며, 더 폭넓게는 전자 전달을 방해하는 약물이나 돌연변이로 인해서 호흡이 손상된 세포에 나타난다. 기억해야 할 것은 손상된 호흡……, 바르부르크의 예측과 대략 비슷하다. 그것도 중요하지만, 우리는 크레브스 회로가 어떻게 거꾸로 돌아갈 수 있는지를 먼저 이해해야 한다.

또다시 암세포는 기존의 기계상지를 이봉한다. 그리고 이 경우에는 자연선택의 영광과 암의 영악함을 동시에 보여주는 멋진 메커니즘을 망가뜨린다. 게다가 이 메커니즘은 NADPH와도 연관이 있다. 수소의 "강력한" 형태인 NADPH가 생합성과 항산화 방어를 일으킨다는 것을 다시 떠올리기를 바란다.

이소시트르산과 α-케토글루타르산 사이의 상호 전환을 촉매하는 효소는 이소시트르산 탈수소효소isocitrate dehydrogenase라고 알려져 있다. 이 효소는 크게 두 가지 형태로 나뉘는데, 두 형태는 각각 다른 유전자에 암호화되어 있다. 기본 형태의 효소는 이름 그대로 작동한다. 이소시트르산에서 NADH의 형태로 2H를 제거하는 것이다. 이 NADH는 이후 복합체 I에서 호흡 용광로에 공급되는데, 이는 전통적인 크레브스 회로이다(320쪽을 보라). 더 흥미로운 것은 이와는 정반대로 행동하는 두 번째 형태의 효소이다. 그러나 이렇게 역방향으로 가는 것(환원)은 더 어렵기 때문에, α-케토글루타르산에 2H를 끼워넣기 위해서는 강력한 NADPH가 필요하다. 그조차도 NADPH가 풍부할 때에만 이런 역방향 단계가 일어날 수 있다. 만약 NADPH가 (NADP$^+$로 산화되고 있어서) 농도가 점점 낮아지면, 이 효소는 정방향(산화)으로 다시 방향을 바꾼다. 그러면 NADH가 아닌 NADPH가 만들어지지만, 기본 형태의 이소시트르산 탈수소효소와 같은 방식으로 작용한다.

그래서 요점은 무엇인지 궁금할 것이다. 방출 밸브release valve와 용수철식 메커니즘spring-loading mechanism을 작동시킴으로써, 우리가 바로 폭발적인 행동을 할 수 있게 한다는 것이다. 우리가 쉬고 있다고 상상해보자(앉아서 이 책을 읽고 있다고 해보자). 그러면 ATP 요구량이 낮을 것이다. 이럴 때 우리의 세포 내에서는 무슨 일이 일어날까? 당신의 미토콘드리아 속에 있는 모든 것은 서로 이어져 있다. 만약 ATP 요구량이 낮으면, ATP는 소비되지 않을 것이다. 이는 ATP 합성효소가 회전을 멈춘다는 의미이다.

따라서 양성자는 ATP 합성효소라는 회전 모터를 통해서 더 이상 흐르지 않고 외부에 그대로 남아 있게 된다. 그러면 막 전위가 지나치게 높아진다. 호흡은 지나치게 높아진 막 전위를 거스르면서 양성자를 퍼낼 수 없으므로, 산소로 전자가 전달되는 속도가 이내 느려진다. 이는 NADH가 산화될 수 없다는 의미이므로, 크레브스 회로도 느려져야 한다. 모든 것이 점점 느려지다가 결국 멈추게 된다. 독서가 문제이다!

이렇게 NADH의 농도도 높아지고 막 전위도 지나치게 높아지면, 전자가 호흡 연쇄를 빠져 나와서 산소와 직접 반응하여 반응성 산소종(ROS)을 형성할 위험이 높아진다. 반응성 산소종은 지질이나 단백질이나 DNA를 손상시킬 수 있다. 나는 전기가 위협적으로 지지직거리는 소리가 들리는 것 같다. 만약 이것이 제임스 본드 영화였다면, 경적이 울리면서 다급한 목소리로 "위험! 시스템 과부하! 건물 밖으로 대피!"라는 말이 반복되었을 것이다. 그러나 걱정 마시라, 폭발은 일어나지 않을 것이다. 진화는 제임스 본드 영화의 평균적인 악당보다는 한 수 위이다.

이런 조건에서는 과도하게 높아진 막 전위를 동력으로 삼아 NADH가 NADPH로 전환되는데, 이 과정은 막에 자리하고 있는 "수소전달효소trans-hydrogenase"(이 효소도 ATP 합성효소처럼 양성자의 흐름을 통해서 동력을 얻는다)를 통해서 일어난다. 수소전달효소는 여분의 NADH에서 2H를 $NADP^+$로 전달한다. 너무 덤덤한 이야기처럼 들려서, 이것이 얼마나 아름답고 간결한 해결책인지 상상조차 하지 못할 수도 있을 것이다. 이런 수소의 이동은 막 전위와 NADH를 동시에 낮추면서, NADPH를 보충하여 항산화 방어를 보강한다. 따라서 수소전달효소는 세 가지 위험 요소(지나치게 높은 막 전위, 과도한 NADH, ROS)를 모두 완화하는 방출 밸브로 작용한다. 그러나 이 메커니즘이 지속되기 위해서는 우리가 $NADP^+$를 다시 만들어야 한다. 그래야만 NADH에서 2H를 계속 받을 수 있다. 그렇게 우리는 빙 돌아서, 이소시트르산 탈수소효소 중에서 NADPH와 연관된 두 번째 형태를 다시 만나게 된다. NADPH의 농도가 높으면 이 효소가 역반응을 일으킨다는 것을 기억하자. 즉, α-케토글루타르산을 이소시트르산으로, 계속해서 시트르산으로 전환한다는 뜻이다. 크레브스 회로를 통한 역류는 $NADP^+$와 NADPH 사이의 균형을 바르게 유지한다. 이 시트르산 이온에서 무슨 일이 일어나는지에 대해서는 곧 다시 알아볼 것이다. 지금은 이것이 세포기질 속으로 내보내져서 지방을 만드는 데 쓰일 수 있다는 것 정도만 알아두자. 독서가 문제이다!

먼저, 만약 ATP에 대한 요구가 다시 생기면, 이를테면 갑작스러운 행동을 해야 한다면 무슨 일이 일어나는지를 생각해보자. 당신은 달리기를 하기로 했다. ATP가 쓰이는 동안, ATP 합성효소는 갑자기 활동을 시작하고 그 회전 모터를 통해서 양성자가 흐른다. 양성자가 다시 내부로 흘러들면서 막 전위는 떨어진다. 이제 NADH는 전자를 호흡 연쇄로 전달할 수 있고, 그래서 NADH의 농도도 떨어진다. NADPH와 NADH 사이의 균형 변화는 수소전달효소의 방향을 바꾼다. 이제 2H는 NADPH에서 NAD^+로 전달되고, NADH의 농도가 높아진다. 양성자 동력에 의지하기보다는 이렇게 역전된 수소전달효소가 양성자를 막 너머로 퍼내면서 막 전위를 다시 충전한다. 여기에 종지부를 찍듯이, NADPH 농도가 떨어지면서 NADPH와 연관된 이소시트르산 탈수소효소도 방향을 바꾼다. 따라서 이제는 두 형태의 효소 모두 이소시트르산을 α-케토글루타르산으로 전환하기 위해서 함께 작용하여, 크레브스 회로가 정방향으로 돌아가게 한다. 이것이 용수철식 메커니즘이다. 간단히 말해서, 폭발적인 움직임이 갑자기 필요하면 크레브스 회로는 여러 개의 엔진을 함께 작동시켜서 출력을 크게 늘린다.

그런데 잠깐! 이 멋진 용수철식 구동 장치에는 약점이 있다. 암세포가 이 장치를 이용한다는 것이다. 우리의 악당은 최후의 수단으로 비열한 속임수를 소매 속에 감추고 있다. 푸마르산 수화효소 같은 크레브스 회로 효소의 돌연변이를 지닌 암세포가 직면한 문제에 대해 생각해보자. 그 돌연변이는 크레브스 회로를 차단한다. 그래서 C6인 시트르산이 평소처럼 "정방향"으로 보충되기가 어려워진다. 나는 지나가는 말로 시트르산이 지방을 만드는 데에 필요하며, 미토콘드리아에서 세포기질로 내보내진다고 말했다. 세포기질에서 시트르산은 C2 아세틸 CoA와 C4 옥살로아세트산으로 분해된다.[6] 아세틸 CoA는 지방산을 만드는 데 쓰이고, 지방산은 세포의 중요한 구성 요소인 막에 필요하므로 암세포의 성장에도 절대적으로 필요하다. 암세포는 시트르산 이온이 필요하다.

이것으로 무엇을 하려고 할지는 아마 짐작할 수 있을 것이다. 크레브스 회로의 정방향 유동이 손상되면, 암세포는 역방향의 유동을 통해서 α-케토글루타르산을 이소시트르산으로 전환한 다음 시트르산을 만들 수 있다. α-케토글루타르산이 어디에서 오는지 궁금할 수도 있을 것이다. 그 답은 "또다른 역전" 단락의 첫 부분으로 다시 우리를 안내한다. 바로 글루타민

---

6 세포기질에서 시트르산을 분해하는 효소는 (동물에서는) ATP 시트르산 분해효소이다. 이 효소는 세균에서 발견되는 효소와 연관이 있으며, 세균은 전형적인 역 크레브스 회로를 돌린다. 태양 아래 새로운 것은 하나도 없다. 흥미롭게도, 식물은 이렇게 하지 않는다. 식물은 보통의 크레브스 회로에서처럼 지방산 합성에 필요한 아세틸 CoA를 피루브산에서 직접 만드는데, 대신 이 작용이 엽록체에서 일어난다. 남세균 같은 공생체(엽록체로 진화했다)를 받아들이는 것은 숙주세포로서는 특별한 물질대사 유전자 세트를 얻는 것이고, 구획화를 통해서 유연성이 더 커지는 것이다. 엽록체를 가진 일부 조류(algae) 세포는 광합성 능력을 모두 잃었지만, (이제는 색소체[plastid]라고 불리는) 엽록체를 어떻게든 유지하면서 다른 용도로 쓰고 있다. 유명한 사례로는 엽록체에서 유래한 색소체를 가지고 있는 말라리아 기생충인 플라스모디움 팔키파룸(Plasmodium falciparum)이 있다. 이 기생충은 내부 공생체였던 조류에서 유래한 유전자의 일부를 지니고 있는데, 이 유전자가 항말라리아제를 만들기 위한 흥미로운 표적이 되고 있다(우리에게는 조류에서 유래한 유전자가 없기 때문에 부작용이 일어날 가능성이 낮다).

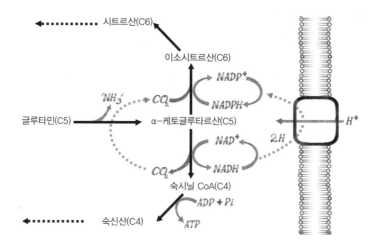

글루타민이 암의 성장을 지속시키는 방법 : "NH₃"는 암모니아로 버려지거나 아미노산으로 이동해서 뉴클레오티드의 합성에 이용될 수 있다. α-케토글루타르산은 (생합성을 위한) 시트르산과 (바르부르크 효과를 지탱하는) 숙신산을 형성할 수 있다. 막 속에 자리하고 있는 효소는 수소전달효소이다. 이 효소는 막 전위가 있는 한 NADH에서 NADPH를 재생한다.

이다. 글루타민은 암세포가 자라기 위해서 꼭 필요한 아미노산이다. 이 C5 아미노산에서 다른 아미노산과 뉴클레오티드를 만들기 위해서 질소가 전달될 때, 남게 되는 탄소 골격이 C5 α-케토글루타르산이다. 고농도의 글루타민은 α-케토글루타르산의 농도를 증가시켜서 크레브스 회로를 역방향으로 돌아가게 한다. 이소시트르산 탈수소효소에서 NADPH와 연관된 형태에 일어난 돌연변이는 암세포에서 이런 방향의 역전을 강화하지만, 이미 암세포에 이로운 유동 속에 들어가 있기 때문에 이 돌연변이는 선택을 받는다. 돌연변이는 이 효소를 계속 역방향 상태에 갇혀 있게 해서, 암세포의 성장을 지탱하는 시트르산을 계속 만들게 한다. 전체적으로 볼 때, 글루타민에서 유래하는 유동은 위의 그림과 비슷하다.

우리는 기이한 상황에 남겨져 있다. 이 상황에서는 크레브스 회로의 많은 부분에서 유동이 거꾸로 돌아가고 있다. 교과서에 있는 규범적인 그림과 같은 것은 없다. 이제 이 회로는 ATP 합성을 하기는커녕, 숙신산과 시트르산을 미토콘드리아에서 세포기질로 내보내고 있다. 이 물질들 모두 성장을 "켜짐" 상태로 유지하는 레버를 강하게 누르고 있다. 숙신산이 바르부르크 효과를 어떻게 촉진하는지는 이미 확인했으므로, 이제 시트르산이 무엇을 하는지 알아보도록 하자.

크레브스 교차로에서 좌회전(또는 우회전)

일단 세포기질로 내보내진 시트르산은 C2 아세틸 CoA와 C4 옥살로아세트산으로 분해된다. 아세틸 CoA는 지방산 합성에 쓰이지만, DNA에 대한 접근을 조절하는 단백질인 히스톤histone과도 결합한다. 그러면 많은 유전자의 스위치가 켜질 수 있는데, 이것이 아세틸화acetylation라고 알려진 "후성유전학적 스위치"이다. 스위치가 켜진 유전자는 세포의 성장과 증식을 일으킨다. "성장해!"라고 말하는 또다른 신호인 것이다. 이런 후성유전학적 스위치는 맥락에 의해서 강화된다. 시르투인sirtuin이라는 효소 무리는 아세틸기를 떼어내어 성장 신호의 스위치를 끄는 작용을 한다. 그러나 시르투인의 활성은 NADH의 이용 가능성에 따라 달라진다. 시기가 좋지 않아서 양분에서 나오는 NADH가 거의 없으면, 시르투인은 보통 성장과 성 발달을 중단시킨다. 반대로 우리가 너무 많이 먹고 운동을 하지 않아서 NADH가 쌓이면, 시르투인이 억제된다. 더 이상 아세틸기를 떼어내지 않음으로써 성장 신호가 지속될 수 있게 한다. 암에서의 문제는 역 크레브스 회로의 유동이 같은 신호를 유발한다는 것이다. 암세포에는 호기성 해당 과정에서 나온 NADH가 많고, 시트르산에서 나온 아세틸 CoA가 많기 때문이다. 따라서 성장 스위치가 계속 켜져 있게 된다.

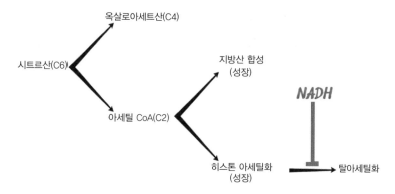

미토콘드리아에서 나온 시트르산이 후성유전학적 스위치를 통해서 성장을 일으킬 수 있는 방법. NADH가 풍부하면 시르투인이 억제된다. 일반적으로 시르투인은 히스톤에서 아세틸기를 떼어내는 탈아세틸화deacetylation를 통해서 성장 신호의 스위치를 끄기 때문에, 아세틸 CoA와 NADH가 결합된 효과는 성장을 촉진한다.

시트르산의 또다른 분해산물은 옥살로아세트산이며, 이것도 똑같이 중요하다. 옥살로아세트산은 물질대사에서 독특한 교차로에 위치하고 있는데, 이 교차로에서는 거의 모든 방향이 암에 유리하다. 즉 옥살로아세트산이 많을수록 암이 생기기 쉽다는 뜻이다. 선택할 수 있는 길은 조금 당황스러울 정도로 많다(다음 쪽의 그림을 보라). 질소를 얻으면 아스파르트산aspartate이라는 아미노산이 되는데, 아스파르트산은 뉴클레오티드 합성에 쓰이거나 요소를 형성한다(1932년에 크레브스에게 처음 명성을 안겨준 요소 회로urea cycle를 거친다). 또는 C4 말산으로 전환될 수도 있다. 그런 다음 말산 효소malic enzyme에 의해서 CO_2와 2H가 제거되면 C3 피루브산이 만들어지고, 생합성에서 (황금같이 귀하고) 강력한 NADPH도 함께 만들어진다. 피루브산에서는 젖산이 만들어지고, 이 젖산은 폐기물로 씻겨나갈 수 있다. 암세포에 의해 배출되는 젖산의 대부분은 이런 방식으로 글루타민에서 유래한다. 또는 피루브산이 아세틸 CoA로 분해될 수도 있다. 그리고 우리는 그것이 일으킬 수 있는 대혼란을 이미 확인했다.

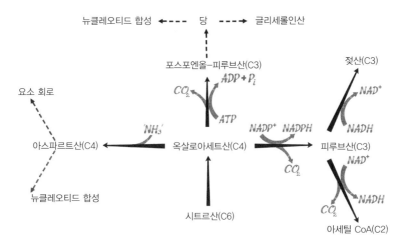

크레브스 회로의 교차점인 옥살로아세트산은 물질대사의 교차로에 있다. 옥살로아세트산에서는 질소나 당 대사로 이어지는 경로로 갈 수도 있고, 생합성과 항산화 방어를 위한 NADPH를 만드는 경로로 갈 수도 있다. 이곳은 에너지 물질대사에서 중요한 교차로이다. 크레브스가 옥살로아세트산이 어떻게 되는지를 왜 확신하지 못했는지 알 만하다.

아직 선택할 수 있는 길은 더 있다. CO_2를 떼어낸 다음 인산 하나를 붙여서 C3 포스포엔올−피루브산을 만들 수도 있다. 포스포엔올−피루브산은 포도당 신생합성을 거쳐서 당을 합성하는 시작점이다. 아주 오래된 물질대사의 또다른 근간이 되는 경로인 포도당 신생합성은 대략 해당 과정의 역반응이며, 포도당을 만든다. 잠깐만……, 우리는 포도당을 태우고 싶어하지 않는 것일까? 그렇다! 포도당은 다른 당, 특히 RNA와 DNA에 필요한 리보오스ribose와 디옥시리보오스deoxyribose를 만드는 시작점이며, (앞에서 언급한 5탄당 인산 경로를 통해서) 더 많은 NADPH를 만들 수도 있다. 게다가 포도당으로 가는 경로에는 다른 유용한 중간산물이 가득하며, 무엇보다도 C3 당인 글리세르알데히드인산이 있다. 글리세르알데히드인산은 글리세롤인산glycerol phosphate을 만들기 위한 시작점이다. 글리세롤인산은 지방산과 결합하여 세포막의 중요한 성분인 인지질을 형성한다. 막이 없이는 성장을 할 수 없다.

글리세롤인산도 똑같이 중요한 다른 용도가 있다. 이것은 크레브스 회로와 상관없이 미토콘드리아에서 막 전위를 만들 수 있다. 방식은 이렇다. 글리세롤인산에서 2H가 분리되고, 이 2H는 미토콘드리아의 바깥쪽에서 호흡 연쇄의 복합체 III에 공급된다. 이 전자들은 보통의 방식으로 산소로 전달된다. 글리세롤인산은 (세포기질에 있는 NADH에서) 계속 2H를 얻음으로써 재활용될 수 있다. 전체적으로 볼 때, 이런 예사롭지 않은 형태의 호흡은 세포기질 속에 있는 NADH를 산화시켜서 그 전자를 산소로 전달하고, 호기성 해당 과정의 힘을 보강한다. 이런 방식으로 퍼낼 수 있는 양성자는 6개뿐이지만(그래도 ATP 몇 개는 너끈히 만들 수 있다), 두 가지 큰 장점이 있다. 첫째, ATP를 덜 만드는 것이 앞에서 우리가 본 것처럼 성장하고 있는 세포의 요건과 더 잘 맞고, 필요가 없을 때는 회로의 스위치를 쉽게 끌 수 있다. 대부분의 조직은 대체로 이 메커니즘을 통해서 그들이 필요로 하는 에너지를 거의 다 얻을 수 있다. 아마 수십 년에 걸쳐 그럴 것이다. 둘째, 이런 지엽적인 회로는 수소전달효소가 미토콘드리아 내부에서 NADPH를 형성하도록 유도해서 크레브스 회로를 통한 역방향 유동을 유지하게 할 수 있다. 종합하면, 크레브스 교차점에서 당신의 선택은 251쪽의 그림과 같을 것이다.

의심할 여지없이, 암세포는 글루타민에 중독되어 있다! 글루타민은 포도당이 할 수 있는 일은 무엇이든지 할 수 있고, 질소도 제공할 수 있다. 심지어 글루타민은 자기 충족적 예언self-fulfilling prophecy처럼 작용하기도 한다. 앞에서 나는 옥살로아세트산의 용도 중 하나가 요소 회로를 위한 아스파르트산을 만드는 것이라고 말했다. 사실 요소 회로는 이 중에서 유일하게 암세포에 아무 쓸모가 없는 경로이다. 오히려 그 반대이다. 글루타민에서 유래하는 많은 질소가 암세포에서 아미노산이나 뉴클레오티드에 결합

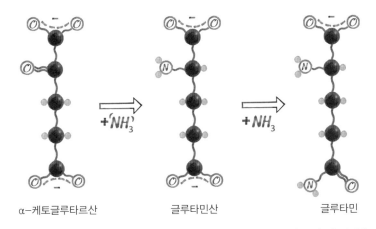

α-케토글루타르산　　　　　　글루타민산　　　　　　글루타민

α-케토글루타르산에서 글루타민의 형성. 글루타민산을 만드는 데 쓰인 첫 번째 "NH₃"
는 아미노산에서 유래한 반면, 두 번째 NH₃는 암모니아에서 직접 유래했다는 점에 주목
하자.

하지도 않고, 폐기물로 안전하게 요소에 통합되지도 않고, 독성이 있는 암
모니아의 거품이 되어 사라지는 것은 오랫동안 수수께끼였다. 어느 오싹
한 시나리오에서는 암세포 속 글루타민에서 방출되는 암모니아가 멀리 떨
어져 있는 근육에서 단백질 분해를 촉진하는 것으로 추측한다. 이것이 가
능한 이유는 글루타민이 특이하게 아미노기를 2개 가지고 있기 때문이다.
암모니아를 없애기 위해서, 근육에서는 단백질이 분해되면서 아미노산이
방출된다. 이 아미노산에서 유래한 질소는 α-케토글루타르산으로 전달되
어 글루타민산glutamate을 형성하고, 글루타민산은 여분의 암모니아와 결
합하여 2개의 아미노기가 있는 글루타민을 형성한다. 그런 다음 이 글루타
민은 혈관을 타고 곧장 암으로 돌아온다(위의 그림을 보라).

　종합하자면, 혈관을 돌아다니는 암모니아의 농도가 증가하면 근육의
분해를 통해서 새로운 글루타민을 합성하여 이를 제거한다. 악액질cachexia
이라는 의학 용어 뒤에는 이런 사정이 숨어 있다. 이는 암의 가장 끔찍한
참상 중 하나이다. 이 질병은 우리의 구조 자체를 갉아먹는다. 더 바람직

한 이익을 무시하고, 자신의 이기적인 성장을 위한 연료로 쓰기 위해서 우리의 몸이라는 노천 광산을 방탕하게 허비하는 것이다. 암의 관점에서 보면, 악액질은 언제나 공짜 글루타민을 풍부하게 공급한다. 가장 고약한 환경오염을 일으키는 사람들에게 화석연료를 공짜로 공급하는 셈이나 마찬가지이다. 암세포는 종종 요소 회로 관련 유전자에서 돌연변이를 획득한다. 그렇게 되면, 더 많은 질소가 요소 대신 암모니아가 되어 펑펑 쓰이면서 이런 사악한 회로가 촉진되고, 동시에 더 많은 아스파르트산이 RNA와 DNA를 위한 뉴클레오티드로 전환된다. 만약 어떤 회로가 사악하다고 불릴 수 있다면, 이것이 바로 그런 회로이다.

암세포가 교과서적인 물질대사 유동을 회피할 수 있는 방법은 이외에도 많다. 공통된 양상 같은 것은 없지만, 내가 여기에서 묘사한 것은 사람이 암에 걸렸을 때 나타날 수 있는 "전형적인" 암 물질대사에 가깝다고 할 수 있다. 암세포는 무엇을 먹고 어디에 있는지에 따라서 자라는 방식이 다르다. 심지어 하나의 종양 속에 있더라도 다를 수 있다. 이를테면, 어떤 암세포는 젖산을 폐기물로 방출하지만, 다른 암세포는 젖산을 받아들인다. 젖산으로는 피루브산을 만든 다음, 옥살로아세트산과 아세틸 CoA를 만들 수 있다. 내가 지금 설명한 것은 다 가능하지만, 그러려면 이 세포들이 어딘가에서 질소를 얻어야만 한다(그리고 정상적인 크레브스 회로의 유동이 일어날 가능성이 더 높다).[7] 어떤 경우든 그 규칙은 항상 "돈을 따라간다"

---

7 저자가 아무리 계획을 잘 세워놓아도, 책은 그 계획을 거스르며 저만의 방향으로 가려는 경향이 있다. 나는 이 장에 리 스위트러브의 연구를 담고 싶었지만, 안타깝게도 각주로 넣을 수밖에 없었다. 내가 이 책에 쓰고 싶었던 내용들 중에서 실제로 책에 들어간 것은 아마 10분의 1에 불과할 것이다. 스위트러브의 2010년 논문 「단순한 순환이 아닌 것 : 식물에서 TCA 회로의 유동 방식(Not just a circle: Flux modes in the plant TCA cycle)」을 보고, 나는 크레브스 회로를 통하는 유동의 엄청난 다양성에 눈을 떴다. 그 유동은 모두 성장과 관련되어 있으며, 암과의 연관성이 대단히 컸다. 그

는 것이다. 어떤 특별한 기질이 주어질 때, 암세포는 NADPH, ATP, 질소, 탄소 골격 사이의 올바른 균형을 어떻게 찾아서 성장을 일으킬 수 있을까? 암세포가 다루기 까다로운 유일한 기질은 아마 케톤ketone일 것이다. 케톤은 저장된 지방을 분해하거나 "케톤 식이ketogenic diet"를 통해서 얻은 아세틸 CoA에서 형성된다. 우리의 생리학은 케톤체를 굶주림과 연결시키기 때문에, 케톤의 존재는 성장 신호를 꺼지게 하는 경향이 있다. 또한 케톤은 (비록 C3 중간산물인 아세톤을 거쳐야 하지만) 지방에서 교묘하게 당을 만드는 것으로도 악명이 높다. 그러나 이런 물질대사의 장애물도 암세포는 충분히 극복할 수 있다.

지금까지 나는 암이 기본적으로 물질대사 질환임을 암시하는 이야기를 해왔다. 그런데 만약 물질대사가 문제라면, 한 세포를 실제로 암이 되게 하는 것은 무엇일까? 아마 지금쯤이면 당신도 근원적인 문제는 "성장

러나 내가 놀란 이유는 따로 있었다. 그것이 동물이 아니라 식물에 대한 이야기였기 때문이다. 식물은 미토콘드리아에서 만드는 ATP를 그다지 필요로 하지 않는다. 엽록체에서 광합성을 통해서 다량의 ATP를 만들 수 있기 때문이다. 그러나 성장을 일으키기 위해서는 이 장에서 설명한 것처럼 크레브스 회로에서 만들어지는 탄소 골격이 있어야 하므로, 식물도 여전히 미토콘드리아가 필요하다. 사실, 식물은 종종 동물과 다른 방식으로 문제를 해결한다. 식물은 (다른 산화 효소나 짝풀림 단백질을 이용한) 호흡 연쇄의 "짝풀림"에 의해서 크레브스 회로를 통한 정방향 유동의 속도를 높여서 ATP보다는 열을 내는 경향이 있다. 당연히 동물도 이렇게 할 수 있다. 그러나 과도한 열은 암세포를 죽일 수 있을지는 모르지만, 인간도 죽일 수 있다. 어쨌든 식물 과학자들은 일상적으로 크레브스 회로를 ATP 합성보다는 생장이라는 면에서 생각하고 있었다. 대부분의 암 생물학자들이 그런 식의 생각을 시작하기 오래 전부터 그래왔다. 과학에서 참신한 발상은 종종 예기치 못한 곳에서 나온다는 것을 결코 잊어서는 안 된다. 인간의 암에 대한 연구에만 자금이 집중된다면, 식물 과학자들의 심오한 통찰들을 놓칠 가능성이 있다. 비슷한 방식으로, CRISPR라는 유전자 편집 기술이 바이러스 감염에 대한 세균 면역을 연구하는 과학자들에 의해서 발견되었다는 것을 기억하자. 세균에 면역 체계가 있다는 것을 누가 알았겠는가?

하라!"는 잘못된 명령을 끊임없이 외치고 있는 환경에 있음을 인정할 것이다. 독성 환경은 돌연변이, 감염, 낮은 산소 농도에 의해서 유발될 수 있지만……, 나이 자체와 연관된 물질대사 저하에 의해서도 나타날 수 있다. 나이는 단일 요인으로는 가장 큰 암 위험 요인이라는 점을 기억하자. 바로 이 것이 내가 크레브스 회로를 통한 역방향 유동에 대해서 그렇게 많은 이야기를 한 가장 큰 이유이다. 나는 암의 사례들을 낱낱이 설명하려는 것이 아니라, 나이가 들수록 왜 암의 위험이 증가하는지를 설명하고자 한다. 우리 모두 결국에는 나이를 먹기 때문이다.

밀물

그런데 왜 나이가 들수록 암에 걸리기가 더 쉬워지는 것일까? 나는 이 장을 시작하면서 그 해답이 나이에 따른 돌연변이의 축적에 있지 않다고 말했다. 수십 년간 우리가 알게 된 바에 따르면, 돌연변이는 충분히 빠르게 축적되지도 않고 알려진 암의 양상들을 설명하지도 않는다. 물론 돌연변이가 암을 유발할 수는 있다. 특히 젊은 환자(암에 걸리기 쉬운 유전자를 물려받았을 가능성이 더 높은 사람)나 흡연자의 경우가 그렇다. 암에서는 확실히 돌연변이가 축적된다. 그리고 앞에서 다룬 크레브스 회로의 돌연변이를 포함한 그 돌연변이들을 통해서, 우리는 관련 경로들에 대한 상세한 이해를 얻을 수 있었다. 그러나 돌연변이는 나이가 들수록 유기체가 더 쉽게 암에 굴복하는 이유를 알려주지는 않는다. 쥐, 인간, 코끼리 할 것 없이, 그것은 나이 듦 자체의 문제이다.

당신은 몇 살인가? 지금도 열여섯 살 때처럼 거리를 한달음에 뛰어갔다가 뛰어올 수 있는가? 올림픽 출전 선수들조차도 나이를 이길 수 없다. 이 책은 노화에 대한 책은 아니지만, 다음 장에서는 노화와 관련된 메커니즘을 살짝 다룰 것이다. 그러나 지금은 딱 하나, 에너지 수준에 대해서만 생각해보자. 나이가 들수록 우리의 호흡 능력은 서서히 감퇴한다. 아주 미미하지만 가차 없이 진행된다. 호흡률은 호흡 복합체 중에서 가장 크고 가장 복잡한 복합체 I에서 가장 많이 저하된다. 복합체 I의 호흡률 저하는 두 가지 이유에서 중요하다. 첫째, 복합체 I은 미토콘드리아에서 반응성 산소종(ROS)의 주요 급원이며, ROS가 빠져 나가는 속도(ROS 유동)는 나이가 들수록 조금씩 증가하는 경향이 있다. 다음 장에서는 ROS 유동 증가가 복합체 I의 억제를 통해서 어느 정도 상쇄될 수 있음을 확인할 것이다. 이는 우리를 두 번째 문제점으로 안내한다. 복합체 I은 호흡 연쇄를 통과하는 긴 경로의 시작점이며, 크레브스 회로에서 유래하는 NADH가 호흡 연쇄로 들어갈 수 있는 유일한 지점이다. NADH에서 유래한 전자들이 들어와서 산소까지 전달되는 동안, 10개의 양성자가 방출된다. 우리는 제1장에서 이 양성자로 ATP 3개(그리고 조금 더)를 충분히 만들 수 있다는 것을 확인했다. 따라서 나이가 들면서 복합체 I의 활동이 감퇴된다는 것은 NADH의 산화가 더 이상 쉽지 않다는 의미이다.

NADH가 미토콘드리아 속에 축적되기 시작하면 무슨 일이 일어날지 생각해보자. 먼저 크레브스 회로가 느려질 것이고, 부분적으로 거꾸로 돌아가려는 경향이 생길 것이다. NADH가 충분히 빠르게 산화되지 않으면, NADH를 생성하는 반응이 반대 방향으로 밀리는 경향이 있기 때문이다. 그러면 무슨 일이 일어날까? 크레브스 회로의 아주 오래된 환원 갈래는 보통 산소 농도가 낮을 때 작용한다. 방향이 뒤집히면서⋯⋯옥살로아세트산에서 말산, 푸마르산, 숙신산 순으로 전환된다. 숙신산이 축적되고, 이것이 산소가 부족하다는 신호를 보낸다. 실제로 산소 부족은 없다. 가짜 뉴스이다. 그러나 호흡에서 무엇인가가 부족할 때 보내는 신호는 본질적으로 같다. 해당 과정을 상향 조성하라. 포도당을 발효하라. 바르부르크를 하라는 신호이다.

한편, 시트르산에서 α-케토글루타르산과 숙시닐 CoA로 흐르는 정방향 유동도 느려져야 한다. 정방향의 회로를 통해서 더 이상 나아가지 못하면, 시트르산은 세포기질에 흩어져서 아세틸 CoA와 옥살로아세트산으로 분해된다. 핵 속 DNA로 가는 문지기인 히스톤은 아세틸화된다. 후성유전학적 스위치가 눌리면서 성장과 세포 증식과 염증이 촉진된다. 국지적인 염증은 그 주변 조직을 손상시킬 수 있지만, 만약 염증이 지속된다면 식욕이 저하되고 근육이 더 광범위하게 약화될 것이다. 단백질 섬유가 분해되어 아미노산이 방출되기 시작하고, 아미노산은 글루타민의 형태로 몸 곳곳으로 보내져서 다른 목적에 쓰인다. 이제 CO_2가 고정되기 시작하고, 크레브스 회로의 다른 부분에서도 방향이 뒤집힐 것이다. 아이러니하게도, 당신은 CO_2를 흡수하고 그것을 지방으로 바꿈으로써 살이 찔 것이다. 인생은 참으로 불공평하다.

아마 내 몸도 이런 상태일 것이다. 그러나 내가 아는 한, 나는 아직 암에 걸리지는 않았다. 하지만 아무도 모를 일이다. 내가 암을 걱정하는 이유 중 하나는 나의 절친한 친구인 이언 애클랜드스노가 2019년에 암으로 세상을 떠났기 때문이다. 당시 그의 나이는 쉰여섯으로, 나보다 한두 살 더 많았다. 우리는 로열 마스든 병원의 정원에 함께 앉아 있었고, 그는 그곳에서 최고의 치료를 받고 있었다. 이언 자신도 의사였으며, 의학 교육 분야에서 일하고 있었다. 그는 쉼 없이 탐구하는 지력과 열정적인 에너지와 온방을 환하게 밝히는 웃음을 지닌 사람이었고, 어떻게 글을 쓰고 생각을 해야 하는지에 대해 내게 많은 것을 가르쳐주었다. 그는 생기가 넘치고 늘 활동적이어서 재미로 산악 달리기를 하는 사람이었다. 그는 자신의 생존 확률을 예리하게 인지하고 있었고, 그가 받는 치료에 대해서는 우리가 무엇을 알고 무엇을 모르는지를 정확히 파악하고 있었다. 그러나 가늠하기 어려운 것들이 얼마나 많은지, 기본적인 질문에 대해서조차도 불확실성이 얼마나 큰지도 잘 알고 있었다. 그런 모든 질문에 답을 할 수 있고 암 진단을 두려움 없이 마주하게 되려면 갈 길이 멀다. 그동안 우선은 내 차례가 왔을 때 나도 이언처럼 굳은 의지와 유머 감각을 발휘할 수 있었으면 좋겠다.

왜 하필 이언이었을까? 어떤 사람은 수십 년 동안 담배를 피우고 채소는 입에도 대지 않아도 90세까지 살기도 하는데? 내게도 통계보다 나은 답은 없다. 나이가 드는 것 자체가 우리의 암 위험을 높인다. 물질대사를 호기성 해당 과정 쪽으로 바꿈으로써 세포 성장을 촉진하는 것이다. 그러나 확실히 이 상태는 수십 년 동안은 안정적이다. 그후에는 우리 자신의 삶에 의해서 좌우된다. 불운한 유전자, 한 개비도 너무 과한 담배, 부실한 식단, 햇볕에 심하게 타는 것, 바이러스 감염 같은 것들로 인해 "성장하라!"는 명령에 초점이 맞춰지면, 허용적인 물질대사의 맥락 속에서 그 명령이 실행된다. 만약 이 장에서 내가 주장한 것이 옳다면, 우리가 할 수 있는 최선은 우리의 미토콘드리아 활성을 유지하는 것이다. 꾸준히 운동을 해야 한다. 숨을 깊게 들이쉬어야 한다. 먹는 것에 신경을 써야 한다. 발효에 의지하지 말고, 가능한 한 미토콘드리아 속 NADH를 산화시켜야 한다. 우리의 크레브스 회로가 정방향으로 계속 돌아가게 해야 한다. 그 무엇도 안전을 보장하지는 않지만, 규칙적인 유산소 운동과 건강한 식사는 암 예방에 도움이 될 것이다. 내 조언은 우리의 미토콘드리아를 잘 보살펴야 한다는 말이다. 세포 호흡을 멈추게 해서는 안 된다. 우리가 나이가 들면 느려진 세포 호흡이 암의 잠재적인 원인이 된다. 우리의 세포가 어떤 퇴화 상태로 바뀌기 때문이 아니라, 호흡의 감소가 크레브스 회로를 교란시키기 때문이다. 모든 추론이 옳았던 것은 아니지만, 어쨌든 바르부르크는 옳았다. "순순히 어두운 밤을 받아들이지 말라…… 빛이 꺼져감에 분노하고 또 분노하라."

6

유동 축전지

"그렇다면 나는 어떻게 설명할 거요?" 청중석에서 나온 그 질문은 무대에 서 있는 "전문가"를 완전히 초토화시키려는 듯 수류탄처럼 높이 던져진다. 나도 이런 질문을 한 번 이상 받아본 적이 있는데, 그 질문자는 대개 평생 담배를 피우고 수십 년 동안 어떤 형태의 운동도 하지 않는 남성 노인들이다. 나는 그들이 내 말을 들었는지, 아니면 연사를 당혹스럽게 하려고 그 자리에 나타난 것인지 모르겠다. 당연히 과학은 특별한 사례에 대한 설명보다는 통계적 일반화를 더 잘 한다. "좋은 유전자" 덕분이라고 간단히 대충 답해줄 수도 있겠지만, 이런 답은 "운명이 당신에게 미소를 지었다"는 말보다 별로 나을 것이 없다. 당연히 질문자도 그것을 알고 있다. 수류탄에서 오만이 폭발한다.

사실 여기에는 우리 모두에게 적용되는 일반적인 것과 특수한 것에 대한 깊은 문제가 있으며, 그것 때문에 삶이 견딜 만한 것인지도 모른다. 우리는 누구나 나이를 먹는다. 그것은 완벽하게 일반화할 수 있는 현상이다. 나이가 들면 우리 모두는 이런저런 질병에 굴복한다. 어떤 사람은 암, 어떤 사람은 알츠하이머병, 어떤 사람은 심장마비나 뇌졸중이나 류머티즘 관절염으로 고통을 받는다. 어떤 사람은 정맥류도 하나 없이 잠을 자다가 평화

261

롭게 죽는다. 각자에게 어떤 운명이 닥칠지는 아무도 모른다. 확실히 우리는 세심한 식단, 운동, 명상, 심지어 냉수 목욕 같은 것으로 우리의 운명에 영향을 줄 수는 있지만, 우리 각자가 어떤 마지막 순간을 맞게 될지는 복권 추첨과 비슷한 면이 있다. 만약 그렇지 않다면, 즉 우리의 죽음에 대해 그 원인과 예정된 시간을 알고 있다면, 나는 삶이 견디기 어려울 것이라고 생각한다. 적어도 이런 면에서는 모르는 것이 약이다.

그래도 모범 답안은 있다. 우리 유전자에 뿌리를 두고 있는 그 답을 내놓은 인물은 위대한 면역학자인 피터 메더워이다. 메더워는 우리가 늙는 이유는 우리에게 배정된 시간보다 더 오래 살기 때문이라고 말했다. 그 시간을 배정하는 것은 신이 아니라 자연선택의 통계적 법칙이다. 어느 순간 우리는 버스에 치이거나 곰에게 먹히거나 체내의 바이러스에 의해서 파괴될 것이다. 자연선택은 우리가 자손을 남길 가능성이 있는 시기에 자원을 집중시키는 편이 더 좋았을 것이다. 올 확률이 거의 없는 시기를 준비하는 것은 의미가 없다. 그래서 우리의 유전자는 선택에 의해서 젊은 시기에 적합도를 최적화하는 쪽으로 다듬어졌고, 나이가 들수록 선택의 내구력은 점점 더 약화된다. 유전자에 생긴 해로운 변이는 삶의 초반기에 영향을 미친다면 선택에 의해서 제거되겠지만, 나이가 들수록 제거될 가능성이 낮아진다. 확실히 150세에 해를 끼치는 유전자는 선택을 통해서 제거될 수 없다. 그 나이까지 살아남을 수 있는 사람은 거의 없기 때문이다. 메더워에 따르면, 70세나 80세에 해를 끼치는 유전자 변이에도 같은 원리가 적용된다. 역사적으로 그 나이까지 살았던 사람은 드물었기 때문이다. 영향력은 조금 덜하지만, 헌팅턴병처럼 우리가 40대와 50대일 때 해를 끼치는 유전자 변이에도 같은 원리가 적용된다. 이런 교과서적 관점에서 보면, 노화와 노년기의 질병은 뒤늦게 발현되어 우리에게 해를 끼치는 유전자가 정체를 드러내는 것에 지나지 않는다. 이 개념은 우리 모두가 늙지만 왜 각자 다른 노년의 질환으로 고생하는지에 대해서 깔끔한 설명을 제공한다. 선택의 힘은 나이와 함께 보편적으로 작용하지만, 우리는 각자 손에 쥔 나쁜 패와 씨름하고 있다. 유전자, 더 정확히는 대립유전자對立遺傳子, allele의 변이는 우리에게 저마다 독특한 조합의 개인적 불행을 가져다준다.

이 모든 것은 사실이며, 현대 의학을 지탱하는 진화생물학적 그림이 있다면 바로 이것이다. 다양한 대립유전자는 나이와 연관된 다양한 질환의 원인이 된다. 그런 대립유전자는 기본적으로 특정 기관계에 영향을 주고, 우리를 쇠퇴하게 만드는 이런저런 기관계의 성향이 된다. 이와 같은 대립 유전자의 영향은 수백, 아니 수천, 심지어 수백만 가지의 다른 유전자 변이에 의해서 상쇄되거나 악화된다. 종종 변이는 DNA의 여기저기에서 생기는 단 하나의 문자 변화로도 일어나는데, 이런 변이를 단일 뉴클레오티드 다형성single-nucleotide polymorphism 또는 SNP(“스닙”이라고 발음한다)이라고 한다. 평균적으로 우리의 DNA에는 염기 1,000개당 1개꼴로 SNP이 있다. 이는 인간 유전체 전체에 걸쳐서 400만-500만 개의 염기가 (다양한 조합으로) 다르다는 것을 의미한다. 이 중에서 특정 질환에 걸릴 위험에 영향을 줄 가능성이 있는 것은 그리 많지 않지만, 특정 질환을 일으킬 위험이 어느 정도 있는 특별한 SNP은 전장 유전체 연관 분석genome-wide association study(줄여서 “GWAS”)을 통해서 밝혀낼 수 있다. 나는 유전체가 아주 거대한 만화경이라고 생각한다. 저마다 독특하게 일렁이는 유전자 변이라는 무늬는 우리의 개체성을 형성하고, 우리의 죽음을 만들어낸다.

그러나 (늘 그렇지만) 이런 관점에도 몇 가지 심각한 문제가 있다. “우리에게 주어진 시간”을 생각해보자. 가장 일반적인 의미로는 연대순으로 시간을 측정하는 것이다. 우리의 수명은 특정 연도에 우리가 살아남을 가능성으로 결정된다. 우리의 체격, 생활방식, 포식자나 감염에 대한 취약성 따위에 의해서 결정되는 통계적 위험이다. 이것은 우리의 유전자에 쓰여 있다. 만약 우리가 (사회의 경이로운 보호를 받으면서) 예상 연대보다 더 오래 살면 우리를 안에서부터 갉아먹는 무자비한 망령의 소용돌이에 시달리게 된다는 뜻이다. 이런 노년의 시달림을 없애겠다는 것은 수백, 수천, 어쩌면 수백만 개의 SNP의 효과에 맞서는 것일 텐데, 이는 바위를 산 위로 굴리는 시시포스의 일이나 다름없다. 엄밀하게 말해서 불가능한 일은 아니지만, 적어도 가공할 만한 일이다.

그래서 약간의 유전자로 선충이나 파리 같은 단순한 동물의 수명을 2배나 3배로 늘릴 수 있다는 1990년대의 발견은 충격으로 다가왔다. 심지어 생쥐의 수명도 늘릴 수 있었다. 이 책에서 상세하게 다룰 수는 없지만, 몇 가지 일반적인 요점을 짚고 넘어가고자 한다. 첫째, 나이가 든다는 현상은 우리에게 믿음을 준 메더워의 관점처럼 그렇게 다루기 어려운 것은 아니다. 몇몇 유전자의 작은 변화로 망령들을 몽땅 물리쳐서, 적어도 한동안은 우리를 안에서부터 갉아먹지 않게 할 수 있다. 둘째, 이런 회춘 효과는 드물거나 특이한 대립유전자에 의존하지 않는다. 열량 제한을 통해서 상당히 비슷한 효과를 얻을 수 있지만, 붉은털원숭이rhesus monkey나 인간 같은 큰 동물에서는 결과가 조금 더 모호하다. 그러나 내 요점은 같다. 늦게 작용하는 유전자들의 효과가 완강해 보여도, 생리학적 변화로 쉽게 덮어쓸 수 있다는 것이다. 셋째, 이와 비슷한 현상은 섬과 같은 곳에서 포식자 없이 살아가는 동물 개체군에서도 볼 수 있다. 수명은 놀라울 정도로 유연하다. 몇 세대 안에 2배나 3배로 늘어날 수도 있다. 완강한 망령들은 지평선 너머로 사라진다. 노화는 완강하면서도 유연하다는 이 역설을 가장 간단하게 설명하자면, 수명은 연대기적 시간이 아닌 **생물학적** 시간으로 측정된다는 것이다. 우리가 확인하게 될 것처럼, 이 단위들은 햇수가 아니라 어느 정도 유동을 통해서 계산된다.

노화에 대한 유전학적 결정론의 관점은 다른 면에서도 단점이 있다. 이 문제는 "사라진 유전율missing heritability"이라고 알려져 있다. "유전율"은 개체 사이에 나타나는 물리적 차이("표현형phenotype")에서 유전 인자로 설명될 수 있는 부분의 비율을 가리키는 용어이다. 만약 키 같은 어떤 형질의 유전율이 1이라면, 개체 사이에 나타나는 키의 차이는 모두 유전적 변이로 설명된다는 뜻이다. 만약 유전율이 0이라면 개체들 간의 모든 차이는 환경적 요인으로 설명될 것이다. 대부분의 형질은 본성과 양육이 섞여 있어서, 0과 1 사이의 유전율을 나타낸다. 유전율은 종종 쌍둥이 연구를 통해서 측정되는데, 일란성 쌍둥이는 유전적으로 동일하다고 가정하는 것이다. 우리가 확인하게 될 것처럼, 이는 엄밀한 사실은 아니다. 뇌전증epilepsy처럼 가계를 따라서 유전되는 다인성 질환complex condition의 유전율은 0.4-0.6 범위이고, 놀라울 정도로 낮을 수도 있다. 그렇다고 해도, 만약 한쪽 쌍둥이에게 병이 있으면 그들의 양육 환경에 관계없이 다른 쌍둥이도 그 병이 있을 확률은 약 50퍼센트이다. 이에 비해서 키의 유전율은 약 0.8이다.

사라진 유전율 문제는 이런 유전체학의 시대에는 더욱 놀랍다. 전장 유전체 분석 연구는 다수의 유전적 변이로 인해서 추가되는 위험을 정할 수 있다. 만약 어떤 질환의 유전율이 (쌍둥이 연구를 통해서) 0.5라고 알려져 있고, 알려진 유전적 위험 요인들이 그 유전적 위험을 모두 설명한다면, 그 요인들을 전부 합치면 전체적인 발병 위험이 0.5가 되어야 할 것이다. 사실, 알려진 유전자 변이는 알려진 발병 위험의 10퍼센트도 설명하지 못하는 경우가 종종 있다. 그 질환의 알려진 유전율의 거의 전부가 "사라진" 것이다. 뇌전증뿐 아니라 대부분의 다인성 질환이 자료만으로는 설명이 되지 않는다. 부분적으로는 통계적 역량의 문제이다. 유전자 하나에만 나타날 수 있는 추가적인 변이는 수천 개에 이르고, 이런 변이들은 전체적인 위험에 저마다 소소한 기여를 하는데, 더 작은 규모의 유전 연구에서는 이런 것들을 놓칠 수도 있다. 이런 작은 변이들을 모두 합산한다면 사라진 유전율이 대부분 설명될지도 모른다. 그럴 수도 있겠지만, 유전율이라는 발상 자체에 개념적인 문제가 있을 가능성도 있다. 우리는 노년에 작용하는 유전자 수천 개의 완강할 것 같았던 효과들이 단순한 생리학적 변화에 의해서 사라질 수 있다는 것을 확인했다. 사라진 유전율 역시 어떤 생리학적 방식, 어떤 종류의 유동 상태에 따라 달라질 수 있는 것은 아닐까?

이는 터무니없는 생각이 아니다. 전장 유전체 연관 분석에서는 거의 항상 소량의 유전자가 빠져 있기 때문이다. 그 유전자들은 가치는 없으면서 문제만 일으킨다는 이유로 말 그대로 쓰레기통에 버려진다. 그 유전자들은 아주 소량이기 때문에 통계적으로 하찮은 것으로 가정된다. 그러나 이는 매우 잘못된 가정이다. 그 유전자들은 다른 어떤 유전자보다도 유동 상태, 즉 우리의 생물학적 나이에 더 큰 영향을 주기 때문이다. 뿐만 아니라, 유전체의 나머지 부분과도 예측하기 어려운 교묘한 방식으로 상호작용을 한다. 그리고 일란성 쌍둥이가 유전적으로 반드시 동일하지 않은 이유도 그 유전자들로밖에는 설명이 되지 않는다. 그 유전자들은 바로 미토콘드리아 유전자이다.

의학의 양대 기둥

더그 월리스는 거의 반세기 동안 인간의 건강에서 미토콘드리아의 중요성에 대해서 그 누구보다도 큰 목소리를 내왔다. 월리스는 유전학을 공부했고, 1975년에 예일 대학교에서 미생물학과 인간유전학으로 박사 학위를 받았다. 그는 시작부터 이미 대담했다. 배양된 세포에서 항생제 클로람페니콜chloramphenicol에 대한 저항성을 탐구했는데, 이 항생제는 세균과 함께 미토콘드리아의 활동도 방해했다. 어떤 미토콘드리아는 그 항생제에 대한 저항성이 있는 대립유전자(유전자 변이)를 가지고 있어서 숙주 세포가 정상적으로 자랄 수 있게 해준다. 그러나 저항성의 세기는 미토콘드리아 유전자에만 의존하지 않고, 핵에 있는 유전자들과의 협력도 필요하다. 이 협력은 미토콘드리아와 핵 유전자 사이의 불화합성incompatibility에 의해 훼손될 수 있다. 이런 상호작용을 연구하기 위해서, 월리스는 "세포질 잡종cybrid"을 만들었다. 말하자면, 핵 유전자는 생쥐 같은 종에서 유래하고 미토콘드리아 유전자는 햄스터 같은 다른 종에서 유래하는 세포를 만든 것이다.

월리스는 교차된 두 종 사이의 유전적 거리genetic distance가 항생제에 대한 저항성을 무너뜨린다는 것을 발견했다. 만약 핵과 미토콘드리아 유전자가 같은 종에서 유래하면, 항생제에 대한 저항성이 잘 작동했다. 그러나 만약 두 유전자가 생쥐와 햄스터처럼 연관성이 조금 먼 두 종에서 유래하면, 배양된 세포는 항생제에 대한 저항성을 잃었다. 분기된 종들 사이의 잡종에 나타나는 이런 기능 붕괴는 훗날 종 분화speciation를 일으킬 가능성이 있는 메커니즘으로 여겨지게 되었다. 다른 표현을 빌리면, 종의 기원을 일으킬 수 있는 메커니즘인 것이다. 그 생생한 사례가 될 뻔했던 시도가 있었다. 북극의 툰드라 지방에서 수천 년 동안 얼어 있던 매머드의 유전체를 코끼리 난자를 이용해서 복원함으로써, 멸종된 매머드를 부활시키려던 시도였다. 아시아코끼리와 매머드는 약 600만 년 전에 갈라졌다. 따라서 두 종은 인간과 침팬지처럼 서로 가깝기는 하지만, 그들의 미토콘드리아와 핵이 서로 잘 작동할 수 있을 만큼 충분히 가깝지는 않다는 뜻이다. 매머드의 유전체를 한 글자도 빠짐없이 성공적으로 복원할 수 있었다고 해도, 미토콘드리아 유전자까지 바꾸지 않는 한 그 유전체가 코끼리의 세포 속에서 제대로 작동하는 일은 없었을 것이다. 그것은 무리한 요구였다. 그러나 여기에서 더 중요한 요점은 코끼리와 매머드 사이를 갈라지게 한 요인 중 하나가 미토콘드리아 유전자들 사이의 분기라는 점이다. 아직 자세히 해명이 되지는 않았지만, 월리스의 조기 박사 학위 연구에는 이 모든 것이 함축되어 있었다.

월리스는 물리학에서 힌트를 얻어 "에너지를 가장 중요한 것"으로 생각했다. 과학을 시작하는 젊은 연구자에게 아마 가장 중요할 결정은 자신이 탐구할 문제를 고르는 일일 것이다. 평생 무엇을 할 것인가? 무엇을 알고 싶은가? 어디에서 진짜 의미 있는 변화를 이루어낼 수 있는가? 수십 년 뒤에 자신의 결정을 돌아본 월리스의 추론은 모범적이었다. "대부분의 에너지가 만들어지는 곳은 미토콘드리아이다. 이것이 사소한 일일 수는 없다. 그리고 미토콘드리아가 저만의 DNA를 가지고 있다면 분명 돌연변이가 일어날 것이고, 돌연변이는 분명 특징의 변화를 일으킬 것이며, 어쩌면 질병을 일으킬 수도 있다. 그래서 나는 누군가는 미토콘드리아의 에너지와 미토콘드리아가 질병에서 하는 역할을 연구하는 것이 당연하다고 생각했다."

그러나 당시에는 월리스조차도 진실이 무엇인지는 거의 짐작조차 할 수 없었다. 그의 발견을 살펴보는 것은 미토콘드리아 연구에서 가장 흥미로운 부분 중 일부를 되새겨보는 일이다. 1980년, 월리스는 인간에서 미토콘드리아 DNA가 엄밀하게 모계로만 유전된다는 사실을 처음으로 밝혀냈다.[1] 미토콘드리아 유전자의 "한부모 유전uniparental inheritance"(아버지의 미토콘드리아 유전자는 일반적으로 전달되지 않는다)에 대한 생각은 이미 다른 이들에 의해서 확립되었지만, 월리스는 새롭고 멋진 방법(DNA 서열에 따라서 서로 다른 자리를 자르는 "제한효소restriction enzyme"를 활용하여 미토콘드리아 DNA를 큼직한 덩어리로 잘라서 특징을 찾는 방법)을 이용해서, 자녀의 미토콘드리아 유전자가 그들의 어머니로부터 유전된다는 것을 확실하게 증명했다. 계속해서 그는 미토콘드리아 유전자가 정말로 돌

---

1 부계에서 유전된 미토콘드리아 DNA의 사례도 가끔 존재하는데, 인간에서는 매우 드물고 다른 종에서는 조금 더 흔하다. 그러나 이런 사례는 정말로 규칙에 딸린 예외일 뿐이다.

연변이를 일으켜서 뇌전증, 실명, 신경근 퇴행과 같은 질병을 일으킬 수 있다는 것도 밝혀냈다. 현재 우리는 미토콘드리아 유전자의 돌연변이로 인한 질병이 적어도 300가지 이상임을 알고 있다(여기에 더해서 미토콘드리아 단백질이 암호화된 핵 유전자의 돌연변이로 인한 질환도 수백 가지가 있다). 안타깝지만, 이는 미토콘드리아가 우리의 삶을 어떻게 재단하는지에 대한 이야기에서 빙산의 일각에 불과하다.

대부분의 미토콘드리아 돌연변이는 눈에 띄게 해롭지는 않다. 그러나 구분이 어려울 수도 있다. 핵 유전자는 보통 세포 1개당 2개의 복사본(각각 부모로부터 1개씩 유래한다)이 있는 것과 달리, 미토콘드리아 유전자는 대개 수백 또는 수천 개의 복사본이 무더기로 들어 있다. 성숙한 난모세포oocyte(난자)에는 거의 50만 개의 복사본이 들어 있다. 만약 몇 개의 복사본에 돌연변이가 존재한다고 해도 수많은 정상적인 복사본에 의해서 표가 나지 않을 수도 있다는 뜻이다. 그러나 이는 훨씬 큰 혼란을 불러올 수도 있다. 같은 미토콘드리아 돌연변이라고 해도 양이 다르다거나, 다른 핵 유전자와 놓인다거나, 다른 조직 속에 있다거나, 한 세포 내에서 다른 미토콘드리아 DNA와 상호작용을 한다면 종종 다른 결과가 나오기 때문이다. 그 결과는 대부분 대단히 뒤틀리고 복잡한 방식으로 나타나므로, 미토콘드리아 질환을 찾아내어 이해하는 일은 오늘날에도 매우 어렵다. 우리 대부분은 적어도 생의 초기에는 여성 생식세포주에서 일어나는 정화 작업을 통해서 미토콘드리아의 이런 복잡한 집단 동역학을 어느 정도 피할 수 있다. 이것 역시 월리스가 처음 지적했다. 이 정화를 위해서 각각의 난모세포에는 클론에 가까운 거의 동일한 미토콘드리아 DNA가 50만 개씩 들어차 있다.[2] 확실히 해로운 돌연변이는 대부분 이 과정에서 걸러지는 것으로

---

2   마르코 콜나기는 나와 앤드루 포미안코브스키와 함께 박사 과정 연구를 하면서, 여성 생식세포주가 최고의 미토콘드리아를 선택하는 방법에 대한 아름다운 수학적 모

보인다. 그렇기 때문에 미토콘드리아 질환의 직접적인 영향을 받는 사람은 5,000명 중 1명에 지나지 않는다. 또한 미토콘드리아 유전자가 핵 유전자보다 훨씬 더 빨리 진화하는 경향이 있는 것도 이 때문이다. 미토콘드리아 유전자의 진화 속도는 핵 유전자보다 최소 10배 이상 빠르며, 우리를 포함한 대부분의 동물에서 50배나 더 빠르게 나타난다. 미토콘드리아 유전자는 핵 유전자보다 훨씬 더 많이 복제되고, 그렇기 때문에 돌연변이도 더 많이 축적된다. 가장 해로운 미토콘드리아 돌연변이는 생식세포주에서 제거되지만, 수많은 다른 변이들은 남아 있을 수 있다.

대부분의 미토콘드리아 변이가 눈에 띄게 해롭지 않다는 사실은 인류의 기원과 선사시대를 단순하게나마 흘낏 감지할 수 있게 해주었다. 1990년대가 되자, 월리스는 인간 개체군에 나타나는 미토콘드리아 변이를 단서로 한 사람의 여성 조상을 추적했다. 오늘날 "미토콘드리아 이브 mitochondrial Eve"라고 불리는 이 여성은 모든 현대 인류의 미토콘드리아 DNA 조상이며, 약 16만 년 전에 살았다. 인류가 여러 무리로 갈라지면서

형을 만들었다. 이 과정은 다수의 생식세포에서 하나의 미성숙한 난모세포로 미토콘드리아가 전달되는 것과 연관이 있으며, 미토콘드리아를 공여한 생식세포에는 모두 프로그램된 세포 죽음이 뒤따른다. 종합하자면, 이 모형은 약 100만 개의 난모세포를 생기게 하고, 여성 태아의 원시적인 생식세포의 대다수가 출생 전에 죽는 이유를 설명한다. 마르코는 1차 난모세포에 대한 미토콘드리아의 선택적 전달만이 인간 개체군에서 발견되는 미토콘드리아 질환의 유병률을 설명한다는 것을 밝혀냈다. 좋은 미토콘드리아에 대한 선택이 어떻게 작동하는지를 생각하면, 여성 생식세포주의 발생 구조에 대해서, 이를테면 생식세포는 800만 개의 미성숙한 난모세포를 형성할 정도로 왜 그렇게 증식하는지, 왜 그중 대부분이 출생 전에 죽는지, 난모세포는 이후 수십 년 동안 왜 효과적으로 "냉장 저장" 상태에 놓이는지 따위에 대해서 놀라운 통찰을 얻을 수 있다. 이 모든 과정은 남성 생식세포주에서는 일어나지 않는다. 이유는 간단하다. 남성은 미토콘드리아를 전달하지 않기 때문이다. 이는 양성 간의 가장 깊은 차이이며, 거의 틀림없는 양성의 존재 이유이다.

미토콘드리아 DNA 사이에 점차 누적된 차이를 통해서 인류의 이동 경로를 추적함으로써, 아프리카를 떠난 인류가 유라시아에 이르고, 마침내 오스트레일리아와 아메리카 대륙에 당도했다는 것을 알 수 있었다. 오늘날 사용되는 유전체 전체의 풍부함에 비하면 이것이 제공하는 관점은 2차원적이지만, 이 이야기는 그 이래로 유전체학과 인류학적 증거에 의해서 대체로 입증되었다. 더 큰 쟁점은 이런 미토콘드리아 변이가 북극의 툰드라에서부터 탁 트인 사바나, 뜨거운 사막, 열대우림에 이르기까지, 초기 인간이 직면한 다양한 환경에서 어느 정도의 적응력을 제공하는지 여부에 대한 문제이다. 그 적응은 다른 종에도 확실히 적용될 수 있는 새로운 형태의 적응이어야 한다. 난모세포 1개당 50만 개 이상이라는 여성 생식세포주의 극단적인 미토콘드리아 DNA 증폭은 난모세포마다 서로 다른 미토콘드리아 클론(또는 클론에 거의 가까운) 집단을 품고 있다는 의미이다. 이렇게 해서 생긴 개체, 즉 우리 각자는 저마다 조금씩 다른 미토콘드리아 DNA를 지니고 있으며, 미토콘드리아 DNA는 우리의 다양한 핵 유전체를 배경으로 맞춰져 있다. 월리스는 이런 미토콘드리아 변이가 다양한 기후와 식이에 적응하는 데에 도움이 되었을 수 있다고 주장한다. 대단히 일리 있는 주장이지만, 증거는 아직 모호하다.

이런 모든 생각들은 미토콘드리아를 유기체의 나머지 부분과 조금 다르게 보고 있다. 20억 년 전에 독립생활을 하던 세균에서 유래한 그 기원을 감안한 것이다. 그러나 당연히 미토콘드리아는 이제 숙주 세포에 완전히 통합되었고, 그 기능은 모두 세포가 하는 일을 중심으로 돌아간다. 그 일에는 이 책에서 강조하는 것처럼, 에너지뿐 아니라 생합성도 포함된다. 에너지와 생합성은 물질대사의 중심에서 불가피하게 긴장 상태를 조성한다. 내가 크레브스 회로의 음양이라고 칭한 이런 긴장 상태 때문에, 미토콘드리아는 생리학적 스트레스의 지표로서 신호를 조정하고, 심지어 프로그램된 세포 죽음을 일으키기도 한다. 세포는 언제 자살을 해야 할까? 아니면 중요하지만 상반된 기능들을 더 이상 결합시킬 수 없게 되는 때는 언제일까? 놀라울 것도 없이, 미토콘드리아는 암에서 당뇨병, 치매에 이르기까지, 노화와 연관된 더 복잡한 질환에서 중요한 역할을 한다. 앞 장에서 우리는 암에서 무엇이 잘못되는지에 대한 몇 가지 문제를 고찰했지만, 윌리스의 시야는 그 너머에 있는 서구 의학의 기둥 자체를 향하고 있다.

윌리스는 베살리우스와 멘델을 서구 의학 지식의 양대 기둥이라고 지적한다. 16세기 플랑드르의 의사인 베살리우스가 쓴 묵직한 해부학 기본서인 『인체의 구조에 관하여De Humani Corporis Fabrica』에는 한 번 보면 잊을 수 없는 그림들이 가득한데, 그 그림들은 르네상스 시대의 풍경에서 다양한 상태의 알몸 근골격으로 극적인 자세를 취하고 있는 인물들을 묘사하고 있다. 이 그림들이 일으킨 강력한 반향은 수세기 동안 울려 퍼지고 있다. 베살리우스는 해부학에 대해서는 고대인들에게 대항하는 것을 두려워하지 않았다. 갈레노스의 의학은 1,400년 동안 당연하게 받아들여졌다. 그런데도 베살리우스는 용감하게 이의를 제기했을 뿐 아니라 대개는 베살리우스가 옳았다. 베살리우스의 유산은 오늘날 어느 병원에서나 볼 수 있다. 병원에 들어가면 신경과, 신장내과, 심장내과, 안과, 류머티즘과, 소화기내과, 부인과 등으로 진료과목을 나타내는 표지판들을 만나게 된다. 아마 베살리우스는 이 표지판들이 라틴어로 되어 있지 않아도, 우리 대부분보다 더 익숙할 것이다. 지금도 의학은 해부학에 토대를 두고 있다. 그것이 너무 지나쳐서 우리가 나이를 먹을 때 다양한 기관계를 괴롭히는 병들의 유사성을 제대로 보지 못할 정도이다.

의학의 두 번째 기둥은 유전학을 창시한 아우구스티누스회의 수도사 멘델이다. 그러나 그의 연구는 그가 사망하고 20년이 지난 뒤에야 재발견되었다. 멘델 유전학은 교과서에 실려 있다. 부모로부터 각각 하나씩 물려받아서 쌍을 이루는 유전자는 핵 속에 있는 염색체에 일렬로 늘어서 있다. 우리는 서로 다른 대립유전자를 물려받는데, 그중 일부는 우리를 병에 걸리게 한다. 월리스가 주목한 것은 이와 연관된 의학적 추론이었다. 만약 어떤 임상적 형질이 멘델 방식으로 전달된다면 그것은 유전이지만, 만약 그렇지 않다면 그 형질은 환경 요인의 결과가 분명하다는 것이다. 이 추론은 유전 개념에서 공식화되었고, 오늘날 가장 정교한 GWAS의 토대를 이루고 있다. 그외에도 (우리가 본 것처럼) 이 연구에서는 멘델 유전 방식으로 전달되지 않는 미토콘드리아 유전자를 대체로 무시한다. 따라서 GWAS는 미토콘드리아 유전자의 효과를 환경과 혼동하고 있지만, 실제로는 미토콘드리아 유전자가 질병의 유전성에 기여를 하고 있다는 것이다. 월리스는 우리에게는 더 통합적인 시각이 필요하다고 믿는다. 이런 시각은 대략 에너지 또는 생기vital force 정도로 번역되는 한자어 기氣와 비슷하다. 그는 이것을 "생명은 구조와 에너지 사이의 상호작용"이라고 아름답게 표현했다.

나는 여기서 조금 더 나아가고자 한다. 미토콘드리아는 유동 축전지flux capacitor이다. 영화 「백 투 더 퓨처」에서 시간여행을 하는 드로리언에 장착된 브라운 박사의 발명품이 아니라, 정말 글자 그대로의 의미이다. 미토콘드리아는 크레브스 회로를 통해서 물질의 유동을 막 전위로 변환한다. 막은 축전지이다. 이 얇은 절연층은 전기적으로 다른 두 수상aqueous phase을 분리하여, 막에 강력한 전기장을 형성한다. 물질대사 유동의 변화는 이 전기장을 증가시키거나 감소시킴으로써, ATP 합성에서 ROS 유동, 강력한 환원제인 NADPH의 합성에 이르는 모든 것에 영향을 준다. 따라서 막 전위는 동적 범위dynamic range 안에서 바이올린의 현이 연주되듯이 역동적으로 변화한다. 막의 바깥쪽에서 공명하는 전기장은 진동의 춤 속에서 이리저리 밀리는 근처의 분자 군중을 포획한다. 이 공명 진동은 막 전위가 강해지거나 약해짐에 따라서 점점 커지기도 하고 점점 작아지기도 한다. 동적 범위는 유동에 따라 달라지지만, 거꾸로 동적 범위의 영향으로 크레브스 회로의 유동이 정방향이나 역방향으로 바뀌기도 한다. 우리가 제5장에서 확인한 것처럼, 전위가 너무 높으면 (ATP가 소모되지 않고 있기 때문에) 크레브스 회로의 유동은 느려지거나 심지어 역전될 수도 있다. 그 신호가 숙신산과 시트르산을 통해서 곧바로 핵으로 전달되면, 수천 개의 유전자의 활성이 조절되면서 세포의 후성유전학적 상태가 바뀐다. 노래하는 막 전위와 크레브스 회로를 통한 유동과 세포의 후성유전학적 상태 사이에는 연속적이고 미묘한 상호작용이 일어나고 있다. 내 생각으로는, 개체들 사이에 나타나는 유동 축전 용량의 미묘한 차이조차도 우리가 수없이 다양한 방식으로 나이가 드는 이유를 설명할 수 있을 것 같다.

근친교배 예찬(파리 이야기)

우리는 핵과 미토콘드리아의 유전적 기여를 어떻게 구분할 수 있을까? 일란성 쌍둥이에 대한 연구가 다인성 질환의 유전성에 대해서 무엇인가를 알려주듯이, "유전적으로 동일한" 파리도 미토콘드리아 유동의 역할을 깊숙이 들여다볼 수 있게 해준다.

나는 드로소필라 멜라노가스테르Drosophila melanogaster라는 작은 초파리에 대한 이야기를 하려고 한다. 유전학에 대단히 큰 통찰을 가져다준 이 초파리에 대한 이야기는 유전학의 초창기까지 거슬러 올라간다. 당시 허먼 멀러는 X-선이 드로소필라 유전자에 돌연변이를 유발할 수 있다는 것을 최초로 밝혀냈다. 멀러는 흥미로운 돌연변이를 보존할 수 있게 해주는 영리한 기술도 발견했는데, 그는 이것을 "균형자balancer" 염색체라고 불렀다. 균형자 염색체에는 역전된 서열이 다수 포함되어 있는데, 이는 큰 덩어리로 잘려나간 서열이 뒤집혀서 다시 거꾸로 삽입되었다는 의미이다. 그러면 짝짓기를 하는 동안 재조합이 억제되어 염색체상의 모든 유전자가 정확히 같은 순서로 함께 있을 가능성이 훨씬 더 높아진다. 확인을 위해서, 균형자 염색체에는 털이 북슬북슬한 등이나 구부러진 날개와 같은 특정 형질의 유전자 변이도 포함된다. 이런 형질은 잡종 교배에서 쉽게 확인할 수 있으므로, 그 유전자들이 여전히 서로 연관되어 있음을 보여준다. 그 다음에는 마지막 안전장치로서, 그 초파리들을 최대한 유전적으로 동일하게, 정말 가깝게 만들기 위해서 근친 교배를 시킨다. 더 큰 동물에서는 이런 유전자 조작이 윤리적으로 정당화될 수 없겠지만, 초파리에서는 가능하다고 생각할 수도 있다. 초파리는 수명이 두어 달에 불과하고, 뇌가 좁쌀보다도 작다. 연구 윤리 규정에 초파리는 동물로 분류조차 되어 있지 않지만, 초파리 연구를 하는 이들은 초파리가 하는 익살스러운 짓들을 좋아하게 된다. 수컷 초파리는 암컷 초파리를 쫓아다니면서 콩가 춤을 춘다. 주로 황혼에서 새벽까지 춤을 추고, 낮에는 내내 잠을 잔다. 게다가 초파리는 술을 먹고 취하는 것을 좋아한다. 썩어가는 과일에서 살면서, 효모에서 얻은 단백질로 과일을 발효시켜 술fly-wine을 만든다.

나는 유니버시티 칼리지 런던의 내 연구실 옆 방에 플로 카뮈가 오면서부터 이런 것들에 대해서 알게 되었다. 그녀는 멜버른에서 초파리 유전학과 미토콘드리아 기능 연구로 박사 학위를 받았고, 아이디어와 계획이 넘쳐나고 있었다. 게다가 나만큼이나 미토콘드리아에 흥분했다. 플로는 "어머니의 저주mother's curse"라고 알려진 문제에 특히 관심이 많았고, 우리는 이 문제를 함께 연구하기 시작했다. 여기에서 문제는 미토콘드리아가 모계로만 유전된다는 점에 있었다. 나 자신의 미토콘드리아는 진화적으로 막다른 길에 있다. 따라서 내 아들들의 미토콘드리아는 모두 아이들의 어머니로부터 물려받은 것이다. 이런 방식은 미토콘드리아 이브와 그 이전까지 거슬러 올라간다. 어쩌면 약 20억 년 전에 최초의 복잡한 세포로까지 거슬러 올라갈지도 모른다.[3] 결론적으로 미토콘드리아 DNA는 남성이 아니라 여성에서 얼마나 잘 작동하는지를 기준으로 선택된다. 내 미토콘드리아가 얼마나 좋은지 나쁜지는 중요하지 않다. 아무 데에도 가지 않기 때문이다. 남성과 여성의 물질대사 요구량 사이에 차이가 없다면, 남성의 적합도는 여성의 적합도와 같을 것이고 모계 유전에는 아무 문제도 없을 것이다. 그러나 그렇지가 않다. 평균적으로 남성은 여성보다 안정 시 대사율이 약 20퍼센트 더 높다. 이는 남성이 지방보다 탄수화물을 연소시키는 경향이 조금 더 큰 것과 연관이 있으며, 그에 따라서 근육과 체지방의 비율도 다르다. 대부분의 종에서는 보통 양성 간에 이런 차이가 나타난다. 이는 여성에게는 기본적으로 중립적이고, 심지어 이득이 될 수도 있는 어떤 돌연변이가 남성에게는 그렇지 않을 수도 있다는 뜻이다. 이런 개념을 뒷받침하는 사실은 남성(더 정확히는 소년)이 여성보다 미토콘드리아 질환을 겪을 가능성이 더 높다는 점이다. 이는 어머니의 저주라는 생각과 일치한다. 남성이 물려받은 미토콘드리아 DNA는 여성의 몸에서 최적화되었기 때문에, 남성의 몸에서는 문제가 생길 가능성이 더 높다는 것이다. 일부에서는 이것 때문에 여성이 남성보다 일반적으로 수명이 더 길다고 주장하기도 한다.

---

3 이는 하나의 진화 문제를 해결하는 것이 어떻게 또다른 문제로 이어지는지를 보여주는 좋은 사례이다. 한부모 유전은 미토콘드리아 유전자에 대한 선택을 가능하게 만들었다. 미토콘드리아 유전자는 항상 집단으로 유전되므로, 이 집단을 가능한 한 클론처럼 만드는 것이 중요하다. 이는 동물에서 여성 생식세포주에 대한 세심한 선택을 요구한다. 이런 질 좋은 클론 집단에 아버지에서 유래하는 임의의 미토콘드리아를 섞는 것은 매우 나쁜 생각이다. 그러므로 정자는 최소한의 미토콘드리아만 함유하고 있고, 이 미토콘드리아는 보통 접합자(zygote)(수정된 난자)에는 들어가지 못한다. 따라서 한부모 유전은 미토콘드리아 질에 대한 선택의 문제를 해결했지만, 그 자체로 인한 문제인 어머니의 저주가 생긴 것이다.

그러나 미토콘드리아 질환은 흔하지 않고, 양성 간의 차이는 실재하기는 하지만 그렇게 뚜렷하지는 않다. 자연선택은 이를 보완할 방법을 찾았다. 바로 핵 유전자로 남성의 수행 능력을 향상시키는 것이다. 이 유전자들은 남성에서 미토콘드리아 DNA 문제를 "바로잡기" 위해서 여러 세대에 걸쳐 조정되어왔다. 이런 형태의 보완이 작동하기 위해서는 핵에 있는 특정 대립유전자가 미토콘드리아 DNA에 무작위로 축적되는 돌연변이에 대응하는 작용을 해야 하고, 그러려면 그 유전자들이 함께 유전되어 같은 개체군 내에 공존해야 한다. 만약 그렇다면, (이런 보완을 하는 핵 유전자가 없는) 전혀 다른 개체군과 교배를 하면 어머니의 저주가 모습을 드러낼 가능성이 있다. 우리는 그 경계선을 어디에 그어야 할까? 종간 교배는 미토콘드리아와 핵 유전자 사이의 불화합성 때문에 정말로 "잡종 붕괴hybrid breakdown"를 일으킬 수 있다. 같은 종에 속하는 다른 개체군 사이의 교배는 어떨까? 다른 문화권의 사람과 사랑에 빠지는 일은 인간으로서 우리가 충분히 할 수 있는 일이고, 언제나 축하받아야 한다고 생각한다. 그러나 우리는 미토콘드리아 질환의 위험이 증가함으로써 잡종의 활력이 약화될 수 있는지에 대해서는 알아야 할 것이다. 스포일러를 하자면, 그렇지는 않은 것 같다. 그러나 여기에는 곰곰이 따져보아야 할 다른 것들이 많다.

이것이 플로의 연구의 출발점이었다. 그녀는 균형자 염색체를 이용해서 다양한 계통의 초파리를 교배했다. 각각의 초파리 계통이 가지는 특유의 미토콘드리아 유전체는 세계 전역의 자연 개체군에서 유래하며(이것이 해로운 돌연변이가 아니라 정상적인 개체군에서 발견되는 단순한 변이라는 점은 중요하다), 동일한 핵 유전체와 배치되었다. 다시 말해서 이 초파리들은 일란성 쌍둥이처럼 핵은 유전적으로 동일하지만, 미토콘드리아 DNA는 다르다. 그러면 우리는 미토콘드리아가 핵을 배경으로 맞춰져 있지 않게 할 수 있다. 미토콘드리아 유전자가 핵 유전자와 어떻게 상호작용을 하는지를 연구하기 위해서 핵 배경을 "고정한" 것이다. 따라서 핵 배경은 더 이상 변수가 아니다. 이 경우, 우리의 관심사는 어머니의 저주였다. 만약 핵 유전자가 미토콘드리아의 특정 변이들을 보완한다면, 미토콘드리아 DNA를 바꾸는 것은 저주를 드러나게 함으로써 수컷 초파리에서 새로운 문제를 일으킬 것이라고 추정할 수 있다. 가장 일어날 가능성이 높은 문제는 다른 이들이 예전에 보고했던 것처럼, 남성 불임이나 생식력 감소일 것이다. 그리고 예상대로 미토콘드리아와 핵 유전자가 불일치하는 우리의 초파리 계통 중 일부에서 정말로 수컷의 생식력이 낮아진 것으로 드러났다.

이런 모든 것들이 노화와 무슨 연관이 있는지 궁금할 수도 있을 것이다. 우리는 노화에 관한 연구는 전혀 시작도 하지 않았지만, 첫 결과는 우리를 당혹스럽게 했다. 이는 과학에서는 늘 좋은 징조이다. 일찍이 아이작 아시모프(참고로 생화학자이다)는 새로운 발견은 "유레카!"와 함께 오는 것이 아니라 "재미있네……"와 함께 온다고 말했다. 우리의 경우는 다양한 조직에서 호흡률을 측정했고, 이와 함께 호흡 복합체에서 빠져 나온 떠돌이 전자를 받아들여서 ROS를 형성하는 산소, 즉 "자유 라디칼"의 비율도 측정했다. 우리는 우로보로스 호흡 측정기를 이용해서 측정을 했고, 이를 통해서 호흡이 일어나는 동안 ROS가 형성되는 속도를 실시간으로 결정할 수 있었다. 즉 ROS 유동을 구한 것이다. 미토콘드리아와 핵 유전자가 불일치하는 초파리 계통 중에서 수컷의 생식력이 낮은 한 계통은 호흡 연쇄의 복합체 I에서 유래하는 ROS 유동이 고환에서 살짝 높은 것처럼 보였다. 우리는 그 상황을 이해했고, "스트레스를 받는 고환Stressed testes"이라는 제목의 폴더를 만들어서 모든 자료를 저장했다. 우리의 (독창적이지 않은) 첫 번째 결론은 미토콘드리아의 불일치가 고환에 스트레스를 주어서 수컷의 불임이 나타난다는 것이었다.

치료법은 분명해 보였다. 스트레스를 낮추기 위해서 초파리들에게 항산화제를 주는 것이다. 우리는 NAC(N-아세틸시스테인N-acetylcysteine)이라는 항산화제를 주었지만, 수컷에는 그다지 효과가 없었다. 그러나 **한 초파리 계통**에서는 암컷의 대부분이 죽어버렸! 딱 한 계통만 그랬다. 다른 계통들은 상태가 조금 안 좋아 보이기는 했지만 괜찮은 것 같았다. 우리는 "재미있네"라고 말하지 않았다. 전혀 그렇지 않았기 때문이다. 그것은 꽤 충격적이었다. 그 결과는 과학에서 전혀 예기치 못한 곳으로 이끄는 그런 종류의 발견이었다. 초파리들에게 항산화제를 주자, 수컷은 별 영향을 받지 않았지만 한 유형의 미토콘드리아를 지닌 암컷은 죽었다. 하지만 그외 다른 계통의 암컷들은 괜찮았다. 이 초파리들이 유전적으로 모두 동일하다는 것을 기억하자. 다른 것은 미토콘드리아 DNA뿐인데, 그것도 SNP 몇 개 정도만 차이가 날 뿐이다.

일반적으로 말해서, 약물에 대한 반응(이 경우 항산화제)은 미토콘드리아 DNA의 작은 차이에 의해서도 극적으로 달라질 수 있고, 암수 사이에도 결과가 크게 다를 수 있다. 초파리는 우리와 정확히 똑같은 미토콘드리아 유전자를 가지고 있고, 우리와 같은 방식으로 유전된다. 따라서 우리에게도 같은 원리가 적용된다. 나는 당분간 NAC에 집중하려고 한다. NAC는 가능성 있는 노화 메커니즘에 대해서도 우리에게 많은 것을 알려줄 수 있기 때문이다. 그러나 이것을 예외라고 생각해서는 안 된다. 우리는 고단백질 식단을 포함한 다른 요법에 대한 결과에서도 큰 차이를 발견했다. 어떤 사람에게는 효과가 좋은 식단이 왜 어떤 사람에게는 그렇지 않은지 궁금한 적이 있다면, 이것이 그 답의 일부가 될 것이다. 미토콘드리아 기능의 미묘한 차이로 인해서 초파리들은 같은 처치에 판이한 반응을 일으킬 수 있고, 인간도 그럴 가능성이 크다. 나는 그 차이가 미묘하다는 점을 강조하고 싶다. 우리의 초파리 계통에서, 우리는 미토콘드리아 DNA에 있는

SNP의 개수와 결과 사이에서 어떤 연관성도 발견하지 못했다. 아주 작은 차이가 파국적인 결과를 가져올 수도 있었고, 50개의 SNP 차이가 아무런 영향이 없을 수도 있었다. 문제는 SNP의 개수가 아니라 어떤 핵 유전자와의 불운한 상호작용이었다. 더 크게 본다면, 이는 개체 간의 특별한 차이가 집단 간의 평균적인 차이보다 더 중요하다는 것을 의미한다. "인종"은 전혀 영향이 없다.

힘의 균형 맞추기

그렇다면 암컷 초파리를 죽인 것은 무엇이었을까? 우리는 확실히 알지는 못한다. 그러나 암컷과 수컷 사이에서, 그리고 죽은 암컷의 계통과 별 이상이 없어 보이는 계통들 사이에서 측정된 큰 차이가 하나 있었다. 항산화제인 NAC는 호흡을 억제했고, 특히 호흡 연쇄의 복합체 I에 작용했다. 취약한 초파리 계통의 호흡률은 대조군들에 비해서는 3분의 1에 불과했고, 살아남은 계통의 암컷들에 비해서는 절반 정도였다. 사실상 항산화제가 체내에서 질식을 시키고 있었던 것이다. 무슨 일이 일어나고 있었을까?

그 해답은 ROS 유동과 연관이 있는 것으로 보인다. 정말 충격적인 결과는 ROS 유동이 잘 바뀌지 않는다는 점이었다. 특히 흉곽에 있는 강력한 비행근에서는 NAC에 의해서 호흡이 억제되었음에도 ROS 유동이 어느 정도 일정하게 나타났다. ROS가 호흡에 의해서 형성된다는 점을 생각하면 이는 놀라운 결과였다. 호흡이 억제되면 ROS 유동에도 어느 정도 영향이 있어야 하는데, 전혀 변화가 없었기 때문이다. 호흡률이 훨씬 낮아졌는데도 ROS 유동 속도는 전체적으로 동일하게 나타나고 있었다. 우리는 실제로는 그 반대가 아닐까 하는 의문이 들었다. ROS 유동을 정상 범위 내로 유지하기 위해서 호흡이 엄격하게 억제되고 있는 것은 아니었을까?

만약 미토콘드리아 막의 전위가 고에너지 힘장force-field이라면, 불길하게 따닥거리는 전기 불꽃은 ROS 유동이다. 일반적으로 전위가 높아질수록 ROS 유동이 더 커지고 손상을 입는 주변 물질의 범위도 더 넓어진다. 힘의 균형을 맞추는 것은 계의 과부하라는 위험을 방지하는 것을 의미한다. 터지기 전에 전압을 낮추는 것이다. 만약 계가 위험할 정도로 과열된다면, 전압을 낮추기 위해서 호흡을 억제하는 것이 최선일 것이다. 그리고 만약 계가 손상을 입어 전압이 정상인데도 과열이 된다면, 전압을 더 낮추기 위해서 호흡을 더 억제하는 것이 좋을 것이다. 겉보기에는 합리적이지만, 우리의 초파리의 경우는 죽음에 이를 정도로 호흡이 억제되고 있었다. 미친 짓처럼 들리는 이야기이다.

그러나 ROS 유동을 정상범위 내로 유지하는 것이 복합체 I을 통해서 일어나는 호흡보다 더 중요할 수도 있다는 것은 불가능한 이야기가 아니다. 암과 관련해서 보았던 것처럼, ATP는 다른 방법으로 생산될 수 있다. 게다가 수컷 초파리는 같은 미토콘드리아 DNA를 가지고 있었지만 그렇게 악화되지 않았다. 이렇게 되면 우리는 같은 질문을 계속 맴돌 수밖에 없다. 복합체 I에서 호흡이 억제되어도 대처가 가능하다면, 암컷 초파리를 죽인 것은 무엇이었을까?

항산화제로서 NAC의 구체적인 효과는 황을 함유한 작은 펩티드인 글루타티온이라는 중요한 항산화 분자의 농도를 높이는 것이다. 초파리의 먹이에 NAC를 보충하면 모든 조직에서 글루타티온 농도가 상승했는데, 이는 대개 좋은 것으로 간주되었다. 그러나 그렇게 증가한 글루타티온 농도로 인해서 어떤 초파리 계통은 죽었고, 어떤 계통은 그렇지 않았다. 초파리 계통들 사이의 유일한 차이는 미토콘드리아 유전자에 있으므로, 일차적인 결함은 호흡에 있어야 했다. NAC의 투입이 초파리 계통들 사이의 차이를 증폭시킨 것이다. 무슨 일이 일어나고 있는지, 그리고 그것이 왜 노화와 관련이 있는지를 이해하기 위해서, 우리는 글루타티온과 ROS가 세포에서 실제로 무슨 일을 하는지를 생각해볼 필요가 있다. 그러나 이 토끼굴 속으로 들어가기 전에 먼저 생각해야 할 것이 있다. 암에 관한 이전 장에서 보았듯이, 호흡을 억제하는 것은 에너지의 이용 가능성만 낮추는 것이 아니다. 크레브스 회로의 유동을 방해함으로써 수천 개의 유전자의 활성에도 영향을 준다. NAC는 호흡을 억제함으로써 조직의 후성유전학적 상태, 즉 어떤 유전자가 켜지고 꺼질지에 지대한 영향을 주고 있어야 한다. 내 연구실에 있는 엔리케 로드리게스와 글라 인웡완은 지금 그것을 조사하고 있다. 그래서 더 자세한 이야기는 아직 해줄 수 없지만, 어떤 일이 벌어질 것 같은지에 대한 우리의 추측을 알려줄 수는 있다.

글루타티온의 보통(환원) 형태인 GSH는 티올기thiol group를 가지고 있다. 황에 수소가 결합된 형태인 티올기는 다른 분자에 자신의 H를 전달할 수 있는데, 과산화수소(H_2O_2) 같은 ROS도 그런 분자에 포함된다. 티올기에서 과산화수소로 H가 전달되면, 물과 산화된 글루타티온이 만들어진다. 글루타티온은 산화되면 이황화 결합을 통해서 다른 글루타티온과 결합하여 GSSG를 형성할 수 있다.

$$2GSH + H_2O_2 \rightarrow GSSG + 2H_2O$$

여기에서 글루타티온, 즉 GSH가 각각 H를 하나씩 H_2O_2에 전달해서 물 분자 2개와 산화된 글루타티온의 복합체 GSSG를 형성한다는 것에 주목하자. 각각의 글루타티온이 하나의 H를 교환할 수 있다는 사실은 자유 라디칼 반응에 직접 개입할 수 있다는 것을 의미한다. 정의에 따르면, 자유 라디칼 반응은 짝을 이루지 않은 홑전자와 연관이 있다. 글루타티온은 자신이 가진 하나의 H를 전달하여 비타민 C, 비타민 E 같은 다른 세포 항산화제를 재생할 수도 있다. 이런 이유 때문에, 글루타티온은 종종 세포에서 만능 항산화제master antioxidant로 여겨진다.

GSSG를 2개의 GSH로 되돌려서 재활용하려면, 2H가 필요하다. 이 2H는 강력한 환원제인 NADPH에서 유래한다(제5장에서 내가 NADPH를 더 약한 NADH와 구별하기 위해서, P를 "power"라고 생각하라고 했던 말을 기억할 것이다). 따라서 이제 여기에서 고려해야 하는 두 번째 요소는 이것이다. 만약 세포가 충분한 NADPH를 만들 수 없다면, 모든 GSSG를 GSH로 재생시키지는 못할 것이다. NADPH를 만드는 방법은 많지 않다. 앞에서 잠깐 다룬 5탄당 인산 경로, 말산 효소, 미토콘드리아의 수소전달효소가 있다. 이 경로들은 모두 직간접적으로 크레브스 회로의 유동에 의존한다. 따라서 우리는 크레브스 회로의 유동을 위태롭게 하는 호흡의 결손이 GSH의 재생에 영향을 줄 수 있다는 것을 곧바로 알 수 있다. 호흡이 손상되면 GSSG로 산화된 채 남아 있는 비율이 더 높아지는 것이다. 그러므로 전체적인 글루타티온 상태, 즉 글루타티온 풀pool은 세포의 건강을 나타내는 민감한 지표이다. 만약 글루타티온이 더 산화되고 있다면(그래서 GSH에 비해 GSSG가 더 많다면), 세포의 모든 일을 뒷받침하는 기본적인 물질 대사가 안녕하지 못하다는 강력한 신호를 보낸다. 한마디로 아프다는 것이다. 우리가 죽어가는 초파리에서 보았던 것은 바로 이것이었다. 그 초파리들은 글루타티온 풀이 더 산화되었다. 죽은 초파리에서는 GSSG 형태가 조금 더 높은 비율로 나타났다.

그뿐이 아니다. GSH는 단백질에서 티올을 재생할 수도 있다. 단백질에 있는 산화된 티올은 GSSG처럼 단백질에서 이황화 다리disulfide bridge를 형성하는 경향이 있다. 이황화 다리는 단백질의 다른 부분들을 연결함으로써 단백질의 구조와 기능을 바꾼다. 그러면 그 단백질이 활성화되거나 비활성화되는데, 우리는 그 방식을 아직까지 완벽하게 이해하지 못하고 있다. 어쨌든 이런 이황화 다리는 단백질을 위한 간단한 켜짐–꺼짐 스위치라고 생각하면 된다. 그러나 세포에는 같은 단백질의 복사본이 수백 또는 수천 개씩 있을 수 있고, 저마다 "켜짐" 또는 "꺼짐" 상태에 있을 것이다. 이는 직접 민주주의에서 거수로 찬반을 결정하는 사람들처럼 가중된 신호를 발생시킨다. 이 경우, 거수를 하는 인원은 이용 가능한 GSH의 양에 따라서 달라진다(GSH는 단백질의 이황화 다리를 티올로 다시 전환한다). GSH는 군중 속에 잠입해 있는 요원처럼, 감언이설을 속삭이며 싸움을 시작하지 말고 집으로 돌아가도록 설득한다. 그리고 이번에도 이용 가능한 GSH의 양은 NADPH의 재생 능력에 의해 결정되므로, 궁극적으로는 크레브스 회로의 유동에 의해서 결정된다.

마지막으로 언급해야 하는 미묘한 차이가 있다. 산화된 글루타티온은 GSSG의 형태만 있는 것이 아니다. 내가 언급했던 두 과정이 조합될 수도 있다. 글루타티온의 산화된 티올이 단백질 속의 산화된 티올과 결합해서, 글루타티온 자체가 단백질과 결합하는 이황화 다리를 형성할 수도 있다. "S–글루타티오닐화S-glutathionylation"라고 알려진 이 현상은 또다른 신호가 되는데, 이번에도 세포 세계가 모두 안녕하지 못하다는 것을 의미한다. 내가 S–글라타티오닐화를 언급한 이유는 알려져 있는 S–글라타티오닐화의 효과 중 하나가 호흡 억제이기 때문이다. 우리의 초파리에서는 아마 그런 일이 일어나고 있었을 가능성이 높지만, 우리는 아직 증명을 하지는 못했다. 그러나 일리는 있다. 정상적인 조건에서 대부분의 ROS 유동은 복합체 I 속에 들어 있는 FeS 클러스터에서 유래하는 것처럼 보인다. 전자의 이동이 느려지면, 전자는 이 클러스터들을 빠져 나와서 산소와 직접 반응하여 평소보다 더 많은 초과산화물superoxide과 과산화수소를 형성할 수 있다. 다시 말해서, ROS 유동이 증가한다. 만약 다른 모든 것이 실패한다면, 이 문제를 해결할 최후의 방법은 산소와 직접 반응할 수 있는 FeS 클러스터의 총수를 제한하는 것이다. 즉 복합체 I을 덜 만드는 것이다. 그리고 S-글루타티오닐화가 바로 그런 일을 하는 것으로 보인다.[4] 그 대가는 심상치 않다. 가장 효율적인 형태의 호흡이 억제되면서, 2H마다 양성자를 10개가 아니라 6개씩밖에 퍼내지 못하게 된다. 꽤 큰 타격이다.

이제 우리의 초파리에 대해 우리가 알고 있는 것을 생각해보자. NAC는 일부 초파리 계통에서는 호흡을 억제하지만 다른 계통에서는 그렇지 않았다. 우리는 글루타티온 농도가 모든 초파리 조직에서 증가했다는 것을 안다. 따라서 NAC는 할 일을 하고 있었다. 즉 글루타티온의 합성을 촉진하고 있었다. 우리는 죽은 초파리 계통에서는 글루타티온 풀이 더 산화되어 있었다는 것을 안다. 글루타티온의 산화가 복합체 I에 호흡 억제 신호로 작용하고, 원칙적으로 이것이 ROS 유동을 줄인다는 것을 안다. 우리

---

4 생물학은 우리가 이랬으면 싶은 것보다 항상 더 복잡하다. 내가 이 관계를 깨닫게 되기까지는 오랜 시간이 걸렸는데, 내게는 이미 염두에 두고 있던 가설이 있었기 때문이다. 이전 책에서 썼던 것처럼, 그 가설은 어느 정도 실험적으로 뒷받침이 되기도 했다. 증가한 ROS 유동은 국지적으로 (미토콘드리아 유전자에) 호흡 용량이 충분하지 않다는 신호를 보낸다. 이에 대한 대응은 호흡 연쇄의 구성 요소들을 더 많이 만드는 것이다. 그러면 호흡 용량이 증가하면서 문제가 바로잡힐 것이다. 여기서 나는 정반대의 이야기를 하고 있다. 둘 다 옳을 수 있을까? 그럴 수 있다. 이제 나는 그것이 단지 타이밍의 문제라는 것을 안다. 호흡 용량을 늘리는 것은 문제가 정확히 호흡 용량에 있을 때에만 문제를 해결할 수 있다. 만약 미토콘드리아 돌연변이 같은 것으로 인해서 호흡이 사실상 부분적으로 망가졌다면, 용량을 늘리는 것은 별 도움이 되지 않는다. 전자 전달은 계속 지체될 것이고, ROS 유동의 속도도 높아질 것이다. 이는 글루타티온 풀을 점차 산화시키게 된다. 이런 변화는 잠깐 사이에 일어나는 것이 아니라 꽤 오랜 기간이 걸리며, 우리의 경우는 아마 몇 년에 걸쳐 일어날 것이다. 글루타티온 풀의 산화는 단백질의 S-글루타티오닐화로 이어지고, 이는 복합체 I에서 호흡을 억제한다. 그러면 ROS 유동 문제가 더 영구적으로 해결되므로, 이제 세포 내에는 반응성 FeS 클러스터가 줄어든다. 그러나 당연히 호흡 용량도 제한된다. 아이러니하게도, 이 모든 것은 내가 2011년에 한 논문에서 그렸던 그림 속에 함축되어 있었지만, 나는 이제 와서야 내가 그렸던 그림의 의미를 제대로 이해하게 되었다.

는 초파리의 근육 조직에서 ROS 유동이 사실상 바뀌지 않았다는 것을 안다. 따라서 어쩌면 복합체 I의 억제가 정말로 ROS 유동을 정상 범위 내로 다시 상승시켰다고 추측할 수 있다. 또 우리의 초파리 계통들 사이의 유일한 차이는 미토콘드리아 DNA에 있다는 것을 안다. 따라서 1차적인 결함은 호흡에 있어야 했다. 호흡의 결함이 반드시 크레브스 회로의 유동을 교란한다는 것을 안다. 크레브스 회로가 돌아가기 위해서는 호흡을 통해서 NADH가 산화되어야 하기 때문이다. 마지막으로, 우리는 환원된 글루타티온(GSH)의 재생에는 강력한 환원제인 NADPH가 필요하며, NADPH 자체가 크레브스 회로의 유동에 의존한다는 것을 안다. 따라서 우리는 이렇게 추론할 수 있다. 호흡의 1차적인 결함이 GSH의 재생을 저해하면, 이것이 ROS 문제를 알리는 신호가 되고, 초파리는 이 문제를 바로잡기 위해서 호흡을 더 억제하는 위험한 악순환이 일어난 것이다.

요약하자면, 초파리 계통들 사이에 나타나는 호흡의 미세한 차이들이 항산화제인 NAC에 의해서 증폭되었다. 초파리들은 복합체 I에서 호흡을 억제해서 ROS 유동을 정상 범위 내로 유지했고, 일부 계통은 그로 인해서 죽음에 이르렀다. 가장 취약한 초파리 계통에서는 수컷은 괜찮아 보인 반면, 암컷은 대부분이 죽었다. 그 이유는 무엇일까? 내가 추측하기로는, 암컷의 크레브스 회로의 유동에는 더 많은 제약이 있었기 때문인 것 같다. 아마 알을 만든다는 것이 암컷 초파리에게 물질대사적으로 비용이 많이 드는 일이기 때문일 것이다. 호흡의 억제는 수컷보다 암컷에게 더 큰 비용을 치르게 했을 것이다. 어쨌든 (수요와 관련해서) 스트레스가 더 커지면 호흡이 더 많이 억제되고, 비용도 더 가혹해져서 결국에는 죽음에 이르게 된다. 내가 이런 이야기를 하는 이유는 나이가 들면서 일어나는 일들도 이와 거의 똑같다고 할 수 있기 때문이다.

아주 오래된 문제

이 장을 시작하면서 나는 노화는 연대순의 시간보다는 유동으로 측정되는 일종의 생물학적 시간과 연관이 있다고 말했다. 이런 생각의 가장 단순화된 형태인, 수명이 심장 박동수로 측정된다는 이야기를 들어본 적이 있을 것이다. 유라시아피그미뒤쥐pygmy shew의 심장(1년 반 동안 분당 1,300회라는 놀라운 속도로 팔딱거린다)이나 70년에 걸쳐서 분당 28회씩 육중하게 뛰는 코끼리의 심장 모두, 평생에 걸쳐서 대략 10억 번이라는 같은 횟수만큼 뛴다는 것이다. 인간은 이런 경험 법칙에서 어느 정도 예외에 속하므로 안심해도 된다. 인간의 심장은 분당 약 60회의 속도로 70년 이상에 걸쳐서 20억 번 넘게 뛰고 있다.

이 생각에 적어도 티끌만큼의 사실은 있겠지만, 그렇다고 해서 "우리의 심장 박동수가 정해져 있다면, 운동을 하면서 뛰느라 내 심박수를 다 써버릴 생각은 없다"고 빈정대는 사람이 옳다는 뜻은 아니다. 만약 그들이 그렇게 했다면, (심박수도 느려졌겠지만) 조금 더 오래 살았을 수도 있었을 것이다. 내 요점은 물질대사 속도(생활 속도)와 수명 사이에는 광범위한 상관관계가 있다는 것이다. 자원을 더 빨리 태울수록 우리도 더 빨리 소진된다. 작은 동물은 대개 물질대사 속도가 더 빠르고 수명이 더 짧다. 큰 동물은 물질대사 속도가 더 느리고 더 오래 사는 경향이 있다.[5] 이 규칙은 꽤

---

5 큰 동물이 대체로 물질대사가 느린 이유는 놀라울 정도로 난해하다. 부분적으로는 열 손실율과 연관이 있으며, 열 손실율은 동물의 표면적에 비례한다. 코끼리만 한 크기의 생쥐 더미는 코끼리보다 약 21배 더 많은 열을 생산한다. 만약 코끼리가 그만큼의 열을 낸다면, 말 그대로 녹아버릴 것이다. 부분적으로는 제프리 웨스트와 다른 이들의 주장처럼 공급망의 프랙털 기하학과 연관이 있을지도 모른다(이 생각에 대한 비판은 내 이전 책인 『미토콘드리아[*Power, Sex, Suicide*]』를 보라). 또 부분적으로는 규모의 경제와 연관이 있나. 캐나다의 위대한 비교생화학자인 피터 호차치카는 신체

느슨해서 예외가 많지만, 대부분의 예외는 간단히 설명되기도 한다. 주어진 특정 물질대사의 속도에서, 동물은 손상을 피하는 선에서 어느 정도 투자를 할지도 모른다. 여기서도 악마는 디테일에 있다. 이 생각은 최소 1세기 이상 올라가는 해묵은 발상이며, 여러 명확한 예측들은 틀린 것으로 밝혀졌다. 이를테면, 우리가 나이를 먹는 동안 DNA에서 돌연변이의 형태로 손상이 누적된다는 것은 사실이 아니다. 돌연변이는 확실히 축적되지만, 암에 대한 이전 장에서 보았듯이 노화를 일으킬 정도로 빠르게 축적되지는 않는다. 이런 발상 중 어떤 것은 특별히 미토콘드리아 DNA의 돌연변이에서 연관성을 찾고 있지만, 미토콘드리아 DNA의 돌연변이 역시 노화 속도와 유의미한 상관관계는 없다.[6] "노화의 자유 라디칼 학설free-radical theory of ageing" 역시 문제가 있다. 이 학설은 충분히 단순하지만, 그 증거는 너그럽게 말하자면 모호하다. 이 학설에 따르면, 자유 라디칼(우리가 이야기했던 호흡에서 탈출하는 ROS와 같은 것)은 근처의 막과 단백질과 DNA를 공격하므로, 항산화제로 그 손상을 막아야만 수명이 연장된다. 그러나 항산화제가 수명을 연장시킬 수 있다는 증거는 전혀 없고, 많은 연구에서 정반대의 결과가 나오고 있다. 항산화제는 수명을 줄이는 반면, (손상을 악화시킨다고 여겨졌던) 산화촉진제pro-oxidant가 실제로는 수명을 연장시키는 것

의 크기가 커질수록 간 같은 내장기관에 대한 요구량이 줄어든다는 것을 밝혀냈지만, 그 이유는 아직까지도 완전히 설명되지 않고 있다.

6 "돌연변이 유발 생쥐(mutator mouse)"는 오류가 생기기 쉬운 미토콘드리아 DNA 중합효소 유전자를 가지고 있어서 미토콘드리아 DNA에 돌연변이가 생기게 한다. 이 중 돌연변이체(double mutant)(이 유전자의 두 복사본 모두 오류가 생기기 쉬운 유형인 경우)는 미토콘드리아에 돌연변이가 매우 많다. 이 돌연변이체들은 매우 빠르게 노화하고 일찍 죽는다. 그러나 오류가 생기기 쉬운 중합효소의 유전자를 하나만 가지고 있는 생쥐는 미토콘드리아 돌연변이로 인해서 큰 부담이 축적되기는 하지만, 그래도 정상이다. 확실히 미토콘드리아 돌연변이의 수와 노화 속도는 크게 상관관계가 없다. 이 생쥐들도 ROS 유동의 속도가 꽤 정상적이다.

으로 밝혀졌다. 원래의 의미대로라면, 노화의 자유 라디칼 학설은 틀렸다.

그러나 신호와 체내 항산화 효소의 역할을 고찰하는 더 미묘한 해석들 속에는 진실이 있을지도 모른다. ROS가 손상을 일으킬 수는 있다. 그러나 끔찍한 참상은 종종 ROS의 탓으로 돌려지고 과장되는 동안, 더 미묘한 ROS의 생리학적 역할을 이해하기는 더 어려워졌다. 손상은 다른 여러 방식들로도 일어난다. 이를테면, 단백질이 풀리거나 서로 연결되거나 단순히 너무 많이 축적될 때에도 일어날 수 있다(이를 "기능 항진hyperfunction"이라고 한다). 완벽한 단백질을 만들기 위해서는 시간과 에너지가 들고, 각각의 세포에는 단백질이 수천만 개씩 들어 있다. 만약 시간이나 에너지가 한정되어 있다면(방탕하게 살수록, 쓸 수 있는 시간과 에너지는 적어질 것이다), 일정 비율의 단백질이 제 기능을 하지 못하게 되는 것은 시간문제일 뿐이다. 문제는 그것이 중요한지 여부이다. 그 답은 맥락에 따라 크게 달라진다. 우리는 얼마나 오래 살 것으로 예상되는가? 짝짓기를 위한 경쟁이나 생식을 하기 위해서는 우리가 가진 자원에서 어느 정도 비율을 투자해야 할까? 지저분한 것을 치우거나 애초에 지저분한 것이 쌓이지 않도록 예방하는 데에는 비용을 얼마나 쓰고 싶은가? 이런 질문들에 대한 상반된 해답은 왜 우리의 수명이 물질대사율과 느슨한 상관관계만 있는지를 설명한다. 그러나 조금 구식이고 유전적으로 모호하다는 이유로 물질대사율을 완전히 무시하는 것은 어쩌면 단일 요소로서는 가장 중요한 수명의 결정 요인을 무시하는 것일 수도 있다. 물질대사율은 세포의 기계장치가 얼마나 빨리 만들어져야 하는지, 얼마나 혹사를 당하는지, 얼마나 자주 교체되어야 하는지를 결정한다. "짧고 굵게 산다live fast, die young"는 말은 불변의 법칙과는 거리가 멀지만, 쉽게 피할 수 없는 냉혹한 열역학적 현실이다. 자유 라디칼은 전체적인 손상 속도에 기여하기는 하지만, 그렇게 크게 기여하지는 않을 수도 있다.

문제는 우리가 자유 라디칼의 다채로운 화학반응성에만 너무 초점을 맞추고, 본질적인 생리학적 역할에는 너무 무관심했다는 점이다. ROS는 세포가 생리학적으로 한계에 다다른 상태에서도 무리하게 ROS 유동을 유지할 정도로 중요한 생리학적 신호이다. 산화환원redox 상태, 즉 세포 내 전자의 급원과 배출구의 균형은 체온이나 산도만큼이나 항상성(우리의 정상적인 화학적 균형)에 중요하다. 감염이 있거나 몸이 아플 때 열이 나면서 체온이 오르는 것처럼, 염증과 면역 활동과 연관된 스트레스 반응의 일환으로서, 일시적으로 그 한계를 넘어설 수도 있다. 그러나 그런 경우에는 가능한 한 빨리 정상 범위 내로 회복된다. 우리의 초파리 연구를 떠올려보자. 호흡이 억제되었는데도, 아니 오히려 그랬기 때문에 ROS 유동이 거의 바뀌지 않는 것으로 나타났다. 산화환원 상태는 궁극적으로 호흡을 조절하는 여러 조작 버튼을 조정함으로써 통제된다.

제5장에서 우리는 복합체 I에서 호흡이 억제되면 NADH의 산화가 느려지고, 그로 인해서 크레브스 회로의 여러 부분에서 역류가 일어나는 것을 보았다. 숙신산과 시트르산 같은 크레브스 회로의 중간산물은 미토콘드리아에서 세포기질로 새어나오기 시작하고, 세포기질에서 이 물질들은 성장과 염증을 촉진하는 유전자의 스위치를 켜는 HIF$_{1\alpha}$와 같은 전사 인자들을 안정화시킬 수 있다. 그러면 안타깝게도 우리는 나이가 드는 동안 암에 걸린다. 이것이 나이 듦과 연관해서 유전자 활성의 전체적인 특징에 나타나는 후성유전학적 변화, 즉 "노화 상태senescent state"이다. 일부 연구자는 이것을 유효기간이 지난 유전자에서 작동하는 "유사 프로그램quasi-program"이라고 본다. 나는 이것을 과잉 해석이라고 본다. 이 같은 방식은 나이에 따른 호흡 억제만으로 설명이 되기 때문이다. 우리가 제5장에서 답을 찾지 못한 것은 나이가 들수록 호흡이 왜 억제되는지에 대한 문제였다.

가장 합리적이고 일반적인 해답은 확실히 어느 정도의 손상일 것이다.

그 손상의 원인은 단백질의 풀림이나 교차 결합일 수도 있고, ROS나 당화 glycation(포도당 같은 당이 단백질이나 지질과 반응해서 "끈끈한" 꼬리처럼 매달리는 경향)에 의한 산화일 수도 있다. 아마도 우리가 왕성한 생식력을 뽐내고 있을 때에는 점점 증가하는 손상이 호흡이나 크레브스 회로의 유동을 지연시키지는 않을 것이다. 호흡은 효율적이다. 그래서 우리는 정상적인 산화적 크레브스 회로를 통해서 생합성과 ATP 합성을 둘 다 일으킬 수 있다. 그러기 위해서는 아미노산, 지방산, 당, 뉴클레오티드 따위를 합성하기 위한 탄소 골격을 크레브스 회로에서 추출해야 한다. 크레브스 회로는 "로터리 상태"가 되어 모든 교차로마다 차들이 드나들지만, 정상적인 로터리처럼 전체적인 유동은 정방향으로 일어난다. ATP 합성을 일으키려면, 일부 중간산물은 회로 전체를 완전히 돌아야 한다. 그러나 지금은 그것이 어떤 결과를 수반하는지를 생각해보자. 가령 크레브스 회로의 일반적인 첫 단계인 아세틸 CoA와 옥살로아세트산으로 시트르산을 만드는 반응을 일으킨다고 해보자. 그런 다음 우리는 지방산을 합성하기 위해서 약간의 시트르산을 세포기질로 빼낸다. 그 영향으로 시트르산의 농도는 α-케토글루타르산 같은 나중 중간산물에 비해서 더 낮아지게 된다. 생합성을 위해서 어떤 중간산물을 빼낼 때마다 모든 단계에 같은 원리가 적용된다. 회로를 완전히 도는 중간산물에 비해서 빠져 나가는 중간산물이 많아질수록, 남아 있는 중간산물 사이에서는 농도 차가 더 줄어들 것이다. 그러면 유동이 서서히 멈추거나 방향이 바뀔 가능성이 더 커진다. 생합성과 ATP 합성을 동시에 하는 것은 본질적으로 어렵다.[7]

---

7 이런 문제는 상향 조절된 "보충(anaplerotic)" 경로를 통해서 해결될 수 있는 것처럼 보인다. 특정 중간산물을 추가하고 크레브스 회로의 일부를 통해서 그 산물을 변형한 다음, 다시 내보내는 것이다. 다시 말해서 크레브스 회로는 완전히 순환하는 회로라기보다는 어느 지점에서는 물질이 들어오고 어느 지점에서는 물질이 나가는 로터

정방향의 유동은 다른 반응물, 특히 NAD⁺와 NADH의 농도에도 영향을 받는다. 시트르산에서 α-케토글루타르산으로 가려면 2H를 떼어내야 하고, 이 2H는 NAD⁺에 전달되어 NADH를 형성한다. 이용 가능한 NAD⁺는 많고 NADH는 별로 많지 않다면, 만사가 순조롭다. 유동은 계속 정방향으로 일어날 것이다. 그러나 이런 NAD⁺-NADH의 균형을 유지한다는 것은 NADH의 2H를 호흡 연쇄로 전달하고 호흡을 통해서 연소시켜 NAD⁺를 재생해야 한다는 것을 의미한다. 호흡 연쇄에서 NADH의 2H를 떼어내어 NAD⁺를 재생하는 일을 하는 것은 복합체 I이다. 이제 ROS 유동을 정상 범위 내로 유지하기 위해서 복합체 I의 활동이 억제되면 무슨 문제가 생기는지를 상상해보자. 사실상 NADH는 더 이상 산화되지 않고, 그래서 쌓이기 시작할 것이다. 그러면 역방향의 유동이 일어나기 쉬운데, 이 경우에는 α-케토글루타르산에서 시트르산 쪽으로 일어난다. 다시 말해서, 크레브스 회로를 통한 정방향의 유동은 성장에 필요한 모든 탄소 골격과 ATP를 공급할 수 있지만, 호흡이 효율적일 때에만 가능하다. 즉 우리가 어렸을 때에만 가능한 것이다.

나는 이런 까다로운 맞교환이 "약점의 원리handicap principle"를 부분적으로 설명할 것 같다는 생각이 든다. 약점의 원리는 공작 수컷의 꼬리깃이나 자루눈초파리stalk-eye fly의 놀라운 눈(이름에서 상상할 수 있듯이 눈이 기다란 자루 끝에 달려 있다)처럼 성적 매력을 위한 장식은 성장이나 에너지

리처럼 작용하고 있다. 사실, 이는 문제를 더 악화시킬 뿐이다. α-케토글루타르산에 글루타민이 공급되면, α-케토글루타르산과 숙시닐 CoA 사이에서는 농도 차가 가파르게 증가하지만, α-케토글루타르산과 시트르산 사이에서는 차이가 줄어들게 된다. 그러면 그림으로도 묘사한 것처럼, 유동을 시트르산 쪽으로 역류시키는 경향이 생긴다. 실제로 사라-마리아 펜트와 동료 연구진은 α-케토글루타르산과 시트르산의 농도비가 정말로 크레브스 회로의 유동을 정방향으로 밀고 나갈지, 시트르산 쪽으로 역류시킬지를 결정한다는 것을 밝혔다.

에 대한 자원의 상대적 배당에 달려 있다는 생각이다. 가장 적합한 개체는 오랜 시간 크레브스 회로를 온전히 정방향으로 돌리면서 성장과 에너지 생산을 동시에 할 수 있는 호흡 체계를 가지고 있는 반면, 적합도가 조금 떨어지는 개체는 정방향의 유동에 의한 생합성과 에너지 대사를 모두 유지할 수 없으므로 선택을 해야 할 것이다. 미토콘드리아와 핵 유전자에 암호화된 단백질들 사이에 상호작용이 잘 이루어지지 않아서 크레브스 회로의 유동이 약해지면, 빈약한 꼬리깃이나 좁은 눈 사이의 간격이나 덜 선명한 색깔로 드러난다. 그 신호는 진짜 정직하다. 최적의 호흡만이 성장과 에너지의 균형을 맞출 수 있다.

호흡 연쇄에 일어난 손상은 무엇이든지 ROS 유동을 증가시키는 경향이 있고, 대부분의 ROS 유동은 복합체 I의 철-황 클러스터에서 유래한다. 그리고 궁극적으로, 동물이 이를 다시 통제할 수 있는 유일한 방법은 복합체 I을 억제하는 것이다.[8] 문제는 복합체 I이 억제되면 미토콘드리아에서 NADH의 산화가 느려진다는 것이다. 그러면 역 크레브스 회로의 유동이 촉진되고, 성장과 일반적인 염증과 연관된 후성유전학적 변화가 일어난다. 즉 우리가 암과 관련해서 확인한 것처럼, 노화의 유동 양상이 나타난다. 더 많은 ATP가 발효에 의해서 형성되고, 전자는 (글리세롤인산을 만드는 샛길을 거쳐서) 복합체 III 같은 다른 배출구로 들어가서 2H가 산화될 때마다 양성자를 10개 대신 6개씩 내보낸다. 전체적으로 우리는 에너지는 줄어들고, 몸무게는 늘어나고, 폭발적인 힘을 내기가 더 어려워지고, 만성

8 식물과 단순한 (작은) 동물은 복합체 I을 억제할 필요가 없다. 이들은 호흡 연쇄를 단락시켜서(다른 산화효소나 짝풀림 단백질을 이용한다) ATP 대신 열을 낼 수 있기 때문이다. 이런 방식으로 열이 분산되면 NADH가 빠르게 산화되고 ROS 유동이 줄어들면서 크레브스 회로의 유동이 빨라진다. 그러나 과열은 대부분의 동물에서 까다로운 일이므로, ROS 유동을 조절하기보다는 때 이른 죽음을 초래할 가능성이 더 높다.

적이고 경미한 염증으로 인해서 쑤시고 아프게 된다. 늙어가는 것이다! 긍정적인 면에서 보면, 이런 쇠퇴 상태는 수십 년간 안정적일 수 있다. 하지만 이것이 권위 있는 노화의 자유 라디칼 학설과 얼마나 동떨어져 있는지를 주목하자. ROS 유동은 어떤 산화적 손상이 점차 강해지면서 나이와 함께 급격히 증가하는 것이 아니다. 오히려 반대로, 거의 변하지 않는다. 그 대신 우리는 우리 세포의 호흡을 억제한다. 그렇게 호흡이 서서히 느려지고 기능을 상실하면서……안에서부터 숨이 막혀간다.

우리는 모두 각자이다

노화는 내게 몬티 파이튼의 「라이프 오브 브라이언Life of Brian」을 떠오르게 한다. 이 영화에서 브라이언은 군중을 향해서 누구도 따를 필요가 없고, 사람은 모두 각자라고 말한다. 군중은 한목소리로 그 말을 따라한다. "네, 우리는 모두 각자예요!" 한 사람이 외롭고 쓸쓸한 목소리로 "난 아니에요"라고 말한다. 우리가 나이를 먹는 방식도 이와 거의 비슷하다. 우리는 모두 그 군중이 일부이다. 그러나 내가 이 장을 시작하면서 말했듯이, 우리는 나이가 들면서 저마다 다른 병에 굴복한다. 그 병은 암일 수도 있고, 알츠하이머병일 수도 있고, 심장병일 수도 있다. 골라보자. 우리는 모두 각자이다. 그러나 사라진 유전율이라는 망령이 있다. 이는 핵 유전자에서 알려져 있는 변이로는 이런 질환에서 나타나는 유전적 위험을 일부분밖에 설명하지 못한다는 의미이다. 그렇다면 나이와 연관된 질환은 노화와 정확히 어떤 관계가 있을까?

우리의 초파리는 그 해답의 일부를 보여준다. 우리는 누구나 핵 유전체에 대해 독특한 미토콘드리아 유전자 조합을 지니고 있다. 일란성 쌍둥이도 예외가 아니다. 초파리는 일견 사소해 보이는 이 두 유전체 사이의 불화합성이 치명적일 정도로 다른 결과를 낳을 수도 있다는 것을 우리에게 보여준다. 항산화제인 NAC는 어떤 초파리는 죽이지만 어떤 초파리는 그렇지 않았다. 이 초파리들은 핵 유전자가 모두 같은 일란성 쌍둥이들이었지만, 미토콘드리아 유전체에 따라서 생사가 갈린 것이다. NAC가 유발하는 스트레스는 나이가 들면서 생기는 스트레스와 다르지 않다. NAC 역시 복합체 I에서 호흡을 억제한다. 특히 처음부터 ROS가 조금 높은 경향이 있는 초파리에서는 유전체들 사이의 작은 불화합성으로도 그런 일이 생긴다. 유전체들이 살짝 맞지 않으면 산소로 가는 전자 전달이 느려지면서, 고여 있는 진흙탕 속에서 황화수소로 살아가는 동물에서 나타나는 저산소 반응과 같은 특징을 지닌 후성유전학적 변화가 촉진된다. 즉 감염과 염증이 생기고, 결국에는 노화와 암으로 발전한다. 짝을 잘못 만난 미토콘드리아는 질식을 흉내낸다.

미토콘드리아와 핵의 미묘한 불일치는 어린 시절에는 아마 별다른 영향을 끼치지 않을 것이다. 그러나 나이가 드는 동안 손상이나 스트레스로 인해서 증폭될 수 있다. 공통점은 호흡을 억제하고, 크레브스 회로의 유동을 바꾸고 후성유전학적 변화를 일으켜서 노화를 가속화한다는 것이다. 실제로 일어나는 일은 여러 다른 요인들에 의해서 달라지며, 습관과 식단도 그런 요인에 포함된다. 미토콘드리아를 쓰는 것, 즉 유산소 운동을 하는 것은 미토콘드리아를 더 빠르게 마모시키는 것이 아니다. 오히려 반대로, 이미 일어난 손상을 수선하는 데에 더 많은 자원을 쓰게 함으로써 교체와 재생을 촉진한다. 빈둥거림은 이와 정반대의 효과를 낸다. 과식도 우리의 미토콘드리아에 좋지 않다. 암이나 성 성숙에서 성장을 촉진하는 생화학적 경로들은 ATP가 너무 많으면 막힌다는 것을 기억하자. 대신 우리에게 필요한 것은 크레브스 회로에서 유래하는 탄소 골격과 생합성의 강력한 원동력인 NADPH(내가 "강력한 수소"라고 부르는 것)이다. 만약 우리가 앞아서 빈둥거리면서 과식을 한다면, 우리의 미토콘드리아는 호기성 용량이 점차 줄어들 것이고, 이는 노화의 피폐함을 재촉한다. 좋은 소식은 우리가 우리의 건강을 나아지게 할 수 있다는 것이다. 다시 젊음으로 돌아갈 수는 없지만, 그래도 생활방식을 개선하면 생물학적 나이보다는 더 젊어질 수 있다.

그러나 우리가 아무리 잘 살더라도, 불운한 유전자 변이 때문에 헛수고가 될 수도 있다. 그런 변이들은 햇수로서의 나이가 아닌 생물학적 나이에 의해서 결정된다. 특히 ATP의 이용 가능성 감소와 핵 유전자의 활성 유형 변화에 대해서 이 변이들이 반응하는 방식은 조직마다 다르다. 각각의 조직에서는 그 자체의 특성에 의해서 서로 다른 유전자가 표현되고, 어떤 유전자가 활성화되는지에 따라서 SNP의 효과도 제각각이다. 여기에 각 조직의 에너지 및 생합성 요구량이 더해지고, 그 요구를 충족시킬 능력이 점차 약화되고 있는 우리의 미토콘드리아도 추가된다. 이는 결국 각 조직에서 표현되는 핵 유전자의 독특한 조합이 우리의 미토콘드리아 유전자와 어떤 상호작용을 하는지에 의해서 결정되는 것이다. 놀랍게도 미토콘드리아의 단백질 함량은 조직마다 약 4분의 1까지 차이가 난다. 따라서 동일한 미토콘드리아 유전자들은 대단히 다양한 유전적 환경들 속에서 작동해야 한다. 그리고 이는 내가 제4장에서 지적한 동물 조직들 사이의 "공생"을 상기시킨다. 다양한 조직은 크레브스 회로의 유동을 보완하는 방식을 통해서 다른 조직의 기능을 돕는다. 암세포는 자신의 목적을 위해서 이런 섬세한 균형을 이기적으로 이용하지만(그리고 결국에는 그것 때문에 암이 죽는다), 대부분의 조직은 이런 유연성이 없다. 대부분의 조직은 물질대사에서 필요한 것을 다른 조직이 제공하는 것에 전적으로 의존하며, 나이가 들면서 자신의 크레브스 회로의 유동을 바꿀 능력이 거의 없어진다.

뇌의 포도당 중독에 대해서 생각해보자. 뇌는 (케톤 같은) 다른 기질로도 살 수 있고, 심지어 아주 잘 살 수 있지만, 포도당을 특별히 더 선호한다. 양전자 방출 단층촬영positron emission tomography(PET)은 물질대사 과정을 연구하는 데에 쓰일 수 있다. 밝은 색을 띠는 PET 영상은 방사성 포도당이 유입된 신경망이 작동하면서 "불이 켜진" 뇌 영역을 나타낸다. 그런데 왜 포도당일까? 심장은 대개의 경우 지방산(그램당 열량이 더 높다)을 태워서 완벽하게 잘 작동하며, 스트레스를 받을 때에만 포도당으로 전환한다. 그러나 뇌는 대부분의 상황에서 지방산이나 아미노산을 에너지원으로 쓰기를 꺼린다. 그 이유는 아마 뉴런이 발화할 때 동력의 갑작스러운 변화를 필요로 하는 것과 연관이 있을 것이다. 뇌는 뉴런 미토콘드리아의 전위를 극대화해야 한다.

막 전위가 왜 중요한지를 이해하기 위해서, 뇌처럼 포도당에 중독되어 있는 다른 조직을 생각해보자. 이자의 이자섬pancreatic islet에 있는 베타 세포beta cell가 바로 그런 조직이다. 베타 세포가 포도당에 중독되어 있는 이유는 (주로 식사 후에) 높은 혈당 수치를 감지하고 이에 반응하여 인슐린 호르몬을 분비하기 때문이다. 그러면 인슐린이 몸 전체에서 포도당의 흡수와 물질대사를 촉진한다. 베타 세포가 어떻게 높은 혈당을 감지하는지 궁금한 적이 있는가? 그 방법은 매우 절묘하다. 인슐린의 분비는 미토콘드리아의 막 전위로 결정된다. 포도당이 많을수록 막 전위는 더 높아지고, 인슐린도 더 많이 분비된다. 미토콘드리아는 정말로 유동 축전지였다. 이제 당뇨병의 문제를 알아보자. 이자섬의 미토콘드리아에 있는 호흡 장치는 대개 포도당 자체의 반응성으로 인해서 손상이 일어나는데, 이런 손상은 막 전위를 낮춰서 인슐린 분비를 감소시킨다. 분비되는 인슐린의 양이 감소하면, 혈류 속에 포도당 농도가 높아도 뇌가 포도당을 흡수하기가 어려워진다. 지속적으로 높은 고혈당은 악순환이 일으켜서 결국 조직에는 인슐린 저항성이 생긴다. 그리고 뇌는 포도당에 대한 의존도가 지나치게 높기 때문에, 이는 뇌에서 특히 심각한 문제를 초래한다. 뇌는 암세포처럼 다른 연료, 즉 다른 크레브스 회로 유동으로 전환하는 것이 쉽지 않다. 기어가 제대로 들어가지 않았는데도, 평소처럼 작동시켜야 한다. 그래서 뇌는 포도당을 호흡하기가 어려워질수록 병에 걸릴 위험이 더 높아진다. 그렇기 때문에 제2형 당뇨병을 앓는 사람은 알츠하이머병에 걸릴 위험이 두 배 더 높다.

알츠하이머병의 토대가 되는 병리학적 특징을 선구적으로 재개념화하고 있는 뉴욕 컬럼비아 대학교의 에스텔라 아레아–고메즈와 에릭 숀은 신경 퇴행을 미토콘드리아 연관막mitochondria-associated membrane 또는 MAM이라고 알려진 세포 구획에 일어나는 손상과 연결시키고 있다.[9] MAM이 하는 가장 중요한 일은 아마도 칼슘 이온(Ca^{2+})을 위한 문지기 역할일 것이다. MAM이 칼슘 출입구를 열면, Ca^{2+}이 미토콘드리아로 흘러들어서 페이스메이커 효소인 피루브산 탈수소효소의 활성을 증가시킨다. 이 효소는 크레브스 회로를 통과하는 유동을 조절하고, 더 나아가 미토콘드리아의 막 전위를 조절한다. 그 작동방식은 이렇다.

뉴런은 점화fire를 해야 할 때는 속도를 순간적으로 0에서 시속 100킬로미터까지 가속해야 한다. 포도당을 태우는 것은 정통 교과서적 경로를 통해서 ATP 합성의 효율과 속도를 극대화하는 것이다. 포도당은 빠르게 분

---

9 MAM은 세포 내에 있는 광범위한 막 구조인 소포체(endoplasmic reticulum)의 일부이다. 소포체는 세포 내에서 단백질과 지질 같은 다른 분자의 합성, 포장, 접힘, 수송을 담당하며, 호르몬 같은 신호에 반응해서 세포기질로 방출되기도 하는 칼슘 이온(Ca^{2+}) 같은 이온의 격리에도 중요한 역할을 한다. 세포 곳곳에서, 소포체는 미토콘드리아와 가깝게 배치되어 있다. 그런 곳에서는 미토콘드리아와 소포체의 막을 가로질러 걸쳐 있는 단백질 복합체에 의해서 둘 사이에 긴밀한 접촉이 유지된다. 이것이 MAM이며, 알츠하이머병과 관련해서 MAM이 미토콘드리아와 소통하는 방법에 대해서는 현재 연구 중이다.

해되어 피루브산이 되고, 피루브산은 피루브산 탈수소효소에 의해서 CO_2 와 2H가 잘리고 아세틸 CoA가 된다. 아세틸 CoA는 크레브스 회로라는 용광로로 투입된다. 이런 전체적인 체계는 뉴런의 점화가 필요하자마자 거의 즉각적으로 작동된다. 이런 급가속이 일어나려면 MAM에서 흘러나오는 Ca^{2+}이 피루브산 탈수소효소를 활성화시켜야 한다. 그러면 크레브스 회로는 정방향으로 빠르게 돌아가면서 2H를 떼어내어 호흡 연쇄의 복합체 I로 밀어넣고, 호흡 연쇄에서는 양성자를 퍼내어 막 전위를 높인다. Ca^{2+}의 흐름이 있을 때에는 막 전위가 가파르게 상승하면서 ATP 합성 속도가 갑자기 2배로 증가한다. 이런 속도는 만약 당신이 덤불숲 뒤에 있는 호랑이를 막 찾아낸 참이라면, 분명 유용할 것이다. 그리고 결정적으로는 미토콘드리아의 막 전위의 동적 범위를 최대로 끌어올려서 빈둥거리는 상태인 약 120밀리볼트에서 몇 초 만에 160밀리볼트 이상으로 출력을 높인다. 우리는 "에필로그"에서 이것이 의식과 어떤 연관이 있는지를 생각해보겠지만, 지금은 알츠하이머병에서는 무엇이 문제를 일으키는지만 알아보도록 하자.

여기서 그 문제에 대해 생각해보자. 뉴런은 정상적으로 점화를 하려면 포도당을 흡수해야 하지만, 인슐린 저항성이 있으면 포도당을 흡수하기가 어려워진다.[10] MAM은 이런 결손을 보완하기 위해서 Ca^{2+}을 미토콘드리아로 더 많이 퍼냄으로써, 피루브산 탈수소효소를 더 활성화시키고 신경의

---

10 혈관 속의 높은 포도당 농도(과혈당[hyperglycaemia])는 뉴런의 포도당 흡수를 억제하는데, 아직 그 메커니즘은 잘 이해되지 않고 있다(그러나 포도당은 단백질에 직접적으로 독소가 될 수 있다). 오랫동안 인슐린은 뇌의 포도당 흡수에는 영향을 주지 않는다고 여겨져왔기 때문에, 뇌는 "인슐린 저항성"이 있을 수 없다고 생각되었다. 그러나 더 최근 연구에서 뉴런이 실제로 인슐린 저항성을 가진다는 것이 밝혀지면서, 알츠하이머병은 "제3형 당뇨병"이라고 불리게 되었다. 「달콤한 미토콘드리아―알츠하이머병의 지름길(Sweet mitochondria—a shortcut to Alzheimer's disease)」이라는 파울라 모레이라의 한 논문 제목은 이 문제의 핵심을 포착한다.

기능을 회복하려고 시도한다. 그러나 과도한 Ca^{2+}은 그 자체로 해로우며, MAM은 시간이 흐를수록 팽창하고 손상된다. MAM의 기능 손상은 알츠하이머병의 여러 다른 특징들과 묘한 방식으로 연결되어 있다. 예를 들면, 알츠하이머병 환자의 뇌에 플라크plaque를 형성하는 아밀로이드amyloid 단백질은 길이가 더 긴 전구체 단백질에서 유래하는데, 이 전구체 단백질은 MAM에서 처리된다. MAM이 손상되면, 전구체 단백질이 제대로 처리되지 못해서 플라크가 형성된다. 프레세닐린presenilin, 스핑고 지질sphingolipid, ApoE4, 콜레스테롤을 포함해서, 알츠하이머병과 연관된 다른 단백질과 지질도 MAM의 작용에 이런저런 방식으로 의존한다. 세부적인 내용은 신경 쓰지 않아도 된다. 여기에서 중요한 것은 뇌가 완전한 정방향 크레브스 회로를 통해서 포도당을 태우고 있다는 것이다(아이러니하게도, 이 책을 통틀어서 유일하게 정석적인 크레브스 회로가 작동하고 있는 곳이다). 뇌는 뉴런이나 다른 "공생" 조직이 손상을 입었을 때, 연료나 유동 방식을 다른 것으로 쉽게 바꿀 수 없다. 요점은 우리를 평생 고혈당에 노출시키는 식이와 운동 같은 것들이 어느 정도는 알츠하이머병의 발병 위험 요인으로 작용할 수 있다는 것이다. 그러나 우리의 생활방식은 이런 위험을 강화하고 있다. 우리는 미토콘드리아와 핵에 있는 우리의 두 유전체가 이자와 뇌에서 고농도의 포도당을 높은 막 전위로 전환해야 할 때 효과적으로 잘 대처해주기만을 바랄 뿐이다.

너 자신을 알라

지금까지 내가 그려온 노화의 초상은 기본적으로 후성유전학적이다. 노화는 시간이 흐르면서 유전자에 축적되는 돌연변이에 의해 유발되는 것이 아니라 유전자 활동의 변화, 즉 후성유전학에 의해 일어난다. 그러나 이 단어는 두 가지 면에서 오해를 불러일으키기 쉽다. 첫째, "후성유전학"이라고 하면 본질적으로 역행이 가능한 것처럼 들리지만, 노화에 관해서는 확실히 그렇게 되기는 어렵다. 우리가 생활방식을 개선하여 생물학적 나이를 조금 줄일 수는 있을지 모르지만, 지금으로서는 그 정도가 전부이다. 후성유전학적 상태를 쉽게 바꿀 수 있다고 생각해서는 안 된다. 배지에서 자라는 세포는 뉴런과 같은 유전자 세트를 가지고 있음에도 불구하고 콩팥세포나 간세포 같은 그들의 정체성을 수십 년 동안 유지할 수 있다. 늙어가는 세포도 바꾸기 어렵다. 이는 나의 두 번째 걱정과 연관이 있다. "후성유전학적 상태"라는 말은 정적으로 들리지만, 이처럼 사실과 거리가 먼 이야기도 없을 것이다. 세포도 현미경으로 보면 정적인 상태처럼 보일 수 있다. 그러나 그 상태는 초당 10억 번이 넘는 물질대사 반응의 산물이다.[11] 우리는 최소 30조 개의 세포로 이루어져 있다. 따라서 방금 전 1초의 평온한 상태는 1,000해(10^{23} 또는 100,000,000,000,000,000,000,000) 번이라는 헤아릴 수 없이 많은 횟수의 반응에 의해서 유지된 것이다. 나는 이제 50대 중반이다. 따라서 내 주름살과 이런저런 통증은 지금까지 약 10^{32}회의 반응에서 비롯된 산물이다. 이 숫자는 알려진 우주에 있는 별의 개수보다 약 10억 배 더 많다. 그중에서 제대로 작동하지 않은 반응이 얼마나 되는지 궁금하지도 않다. 지금까지 내가 살아 있다는 것 자체만으로도 놀랍다. 우리가 지금 이야기하고 있는 물질대사 유동은 매순간, 매일, 매년 계속된다. 놀랍도록 안정적이고 끊임없는 흐름이다.

---

11 나는 이 수치를 조애나 제이비어로부터 얻었다. 그녀는 생명의 출현에서 물질대사의 기원을 다시 생각하고 있는 신세대 과학자들 중 한 사람이며, 최근에 UCL에서 우리와 함께 연구하고 있다. 그녀가 추정한 초당 10억 번의 물질대사는 사실 세균에 대한 것이지, 우리 같은 복잡한 진핵세포에 대한 것이 아니다. 우리의 세포에서는 초당 200억 번의 변형이 일어날 수도 있지만, 수치가 다양하고 덜 확실하기 때문에 여기서는 보수적으로 낮은 수성지를 택했다. 그럼에도 여전히 엄청나게 큰 수치이다.

이렇게 빠르게 돌아가는 물질대사라는 소용돌이의 중심에는 크레브스 회로가 있다. 그리고 크레브스 회로는 우리의 미토콘드리아 구조와 복잡하게 얽히고설켜 있다. 미토콘드리아의 막 전위는 반응성 산소종의 유동이 되고, 2H를 태우기 위한 우리의 능력이 되어 매초 1,000해 번의 반응을 일으킨다. 크레브스 회로는 종종 순환하는 회로라기보다는 로터리가 된다. 교차로마다 유동이 유입되거나 유출되고, 쉽게 방향을 바꿀 수 있다. 크레브스 회로 중간산물들의 상대적 농도, 즉 비율은 정상 상태steady-state인 세포의 건강에 대한 가장 유용한 실시간 정보 중 하나이다. 정상 상태를 변화가 없는 상태라고 생각해서는 안 된다. 토네이도의 눈, 소용돌이치는 물의 중심부, 항성의 표면처럼 끊임없이 회전하는 활동에 의해서 만들어지고 유지되는 안정된 상태이다. 그 회전 운동이 멈추면 허물어지고 사라지는 것이다.

세포에서는 이런 소용돌이 반응의 일부가 어긋나면서 단백질 같은 분자 기계를 손상시킨다. 모든 단백질이 효과적으로 대체되는 것은 아니며, 그런 단백질을 수선하거나 대체하는 것은 그 자체만으로 세포에는 큰 타격이다. 이는 세포가 직면하는 가장 큰 에너지 유출 중 하나이다. 결국 호흡 장치 자체가 손상되고, 산소로 향하는 전자의 흐름이 약해진다. ROS 유동은 살금살금 올라간다. 세포는 해야 할 일을 하고, 호흡을 조금 억제함으로써 이를 보완한다. NADH는 덜 효율적으로 산화되고, 크레브스 회로는 정방향의 추진력을 잃는다. 숙신산 같은 중간산물이 축적되고 미토콘드리아에서 새어나오기 시작한다. 숙신산은 $HIF_{1\alpha}$ 같은 단백질을 활성화시키고, 이는 다시 수천 개의 유전자의 행동을 변화시켜서 세포를 노화 상태나 죽음으로 몰아간다. 노화를 되돌리기 어려운 이유는 간단하다. 물질대사의 유동은 영원히 중단될 때까지는 멈출 수 없기 때문이다. 수선은 결코 완벽할 수 없다.

나는 물질대사율과 수명 사이에는 느슨한 상관관계만 있다고 말했다. 손상을 제한하거나 수선하는 데에 얼마를 투자할지는 유기체에 따라 다르기 때문이다. 가장 인상적인 사례는 아마 박쥐와 새일 것이다. 비행 능력이 있는 동물은 몸집이나 안정 시 대사율이 비슷한 지상의 사촌들보다 무려 10배나 더 오래 산다. 마드리드 대학교의 구스타보 바르하의 최근 연구에 따르면, 이런 장수 동물들이 복합체 I에서 ROS 유동을 일정 수준 이하로 제한하는 방법은 간단하다. 가장 반응성이 큰 철−황 클러스터를 함유하고 있는 하부 단위체subunit를 줄이는 것이다.[12] 복합체 I의 활동을 전혀 억제하지 않고 제한적인 ROS 유동을 유지함으로써, 박쥐와 새는 전자의 급원과 배출구 사이의 균형을 잃지 않고 산화환원 상태를 보전하면서 그들의 호기성 용량을 유지하거나 증가시킬 수 있다. 박쥐와 새는 크레브스 회로를 훨씬 더 오랫동안 완전한 전진 모드로 돌리면서 NADH를 계속 태울 수 있다. 그러면 나이와 연관된 노화의 후성유전학적 상태로 바뀌는 것을 지연시킬 수 있다. 그러나 당연히 여기에는 비용이 든다. 제한적인 ROS 유동을 유지하는 것은 해로운 단백질의 축적에는 거의 영향이 없을 수도 있다. ROS는 그것을 해롭다고 믿게 만들기 위해서 따라붙는 섬뜩한 말들보다는 덜 해롭다는 것을 기억하자. 그렇더라도 더 빠른 속도의 삶을 살게

---

12 바르하는 이것이 노화 프로그램과 연관이 있다고 주장한다. 즉 복합체 I의 ROS 유동은 의도적이라는 것이다. ROS 유동이 의도된 것이라는 점에는 동의하지만, 나는 노화가 사전에 예정된 프로그램이라는 주장에는 설득력이 없다는 증거를 찾았다. 내가 생각하기에, ROS 신호는 손상과 연관된 호흡 용량의 신호이다. 그러면 필요할 때, 이를테면 산소 농도의 변화나 이용 가능한 기질의 변화에 대응해야 할 때, 호흡 용량을 신속하게 바꿀 수 있기 때문이다. 이 설명은 내 동료인 존 앨런의 생각을 토대로 한다. 그는 미토콘드리아가 유전자를 유지하고 있는 이유가 호흡 조절에 필요하기 때문이라고 주장한다. 따라서 빠른 변화에 대응하는 능력을 제한하는 것은 다양한 환경에 대한 적응력이나 감염에 대한 반응이라는 면에서 진화적 비용이 들 것이라고 예측할 수 있지만, 이는 이 책의 범위를 벗어나는 이야기이다.

되면 분자 기계를 더 자주 교체해야 하고, 손상도 더 심해진다. 더 오래 사는 동물들은 손상 한계에 더 많은 투자를 해야 한다. 그 비용은 결국 단위 시간당 얻을 수 있는 자손의 수가 적어지는 것이며, 여기에서 우리는 다시 표준 진화생물학으로 돌아간다.

비교적 단순하고 겨우 몇 세대 만에 일어날 수 있다고 해도, 이런 변화는 선택의 작용이다. 우리 자신의 수명은 바꾸기가 더 어렵다. 우리의 생리적 한계는 우리가 물려받은 유전자에 의해서 정해져 있고, 우리는 우리의 성능을 개선하기 위해서 여러 세대에 걸쳐 이리저리 골라서 짝을 맞춰볼 수 없기 때문이다. 그러나 우리는 우리의 행동을 통해서 물질대사의 정상 상태에 영향을 줄 수는 있다. 그러려면 우리는 우리 자신에 대해서 알아야 한다. 당신의 미토콘드리아는 내 미토콘드리아와 같지 않다는 것을 기억하자. 우리 각자는 독특한 미토콘드리아 DNA를 가지고 있으며, 이 미토콘드리아 DNA는 만화경 같은 핵 유전체와 짝을 이룬다. 어떤 미토콘드리아 DNA는 더 긴 수명과 연관이 있고, 그러면 아마 낮은 ROS 유동과도 연관이 있을 것이다. 이를테면, 일본인들에게 흔한 어떤 변이는 노화 관련 질환의 위험을 절반으로 줄이고 100세까지 생존할 가능성을 두 배로 늘리는 것과 연관이 있다. 이런 차이는 우리의 생활방식이나 식단이나 흡연 같은 습관에 의해서 증폭되거나 줄어들 수도 있지만, 내게는 아주 좋은 효과를 내는 변이가 당신에게는 사뭇 다른 효과를 낼 수도 있다. 노화를 조절하는 유전자를 이해하기 위한 우리의 여정에서, 우리가 잘 살기 위한 비결인 바로 그 유전자들을 쓰레기통에 버려왔다는 것은 아이러니한 일이다. 미토콘드리아 유전자들은 쉼 없이 돌아가면서 우리를 계속 살아 있게 하는 반응의 소용돌이를 일으키고 있다.

델포이에 있는 아폴로 신전 입구에는 그리스인들이 새겨놓은 세 개의 격언이 있다. 첫 번째 격언은 "너 자신을 알라"였다. 그들은 보이지 않는 물질대사의 유동이 유전자들 사이에서 춤을 추면서 우리를 개체이자 인간으로 규정한다고는 결코 상상하지 못했겠지만, 어떻게 살아야 하고 죽어야 하는지는 잘 알고 있었다. 우리는 그 교훈을 각자 스스로 배워야 한다. 두 번째 격언은 "절제하라"였다. 우리의 후성유전학적 상태를 바꾸는 것이 얼마나 어려운지를 생각해보자. 우리는 순간순간 새로운 유동 패턴을 몇 년이고 지속시켜야 한다. 지속될 수 없는 변화는 쓸모가 없다. 우리는 곧 노화라는 물질대사의 침체 상태에 다시 빠지게 될 것이다. 과도함은 평생에 걸쳐서 지속될 수 없다. 자기 자신은 물론, 미토콘드리아에도 손상을 입힐 것이다. 다시 어려지지는 못하더라도 더 활기 넘치는 사람이 되고 싶다면, 생물학적 나이를 줄이고 자신의 후성유전학적 상태를 더 호기성 환경으로 바꾸고 싶다면, 잘 살고 잘 죽고 싶다면, 건강하게 잘 먹어야 하고 자신만의 방식으로 활발함을 유지해야 할 것이다. 수십 년 동안 그런 자신만의 생활방식을 유지해야만, 나이가 들어도 활기가 넘치고 행복한 나날들을 살아갈 수 있을 것이다.

세 번째 격언은 조금 더 모호하다. 보통 "보증은 파멸을 가져온다"로 번역된다. 내가 상상하기에, 이 말은 우리는 결코 확실성을 갈망해서는 안 된다는 뜻인 것 같다. 확실한 것은 아무것도 없기 때문이다. 적어도 과학에서는 그렇다. 과학은 먼지가 수북이 덮인 사실들의 모음이 아니라, 미지를 탐구하고 오랜 신비를 간직한 해안의 윤곽을 알아내려는 과정이다. 나는 그런 정신으로 이 책을 쓰기 위해서 노력하면서, 지질학적으로 불안정한 한 행성에서 생명이 처음 시작된 순간을 영광스러운 진화의 절정과 연결시키고, 궁극적으로는 우리 자신의 죽음으로까지 연결시키고자 했다. 모든 면에서 내가 다 옳을 수는 없다. 그러나 안개 속에서 서서히 드러나고 있는 그 해안선의 모습이 세부적인 부분에서는 왜곡되어 있다고 해도, 이 짜릿한 신대륙에서는 생명을 살아 있게 하는 물질대사와 유전자 사이의 관계가 완전히 바뀐다. 우리는 섬이 아니라 이 대륙의 일부이다. 그리고 이 대륙의 중심부와 태초부터 우리 행성에 있었던 모든 생명과 연결되어 있다. 나는 당신이 이제 자기 자신을 조금 다르게 볼 수 있기를 바란다. 그 점을 염두에 두고, 아직 펼쳐지지 않은 마지막 미개척지를 바라보면서 우리의 여정을 마무리하자.

에필로그

자아

"나는 생각한다. 고로 나는 존재한다." 데카르트의 이 말은 그 어떤 명언보다도 유명하다. 하지만 내가 존재한다는 것은 정확히 무엇일까? 인공지능 AI도 생각할 수 있으므로, 이 정의에 따르면 "존재하는" 것이다. 그러나 AI가 사랑이나 미움이나 공포나 기쁨과 같은 인간적인 감정, 일체감이나 망각에 대한 영혼의 갈망, 갈증과 배고픔 같은 육체적 고통과 비슷한 무엇인가를 가지고 있다는 것에 동의할 사람은 거의 없다. 문제는 감정emotion이 무엇인지 우리도 모른다는 것이다. 물리적인 의미에서 느낌feeling이란 무엇일까? 어떻게 뉴런의 방전은 다양한 느낌을 불러일으키는 것일까? 의식의 "어려운 문제"는 바로 이것, 정신과 물질의 이중성을 지니고 있는 것처럼 보이는 우리의 가장 내밀한 자아의 물리적 구성이다. 우리는 극도로 정교한 병렬 처리 체계가 경이로운 지적 능력의 위업을 어떻게 달성할 수 있는지에 대해서는 원칙적으로 이해할 수 있지만, 그런 최고의 지적 능력이 기쁨이나 우울함을 경험하는지 여부에 대해서는 원칙적으로 답할 수 없다. 007 영화 제목처럼, 위안의 양자quantum of solace라는 것은 무엇일까?

왜 나는 크레브스 회로에 대한 책에서 이런 질문까지 건드려보려는 것일까? 그 답은 물질대사 유동이 수십 년에 걸쳐서 매순간 어떤 식으로든 의식의 흐름과 일치해야 하기 때문이다. 우리 존재의 가장 내밀한 것에 생기를 불어넣을 수 있는 것이 이것 말고 무엇이 있겠는가? 이 책에서 우리가 탐구하고 있는 것은 생화학의 동역학적 측면, 우리를 살아 있게 만드는 물질과 에너지의 끊임없는 흐름이다. 나는 이런 흐름이 심해의 열수 분출구에서 시작되었다고 주장했다. 열수 분출구는 세포와 비슷한 구조를 지닌 전기화학적 흐름 반응기이다. 그곳에서는 격벽과 막을 통과하는 양성자의 흐름이 H_2와 CO_2의 반응을 일으켰고, 그 과정에서 형성된 크레브스 회로의 중간산물들은 생명 전체에 걸쳐서 물질대사의 중심에 놓이게 되었다. 그리고 이 중간산물에서는 생명의 구성 재료인 아미노산, 지방산, 당, 뉴클레오티드가 만들어졌다. 유전자와 정보가 없는 상태에서 전체 물질대사 경로가 이런 방식으로 갑자기 생겨날 수 있다는 것이 이상하게 보일 수도 있겠지만, 이것이 최근의 실험들이 우리에게 알려주는 사실이다. 여기에는 생명의 가장 깊은 곳에 있는 화학에 대해서 열역학과 운동역학적으로 선호되는 무엇인가가 있다. 나도 이것이 당혹스럽지만, 사정은 그렇다.

자기 조직화, 성장, 원세포 형성을 위한 이런 화학의 힘은 똑같은 기체의 유동에 의해서 생기를 얻어 생물이 되었고, 유전자와 정보에 의미와 맥락을 부여했다. 내가 생각할 때, 최초의 유전자는 RNA 문자 몇 개가 무작위로 연결된 가닥이었고, 이 가닥들은 심해의 열수 분출구에서 자라고 있던 원세포 내에서 중합되었다. 처음부터 유전자는 원세포의 내부에서 자신을 복제했다. 세포의 성장을 촉진하는 유전자는 퍼져 나갔고, 이전 것보다 더 빠르고 더 좋은 것을 재생시켰다. 유전자는 세포의 심오한 화학을 결코 대체하지 않았다. 그 화학을 보존했고, 거기에 의지했다. 40억 년이 지난 지금까지도, 유전자는 생명의 심오한 화학을 초당 수십억 번의 반응이라는 믿기 어려운 속도로 충실하게 재현하고 있다. 처음부터 크레브스 회로를 통한 물질과 에너지의 흐름은 막의 전기적 위치 에너지, 즉 막 전위와 얽혀 있었다. 유동은 움직임이다. 세포막에서 웅웅거리는 전위도 움직임이다. 막에서 춤을 추는 전하, 즉 전자와 양성자는 생명의 기본 입자이다. 움직이는 전하가 만드는 전자기장은 우리의 존재 속에 스며들어 있다. 그리고 확실히, 물질대사의 유동은 세포에서 전자기장을 만든다. 이런 전하의 춤이 만드는 세포의 순간적인 상태가 어떤 식으로든 느낌과 연관이 있을 수 있을까?

그 발상은 매력적이기는 하지만, 나는 더 이상 생각하지 않으려고 했었다. 그러다가 한 과학적 선지자가 나를 찾아왔다. 루카 튜린은 양자생물학에 관심이 있는 생물물리학자이다. 그는 남다른 삶을 살면서 오랫동안 향기와 후각을 연구했고, 우리가 양자 진동 상태를 감지할 수 있을지에 대한 가능성을 생각했다. UCL로 나를 찾아왔을 때, 나는 그가 그런 이야기를 하고 싶어할 것이라고 생각했다. 나는 그 분야에 대해서는 거의 무지했기 때문에 내가 할 수 있는 말은 없을 것 같았다. 하지만 그는 전혀 다른 이야기를 꺼냈다. 그가 염두에 두고 있었던 것은 미토콘드리아였다. 나는 그가 하는 미토콘드리아 이야기를 판단할 수 있었고, 그의 이야기에 전율이 일었다. 튜린은 과학에서 미지에 맞서는 것을 두려워하지 않는다. 이 경우에는 (조금 귀찮은) "기지의" 문제이기는 하지만, 그는 새 지평에 대한 자신의 열망을 전자 스핀 공명electron spin resonance 같은 생물물리학의 기본 방법에 대한 엄격한 이해와 접목시킨다. 이렇게 명확한 방식으로 생각하는 사람을 나는 거의 만나본 적이 없다. 그의 논문은 이런 명료함과 함께 풍자적인 재미도 전달한다. "의식에 대해 우리가 확실히 알고 있는 거의 유일한 것은 의식이 에테르, 클로로포름, 그외 다른 용매에 녹을 수 있다는 것이다." 흥미롭게도, 마취제에 의해서 의식이 가역적으로 사라지는 것은 인간만이 아니다. 짚신벌레 같은 단세포 원생생물을 포함한 가장 단순한 동물도 마취가 된다. 이를 통해서 튜린이 내린 결론은 의식이 고등한 동물의 복잡한 신경계에서 출현한 특성이 아니라 세포 수준에서 작동하는 더 근본적인 무엇인가라는 것이다. 이는 초파리 같은 단순한 실험 동물로도 의식을 연구할 수 있다는 뜻이다. 튜린의 말처럼, "초파리가 어느 정도까지 의식을 가지고 있는지는 알려져 있지 않지만, 클로로포름이나 에테르에 노출되면 초파리는 확실히 의식을 잃는다."

「사이언스」에서는 암, 양자 중력, 상온 초전도성과 함께 전신 마취 메커니즘을 과학의 중요한 미해결 문제 중 하나로 선정했다. 우리의 조작 기술은 종종 우리의 이해를 뛰어넘는다. 마취의 경우, 우리는 대단히 절묘한 솜씨로 마취의 효과를 조절할 수는 있지만, 실제로 그것이 어떻게 작동하는지에 대해서는 아무것도 모른다. 문제는 분자 구조와 생물학적 활성 사이에 관계가 없다는 것이다. 크기와 형태에서 공통점이 전혀 없는(일반적인 열쇠−자물쇠 메커니즘에서 어떤 수용체와 공통된 상호작용이 불가능한) 분자들이 모두 전신 마취제로 작용한다. 아마 가장 당혹스러운 것은 제논xenon 기체일 것이다. 튜린의 지적처럼, 제논은 "형태"도 없고(전자 밀도 electron density가 완벽한 구를 이룬다) 화학 작용도 하지 않는 불활성 기체이다. 그러나 **물리적 특성**은 있다. 도체들 사이에서 전자가 쉽게 전달될 수 있게 해준다. 제논 램프만 생각해도 햇빛과 비슷한 백색광을 낸다. 따라서 원리상 제논은 전자 전달을 용이하게 함으로써 마취를 유발할 수 있는 것이다. 그렇다면 도대체 왜 전자 전달이 마취를 유발하는 것일까?

전신 마취제들 사이의 몇 안 되는 공통점 중 하나는 지용성이라는 것이다. 막에 축적되고, 마취의 강도가 구조보다는 농도에 의해서 결정된다는 점도 공통적이다. 마취제는 미토콘드리아 막에도 축적된다. 그렇다면 마취제가 세포 호흡에서 산소로 전자 전달을 용이하게 할 가능성이 있을까? 튜린의 연구는 그럴 수도 있다는 것을 보여준다. 전자 스핀 공명electron spin resonance은 산소와 연관된 신호를 보내는데, 마취 상태의 초파리에서는 이 신호가 바뀐다(바뀌는 유일한 신호이다). 그러나 마취에 내성이 있는 돌연변이 초파리에서는 신호가 바뀌지 않는다. 더욱 흥미로운 점은 튜린이 호흡에서의 전자 전달과 연관된 전파radio wave 신호를 감지했다는 것이다. 모든 단백질은 거울상 이성질성 아미노산(항상 왼손잡이 형태이다)으로 이루어져 있기 때문에, 호흡에서는 한 단백질에서 다른 단백질로 전자가 이동할 때 전자 스핀의 위상이 동일하게 유지된다. 그러다가 산소와의 반응으로 스핀이 풀리면 전파 신호로 감지될 수 있다. 자세한 내용은 신경 쓰지 않아도 된다. 중요한 것은 이 전파 신호가 뇌 영역이 활성화될 때에는 증가하고, 마취가 될 때에는 억제된다는 사실이다. 이는 또다시 호흡에 대한 어떤 영향을 암시한다. 당신은 튜린이 왜 어렵다는 평판을 받고 있는지 짐작할 수 있을 것이다. 그의 과학은 지식의 최첨단에 있다. 튜린 자신조차도 뇌가 전파를 방출한다는 이야기가 공상과학 소설처럼 들린다는 것을 인정한다. 그러나 실제로 뇌는 전파를 방출하고 있는 것으로 보인다.

다시 제논으로 돌아가자. 이 모든 것을 통해서 볼 때, 제논은 미토콘드리아의 막 속에 위치하고 있는 단백질의 소수성 틈새에 모여서 호흡의 전자들을 산소로 곧장 옮겨버리는 것으로 보인다. 그 효과는 아주 미묘해야 할 것이다. 효과가 너무 크면 우리가 죽을 수도 있기 때문이며, 용량 과다는 마취에서 항상 위험 요인이다. 하지만 이런 추론이 사실이라고 가정해보자. 그 다음은 어떻게 될까? 산소로 전달되는 전자의 일부가 양성자 펌프와 ATP 합성을 연결시키는 대신, 제논을 징검다리 삼아서 산소로 곧바로 뛰어넘어갈 것이다. 아마 산소는 호흡 연쇄의 끝에 있는 시토크롬 산화효소와는 여전히 정상적인 방식으로 결합되어 있어서, 전자가 자유 라디칼로 탈출하지는 않을 것이다. 그래도 호흡 연쇄가 끊어지면 막 전위는 분명 영향을 받을 것이고, 이는 측정이 가능할 것이다(그러나 쉽지는 않을 것이다). 그렇다면······미토콘드리아의 막 전위에 나타나는 변화가 우리의 의식 상태에 영향을 줄 수도 있다는 것일까?

나는 선사기상에 대해서 이야기했다. 우리는 뇌가 전기장을 만든다는 것을 오래 전부터 알고 있었고, 이 전기장을 측정한 것이 EEG(뇌전도 electroencephalogram)이다. 전신 마취제에 대해 그렇듯이, 우리는 EEG가 발생하는 이유를 잘 알지 못한다. 그러나 뇌전증이나 수면과 관련해서 EEG의 패턴을 어떻게 해석해야 하는지는 그보다 훨씬 더 잘 알고 있다. 신경학자인 마이클 코언에 따르면, 우리는 "EEG 신호가 어디에서 유래하고 무슨 의미인지에 대해서는 충격적일 정도로 아는 것이 없다." 확실히 EEG는 전압의 변화에 의해서 만들어지고, 이 변화는 (개별적인 신경세포가 아닌) 큰 뉴런 연결망이 동시에 점화되기 때문으로 보일 정도로 크다. 그러나 이런 신경망은 여전히 개개의 뉴런들로 구성되어 있고, 개개의 뉴런들은 비슷한 방식으로 행동한다. 세포 수준에서 볼 때, 문제는 이렇다. 어떤 전하와 연관이 있을까? 그럴싸한 추측은 세포막의 전하(또는 활동 전위) 때문이라는 것이다. 그러나 만약 튜린이 옳다면, 그 해답의 큰 부분은 미토콘드리아의 막 전위가 차지할지도 모른다. 산소로의 전자 전달이 의식과 연관이 있음을 암시할 뿐 아니라, 미토콘드리아의 막 전위는 신경세포의 막 전위보다 두 배 더 높고, 복잡하게 접혀 있는 미토콘드리아의 내막(크리스타 crista)은 하전된 막의 전체 표면적을 훨씬 더 넓어지게 한다.

움직이는 전하는 반드시 전자기장을 만들고, 미토콘드리아에서는 확실히 전하가 움직이고 있다. 전자가 산소로 전달될 뿐 아니라, 막을 사이에 두고 일어나는 양성자의 순환은 더욱 극적이다. 양성자는 호흡 복합체를 통해서 나갔다가 ATP 합성효소를 통해서 다시 돌아오는 순환 고리를 형성한다. 이번에도 더그 월리스는 이 분야의 선두에서, 개개의 미토콘드리아에 대한 전자기장의 세기를 측정하는 시도를 하고 있다. 그러나 전자기장들이 상호작용을 하는 방식에도 몇 가지 광범위한 원칙이 있다. 각각의 장은 서로 간섭을 하거나(상쇄되거나), 위상의 연결을 통해서 더 멀리까지 작동하는 더 강력한 장을 만들 수도 있다. 뉴런 미토콘드리아의 크리스타 막처럼 나란히 놓인 막들은 더 강력한 장을 형성할 것이다. 이런 장은 신호를 증폭시키고, 세포막의 더 약한 장과 상호작용을 함으로써 신경 활동을 조절할 가능성도 있다. 이것이 EEG를 만드는 것이 될 수 있을까? 나는 그럴 수 있다고 생각한다. 그러나 EEG가 부수적 현상에 불과하다면, 다시 말해서 그 자체로는 아무런 영향도 없는 기저 활동의 반영일 뿐이라면, 이는 중요하지 않을 것이다. 그러나 전기장이 뇌 기능에 직접적인 역할을 할 수 있고, 실제로도 한다는 강력한 증거가 있다. 만약 뉴런의 축삭돌기axon를 자르고 절단된 두 끝을 (화학물질이 바로 건너가기에는 너무 먼 거리인) 몇 분의 1밀리미터만큼 떨어뜨리면, 활동 전위는 마치 간격이 없는 것처럼 그 사이를 뛰어넘어갈 수 있을 것이다. 전기장은 이런 행동을 쉽게 설명할 수 있다. 만약 그렇다면, 요점은 뉴런에서 만들어지는 전기장에 정말로 원동력이 있다는 것이다. 오랜 추정대로, 그 힘은 무엇인가를 물리적으로 바꿀 수 없을 정도로 약하지는 않다.

이런 종류의 발언은 최근까지만 해도 믿음직한 과학의 경계를 뛰어넘는 것이었을지도 모르지만, 발생생물학자인 마이클 레빈과 다른 이들의 특별한 연구는 전기장이 편형동물인 플라나리아planaria와 같은 작은 동물의 발생을 조절할 수 있다는 것을 밝혀냈다. 나는 21세기의 생물학은 장의 생물학biology of fields이 될 것이라고 생각한다. 그러므로 미토콘드리아에 의해서 만들어지는 전기장에 정말로 원동력이 있을 가능성을 받아들이자. 그것이 의식에 대해서 우리에게 알려줄 수 있는 것은 무엇일까? 우선, 뇌가 포도당이라는 연료에 왜 그렇게 빠져 있는지를 알려줄 수 있을지도 모른다. 미토콘드리아 연관막(MAM)에서 미토콘드리아로 유입되는 칼슘이 피루브산 탈수소효소를 활성화시켜서 크레브스 회로의 유동과 ATP 합성을 거의 기하급수적으로 증가시킨다는 것을 기억할 것이다. 이는 당연히 일의 동력이 될 뿐 아니라, 미토콘드리아의 막 전위의 동적 범위를 최대한 넓혀준다. 그것은 전기장 전체에 걸쳐서, 모든 악기가 동원되는 완전한 교향악이다. 지금까지도 생물학은 그 악기들을 구성하는 물질을 연구하는 경향이 있다. 이제는 눈을 감고 음악을 들어야 할 때가 왔다. 나는 이 음악이 느낌의, 감정의 성분이라고 제안하고 싶다. 전기장은 세포 속에서 흐르고 있는 서로 다른 분자들을 하나로 결합시켜서 기분과 느낌을 지닌 자아로 통합하는 힘이다. 알츠하이머병은 그 전기장들이 부서지면서 음악이 사라져가고 있는 것이다.

신경계를 가지는 다세포 유기체는 제쳐두고, 짚신벌레paramecium 같은 원생생물을 생각해보자. 이런 원생생물도 미토콘드리아 막에 전기장을 만든다. 현미경 아래에서 그 작은 생물들의 놀라운 행동을 가만히 관찰해보면, 그들은 이리저리 돌아다니고, 탐험하고, 무엇인가를 뜯어먹고, 먹잇감을 쫓거나 포식자로부터 도망치면서 그들의 삶을 살기 위해 애를 쓴다. 또는 어떤 불운한 일과 마주친 후에는 스스로 재생하거나, 몸의 일부나 전부를 빠르게 회전시킨다. 이런 행동은 놀랍고 정교하며, 우리가 지켜보는 동안 실시간으로 일어난다. 무엇이 이 모든 것을 조정하는 것일까? 열쇠-자물쇠 수용체 분자들, 즉 유전적으로 특화된 단백질 간의 상호작용에 의해서 조정된다고 생각하는가? 무엇이 그것을 완전체로 통합하는 것일까? 무엇이 그것을 하나의 "자아"로서 조직화하는 것일까? 일단 전기장을 염두에 두면, 다른 무엇인가를 상상하기가 어렵다. 그러나 그 다음에 우리는 또다른 문제에 직면한다. 우리 자신의 신경계가 그렇듯이, 나는 원생생물의 전기장도 대체로 세포 깊은 곳에 있는 미토콘드리아에 의해서 만들어진다고 주장하고 있다. 그렇다면, 이런 내부의 전기장은 왜 한 유기체의 전체적인 자아, 생명, 잠재력과 연관이 될까? 미토콘드리아는 어쨌든 세포의 일부일 뿐이다. 크레브스 회로를 통과하는 유동에 의해서 만들어지는 미토콘드리아의 전기장은 왜 자아의 분투가 되는 것일까?

미토콘드리아의 전기장이라는 언어가 왜 세포의 순간적인 상태와 묶이게 되었는지, 그 이유를 이해하려면 미토콘드리아가 한때 세균이었다는 것을 알아야 한다. 미토콘드리아는 약 20억 년 전에 다른 세포에 의해 집어삼켜졌다. 나는 『바이털 퀘스천The Vital Question』에서 그 관계가 가져온 특별한 결과를 탐구했다. 우리가 지금 당장 알아야 하는 것은 우리의 세포 내에 있는 미토콘드리아의 막 전위가 세균의 원형질막plasma membrane에 하전된 전하와 같다는 것이다. 세균 세포를 둘러싸고 있는 원형질막은 한 세균이라는 자아를 바깥 세계와 분리하고 연결한다. 세균의 입장에서 볼 때, 원형질막은 알려진 우주의 문턱이다. 그외 다른 모든 것은 어둠 속에 있다.

이 원형질막의 전위가 세균에게 얼마나 중요한지를 보여주는 사례를 하나 들어보겠다. 대양에는 세균을 공격하는 바이러스(파지phage)가 세균보다 약 10배 더 많다. 이런 바이러스가 떼 지어 세균에 붙어 있는 그림을 보았을 수도 있다. 파지는 놀라울 정도로 기계처럼 생겼다. 아주 작은 달 착륙선을 닮은 파지는 H. G. 웰스의 공상과학 소설에 등장하는 사악한 화성인의 전투 기계처럼 세균 표면에 자신을 고정시키고 부드러운 세균의 몸속에 자신의 DNA를 높은 압력으로 주입한다. 수십 개의 파지가 마치 외계인의 침공처럼 이런 공격을 줄줄이 이어갈 수 있다. 불쌍한 세균 세포는 가망이 별로 없지만, 방어 수단이 있기는 하다. CRISPR라고 불리는 이 방어 수단을 쓰면 정교한 유전자 조작이 가능하므로, 우리도 최근에 활용법을 배우기 시작했다. 만약 그 세균(또는 그 조상)이 예전에 그 파지에 노출된 적이 있다면, 세균은 그 DNA를 알아보고 반격을 한다. 파지의 DNA를 잘게 잘라서 복제를 할 수 없게 만드는 것이다. 그러나 반격할 수 있는 시간은 짧다. 만약 파지가 너무 많으면, 세균이 선택할 수 있는 것은 하나뿐이다. 친족의 이익을 위해서 빨리 죽는 것이다. 그러려면 어떻게 해야 할까? 세포막의 노는 구멍을 일시에 열어서 막 전위를 붕괴시킨다. 파지가 복제해서 자매 세균들을 감염시킬 기회를 얻기 전에, 세균은 거의 즉사한다. 이 희생의 결과로, 그 세균의 유전자 중 적어도 일부는 자매 세균들 속에서 살아남게 될 것이다. 그 세균은 가족을 위해서 목숨을 바친 셈이다.

나는 그런 막 전위의 붕괴가 세균에게 어떤 "느낌"인지 오랫동안 궁금했다. 무엇보다도, 막에서 윙윙거리는 전위는 생명력을 상징한다. 만약 죽으려는 세균이 그 생명력이 빠져 나가는 무엇인가를 느낀다면, 막 전위에 의해서 만들어지는 전기장의 다른 변화에 대해서는 어떨까? 바이러스만 세균을 죽이는 것은 아니다. 세균은 마모나 파열에 의해서도 죽을 수 있다. 밝은 빛에 지나치게 노출되거나, 철이 부족해서 광합성 체계가 제대로 작동할 수 없거나, 이웃 세포들이 독소를 내뿜을 때에도 죽을 수 있다. 이런 것 하나하나가 바다에서 크게 증식한 남세균들 사이에서 죽음의 물결을 일으킬 수 있다. 작용하는 메커니즘은 거의 동일하다. 막 전위를 붕괴시켜서 죽음을 유발하는 것이다. 일종의 "가사pre-death" 상태도 있을 것으로 추정되는데, 이런 상태에서는 생명 활동이 아주 약해진다. 이외에도, 막 전위는 ATP를 합성하고 CO_2를 고정하기 위한 기반으로서만 필요한 것이 아니다. 세균 세포가 이리저리 돌아다니면서 더 나은 조건을 찾을 수 있도록 세균의 편모flagellum를 작동시키기도 하고, 세포의 안팎으로 온갖 물질을 퍼냄으로써 세포의 항성성도 유지한다. 가장 놀라운 것은 세균이 자손을 만들기 위해서 둘로 나뉠 중심점을 찾으려면 막 전위가 필요하다는 점이다. 생물학에서 생식보다 더 성스러운 것은 없다. 그리고 가장 단순한 형태의 생식은 막이 하전되어 있지 않으면 일어나지 않는다. 삶과 죽음의 이런 모든 상태는 전자기장과 연관이 있다. 그 모든 것이 다르게 느껴지는가? 어떻게 이렇게 똑같을 수 있을까? 세포를 둘러싸고 있는 막의 전자기장과 물질대사는 긴밀하게 얽혀 있고, 본질적으로 중요한 의미를 가진다. 이는 세포의 살아 있는 상태이며, 가장 기본적인 생명 형태 속에 있는 의식의 흐름이다.

당신의 몸이 크레브스 회로 속 한 분자, 이를테면 숙신산 크기로 줄어들었다고 상상해보자. 당신이 들어 있는 세포는 런던이나 도쿄나 뉴욕 같은 규모의 대도시와 같을 것이다. 30킬로미터쯤 떨어진 도시 반대편에 있는 다른 숙신산 분자와 당신을 연결해주는 것은 무엇일까? 당신이 동일한 존재, 동일한 자아의 일부라는 것은 어떤 의미일까? 심지어 당신은 숙신산으로 그리 오래 존재하지도 않을 것이다. 순식간에 말산, 옥살로아세트산으로 변환될 것이고, 어쩌면 아미노산이나 당이 될 수도 있다. 당신은 1초에 10억 번씩 형태가 바뀌는 물질대사라는 만화경 속을 덧없이 스쳐가는 한순간이다. 당신에게 묶여 있는 정보에는 아무 의미도 없다. 그러나 당신은 여전히 한 존재, 한 자아의 일부이다. 크레브스 회로를 통과하는 당신의 유동은 물질대사의 균형을 잡는 저울과 연결되어 있으며, 그 저울은 당신이 얼마나 있는지를 매순간 다른 분자들과 비교한다. 당신은 전자의 흐름, 양성자의 펌프질, 막의 전하, 켜지거나 꺼지는 유전자들과도 연결되어 있다. 막 전체를 동시에 바삐 돌아다니는 양성자는 모든 위치에서 전하를 균일하게 유지해서, 세포 어디에서나 그 힘이 발휘되는 하나의 전자기장을 만든다. 세포 안쪽 표면에 결합된 물은 같은 위상으로 진동하면서 물질대사의 분자들을 조화롭게 통합한다. 양분, 전자, 양성자, 산소, 열, 빛과 같은 바깥 세계의 변화는 물질대사의 유동을 통해서 모두 춤추는 전자기장으로 전환되어 기분을 변화시킨다. 즉, 한 세균의 생활 상태를 바꿔놓는 것이다. 당신은 어떤 마법의 한 부분이었을 뿐이다. 그 마법은 쉼 없이 활동하는 우리 행성에서 살아 있는 세포를 통과하는 생명의 흐름, 자아라는 일체감을 단련하는 거센 변화이다. 당신은 생명의 한 순간이다.

이야기를 맺으며

대부분의 계시처럼

리처드 하워드

형태를 부추기는 것은 움직임이다.
형태는 아래로 향하는 황홀감처럼 발견된다―그렇다.
형태에 기쁨을 주는 것은 움직임이다.
형태는 그 자체의 속도로 유지된다. 그러나

어둠이 서서히 내려앉아 장애물이 되는 동안
움직임은 형태를 지연시킨다. 사실
형태를 발각시키는 것은 움직임이다.
그런 안락함의 노고는 실패한다. 그리고 결국

형태를 기만하는 것은 움직임이다.
형태는 우리의 관심을 사로잡았고, 우리는 생각했다.
형태를 이루는 것은 움직임일 것이다.
우리가 잘못 알았던 것일까? 어떻든 무슨 상관일까?

움직임이 형태를 부정한들 어떠랴?
비록 우리가 우리 자신을 바친다고(포기한다고) 해도,
이 부단한 필멸의 과정에서
형태를 창조하는 것은 움직임이다.

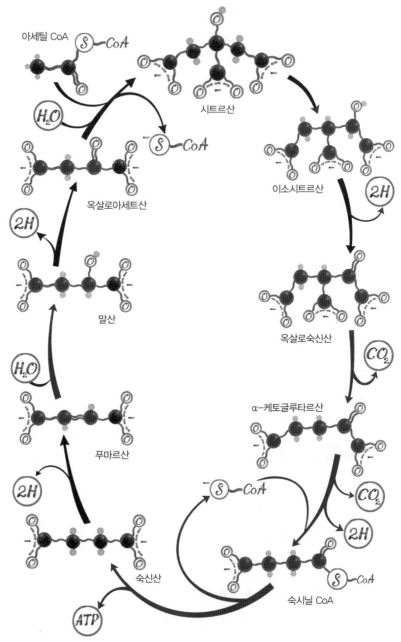

아세틸 CoA

시트르산

이소시트르산

옥살로아세트산

옥살로숙신산

말산

α-케토글루타르산

푸마르산

숙신산

숙시닐 CoA

정방향 크레브스 회로

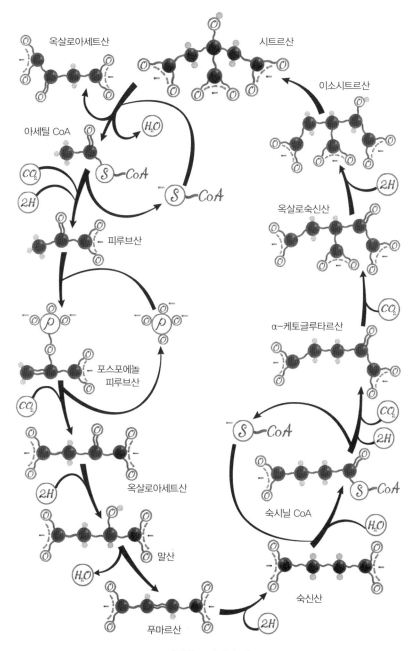

옥살로아세트산

시트르산

이소시트르산

아세틸 CoA

CO_2

$2H$

H_2O

S—CoA

S—CoA

옥살로숙신산

피루브산

$2H$

CO_2

α-케토글루타르산

포스포에놀
피루브산

CO_2

S—CoA

CO_2

$2H$

옥살로아세트산

$2H$

숙시닐 CoA

S—CoA

H_2O

말산

H_2O

숙신산

푸마르산

$2H$

역방향 크레브스 회로

부록 1

붉은 단백질 역학

붉은 단백질은 페레독신이다. 페레독신은 모든 생명에 걸쳐서 가장 오래되고 근본적인 단백질 중 하나이다. 많은 일을 하는 것처럼 보이지만, 공통점은 다른 분자에 전자를 전달하는 힘이 엄청나게 크다는 것이다. 특히 CO_2에 전자를 전달함으로써, 광합성과 다른 형태의 독립영양 물질대사에서 탄소를 고정한다. 본문에서 나는 매우 복잡하게 보일 수도 있는 그림을 소개했다. 여기 다시 그 그림이다. 탄소는 검은색 원, 수소는 회색 원, 산소는 "O"자가 있는 흰색 원이다. 그리고 R은 분자의 나머지 부분으로, 무엇이든 마음대로 넣을 수 있다. 페레독신은 Fd로 표시되며, 2H에서 CO_2로 전자가 이동하도록 촉매 작용을 함으로써 탄소 골격의 사슬 길이를 연장시킨다.

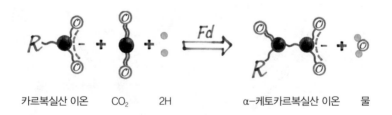

카르복실산 이온 CO_2 2H α-케토카르복실산 이온 물

여기서 무슨 일이 일어난 것일까? 위의 그림만으로는 알아내기가 쉽지 않을 것이다. 사실, 현대 생화학에서는 이 작용이 일어나려면 여러 단계가 필요하며, 각 단계에는 ATP, 조효소 A(CoA), 페레독신 자체와 같은 고유

의 화학적 "도구prop"가 쓰인다. 이 단계들은 오늘날 물질대사의 핵심에 있으므로, 각 단계가 어떻게 작동하는지는 자세히 살펴볼 가치가 있다.

구체적인 예를 통해서 생각해보자. 아세트산($C2$ 분자)이 CO_2와 반응해서 어떻게 C3 피루브산이 되는지를 살펴보기로 하자. 다시 말해서 앞의 그림에서 "R"이라고 묘사된 것이 여기에서는 메틸기($-CH_3$)가 되는 것이다. 첫 단계는 아래와 같다.

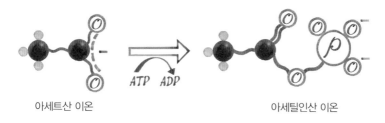

아세트산 이온　　　　　　　　　　　　　　　아세틸인산 이온

여기에서 문제는 카르복실기($-COO^-$)가 반응성이 그리 크지 않다는 것이다. CO_2와 반응을 하기 위해서는 먼저 활성화가 되어야 한다. 그 첫 단계는 ATP에 의해서 일어난다. ATP의 인산기가 추가되면서 위 그림의 오른쪽처럼 아세틸인산이 형성된다(ATP는 아데노신 3인산이다. 인산 하나를 아세트산에 전달한 ATP는 ADP, 즉 아데노신 2인산이 되고, ADP는 호흡을 통해서 ATP로 재활용될 수 있다).

인산기가 부착되면, 반응성이 없는 카르복실기의 산소를 제거한 다음 그 자리에 다른 것을 추가하기가 쉬워진다. 인산기는 훌륭한 이탈기leaving group라고 할 수 있다. 즉, 그 자리를 대신할 다른 무엇인가를 구할 수 있기만 하면 안정된 상태로 쉽게 분리된다는 뜻이다. 그 다른 무엇인가가 이 경우에는 조효소 A이다. 조효소 A는 구조가 꽤 복잡하기 때문에 여기서는 자세한 구조는 생략하고 간단히 $CoA-S^-$라고만 나타낼 것이다. 이는 조효소 A 분자에서 반응성이 있는 부분이 황(S) 원자라는 것을 의미한다. 이 단계에서는 조효소 A와 나리를 형성하고 있는 황 원자를 볼 수 있다.

아세틸인산 이온　　　　조효소 A　　　　아세틸 CoA　　　　인산 이온

여기에서 눈여겨보아야 할 중요한 것은 오른쪽에 있는 탄소가 황 원자와 바로 결합하고, (아세틸인산에서) 가운데에 있던 산소가 없어졌다는 점이다. 그리고 이런 변화는 탄소를 더 자발적으로 반응하게 만든다. 마지막 단계에서, 이제 $CoA-S^-$가 CO_2 한 분자와 치환되면서 C3 피루브산이 될 수 있다.

아세틸 CoA　　　　CO_2　　2H　　　　피루브산 이온　　　CoA와 양성자 2개

페레독신이 여기서 무슨 일을 하는지 여전히 궁금할 수도 있을 것이다. 전자 2개가 추가되고 있지만, 이 전자들은 실제로는 어디로 간 것일까? 이 것을 알아볼 수 있는 가장 쉬운 방법은 $CoA-S^-$가 떨어져 나오고 그 자리에 CO_2가 들어갈 때 무슨 일이 일어나는지를 생각해보는 것이다. $CoA-S^-$가 비교적 쉽게 분리될 수 있는 이유는 이것 역시 좋은 이탈기이기 때문이다. $CoA-S^-$는 탄소와의 결합에서 전자 2개를 모두 얻을 수 있어서 안정된 상태로 떠날 수 있다. 그러나 그런 이탈이 일어남과 동시에, 탄소는 전자가 부족해지므로 다른 어딘가에서 전자를 얻어야만 한다. 그렇지 않으면 이 반응은 일어나지 않을 것이다.

아세틸 CoA   아세틸 양이온   조효소 A

여기에서 휘어진 검은색 화살표는 전자 한 쌍의 이동을 나타내는데, 이 경우에는 C–S 결합을 형성하는 전자쌍이다. 이 전자쌍이 완전히 CoA의 황으로 이동해서 CoA는 음전하를 띠게 되고, 탄소는 전자쌍을 잃은 채로 남는다(그래서 양전하를 띤다). 황이 1가의 음전하만 띠는 이유는 전자쌍을 이루는 2개의 전자 중 1개는 원래부터 황에 속해 있었기 때문이다. 따라서 추가로 얻은 전자는 1개뿐이다.

즉각적인 역반응(시작점으로 곧바로 되돌아가는 반응)이 일어나지 않는다면, 양전하로 하전된 탄소 원자는 안정성을 되찾기 위한 전자를 어디에서 얻을 수 있을까? CO_2로부터 얻는 것은 아니다. CO_2도 비슷한 문제에 직면해 있기 때문이다. CO_2는 결합 구조가 안정되어 있기 때문에 반응성이 별로 없다. 그러나 그 결합 구조로 인해서 약간의 전기적 변형이 있다. 산소 원자는 전자를 자기 쪽으로 끌어당기려는 경향이 강하기 때문에 살짝 음전하(완전한 전하는 아니다)를 띠며, 이는 그리스 문자인 델타(δ)로 표시된다. 따라서 아래의 그림처럼, 두 산소 원자는 각각 δ–인 반면, 탄소 원자는 δ+이다.

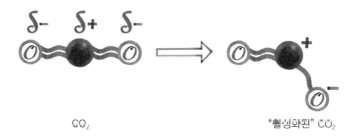

CO₂   "활성화된" CO₂

이런 약한 전기적 극성은 원칙적으로는 더 극단적인 결과를 초래할 수 있다. 전자쌍이 두 산소 중 한쪽으로 완전히 끌어당겨지면서, 그림의 오른쪽에 묘사된 것처럼 반응성이 더 크고 불안정한 구조가 만들어진다.

앞의 그림에 있는 아세틸 양이온과 이 그림에 있는 CO_2의 양전하들이 서로 가까이 가지 않으리라는 것은 상상할 수 있을 것이다. 그러나 페레독신이 양전하를 띠는 두 탄소 원자에 각각 전자를 하나씩 주는 방식으로 전자쌍을 전달하면, 새로운 C–C 결합이 일어나면서 피루브산이 만들어진다.

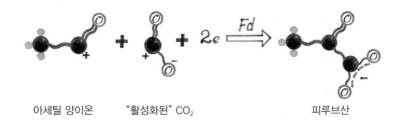

아세틸 양이온   "활성화된" CO_2 피루브산

여기에 묘사된 화학은 사실적으로 보여주려는 것이 아니라(이것은 실제로 일어나는 일은 아니다), 문제가 무엇인지를 보여주려는 것이다. 왜 이 반응이 자발적으로 일어나지 않고, 몇 단계에 걸쳐서 조금씩 진행을 시켜야만 하는 것인지에 대한 설명이다. 그러나 효소에서도 이와 조금 비슷한 일이 일어날 수 있다. 효소에서는 반응과 관련된 모든 분자들이 "딱 이렇게" 작용한다. 즉 페레독신에서 유래한 전자들이 두 개의 탄소 원자에 전달되는 순간, CoA–S⁻는 아세트산과 결합을 이루고 있던 전자를 낚아채고 무대를 빠져 나간다는 뜻이다.

여기서 주목해야 하는 것이 하나 더 있다. 322쪽의 첫 번째 그림에서는 물이 생성물로 나타나 있다. 그러나 내가 지금까지 설명한 다양한 반응 단계에서는 이 과정이 사라진 것처럼 보인다. 사실 물은 결코 별개의 실체로서 생성되지 않는다. 첫 번째 그림을 다시 보자. 물 분자의 산소는 카르복실기에서 유래한다는 것을 알 수 있을 것이다. 이 산소는 결국 아세틸인산에서 분리되는 인산에 이르게 된다. 첫 번째 그림의 경우에는 2H에서 유래하는 2개의 양성자가 O^{2-}와 결합해서 물을 형성한다. 산소가 인산기로 가면, 같은 양성자들이 새롭게 방출된 인산 이온에서 전하의 균형을 맞춘다. 따라서 전체적인 반응은 다음과 같다.

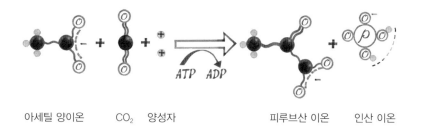

아세틸 양이온 CO_2 양성자   피루브산 이온   인산 이온

이는 생명의 화학에서 흔히 일어나는 일이다. 점선으로 표시된 곳에는 분명 물이 있지만(인산 이온의 산소들 중 1개와 양성자 2개), 어디에서도 독립된 물 분자의 실체를 볼 수는 없다. 생물학은 물을 사라지게 하는 마술을 부린다.

부록 2

크레브스 경로

제3장에서 우리는 광물 표면에 붙어 있는 CO_2의 운명을 따라가면서 광물 표면에 붙어 있는 C2 아세틸기에 이르렀다. 이 아세틸기는 모든 물질대사에서 가장 중요한 분자이며 아세틸 CoA 경로의 최종 산물인 아세틸 CoA에 해당한다. 제3장에서 내가 묘사한 단계들은 아세틸 CoA 경로 자체와 비슷하다. 아세틸 CoA 경로에서는 메틸기가 CO_2와 반응해서 아세틸 CoA를 형성한다. 우리의 경우에는 아세틸 CoA 자체를 만들지는 못했다(CoA는 복잡한 분자이다). 그러나 그에 해당하는 전생물적 형태, 즉 광물 표면에 붙어서 반응을 할 준비가 된 활성화된 아세틸기를 만들었다.

아세틸 CoA는 아세틸 CoA 경로의 최종 산물일 뿐 아니라, 역 크레브스 회로의 중요한 구성요소이기도 하다. 제3장에서 나는 둥글게 닫힌 회로가 아니라 일직선의 크레브스 경로에 대해서 이야기했다. 말하자면, 아세틸 CoA 경로처럼 동일하게 반복되는 화학이 이어지는 하나의 선형 경로를 통해서 탄소 골격은 C2에서 최소 C4까지 연장되고, 심지어 C6까지도 가능하다. 부록 2에서는 역 크레브스 회로의 전반부를 광물 표면에 결합된 아세틸기에서부터 한 단계씩 차례로 소개하려고 한다. 앞에서 나는 역 크레브스 회로의 후반부는 전반부와 같은 단계가 반복된다고 말했다. 따라서 후반부는 당신의 상상에 맡기겠다. 아니면 종이와 연필을 들고 얼마나 멀리까지 갈 수 있는지를 알아보는 것도 재미있다!

정말로 비슷한 정도가 아니다. 다음은 아세틸기가 다른 CO 근처에 붙어 있을 때 일어나는 일이다(이 CO가 어디에서 유래하는 것인지 생각나지 않는다면 제3장을 다시 확인해보자). 또다시 아세틸기가 CO와 결합하기 위해서 뛰어 넘어가면(피셔-트롭슈 방식과 같은 화학), 이번에는 광물 표면에 붙어 있는 피루브산(더 정확하게는 피루빌기pyruvyl group)이 만들어진다.

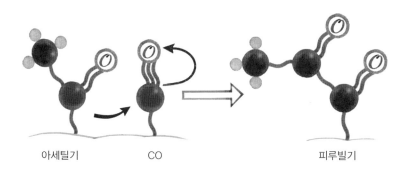

아세틸기   CO   피루빌기

이것을 피루브산으로 인정하지 않는다면, 당신이 이제 알고 좋아하기를 바라면서 피루브산이 이온으로 방출되는 마지막 단계를 그려보겠다.

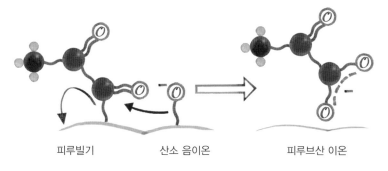

피루빌기   산소 음이온   피루브산 이온

광물 표면에 붙어 있을 때, 우리가 방금 본 단계들(아세트산에서 피루브산)은 역학적으로는 크레브스 회로와 동등하지만, 아세트산의 반응을 일으키기 위해서 ATP와 CoA와 페레독신을 연달아 필요로 하는 크레브스 회로 자체보다는 훨씬 단순하다. 왜 그런지 알고 싶다면, ATP에 의한 활성화가 어떤 일을 하는지를 보여주는 부록 1을 보라. ATP에 의해서 인산기

가 추가되면, 다음 단계에서 그 인산기가 CoA로 치환될 때 아세트산에서 는 산소 원자가 제거될 수 있다. 그러나 광물 표면에서는 ATP에 의한 이런 활성화가 필요하지 않다. 아세트산이 광물 표면에 바로 형성되면, 사전에 활성화가 되어 있어서 CO_2와 결합하고 전자를 받아들일 준비를 이미 하고 있다. 이는 아름다울 정도로 단순하다.

다음 몇 단계는 앞에서 우리가 본 것을 기반으로 하지만 양상이 살짝 바뀐다. 피루브산은 카르복실기 옆에 있는 첫 번째 탄소 원자, 이른바 "알파 탄소alpha carbon"에 또다른 이중 결합이 있기 때문이다. 이런 배치는 유난히 반응성이 크다. 그렇기 때문에 광기 어린 눈의 산소는 거침없이 자체적인 화학 반응을 일으킨다.

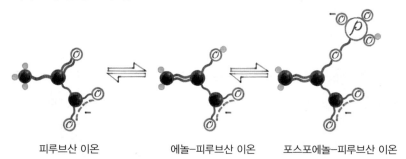

피루브산 이온   에놀—피루브산 이온   포스포에놀—피루브산 이온

설명을 하자면 이렇다. 피루브산은 두 가지 상태로 존재한다. 한 상태 는 다른 상태에 비해서 더 반응성이 크고 수명이 짧다. 이런 반응성 형태를 "에놀enol"이라고 한다. 물질대사의 분기점인 포스포에놀—피루브산에서는 이런 활성화된 상태를 볼 수 있다. 실제로, 전자에 굶주린 탐욕스러운 산 소 원자는 이중 결합에 있는 전자쌍 중 하나를 자신 쪽으로 끌어당긴다. 그러면 탄소가 양전하를 띠는 불안정한 상태가 되므로 보통은 이런 일이 일어나지 않는다. 그러나 에놀에서는 메틸기(−CH₃)의 양성자 하나가 산소 로 휙 날아가서, 가운데 그림처럼 두 탄소 사이에는 이중 결합("엔ene")이 형성되고 알파 탄소에는 알코올기(−OH)가 생길 수 있다. 이 구조는 위의

오른쪽 그림처럼, 인산기에 의해서 포스포에놀−피루브산으로 안정화될 수 있다.

인산이 없을 때 안정된 에놀 형태가 지속될 가능성은 주변 분자(효소나 광물 표면)가 메틸기에서 양성자 하나를 추출할 수 있으면 더 커진다. 그 과정은 아래의 그림과 같다. 이 그림에서 나는 피루브산을 예의 체쳐 고양이의 웃음이 있는 방식으로 그리지 않고, 카르복실기의 두 산소 중 하나에 전하가 강조되는 더 전통적인 방식으로 그렸다. 그렇게 하는 편이 피루브산과 광물 표면 사이의 상호작용이 더 잘 보이기 때문이다.

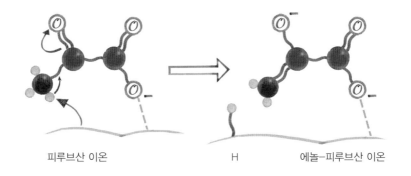

피루브산 이온   H   에놀−피루브산 이온

여기에서 구부러진 화살표들은 양성자 하나가 광물 표면에서 전자 한 쌍을 획득하고 있는 것을 나타낸다. 원래 그 양성자는 피루브산에 결합된 수소였다. 그 결합을 형성하던 2개의 전자는 이제 이동해서 에놀−피루브산의 이중 결합을 형성하고, 이 이중 결합은 그림과 같이 전자 하나를 잡아챈 산소에 의해서 안정화된다. 표면에 붙어 있는 양성자는 이제 사실상 결합된 수소화 이온(H^-)이며, NADH에 있는 수소에 해당한다. 이 H^- 이온은 산성 환경에서는 곧바로 양성자와 반응하여 수소 기체(H_2)를 형성할 수 있으며, 수소 기체는 기포가 되어 쉽게 날아간다.

에놀의 반응성은 그 형태 변화 특성, 특히 탄소−탄소 이중 결합이 다른 분자와 반응하려는 경향에서 유래한다. 일반적으로 탄소−탄소 이중 결합은 특별히 반응성이 크지는 않다. 만약 전자쌍 중 하나가 다른 무엇인가와 반응하면, 그 전자쌍과 연관된 탄소는 양전하를 띠게 될 것이다. 그러나 에놀이 반응을 더 잘하는 이유는 바로 음전하를 띠는 산소가 즉시 탄소와 이중 결합을 다시 만들 수 있기 때문이다(만약 산소가 양성자를 얻어서 알코올이 된다면, 이 반응은 그렇게 쉽게 일어나지 않을 것이다). 이 모든 것은 에놀이 광물 표면에 결합될 수 있다는 것을 의미한다. 그리고 일단 결합되면, 우리가 앞에서 보았던 것처럼 광물 표면에 결합된 CO 같은 다른 분자와 반응을 할 수 있을 것이다. 아래의 그림에서, 에놀형 피루브산은 광물 표면에 결합된 다음 CO와 반응해서 C4 옥살로아세트산을 형성한다.

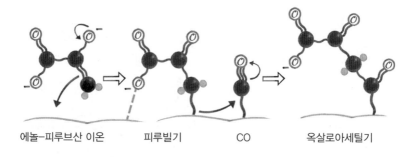

에놀–피루브산 이온   피루빌기   CO   옥살로아세틸기

여기에서도 하전된 표면과의 전기적 상호 작용을 강조하기 위해서, 음전하로 하전된 카르복실기를 전통적인 방식으로 묘사하고 있다는 점에 주목하자. 다음의 두어 쪽에서는 이런 방식을 서로 바꿔가면서 쓰려고 한다. 앞에서 피루브산에서 본 것처럼, 옥살로아세트산은 표면에 붙어 있을 수도 있고, 표면에 붙어 있는 산소와 반응해서 유리된 형태의 옥살로아세트산으로 방출될 수도 있다. 옥살로아세트산이 방출되는 과정은 다음 위에 있는 그림에서 볼 수 있다.

거의 다 왔다. 이제 우리는 모든 물질대사에서 가장 깊이 보존되어 있는 3개의 분자(아세트산, 피루브산, 옥살로아세트산)를 합성했다. 이를 위해서 거쳐야 하는 일련의 반복적인 반응에서는 광물 표면에 결합되어 전자를

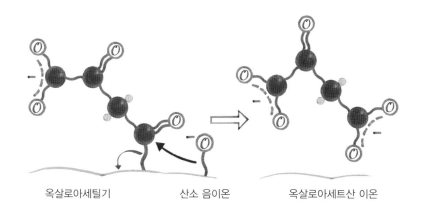

옥살로아세틸기   산소 음이온   옥살로아세트산 이온

전달할 수 있는 CO_2 이상의 대단한 것을 요구하지는 않는다. 마지막 몇 단계는 이 모든 것이 시작된, 센트죄르지와 크레브스의 시절까지 거슬러 올라가는 분자인 숙신산으로 우리를 곧장 안내한다. 이 단계들은 이중 결합이 있는 산소를 중심으로 이어진다. 먼저, 또다른 전자쌍이 광물 표면에서 옥살로아세트산의 알파 탄소로 이동하고, 산소는 탄소에서 그 전자를 빼앗는다.

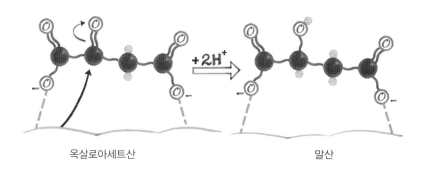

옥살로아세트산   말산

우리가 있는 이곳은 약한 산성 환경이므로 양성자가 풍부하다는 것을 기억하자. 내가 더 이상 그 이동을 나타내지는 않지만, 2개의 전자와 2개의 양성자를 더하면 2개의 수소 원자가 된다. 그 수소 원자 중 하나는 알파 탄소로 가고 다른 하나는 산소로 가서, C4 말산(오른쪽)이 된다.

우리가 다룰 마지막 단계는 알코올기(OH)가 수산화 이온(OH⁻)이 되어 떨어져 나가는 것과 연관이 있다. 앞에서 언급했던 것처럼, 이런 반응은 산성 환경에서 **선호된다**. 수산화 이온은 양성자와 곧바로 반응해서 물을 형성하므로 산성 환경의 중화에 도움이 되기 때문이다. 앞에서 본 것처럼, 물은 그 구성 부분들의 제거를 통해서 물속 환경에서 쉽게 형성될 수 있다. 물론, OH⁻가 제거될 수 있으려면 그것이 가져가는 전자쌍이 다른 어딘가에서 곧바로 보충되어야만 한다. 여기에서 나는 (푸마르산을 깔끔하게 뛰어넘고) 역 크레브스 회로의 두 단계를 서로 연결하려고 한다. 그 이유는 한편으로는 반응 메커니즘에 대한 독자들의 인내심이 조금 약해졌을까 두렵기 때문이기도 하고, 한편으로는 전자가 광물 표면에서 알파 탄소로 바로 이동하는 것이 역학적으로 더 단순하기 때문이기도 하다. 그러면 다음과 같이 말산에서 단번에 숙신산이 형성된다.

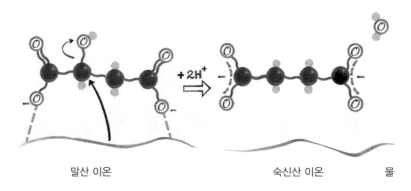

말산 이온   숙신산 이온   물

바로 이것이다! 여기서 우리가 지금까지 한 것을 잠시 생각해보자. 우리는 (제3장에서 묘사한 것처럼) CO_2와 흔한 광물 표면에서 시작해서 역 크레브스 회로의 전반부를 빠르게 지나왔다. 아무것도 없는 상태에서 아세트산을 만들고, 계속 나아가서 숙신산을 만들었다. 나는 숙신산에서 멈추려고 한다. 이 회로의 후반부는 아코니트산aconitate에 이를 때까지 같은 단계들이 반복되기 때문이다. 아코니트산 이후, 완전한 역 크레브스 회로

(148쪽의 그림을 보라)의 최종 단계들에서는 약간의 변화가 있다. 나는 전생물적 화학으로 시트르산이나 완전한 역 크레브스 회로를 만들 수 있다고 제안하려는 것이 아니다. 그러나 그 처음 몇 단계는 알려져 있는 카르복실산의 반응성, 알려져 있는 광물 표면의 성질, 몇몇 혁명적인 실험 결과들을 기반으로 하는 1차 원리에서 예측한 대로 정확히 진행되었다.

약어 설명

2H 2개의 수소 원자(전자 2개와 양성자 2개가 합쳐진 것). 분자의 어느 곳에서 나 추출될 수 있고, 다른 분자로 전달될 수 있다.

ATP 아데노신 3인산. "보편적인 에너지 통화." 인산기 3개가 꼬리처럼 한 줄로 연결되어 있다. 인산기 1개가 떨어지면 아데노신 2인산(ADP)과 무기 인산(P_i)이 되는데, 이것이 세포에서 일어나는 여러 반응에 필요한 에너지를 제공한다. ATP 합성효소는 P_i를 ADP에 다시 결합시킴으로써 ATP를 재생한다.

CoA 조효소 A. 반응성 있는 티올기(−SH)를 포함하는 분자, 아세트산(식초)과 결합해서 아세틸 CoA를 형성할 수 있다. 아세틸 CoA는 모든 물질대사에서 가장 중요한 분자 중 하나이다.

CO_2 이산화탄소. 생화학에서 만들어지는 거의 모든 유기 분자의 "레고 블록." 광합성에 이용되거나 열수 분출구에서 H2 같은 기체와 반응한다.

−COOH 카르복실기. 크레브스 회로에 있는 모든 분자의 특징이며, 2개 또는 3 개의 카르복실기를 가지고 있을 수도 있다. 양성자(H^+)가 쉽게 분리되어 음전하 를 띤다($-COO^-$).

DNA 디옥시리보핵산. 유전물질. 유명한 이중나선 구조를 이루는 긴 사슬들은 수백만 개의 문자(뉴클레오티드)로 구성되며, 상보적인 가닥과 짝을 이룬다. 분리된 가닥은 저마다 주형으로 작용해서 정확한 서열을 복제할 수 있게 해준다.

Ech 에너지 전환 수소화효소. 양성자(H^+)의 흐름을 이용해서 H_2에서 페레독신으로 전자를 이동시키는 막 단백질. 이후 전자는 CO_2로 전달된다. 생명의 기원에서는 전생물적 형태의 Ech가 CO_2 고정을 일으켰을 수도 있다.

Fd 페레독신. 붉은 단백질. CO_2로 전자를 전달해서 유기 분자를 형성할 수 있는 독특한 능력이 있는 철–황 단백질. 전자를 전달하는 형태의 페레독신은 간단히 Fd^{2-}라고 한다.

FeS 클러스터 철과 황으로 이루어진 작은 무기물 덩어리로 몇 가지 종류가 있다. 소수의 원자로 구성되며, 광물과 비슷한 구조를 가지고 있다. 4Fe4S 클러스터가 대표적이다.

GSH 글루타티온. GSH는 환원된 형태(H 함유)이고, GSSG는 산화된 형태(2분자의 GSH에서 각각 H가 제거되었다)이다. 중요한 세포 항산화제.

GWAS 전장 유전체 연관 분석. 유전체 전체에 걸쳐서 DNA의 단일 문자 변화와 질병 위험의 상관관계에 대한 통계적 연구.

H⁺ 양성자. 양전하를 띠는 입자이며, 모든 원자의 핵에서 볼 수 있다. 수소 원자의 핵은 1개의 양성자로 구성된다.

H₂ 수소 기체. 수소 원자 2개의 공유결합으로 이루어진다.

MAM 미토콘드리아 연관 막. 소포체라고 하는 세포 내 막 구조의 일부. 미토콘드리아와 매우 가깝게 위치하고 있다.

NAC N-아세틸시스테인. 식이보충제로 섭취할 수 있는 항산화제. 과하면 독소가 된다.

NADH 니코틴아미드 아데닌 디뉴클레오티드. 가장 중요한 2H 운반체 중 하나, NADH는 2H를 가지고 있는 형태이고, NAD^+는 2H를 전달한(산화된) 형태이다. NAD^+는 크레브스 회로의 중간산물에서 2H를 얻은 다음, 호흡에서 복합체 I에 그 전자들을 전달한다. 엄밀히 말하면, NADH가 운반하는 것은 2H가 아니라 전자 2개와 양성자 1개, 즉 "수소화" 이온이다. 그러나 양성자 하나는 거의 항상 근처에 있기 때문에, 수소화 이온의 전달은 근처의 양성자와 더해지면서 2H의 전달과 같아진다.

NADPH 니코틴산아미드 아데닌 디뉴클레오티드 인산. 생합성에서 이용되는 2H 운반체. $NADP^+$는 (2H가 없는) 산화된 형태이다. $NADP^+$에 대한 NADPH의 비가 평형에서 멀어질수록 NADPH는 NADH보다 더 강력한 힘으로 자신의 2H를 다른 분자에 떠넘긴다. NADPH도 NADH와 마찬가지로 실제로는 수소화 이온(전자 2개와 양성자 1개)을 전달하지만, 근처에 거의 항상 양성자가 있기 때문에 2H를 전달하는 셈이다.

pH 물속의 양성자 농도를 측정하는 로그 단위. 물(H_2O)은 H^+와 OH^- 이온으로 나뉜다. 중성 pH(7)에서는 H^+와 OH^-의 농도가 같다. 산성 pH(< 7)에서는 H^+ 이온이 더 많고, 알칼리성 pH(>7)에서는 OH^- 이온이 더 많다.

RNA 리보핵산. 유전자의 작업용 복사본, 뉴클레오티드가 사슬로 연결되어 있는 단일 가닥으로 구성된다. 복잡한 모양으로 접혀서 촉매 작용을 할 수도 있고 (리보자임ribozyme), 유전물질로 작용할 수도 있다(일부 바이러스와 초기 "RNA 세계" 가설).

ROS 반응성 산소종. 산소의 반응성 형태, 주로 산소가 호흡 연쇄에 있는 FeS

클러스터에서 홀전자를 얻어서 "자유 라디칼"과 관련 분자를 형성할 때 만들어진다.

–SH 티올기. 황 원자 하나에 수소 원자 하나가 결합되어 있으며, 꽤 반응성이 크다. 조효소 A, 아미노산인 시스테인(그리고 아주 많은 단백질), 항산화제인 글루타티온에서 발견된다.

SNP 단일 뉴클레오티드 다형성("스닙"이라고 발음한다). DNA의 단일 문자 변화, 개체마다 다를 수 있다. 우리는 저마다 수백만 개의 SNP을 가지고 있어서 서로 유전적으로 다르다.

더 읽을거리

이 책은 교재나 연구 논문이 아니므로, 포괄적인 방식의 참고 문헌 목록은 없다. 그러나 만약 당신이 여기까지 읽고 있다면, 더 광범위한 문헌에 깊은 관심이 있다는 뜻일 것이다. 이런 문헌은 주눅이 들게 할 수도 있다. 어디서부터 시작을 해야 하는지, 심지어 어떻게 접근해야 하는지도 알기 어렵다. 그래서 내가 가장 영향을 받은 논문과 책들의 목록을 소개하려고 한다. 이것이 그 문헌에 대한 내 개인적인 소견이라는 점을 생각하면, 내가 선택한 각각의 문헌에 대해서 짤막한 이야기를 덧붙이는 것이 옳다고 느껴졌다. 이 짧은 소개글이 아니었다면 그냥 지나쳤을지도 모를 문헌을 이 글로 인해 당신이 읽게 된다면 좋을 것 같다. 문헌들은 각 장에서 만나게 되는 주제별로 정리했다.

서론 : 생명 그 자체
레이우엔훅과 세포의 불가사의

Clifford Dobell, *Antony van Leeuwenhoek and his 'Little Animals'* (New York, Russell & Russell, 1958). 조금 고풍스럽지만 매혹적인 판 레이우엔훅의 전기, 이 책의 저자인 클리퍼드 도벨은 뛰어난 원생생물학자이며, 레이우엔훅이 왕립학회에 보낸 편지를 읽기 위해서 네덜란드어를 배웠다. 이 책은 레이우엔훅 탄생 300주년인 1932년에 처음 출간되었다. 도벨은 아마 판 레이우엔훅이 보았던 원생생물이 정확히 무엇인지를 확인한 최초의 인물일 것이다. 애정이 담긴 작품이다. 내가 소장하고 있는 1958년판에는 세균 광합성 연구의 선구자 중 한 사람인 코넬리스 반 니엘이 쓴 서문이 실려 있다.

Brian J. Ford, *Single Lens: The Story of the Simple Microscope* (New York, Harper &

Row, 1985). 현미경학(microscopy)의 대가가 쓴 놀라운 이야기. 이 책에서 포드는 왕립학회 도서관에 있던 레이우엔훅의 원본 표본 9개를 재발견했다. 그는 훅과 레이우엔훅이 볼 수 있었던 것을 정확히 알아내기 위해서 그들이 설계한 단안 렌즈 현미경을 활용해서 관찰하고, 그 이야기들을 풍부한 역사적 맥락 속에 배치한다.

N. Lane, 'The unseen world: reflections on Leeuwenhoek (1677) "Concerning little animals"', *Philosophical Transactions of the Royal Society B* 370 (2015), 20140344. 판 레이우엔훅의 발견이 오늘날 생물학자들에게 어떤 의미가 있는지를 평가하기 위한 내 나름의 시도이며, 세계에서 가장 오랫동안 발간되고 있는 과학 저널인 「왕립학회 철학회보*Philosophical Transactions of the Royal Society*」의 350주년 기념판을 위해서 쓴 글이다.

생물학에서 정보의 역설

Paul Davies, *The Demon in the Machine: How Hidden Webs of Information are Finally Solving the Mystery of Life* (London, Penguin, 2019)(『기계 속의 악마』, 바다출판사, 2023). 생명의 구성에 대해서 오랫동안 고심해온 선구적인 물리학자 겸 사상가인 폴 데이비스가 생명과 그 기원에서 정보의 역할을 다시 생각해보는 설득력 있는 선언. 물론 그의 모든 글에 동의하지는 않지만, 우리가 둘 다 장field에서 의미를 찾고 있다는 것을 알고 있다. 다만 그 장이 전기장이거나 정보장으로 다른 것(또는 같은 것)이다.

Erwin Schrödinger, *What Is Life?* (Cambridge, Cambridge University Press, 1967) (『생명이란 무엇인가』, 한울, 2011). 시대를 초월한 고전이자 20세기에 가장 영향력 있는 과학책 중 한 권이며 오늘날에도 여전히 읽어볼 가치가 있다. 세부적인 부분에서는 오류가 많지만, 과학에서 통찰력과 명확한 사고가 우리를 어디까지 이르게 할 수 있는지를 그 무엇보다도 잘 보여준다. 그의 논리는 내게 루크레티우스(『사물의 본성에 관하여*De rerum natura*』)를 연상시킨다.

L. D. Hansen, R. S. Criddle and E. H. Battley, 'Biological calorimetry and the thermodynamics of the origination and evolution of life', *Pure and Applied Chemistry*

81 (2009) 1843–1855. 살아 있는 계의 엔트로피에 대한 슈뢰딩거의 해석에 동의하지 않는 논문. 살아 있는 계의 엔트로피가 생각만큼 그렇게 낮지 않다는 것이다. 살아 있는 것은 에너지가 드는 반면, 막과 단백질 같은 세포 성분의 유기적인 구조를 유지하기 위한 순 비용은 얼마 되지 않는다.

동역학적인 측면

Hopkins & Biochemistry 1861–1947. Papers concerning Sir Frederick Gowland Hopkins, OM, PRS, with a selection of his addresses and a bibliography of his publications. (Cambridge, W. Heffer & Sons, 1949). 제목이 모든 것을 말해준다. 가울랜드 홉킨스의 강연과 논문 중에는 동역학적인 측면에 집착한 것이 많다. 이책에는 그가 품고 있던 사랑과 존중도 포착된다.

생화학의 통일성

D. D. Woods, 'Albert Jan Kluyver', *Biographical Memoirs of Fellows of the Royal Society 3* (1957) 109–128. 왕립학회의 훌륭한 자료. 1932년 이후 왕립학회 회원들에 대한 짧은 전기를 포함한 부고이며, https://royalsocietypublishing.org/journal/rsbm에서 자유롭게 읽을 수 있다. 이 글은 미생물 생화학의 선구자인 알버트 클루이버르에 대한 글이다. 통일성에 대한 그의 논문 원본은 네덜란드어여서 여기에는 소개하지 않겠다.

H. C. Friedmann, 'From "butyribacterium" to "E. coli": an essay on unity in biochemistry', *Perspectives in Biology and Medicine, 47* (2004) 47–66. 뜻밖의 결과를 가져온 한 발상에 대한 재미난 역사.

R. Y. Stanier and C. B. van Niel, 'The concept of a bacterium', *Archiv für Mikrobiologie 42* (1962) 17–35. 멋진 통찰의 논문. 내 생각에는 이 논문이 미생물학의 고전 시대를 종말로 이끌고, 유전 정보의 힘에 상석을 넘겨주었다. 아이러니하게도, 유전자를 뒤섞는 수평 유전자 이동lateral gene transfer의 힘으로 인해서, 생리학은 세균 진화를 조직하는 하나의 원리로서 다시 주목을 받게 되었다.

디지털 정글

Horace Freeland Judson, *The Eighth Day of Creation. Makers of the Revolution in Biology*, 25th Anniversary Edition (Cold Spring Harbor Laboratory Press, 1996). 대가의 내공이 느껴지는 작품이다. 선구적인 석학들과의 광범위한 대화, 능란한 이야기 전개, 방대한 배경, 예리한 판단력을 통해서 분자생물학 여명기의 과학적 흥분을 생동감 있게 전달한다.

Matthew Cobb, *Life's Greatest Secret. The Race to Crack the Genetic Code* (London, Profile Books, 2015)(『생명의 위대한 비밀 : 유전암호를 풀어라』, 라이프사이언스, 2017). 매혹적이고 권위 있는 역사. 저드슨보다는 분자생물학 여명기의 사건들과 연관이 없지만, 나중에야 보이는 (지혜로운) 통찰이라는 재미가 더해지면서 최신 유전학에까지 이른다.

F. H. C. Crick, J. S. Griffith and L. E. Orgel, 'Codes without commas', *Proceedings of the National Academy of Sciences USA 43* (1957) 416–427. 과학 역사에서 가장 멋지게 틀린 논문 중 한 편. 3개의 문자로 이루어지는 유전암호가 어떻게 64개의 아미노산을 처리할 수 있는지를 설명했다. 실제로는 단 20개라는 "마법의 수"의 아미노산만 암호화되어 있다. 크릭은 훗날 "아름다운 발상이었지만 완전히 틀렸다!"고 썼다.

분자 기계

Venki Ramakrishnan, *Gene Machine. The Race to Decipher the Secrets of the Ribosome* (London, OneWorld, 2018). 생명의 단백질 생산 공장의 구조를 밝히기 위한 경쟁을 다룬 흥미진진한 이야기. 라마크리슈난의 노벨상 수상으로 끝을 맺는다. 대단히 솔직하고 사려 깊은 이야기는 때때로 왓슨의 『이중나선*The Double Helix*』을 연상시킨다.

David S. Goodsell, *The Machinery of Life* (New York, Copernicus Books, 2009)(『생명의 기계』, 라이프사이언스, 2016). 굿셀은 훌륭한 예술가이다. 대단히 정확한 그의 상상은 독특하고 직관적인 방식으로 생명의 분자 기계장치에 생동감을 불어넣는다. 게다가 글까지 잘 쓴다. 생화학사들 중에서 그의 저서를 모르는 사람이 있을까?

의학의 분자유전학적 패러다임

David Weatherall, *Science and the Quiet Art. Medical Research and Patient Care* (Oxford, Oxford University Press, 1995). 현대 의학의 기반이 되는 분자유전학적 패러다임을 유려하고 깊이 있게 소개하는 입문서.

James D. Watson, Tania A. Baker, Stephen P. Bell, Alexander Gann, Michael Levine and Richard Losick, *Molecular Biology of the Gene*, 7th edn (Pearson, 2013) (『왓슨 분자생물학』, 바이오사이언스, 2014). 분자생물학 교과서의 고전, 원 저자는 왓슨이었고 현재는 더 큰 집단이다. 분자의학molecular medicine의 패러다임에 가능한 한 근접한(그리고 당연히 유명한) 책이다.

생화학의 깊은 통일성–보존된 도시 중심부 계획

E. Smith and H. J. Morowitz, 'Universality in intermediary metabolism', *Proceedings of the National Academy of Sciences USA 101* (2004) 13168–13173. 스미스와 모로위츠는 생화학의 통일성이 생명의 기원까지 곧바로 연결된다고 주장한다.

W. Martin and M. J. Russell, 'On the origin of biochemistry at an alkaline hydrothermal vent', *Philosophical Transactions of the Royal Society B 362* (2007) 1887–1925. 기념비적인 논문. 그 어떤 논문보다도 내 생각에 큰 영향을 주었을지도 모른다. 전율이 일 정도로 독창적이지만 항상 균형을 유지하고 학구적이다.

크레브스 회로

Steven Rose, *The Chemistry of Life*, new edn (London, Penguin, 1999). 학창 시절에 내 상상력을 사로잡았던 생화학 입문서의 고전. 내 책의 부제("Deep Chemistry of Life and Death")에는 이 책에 대한 경의가 담겨 있다.

Philip Ball, *Molecules: A Very Short Introduction* (Oxford, Oxford University Press, 2003). 원래는 『보이지 않는 것들의 이야기Stories of the Invisible』로 출간된 이 책에서, 필립 볼은 더 광범위한 화폭의 일부로서 크레브스 회로와 기본적인 물질대

사 생화학을 간단히 다룬다. 볼은 작은 그림은 그리지 않는다.

Harold Baum, *The Biochemists' Songbook*, 2nd edn (London Taylor and Francis, 1995). 노래 가사를 생화학의 중간산물들로 바꿔서 쓴 고전적이고 재치 있는 노래집. 생화학 시험을 위해서 중간산물들을 필사적으로 머릿속에 우겨넣어야 하는 학생들 사이에서 대대로 전해져왔다. 어떤 느낌인지 살짝 소개를 하자면, 크레브스 회로는 오스트레일리아 민요인 「봇짐을 싸서 떠나자*Waltzing Matilda*」에 가사를 붙였고, 이렇게 시작한다. "즐거운 피루브산 하나가 들어가는 곳은/미토콘드리아의 기질/카르복실기를 없애는 복합 탈수소효소는/피루브산을 아세틸 조효소 A로 전환." 내가 가지고 있는 이 책에 한스 크레브스 경의 서문이 있는 것은 충분히 적절하다.

Konrad Bloch, *Blondes in Venetian Paintings, the Nine-Banded Armadillo and Other Essays in Biochemistry* (New Haven, CT, Yale University Press, 1997). 정말로 재미있고 유익한 책. 이 뛰어난 생화학자는 대부분의 생화학 경로가 왜 양 방향으로 돌아가지 않는지를 대단히 명료하게 설명한다.

"돼지가 날 수 있다면" 부류의 화학

L. Orgel, 'The implausibility of metabolic cycles on the prebiotic Earth', *PLoS Biology* 6 (2008) e18. 오겔은 돌려 말하지 않는다. 게다가 금속 이온이나 광물이 전생물적 반응 전체를 촉매할 수 있었을 것이라는 생각을 "마법에 대한 호소"라고 묘사한다. 이 논문은 2007년에 그가 사망한 직후에 발표된 그의 마지막 논문이며, 그 이래로 과학적인 면에서는 적어도 부분적으로는 틀렸다는 것이 증명되었다.

제1장 : 나노 우주의 발견

홉킨스의 생화학 연구실

F. Gowland Hopkins, 'Atomic physics and vital activities', *Nature* 130 (1932) 869–871. 1932년 가울랜드 홉킨스의 왕립학회 기념일 연설문.

H. H. Dale, 'Frederick Gowland Hopkins 1861 –1947', *Obituary Notices Fellows Royal Society* 6 (1948) 115–145. 또다른 신구석인 생화학사인 헨리 네일 경이 쓴

홉킨스에 대한 애정 어린 전기. 데일은 전후 시대에 과학의 자유를 수호하는 데 중요한 역할을 했다. 정치적 간섭을 받지 않는 과학의 자유의 가치에 대해 궁금하다면, 그의 필그림 재단 강연을 읽어볼 것을 권한다. 미국 국립 과학아카데미에서 진행된 이 강연은 원자폭탄의 여파 속에서 「미국 철학학회 회보*Proceedings of the American Philosophical Society*」에 발표되었다. *American Philosophical Society* 91 (1947) 64–72.

Hans Krebs, *Reminiscences and Reflections* (Oxford, Clarendon Press, 1981). 크레브스의 사망 직후 출간된 재미있고 흥미로운 책. 평소와 다르게 화학식에 실수가 많은 것도 아마 그런 이유 때문일 것이다.

Soňa Štrbáňová, *Holding Hands with Bacteria. The Life and Work of Marjory Stephenson* (Berlin, Springer, 2016). 20세기 전반기에 영국에서 가장 뛰어나고 영향력 있는 여성 과학자 중 한 사람에 대한 실로 훌륭한 전기(왜 그렇게 비쌀까?).

케임브리지에서의 크레브스

H. Blaschko, 'Hans Krebs: nineteen nineteen and after', *FEBS Letters 117* (suppl) (1980) K11–K15 독일과 영국에서 평생 친구로 지낸 젊은 한스 크레브스에 대한 매력적인 기억.

H. Kornberg and D. H. Williamson, 'Hans Adolf Krebs, 25 August 1900–22 November 1981', *Biographical Memoirs of Fellows of the Royal Society 30* (1984) 349–385. 과학에 대한 크레브스의 접근법에 대한 평가, 그가 어떻게 그렇게 많은 사람들로부터 평생의 신의와 애정을 얻었는지에 대한 질문을 던진다. 저자들은 개인적인 경험을 통해서 이렇게 썼다. "한스가 능숙한 실험가도 아니고 그리 실용적인 사람도 아니라는 것을 알았을 때, 무엇인가 안도감이 들고 사랑스러웠다……. 무엇보다도, 그의 모든 글과 행동에는 진리에 대한 뜨거운 열정, 거만하고 거짓된 모든 것에 대한 불신과 혐오, 투명한 선량함이 빛났다. 이런 성품 덕분에 그는 곁에 있는 사람들뿐 아니라 그의 곁을 떠난 지 오래된 사람들에게도 존경과 사랑을 받는 아버지와 같은 존재가 되었다." 정말 멋진 칭찬이다.

오토 바르부르크와 호흡 측정

Otto Warburg, *The Oxygen-Transferring Ferment of Respiration*, Nobel Lecture, 10 December 1931. www.nobelprize.org/prizes/medicine/1931/warburg/lecture/에서 볼 수 있다. 바르부르크 연구의 정수가 모두 담겨 있는 경이롭고 고무적인 글이다.

P. Oesper, 'The history of the Warburg apparatus. Some reminiscences on its use', *Journal of Chemical Education 41* (1964) 294–296. T. G. 브로디와 다른 이들이 고안한 장치에 어떻게 바르부르크의 이름이 쓰이게 되었는지를 설명하는 재미있고 경쾌한 이야기.

H. Krebs, 'Otto Heinrich Warburg. 1883–1970', *Biographical Memoirs Fellows of the Royal Society 18* (1972) 628–699. 과학적 스승에 대한 크레브스의 너그러운 추모글. 열심히 애를 써보기는 했지만, 크레브스조차도 바르부르크를 완전히 긍정적인 시각으로 소개하지는 못했다.

센트죄르지 이야기

Albert Szent-Györgyi, 'Lost in the Twentieth Century', *Annual Review of Biochemistry 32* (1963) 1–15. 생화학 분야에서 가장 뛰어나고 부지런한 인물 중 한 사람으로 꼽히는 그의 짧은 자서전. 제2차 세계대전 중에 스파이로 활동을 했던 이야기도 실려 있다.

Albert Szent-Györgyi, *The Living State. With Observations on Cancer* (London and New York, Academic Press, 1972). 몇몇 매혹적인 글귀들이 있기는 하지만, 조금 편향된 책이라고 말할 수밖에 없다. 그는 인생에 대해서는 올바른 방식으로 생각했지만, 막전위에 대한 피터 미첼의 생각에 대해서는 결코 그렇지 못했다.

Albert Szent-Györgyi, *The Crazy Ape* (New York, Philosophical Library, 1970). 짧고 혁명적인 에세이들이 실린 꽤 심란한 책.

Albert Szent-Györgyi, *Oxidation, Energy Transfer, and Vitamins*, Nobel Lecture, 11 December 1937. 볼 수 있는 곳: www.nobelprize.org/uploads/2018/06/szent-gyorgyi-lecture.pdf. 센트죄르지는 1937년에 노벨상을 받았고, 같은 해에 크레브스는 크레브스 회로를 발표했다. 이 현실에서 그는 크레브스 회로가 자신의 소기

연구와 얼마나 잘 들어맞는지에 대해서 고찰했다.

J. J. Farmer, B. R. Davis, W. B. Cherry, D. J. Brenner, V. R. Dowell and A. Balows, '50 years ago: the theory of Szent-Györgyi', *Trends in Biochemical Sciences* 10 (1985) 35–38. 생화학의 역사에 대한 짧지만 깊이 있는 연구. 카르복실산이 2H를 산소로 전달하는 운반체라는 센트죄르지의 개념을 생각한다.

크레브스 회로의 발견

H. A. Krebs and W. A. Johnson, 'The role of citric acid in intermediary metabolism in animal tissues', *Enzymologica* 4 (1937) 148–156. 「네이처」가 아닌 곳에 실린 크레브스 회로에 대한 이 고전 논문은 대부분의 실험을 했던 W. A. 존슨과 함께 쓴 것이다. 밀턴 웨인라이트가 「생화학 동향*Trends in Biochemical Sciences*」에서 지적한 것처럼, 존슨은 아마 그의 기여를 제대로 인정받지 못했을 것이다. Milton Wainwright, 'William Arthur Johnson—a postgraduate's contribution to the Krebs cycle', *Trends in Biochemical Sciences* 18 (1993) 61–62.

H. A. Krebs, 'The intermediate metabolism of carbohydrates', *Lancet* 230 (1937) 736–738. 크레브스 회로에 대한 직접적인 관점, 크레브스가 혼자서 의학도를 대상으로 쓴 글이다.

Frederic L. Holmes, *Hans Krebs: The Formation of a Scientific Life 1900–1933*. Volume 1 (Oxford, Oxford University Press, 1991). 특별한 학문적 성과를 기념하기 위한 대작. 크레브스의 실험 공책을 그 모든 느낌표들과 함께 상세하게 묘사한다. 이 책은 크레브스의 초년 시절부터 요소 순환까지 이어진다.

Frederic L. Holmes, *Hans Krebs: Architect of Intermediary Metabolism 1933–1937*. Volume 2 (Oxford, Oxford University Press, 1993). 홈스의 기념비적인 과학적 전기의 제2권, 크레브스 회로 자체를 다루면서 실험을 거의 하나하나 소개한다. 어려운 책이지만, 과학의 짜릿한 순간들을 많이 포착하고 있다.

Hans A. Krebs, The Citric Acid Cycle, Nobel Lecture, 11 December 1953. 볼 수 있는 곳: https://www.nobelprize.org/prizes/medicine/1953/krebs/lecture/. 생합성에서 크레브스 회로의 역할뿐 아니라 에너지 물질대사의 진화에 대한 생각까

지 아우르는 훌륭한 역사. 크레브스는 앞날을 내다보듯 다음과 같은 문장으로 끝을 맺는다. "모든 생명체에 동일한 에너지 생산 메커니즘이 있다는 사실은 두 가지 다른 추론을 제시한다. 첫째는 에너지 생산 메커니즘이 진화 과정의 매우 초기에 나타났다는 것이고, 둘째는 현재와 같은 형태의 생명체가 단 한 번만 나타났다는 것이다."

H. A. Krebs, 'The history of the tricarboxylic acid cycle', *Perspectives in Biology and Medicine 14* (1970) 154–170. 어느 정도 표준적인 역사이지만, 이보다 2년 앞서 출간된 『이중나선』에서 제임스 왓슨의 접근법과 비교하면 철학적 전망과 동기에 대한 개인적 성찰이 남다르다.

J. M. Buchanan, 'Biochemistry during the life and times of Hans Krebs and Fritz Lipmann', *Journal of Biological Chemistry 277* (2002) 33531–33536. 중간산물 물질대사의 두 선구자에 대한 흥미로운 회고. 이 글을 쓴 존 뷰캐넌 역시 뛰어난 생화학자로, (ATP를 만들기 위해서 필요한) 퓨린 생합성에 대한 연구에서 탄소 동위원소 활용의 개척자였다.

프리츠 리프먼과 아세틸 CoA

G. D. Novelli and F. Lipmann, 'The catalytic function of coenzyme A in citric acid synthesis', *Journal of Biological Chemistry 182* (1950) 213–228. 크레브스 회로의 첫 단계를 마침내 이해한 논문.

Fritz Lipmann, *Wanderings of a Biochemist* (New York, John Wiley and Sons, 1971). 에세이와 논문이 뒤섞인 리프먼의 자서전. 폭넓은 내용이 담겨 있으며, 역사적으로나 과학적으로나 흥미로운 이야기가 가득하다. 이 책에는 생명의 기원에 관한 그의 논문도 포함되어 있는데, 그 논문은 이렇게 시작한다. "이 논의에 참여하는 나의 기본적인 동기는 유전 정보 전달 체계가 생명이 시작되는 그 순간부터 필수적인 것처럼 여기는 생각에 대한 불편한 감정이다." 그러나 변화는 없었다.

W. P. Jenks and R. V. Wolfenden, 'Fritz Albert Lipmann', *Biographical Memoirs 88* (2006) 246–266. 미국 국립 과학 아카데미의 회고록. 마지막 문장이 인상적이다. 리프먼은 "그의 마지막 연구 보고를 신청이 성공했다는 것을 알고 얼마 지나

지 않아, 87세를 일기로" 사망했다. 여기서는 적어도 시대가 변했다.

피터 미첼과 화학 삼투 짝지음

Peter Mitchell, 'David Keilin's respiratory chain concept and its chemiosmotic consequences', Nobel Lecture, 8 December 1978. 볼 수 있는 곳: https://www.nobelprize.org/uploads/2018/06/mitchell-lecture.pdf. 미첼 자신의 생각에 대한 매혹적인 이야기, 그의 스승인 데이비드 케일린의 통찰력에 대한 경의가 담겨 있다. 미첼이 1950년에는 막 단백질의 형태적 변화에 대해서 명확하게 생각하고 있었지만, 훗날 이 강연에서 자신의 초기 생각을 버리는 실수를 저질렀다는 점도 흥미롭다. 그는 이 강연을 이렇게 맺는다. "우리가 보고 있는 불확실한 것들이 마침내 완전히 명확한 것이 되기까지는 시간이 걸릴 것이다."

Peter Mitchell, *Chemiosmotic coupling in Oxidative and Photosynthetic Phosphorylation* (Glynn Research Ltd, 1966). 미첼이 초기에 발표한 대단히 영향력 있는 "작은 회색 책little grey book" 두 권 중 첫 번째 책. 이 두 권의 책은 1966년과 1968년에 사비로 출판되었다. 산화환원 고리와 전기화학에 대해서는 상세하게 설명되어 있지만, 실제 양성자 펌프 메커니즘에 대해서는 대체로 부정확하다.

John Prebble and Bruce Webber, *Wandering in the Gardens of the Mind* (Oxford, Oxford University Press, 2003). 학구적이고 매력적이며 대단히 박식한 인물인 피터 미첼에 대한 매혹적이고 상세한 전기. 막생체에너지학과 그 역사에 깊이 빠져 있는 두 생화학자가 썼다. 두 사람은 생체에너지학의 역사를 탐구한 몇 편의 논문도 발표했는데, 종종 관련 인물들이 주고받은 편지들을 기반으로 하는 그 글들은 모두 읽어볼 가치가 있다.

R. E. Davies and H. A. Krebs, 'Biochemical aspects of the transport of ions by nervous tissue', *Proceedings of the Biochemical Society* 50 (1952) xxi. 미첼보다 거의 10년 앞서 화학 삼투에 대한 생각의 정수를 포착한 논문 초록. 그러나 미첼이 이 초록을 놓친 것은 그리 놀라운 일이 아니다. 조용히 나온 초록이기 때문이다.

A. T. Jagendorf, 'Chance, luck and photosynthesis research: an inside story', *Photosynthesis Research* 57 (1998) 215–229. 미첼의 가설이 나올 무렵의 생체에너

지학에 대한 재미난 이야기. 회의적이던 학계를 처음으로 설득한 제겐도프 자신의 중요한 실험에 대한 이야기도 있다. 제겐도프는 자신에 대해서도 똑같은 잣대로 신랄하고 유쾌하게 비판한다.

미첼과 모이얼

P. D. Mitchell and J. Moyle, 'Stoichiometry of proton translocation through the respiratory chain and adenosine triphosphatase systems of rat liver mitochondria', *Nature* 208 (1965) 147–151. 미첼과 모이얼이 1960년대 중반에 「네이처」에 발표한 고전 논문 중 한 편. 화학 삼투 짝지음에 대한 미첼의 독창적인 논문이나 그의 "작은 회색 책"보다는 인용이 덜 되는 편이지만, 내 생각에는 모이얼의 중요한 실험적 기여가 충분히 인정받지 못하고 있는 것 같다.

P. D. Mitchell and J. Moyle, 'Evidence discriminating between the chemical and the chemiosmotic mechanisms of electron transport phosphorylation', *Nature* 208 (1965) 1205–1206. 이것도 화학 삼투 가설에 대한 실험적 증거를 제시하는 짧은 논문.

P. D. Mitchell and J. Moyle, 'Chemiosmotic hypothesis of oxidative phosphorylation', *Nature* 213 (1967) 137–139. 비판에 대한 상세한 반박. 모이얼의 실험적 증거에 대한 요약을 포함하고 있다.

폴 보이어와 ATP 합성효소

Paul D. Boyer, Energy, Life and ATP, Nobel Lecture, 8 December 1997. 볼 수 있는 곳: https://www.nobelprize.org/uploads/2018/06/boyer-lecture.pdf. ATP 합성효소의 회전하는 촉매 작용 메커니즘을 보이어가 어떻게 구상했는지에 대한 놀라운 이야기, 그의 초기 그림이 포함되어 있다. 존 워커 경은 X-선 결정 구조를 통해서 보이어의 개념이 옳았다는 것을 증명한 공로를 인정받아 그해에 함께 노벨상을 수상했다.

J. N. Prebble, 'Contrasting approaches to a biological problem: Paul Boyer, Peter Mitchell and the mechanism of the ATP synthase', *Journal of the History of Biology* 46 (2013) 699–737. 생체에너지학의 역사에 대한 또 다른 좋은 글.

양성자 펌프 메커니즘

M. Wikström, 'Recollections. How I became a biochemist', *IUBMB Life* 60 (2008) 414–417. 양성자 펌프 메커니즘, 특히 시토크롬 산화효소를 놓고 벌어진 2차 "옥스포스 전쟁ox phos wars"에 대한 회고록. 미첼은 단백질의 구조적 변화에 대한 생각을 8년 동안 반대하다가, 결국 비크스트룀과 그의 동료 연구진의 해석이 옳다는 것을 인정했다. 미첼은 막 전체에 걸쳐 있는 전자 공여체와 수용체의 상대적 위치(산화환원 고리)가 화학 삼투의 중심이라고 보았지만, 사실은 그렇지 않았다. 그러나 어쨌든 이 생각은 건재하다.

Franklin M. Harold, *The Vital Force: A Study of Bioenergetics* (New York, W. H. Freeman, 1986). 막 생체에너지학의 선구자 중 한 사람이 쓴 대단히 품위 있는 교재, 화학 삼투 가설에 대한 명확한 관점을 제시한다. 프랭클린 M. 헤럴드는 몇 권의 대중서를 썼다. 그의 책들은 답보다는 문제를 던지는 것을 선호하는 별난 경향이 있기는 하지만, 생물학에서 가장 큰 문제와 직면하고자 하는 풍부한 의미가 담긴 진지한 시도이다. 그의 최신작 『생명에 대하여 : 세포, 유전자, 복잡성의 진화On Life: Cells, Genes and the Evolution of Complexity』(Oxford University Press, 2021)는 90대 노장의 정수가 담긴 특별한 책이다.

크레브스 회로의 진화

J. E. Baldwin and H. A. Krebs, 'The evolution of metabolic cycles', *Nature* 291 (1981) 381–382. 역 크레브스 회로가 제안된 지 15년이 지났음에도 언급조차 하지 않는다는 면에서, 내게 큰 인상을 준 논문. 가장 훌륭한 과학자도 분별력을 잃기도 한다.

H. A. Krebs and H. L. Kornberg, *Energy Transformations in Living Matter: A Survey* (Berlin, Springer, 1957). 꽤 놀랍게도 제임스 왓슨이 생화학의 유일한 고전이라고 묘사한 책, 한스 콘버그의 미생물학적 관점의 덕을 본 상세한 분자 수준의 탐구.

세포내공생과 미토콘드리아

Nick Lane, *The Vital Question: Why Is Life the Way it Is?* (London, Profile Books,

2015)(『바이털 퀘스천 : 생명은 어떻게 탄생했는가』, 까치, 2016). 미국에서는 W. W. 노턴에서 출간되었고, 부제는 Energy, Evolution and the Origins of Complex Life(에너지, 진화, 복잡한 생명체의 기원)이다. 생체에너지학적 특징이 어떻게 생명의 기원과 복잡성의 진화를 형성했는지에 대한 나의 탐구.

Nick Lane, *Power, Sex, Suicide: Mitochondria and the Meaning of Life* (Oxford, Oxford University Press, 2018)(『미토콘드리아』, 뿌리와이파리, 2009). 옥스퍼드 랜드마크 과학Oxford Landmark Science 시리즈에 들어가게 되어 새로운 서문을 넣고 다시 출간되었다(큰 영광이다). 미토콘드리아의 중요성에 대한 더 오래된 연구, 그러나 미첼과 마굴리스와 관련된 내용을 더 많이 다루었다.

제2장 탄소의 경로

루비스코

S. G. Wildman, 'Along the trail from Fraction I protein to Rubisco (ribulose bisphosphate carboxylase-oxygenase', *Photosynthesis Research* 73 (2002) 243–250. 루비스코의 발견 또는 루비스코라는 이름을 얻게 되기까지의 과정에 대한 매혹적인 역사, 「광합성 연구*Photosynthesis Research*」에 실렸다. 생화학자인 고빈지의 열정적인 후원 아래, 확실히 광합성 분야는 다른 어떤 분야보다도 그 자체의 역사와 관련된 기록이 더 많고 더 훌륭하다.

R. J. Ellis, 'The most abundant protein in the world', *Trends in Biochemical Sciences* 4 (1979) 241–244. 루비스코가 왜 그렇게 비효율적인지에 대한 꼼꼼한 탐구. 존 엘리스는 내가 알고 있는 사람들 중에서 가장 명쾌하게 생각하는 사람 중 한 명이며, 진화에 대한 그의 짧은 책, 『과학은 어떻게 작동하는가 : 과학의 자연적인 특성과 자연의 과학*How Science works: The Nature of Science and the Science of Nature*』(Springer, 2016)은 오컴의 면도날(항상 가장 단순한 설명을 찾는 것)이 과학적 사고에서 왜 그렇게 중요한지를 특히 잘 보여준다.

R. J. Ellis, 'Tackling unintelligent design', *Nature* 463 (2010) 164–165. 샤페론 chaperone 단백질을 이용해서 남세균 루비스코의 접힘을 풀리게 함으로써 루비스코의 활동을 개선하려는 시도에 대해, 샤페론 단백질을 발견한 존 엘리스의 흥미

로운 논평.

로런스와 래드 연구소

Martin D. Kamen, *Radiant Science, Dark Politics. A Memoir of the Nuclear Age* (Berkeley, University of California Press, 1985). 놀랍고 흡입력 있는 과학 전기, 당대 선구적인 여러 물리학자와 화학자들에 대한 인상적인 인물 묘사와 함께 선동 정치와 냉전 시대에 대한 이야기. 독특한 기록이다.

Oliver Morton, *Eating the Sun: How Plants Power the Planet* (London, Fourth Estate, 2009)(『태양을 먹다』, 동아시아, 2023). 매우 흥미로운 책, 광합성이 행성 전체를 점령할 정도로 확대되기 전의 광합성 역사를 소설처럼 몰입력 있게 풀어내며, 기후 위기를 어떻게 대응할지에 대한 설득력 있는 분석을 곁들인다.

Angela N. H. Creager, *Life Atomic: A History of Radioisotopes in Science and Medicine* (Chicago, University of Chicago Press, 2015). 냉전 과학의 등장과 "희미해진 민간−군 구분porous civilian−military divide"과 연관된 방사성 동위원소 개발에 대한 학술적인 역사.

초기 탄소 동위원소 연구

S. Ruben, W. Z. Hassid and M. D. Kamen, 'Radioactive carbon in the study of photosynthesis', *Journal of the American Chemical Society* 61 (1939) 661–663. 광합성에서 탄소의 경로를 추적하기 위한 ^{11}C의 (미친) 활용에 대한 샘 루빈, 제브 하시드, 마틴 케이멘의 첫 논문.

C. B. Van Niel, S. Ruben, S. F. Carson, M. D. Kamen and J. W. Foster, 'Radioactive carbon as an indicator of carbon dioxide utilization: VIII. The role of carbon dioxide in cellular metabolism', *Proceedings of the National Academy of Sciences USA* 28 (1942) 8–15. 초기 방사성 동위원소 연구를 기반으로 CO_2가 어떻게 유기 분자에 편입될 수 있을지에 대한 깊이 있는 탐구, 역 크레브스 회로에 아슬아슬할 정도로 가까이 갔다.

S. Ruben, 'Photosynthesis and phosphorylation', *Journal of the American Chemical*

Society 65 (1943) 279–282. 샘 루빈은 광합성에서 CO_2를 받아들이는 분자는 당인산일 수 있다고 제안할 정도에 이르렀다.

S. Ruben and M. D Kamen, 'Long-lived radioactive carbon: C14', *Physical Review* 59 (1941) 349–354. ^{14}C를 세상에 처음 소개한 논문.

광합성의 탄소 경로

J. A. Bassham, A. A. Benson, L. D. Kay, A. Z. Harris, A. T. Wilson and M. Calvin, 'The path of carbon in photosynthesis. XXI. The cyclic regeneration of carbon dioxide acceptor', *Journal of the American Chemical Society* 76 (1954) 1760–1770. 21번 논문! 드디어 그들이 해냈다. 분명히 말하고 싶은 것은, 이는 하나의 중요한 과학적 약진으로서 그리 더딘 것이 아니라는 점이다. 인적이 없는 길에서는 길을 잃기가 쉽다. 나는 연구비를 지원하는 사람들이 절대 달리 생각하지 않기를 바랄 뿐이다.

A. A. Benson, 'Following the path of carbon in photosynthesis: a personal story', *Photosynthesis Research* 73 (2002) 29–49. 벤슨은 수십 년이 지나도록 캘빈과 지냈던 시간에 대해 말을 아끼다가 마침내 침묵을 깼다. 그가 비통함을 억누르려고 애쓰고 있었다는 것이 느껴진다.

A. A. Benson, 'Last days in the old radiation laboratory (ORL), Berkeley, California, 1954', *Photosynthesis Research* 105 (2010) 209–212. 앤드루 벤슨의 더 멋진 추억담.

T. D. Sharkey, 'Discovery of the canonical Calvin–Benson cycle', *Photosynthesis Research* 140 (2019) 235–252. 발견의 시기 전체에 대한 훌륭하고 상세한 과학적 개요와 함께 캘빈과 벤슨 사이의 균열에 대한 균형 잡힌 최종 분석. 벤슨에게 이 균열의 책임이 없지는 않다는 점을 지적하지만, 샤키는 "그렇게까지 할 필요는 없었다. 더 바르게 처신할 수도 있었을 것이다"라는 의견에 동의한다.

J. A. Bassham, 'Mapping the carbon reduction cycle: a personal retrospective', *Photosynthesis Research* 76 (2003) 35–52. 발음이 힘들지 않다면 캘빈−벤슨−배섬 외토라고 불러야 하는 것의 완성에서, 제임스 배섬도 중요한 역할을 했다. 그 역

시 『광합성 연구』에 이 이야기를 풀어놓았다.

광인산화 작용

D. I. Arnon, F. R. Whatley and M. B. Allen, 'Photosynthesis by isolated chloroplasts. II. Photosynthetic phosphorylation, the conversion of light into phosphate bond energy', *Journal of the American Chemical Society* 76 (1954) 6324–6329. 대니얼 아넌을 유명하게 만든 논문. 제목이 모든 것을 말한다. 캘빈에게 노벨상을 안겨준 논문과 같은 호에 발표되었다.

역 크레브스 회로

K. V. Thimann, 'The absorption of carbon dioxide in photosynthesis', *Science* 88 (1938) 506–507. 케네스 티먼의 아름답고 간결한 가설. 크레브스가 그의 회로를 제안한 지 불과 1년 후, 티먼은 광합성의 CO_2 고정 메커니즘으로서 역 크레브스 회로를 어느 정도 예측한다.

M. C. Evans, B. B. Buchanan and D. I. Arnon, 'A new ferredoxindependent carbon reduction cycle in a photosynthetic bacterium', *Proceedings of the National Academy of Sciences* USA 55 (1966) 928–934. 시대를 초월한 고전 논문. 25년 여에 걸쳐서 무시되거나 논란으로 남아 있었다. 정말 아름다운 과학.

B. B. Buchanan, R. Sirevåg, G. Fuchs, R. N. Ivanovsky, Y. Igarashi, M. Ishii, F. R. Tabita and I. A. Berg, 'The Arnon–Buchanan cycle: a retrospective, 1966–2016', *Photosynthesis Research* 134 (2017) 117–131. 역 크레브스 회로의 주요 주창자들의 기억을 모은 매혹적인 회고록. 처음 제안된 지 50년이 흐른 지금은 적어도 논란의 여지는 없지만, 널리 알려져 있지는 않다.

B. B. Buchanan, 'Daniel I. Arnon. November 14, 1910–December 20, 1994', *Biographical Memoirs* 80 (2001) 2–20. 아넌의 친구이자 오랜 동료였던 밥 뷰캐넌이 쓴 대니얼 아넌에 대한 짧은 전기(미국 국립 과학아카데미 보관 기록).

B. B. Buchanan, 'Thioredoxin: an unexpected meeting place', *Photosynthesis Research* 92 (2007) 145–148. 캘빈과 아넌 사이의 관계가 얼마나 불편했는지, 그

리고 앤드루 벤슨이 그 지적 격차를 나중에 어떻게 메웠는지에 대한 밥 뷰캐넌의 이야기.

동료 검토 문제

Don Braben, *Scientific Freedom: The Elixir of Civilization* (San Francisco, Stripe Press, 2020). 과학에 대한 자금 지원 방식에 대한 재고를 주장하는 좋은 책. 동료 검토는 대단히 보수적이며, 현 상황을 위태롭게 하는 것에 반대하는 경향이 있다. 그리고 급진적인 새로운 발상들은 현 상황을 위태롭게 한다. 문제는 급진적인 새로운 발상들을 잘 알아보고 지원하는 방법이다. 브라벤은 일련의 짧은 전기들을 담은 다른 책을 통해서 이 문제를 구체적으로 다루었는데, "도전적인 청년들, 불손한 연구자들, 자유로운 대학은 어떻게 무한한 성공을 길러낼 수 있는가"라는 부제에는 그의 야심이 드러나 있다. *Promoting the Planck Club: How Defiant Youth, Irreverent Researchers and Liberated Universities Can Foster Prosperity Indefinitely* (Hoboken, NJ, John Wiley, 2014).

페레독신과 광호흡

J. Ormerod, '"Every dogma has its day": a personal look at carbon metabolism in photosynthetic bacteria', *Photosynthesis Research* 76 (2003) 135–143. 그렇다, 나는 오머로드의 말을 도용했다. 실험가이자 생각이 깊은 한 사람의 매우 사적인 이야기. 그는 크레브스가 있었던 셰필드 대학교의 그 학부에서 마노미터를 이용한 압력 측정법을 공부하기 시작한 후, 노르웨이로 가서 이후의 경력을 쌓았다. 이 글에서 오머로드는 광호흡이 페레독신을 산화시켜서 산화 스트레스를 낮추기 때문에 유용하다고 제안한다.

Y. Shomura, M. Taketa, H. Nakashima et al., 'Structural basis of the redox switches in the NAD^+–reducing soluble [NiFe]–hydrogenase', *Science* 357 (2017) 928–932. 깔끔한 논문. H_2–산화 세균이 산소에 노출되면 자신의 수소화효소를 비활성화 구조로 바꿔서 반응성 산소종으로부터 자신을 보호함으로써 살 수 있나는 것을 증명한다. 가능한 일이기는 하지만……, 이 논문은 산소가 존재할 때

역 크레브스 회로를 작동시키는 것이 얼마나 어려운지를 강조한다.

널리 퍼져 있는 역 크레브스 회로

A. Mall, J. Sobotta, C. Huber et al., 'Reversibility of citrate synthase allows autotrophic growth of a thermophilic bacterium', *Science* 359 (2018) 563–567. 역 크레브스 회로에 ATP 시트르산 분해효소가 반드시 필요한 것은 아니라는 중대한 발견. 일반적인 효소인 시트르산 합성효소는 어쨌든 가역적으로도 작용한다. 따라서 신조들은 무너진다.

L. Steffens, E. Pettinato, T. M. Steiner, A. Mall, S. König, W. Eisenreich and I. A. Berg, 'High CO2 levels drive the TCA cycle backwards towards autotrophy', *Nature* 592 (2021) 784–788. 이반 베르크 연구 집단의 또다른 논문. 이 논문에서는 (초기 지구처럼) 대기 중의 CO_2 농도가 높으면 CO_2를 고정하기 위해서 정상적인 산화적 회로를 거꾸로 일으키는 경향이 있다는 것을 보여주고 있다. 계통발생학적으로 한 귀퉁이에 제한적으로 존재하고 있던 역 크레브스 회로가 이제는 세균과 고세균 사이에 널리 퍼져 있을 수 있는 것처럼 보인다.

I. A. Berg, 'Ecological aspects on the distribution of different autotrophic CO2 fixation pathways', *Applied and Environmental Microbiology* 77 (2011) 1925–1936. 다양한 CO_2 고정 경로의 개척자 중 한 사람이 고찰한 그 분포와 생태. 이제는 그 자신의 최근 발견으로 인해서 조금 구시대적인 글이 되었지만, 여전히 통찰이 가득하다.

제3장 기체에서 생명으로

검은 연기를 내뿜는 열수 분출구의 발견

J. B. Corliss, J. A. Baross and S. E. Hoffman, 'An hypothesis concerning the relationship between submarine hot springs and the origin of life on earth', *Oceanologica Acta Special Issue* (1981) 0399–1784. 1979년에 검은 연기를 내뿜는 열수 분출구가 발견되고 곧바로 나온 첫 번째 논문. 열수 분출구가 어떻게 생명의 기원을 위한 원시적인 환경일 수 있었는지에 대한 생각을 담고 있다.

J. A. Baross and S. E. Hoffman, 'Submarine hydrothermal vents and associated gradient environments as sites for the origin and evolution of life', *Origins of Life and Evolution of Biospheres* 15 (1985) 327–345. 열수 환경의 가파른 화학적 기울기가 어떻게 생화학의 기원을 촉진할 수 있었는지에 대한 진지한 분투.

Discovering Hydrothermal Vents. 우즈홀 해양학 연구소의 열수 분출구 발견과 관련된 많은 흥미로운 정보를 볼 수 있는 웹사이트. https://www.whoi.edu/feature/historyhydrothermal-vents/index.html. 우즈홀 연구소는 1964년에 취역시킨 심해 잠수정 앨빈 호를 60여 년 동안 유지하고 있다. 나는 사라진 웹사이트 주소는 되도록 소개하지 않으려고 하지만, 이 자료는 그러기 어렵다.

초기 지구 열수 체계에 대한 재분석

W. Martin, J. Baross, D. Kelley and M. J. Russell, 'Hydrothermal vents and the origin of life', *Nature Reviews Microbiology* 6 (2008) 805–814. 다양한 유형의 열수 분출구와 생명의 기원에서 그 역할에 대한 훌륭한 개관. 존 바로스와 데브 켈리라는 두 뛰어난 해양생물학자는 각각 새로운 열수 분출구 체계를 발견했고, 선구적인 과학자인 빌 마틴과 마이크 러셀은 그런 계에서 생명이 어떻게 시작되었을지를 추측했다.

N. H. Sleep, D. K. Bird and E. C. Pope, 'Serpentinite and the dawn of life', *Philosophical Transactions of the Royal Society B* 366 (2011) 2857–2869. 지질학적 기록이 생명의 기원에 대한 열수 분출구 학설을 어떻게 제한하는지를 고찰한 멋진 논문.

N. T. Arndt and E. G. Nisbet, 'Processes on the young Earth and the habitats of early life', *Annual Review of Earth and Planetary Sciences* 40 (2012) 521–49. 최근 수십 년 사이 명왕누대에 대한 지질학자들의 이해가 어떻게 바뀌었는지를 헤아려볼 수 있게 해주는 좋은 글. 초기 지구는 더 이상 마그마가 부글거리는 지옥의 불구덩이로 여겨지지 않는다. 오히려 비교적 차분한 물의 세계였을 것이라고 추측된다.

F. Westall, K. Hickman-Lewis, N. Hinman, P. Gautret, K. A. Campbell, J. G.

Breheret, F. Foucher, A. Hubert, S. Sorieul, A. V. Dass, T. P. Kee, T. Georgelin and A. Brack, 'A hydrothermal-sedimentary context for the origin of life', *Astrobiology* 18 (2018) 259–293. 생명의 기원과 관련해서 초기 지구의 지질학적 조건에 대한 균형 잡힌 개요.

마이크 러셀과 귄터 베히터쇼이저

G. Wächtershäuser, 'Evolution of the first metabolic cycles', *Proceedings of the National Academy of Sciences USA* 87 (1990) 200–204. 역 크레브스 회로를 전생물적 화학으로 진지하게 받아들인 최초의 논문 중 한 편. 광물, 특히 황철석(바보금) 같은 황화철 광물의 형성을 통해서, 그 과정이 어떻게 광물 표면에서 일어날 수 있을지에 대한 상세한 탐구를 제공한다. 그 접근법은 유난히 철학적이다. 수많은 공리와 정리를 열거하며, 가설의 검증에 대한 포퍼의 생각에 따라 추론한다. 중요한 논문.

G. Wächtershäuser, 'Groundworks for an evolutionary biochemistry: the iron–sulphur world', *Progress in Biophysics and Molecular Biology* 58 (1992) 85–201. 철저하고 혁명적인 논문. 독립 영양 생물의 기원에 대한 베히터쇼이저의 초기 생각의 많은 부분을 상세하게 설명한다. 논문이라기보다는 한 권의 책에 더 가깝고, 당연히 유명하다.

M. J. Russell and A. J. Hall, 'The emergence of life from iron monosulphide bubbles at a submarine hydrothermal redox and pH front', *Journal of the Geological Society* 154 (1997) 377–402. 마이크 러셀과 앨런 홀은 이때까지 거의 10년 동안 알칼리성 열수 분출구에 대한 논문을 써오고 있었지만, 내가 생각하기에는 이 논문이 그들의 초기 학설에 대한 가장 완전한 설명이다. 이 논문에는 피터 미첼의 양성자 동력과 역 크레브스 회로에 대한 그들의 상세한 의견이 녹아 있다.

W. Martin and M. J. Russell, 'On the origins of cells: a hypothesis for the evolutionary transitions from abiotic geochemistry to chemoautotrophic prokaryotes, and from prokaryotes to nucleated cells', *Philosophical Transactions of the Royal Society B* 358 (2003) 59–85. 시대를 초월한 고전 논문. 이 분야뿐 아니라 과학 자

체로 청년들을 끌어들이는 유형의 논문이다.

J. Whitfield, 'Origin of life: nascence man', *Nature* 459 (2009) 316–319. 「네이처」에서 한 과학자의 연구를 그렇게 노골적으로 중요하게 다루는 경우는 드물다. 그런데 이 경우에는 러셀의 사진을 르네상스적 인물인 에라스무스에 합성한 그림까지 실었다. 꽤 애정 어린 찬사이다.

로스트 시티의 발견

D. S. Kelley, J. A. Karson, D. K. Blackman, G. L. Früh-Green, D. A. Butterfield, M. D. Lilley, E. J. Olson, M. O. Schrenk, K. K. Roe, G. T. Lebon, P. Rivizzigno; AT3−60 Shipboard Party, 'An off-axis hydrothermal vent field near the Mid-Atlantic Ridge at 30 degrees N', *Nature* 412 (2001) 145–149. 모든 연구 분야에 영감을 주고, 탐험 및 발견 과학의 가치를 증명한 특별한 발견.

D. S. Kelley, J. A. Karson, G. L. Früh-Green et al., 'A serpentinitehosted ecosystem: the Lost City hydrothermal field,' *Science* 307 (2005) 1428–1434. 로스트 시티에 대한 데버라 켈리와 그 동료들의 더 상세한 연구, 이 상징적인 열수 분출구 체계의 미생물학과 화학에 지질학을 접목시킨다.

D. S. Kelley, 'From the mantle to microbes: the Lost City hydrothermal field', *Oceanography* 18 (2005) 32–45. 2000년에 예상치 못하게 로스트 시티가 발견되었을 당시, 심해 잠수정 앨빈 호의 선장이던 데버라 켈리의 개인 논문. 그림이 풍부하며, 태양계의 다른 곳에서도 생명을 찾기 위해서는 사문석화 작용이 중요하다는 흥미로운 초기 관점을 볼 수 있다.

육상 지열 체계

David W. Deamer, *Assembling Life: How Can Life Begin on Earth and Other Habitable Planets?* (Oxford, Oxford University Press, (2019). 데이비드 디머는 수십 년간 생명의 기원을 연구해왔고, 해럴드 모로위츠와 함께한 "지질 세계lipid world"에 대한 연구를 포함해서, 지질막과 원세포에 대해서도 선구적인 연구를 해왔다. 디머는 막전위에 의존하여 DNA 서열을 결정하는 나노기공nanopore 기

술의 개발자 중 한 사람이다. 최근 들어 그는 열린 마음으로 육상 지열 체계를 강하게 지지하고 있다. 이에 대해서 그의 관점에 동의하지 않지만, 우리는 건설적인 논의를 자주 나누고 있다. 이 책에는 경쟁 가설들의 예측에 대한 명쾌한 검증을 바라는 그의 생각이 반영되어 있으며, 이것에는 나도 진심으로 동의한다.

A. Y. Mulkidjanian, A. Y. Bychkov, D. V. Dibrova, M. Y. Galperin, E. V. Koonin, 'Origin of first cells at terrestrial, anoxic geothermal fields', *Proceedings of the National Academy of Sciences USA* 109 (2012) E821–830. 저명한 생체에너지학자인 아르멘 물키다니안은 생명에 기원에 관해 매우 독창적인 발상을 내놓았다. 그의 발상은 고압의 대기 속에서 일어나야 하는 특이한 형태의 "황화아연 광합성"과 연관이 있다. 이 논문에는 활발하게 훌륭한 성과를 내고 있는 유진 쿠닌을 포함해서 몇몇 선구적인 계통발생학자들이 함께 참여했다. 나로서는 납득이 되지 않는 부분이 있기는 하지만, 물키다니안의 논문은 언제나 읽을 가치가 있다.

J. D. Sutherland, 'Studies on the origin of life: the end of the beginning', *Nature Reviews in Chemistry* 1 (2017) 0012. 존 서덜랜드는 저명한 화학자이다. 그는 뉴클레오티드를 포함한 생명의 여러 핵심적인 구성 재료를 합성하기 위한 인상적인 전생물적 화학 연결망을 개발했는데, 그는 이 연결망을 "황화시안 원생물질 대사cyanosulfidic protometabolism"라고 부른다. 이 화학의 단점은 별로 생화학처럼 보이지 않는다는 것이다. 그 점이 중요할까? 내 관점에서는 그렇지만, 우리가 더 많은 것을 알게 되기 전까지는 이는 주관적인 판단의 문제이다. 이 논문에서 서덜랜드는 그의 판단을 다음과 같이 표현했다. "생명이 열수 분출구에서 기원했다는 생각은 열수 분출구 자체처럼 '대양의 깊숙한 곳에 파묻힌 채로' 남아 있어야 한다." 내가 그의 생각에 동의했다면, 나는 이 책을 쓰지 않았을 것이다.

J. Szostak, 'How did life begin?', *Nature* 557 (2018) S13–S15. 잭 쇼스택은 말단소체telomere에 대한 연구로 노벨상을 수상했고, 그 이래로 생명의 기원에 대한 연구에 초점을 맞추면서 여러 편의 좋은 논문을 내놓고 있다. 그는 존 서덜랜드와 긴밀하게 교류하면서 전생물적 화학을 연구하고 있으며, 열수 분출구 발상에는 그다지 공감하지 않는다. 그의 이 논문에는 다음과 같은 구절이 있다. "놀랍게도, RNA로 가는 길에 놓인 많은 화학적 중간산물들은 반응을 하는 혼합물에

서 결정화되고, 자체적으로 정화되고, 초기 지구에 유기 광물로서 잠재적으로 축적된다. 이 물질의 저장고는 조건이 바뀌면 생명이 될 순간을 기다리고 있다." 이 개념은 내가 이 책에서 주장하는 지속적인 성장과는 확실히 거리가 멀다. 나는 그 마지막 문장이 정말 무슨 뜻인지를 물어야 할 것 같다.

생명을 지침으로 활용하는 원생물질대사

Christian De Duve, *Singularities. Landmarks on the Pathways of Life* (Cambridge, Cambridge University Press, 2005). 나는 이 책에서 드뷔브의 생각을 거의 언급하지 않았지만, 언급을 했어야 했다. 모로위츠와 마찬가지로, 드뷔브도 지구화학에서 어떻게 생화학이 생길 수 있는지에 초점을 맞췄다. 황화에스테르thioester의 중요성과 아세틸인산과 같은 에너지 통화에 대한 그의 관점은 실험을 통해서 뒷받침이 되기 시작하고 있다.

M. Preiner, K. Igarashi, K. B. Muchowska, M. Yu, S. J. Varma, K. Kleinermanns, M. K. Nobu, Y. Kamagata, H. Tüysüz, J. Moran and W. F. Martin, 'A hydrogen-dependent geochemical analogue of primordial carbon and energy metabolism', *Nature Ecology and Evolution* 4 (2020) 534–542. 서로 다른 세 연구 집단이 공동으로 내놓은 이 논문은 역 크레브스 회로의 중간산물을 형성하기 위한 H_2와 CO_2의 반응에서 철 함유 광물(그레이가이트, 자철석, 아와루아이트[awaruite])의 촉매 작용을 고찰하는데, 이 경우에는 아세트산과 피루브산이 중간산물로 포함된다. 여기에서 즉각적인 전자 공여체는 생명에서 일어나는 것처럼 자연 상태의 철이 아니라 수소이다.

S. J. Varma, K. B. Muchowska, P. Chatelain and J. Moran, 'Native iron reduces CO2 to intermediates and end-products of the acetyl-CoA pathway', *Nature Ecology and Evolution* 2 (2018) 1019–1024. 조지프 모런 연구 집단의 독특한 점은 합성화학을 공부했지만 생화학적 관점에서 생각하면서, 세포에서 지금도 일어나고 있는 비슷한 화학을 찾고 있다는 점이다. 대단히 호기심을 불러일으키는 이 논문은 그들의 초기 연구와 연계해서, 아세틸 CoA 경로뿐 아니라 역 크레브스 회로에 있는 다양한 중간산물이 자연 상태의 철을 전자 급원으로 사용해서 CO_2로부터

만들어진다는 것을 보여준다.

K. B. Muchowska, S. J. Varma and J. Moran, 'Synthesis and breakdown of universal metabolic precursors promoted by iron', *Nature* 569 (2019) 104–107. 식물과 일부 세균에서 크레브스 회로를 "단락"시키는 2C 중간산물인 글리옥실산 glyoxylate에 의해서 크레브스 회로의 주변에 만들어지는 몇몇 예외적인 회로들(크레브스도 한스 콘버그와 공동 연구를 통해서 글리옥실산 회로를 발견했고, 그 결과를 1957년에 「네이처」에 발표했다). 이 회로들이 생명의 화학에 얼마나 가까운지는 잘 모르겠지만, 지금도 물질대사의 중심에 있는 여러 중간산물을 끌어들이는 것은 확실하다.

M. Ralser, 'An appeal to magic? The discovery of a non-enzymatic metabolism and its role in the origins of life', *Biochemical Journal* 475 (2018) 2577–2592. 건강 분야에서 물질대사 생화학 전문가인 마르쿠스 랄세르는 유전자 이전에 물질대사 경로가 어떻게 생겼는지에 대한 다수의 중요한 논문을 발표했고, 이와 함께 해당 과정, 5탄당 인산 경로, 포도당 신생합성, 크레브스 회로의 일부가 모두 자발적인 화학 작용을 통해서 일어날 수 있다는 것을 실험으로 증명했다. 그러나 (그의 실험은) 일반적으로 합성보다는 분해의 방향으로 일어났고, 중간 산물의 농도가 매우 낮았다. 랄세르의 연구가 요약되어 있는 이 논문에는 물질대사 경로가 왜 유전자 이전에 진화해야 했는지에 대한 그의 생각도 담겨 있다. 이 점에 대해서는 나는 그가 옳다고 생각한다.

Michael Madigan, Kelly Bender, Daniel Buckley, W. Matthew Sattley and David Stahl, *Brock Biology of Microorganisms*, 15th edn (London, Pearson, 2018). 생명의 기원을 진지한 방식으로 다루는 몇 안 되는 미생물학 교재 중 한 권. 열수 분출구 화학과 미생물 생화학 사이의 유사성을 감안할 때, 이 교재의 저자들이 열수 분출구 기원을 선호하는 것은 당연하다.

H. Hartman, 'Speculations on the origin and evolution of metabolism', *Journal of Molecular Evolution* 4 (1975) 359–70. 옛날 논문이지만 여전히 통찰력이 있는 논문, 역 크레브스 회로에 대한 초기 논문이 나오고 그리 오래 지나지 않았을 때, CO_2에서 시작하는 물질대사 화학을 크레브스 회로라는 면에서 생각한 최초의

논문들 중 한 편이다.

LUCA의 생리학

M. C. Weiss, F. L. Sousa, N. Mrnjavac, S. Neukirchen, M. Roettger, S. Nelson-Sathi and W. F. Martin, 'The physiology and habitat of the last universal common ancestor', *Nature Microbiology* 1 (2016) 16116. 논란의 여지가 있는 논문. 수평 유전자 이동과 얽힌 복잡한 문제들을 해결하려는 시도를 통해서 LUCA의 생리학에 대한 충격적인 초상을 제시한다. 이들에게 LUCA는 무생물과 생물 사이의 네버랜드인 열수 분출구에 존재하는 단순한 세포 집단이다. 몇몇 세부적인 부분은 아쉽지만, 이 논문은 LUCA가 H_2와 CO_2로부터 양성자 기울기와 철−황 단백질을 이용해서 살았다는 생각을 강화한다.

R. Braakman and E. Smith, 'The emergence and early evolution of biological carbon fixation', *PLoS Computational Biology* 8 (2012) e1002455. 계통수의 가장 깊은 곳에 있는 가지들을 밝혀내기 위해서 계통분류학적 분석과 물질대사 유동 분석의 결합을 시도한 매우 깔끔한 생각. 이를 위해서 이용된 "규칙"은 세포가 항상 성장할 수 있어야 하므로 세포에는 기능적인 물질대사 연결망이 있어야 했다는 것이다. 이론상으로는 간단하지만 현실적으로는 어렵다. 그래서 그들의 결론 중 일부는 믿기 어렵다.

F. L. Sousa, T. Thiergart, G. Landan, S. Nelson-Sathi, I. A. C. Pereira, J. F. Allen, N. Lane and W. F. Martin, 'Early bioenergetic evolution', *Philosophical Transactions of the Royal Society B* 368 (2013) 20130088. 진화의 초기 단계를 에너지 변환 장치의 측면에서 밝히려는 시도를 담은 상세한 논문.

아세틸 CoA 경로

M. J. Russell and W. Martin, 'The rocky roots of the acetyl-CoA pathway', *Trends in Biochemical Sciences* 29 (2004) 358–363. 가장 오래된 물질대사 경로에서 금속 이온 클러스터, 특히 철−황 클러스터의 보편성을 지적하는 작은 보석 같은 논문.

G. Fuchs, 'Alternative pathways of carbon dioxide fixation: insights into the early evolution of life?', *Annual Review of Microbiology* 65 (2011) 631–658. 알려진 CO_2 고정 경로는 6개뿐이다. 그리고 (그중 3개의 발견에 참여한) 조지 푹스가 쓴 이 권위 있고 상세한 논문은 그 경로들이 생명의 초기 단계에 관해 무엇을 말하는지를 고찰한다. 본질적으로 그 중심에 아세틸 CoA와 페레독신이 있다는 것을 지적한다.

W. Nitschke, S. E. McGlynn, J. Milner-White and M. J. Russell, 'On the antiquity of metalloenzymes and their substrates in bioenergetics', *Biochimica et Biophysica Acta Bioenergetics* 1827 (2013) 871–881. 볼프강 니치케는 전공을 분자생물학으로 바꾸기 전까지는 물리학을 공부했다. 그는 산화환원 단백질의 작용에 대한 통찰력이 깊으며, 마이크 러셀과 팀을 이루어 생명의 출현에 대한 연구를 하고 있다.

해럴드 모로위츠와 역 크레브스 회로

Harold J. Morowitz, *Energy Flow in Biology* (New York, Academic Press, 1968). 고전 명작. 모로위츠는 이 책에서 에너지는 흐르고 물질은 순환한다는 개념을 소개한다. 어렵고 수학적이지만, 읽어볼 가치가 있다.

Eric Smith and Harold J. Morowitz, *The Origin and Nature of Life on Earth: The Emergence of the Fourth Geosphere* (Cambridge, Cambridge University Press, 2016). 모로위츠의 유작으로 걸맞은 권위 있는 작품. 공저자인 에릭 스미스 역시 뛰어난 인물이며 모로위츠의 오랜 협력자이다.

J. Trefil, H. J. Morowitz and E. Smith, 'The origin of life. A case is made for the descent of electrons', *American Scientist* 206 (2009) 96–213. 진지하지만 쉽게 읽을 수 있는 멋진 작품. 재치 있는 제목은 다윈의 『인간의 유래와 성선택*Descent of Man*』에 열역학을 가미한 말장난이다.

레슬리 오겔과 마법에 대한 호소

L. Orgel, 'Self-organizing biochemical cycles', *Proceedings of the National Academy of Sciences USA* 97 (2000) 12503–12507. 오겔은 모로위츠에 대한 직접적인 반박

으로서 이 논문을 썼고, 자기 조직화 회로에 대한 생각을 "마법에 대한 호소"라고 묘사했다. 그의 (사후에 출간된) 마지막 논문에서는 이 주제를 조금 더 따뜻하게 대했고, 「PLoS 생물학*PLoS Biology*」(PLoS Biology 6, 2008. e18)에서는 내가 서론에서 인용한 것처럼 이런 회로를 "돼지가 날 수 있다면 부류의 화학"이라고 묘사했다.

생명을 길잡이로 이용하는 뉴클레오티드 합성

S. A. Harrison and N. Lane, 'Life as a guide to prebiotic nucleotide synthesis', *Nature Communications* 9 (2018) 5176–5177. 스튜어트 해리슨은 내 연구실에서 박사 과정을 밟았고, 현재는 박사후 연구원으로서 나와 함께 일하고 있다. 이 짧은 논문에서 우리는 뉴클레오티드가 어떻게 금속 이온을 촉매로 활용해서 생물학적 경로를 따라서 합성될 수 있는지에 대한 생각을 내놓았다. 그 이래로 해리슨은 이 방법으로 핵염기인 우라실uracil을 성공적으로 합성했지만, 이 연구는 지금 논문을 작성 중이기 때문에 여기에 인용할 수는 없다.

마술 표면

G. D. Cody, N. Z. Boctor, R. M. Hazen, J. A. Brandes, H. J. Morowitz, H. S. Yodor Jr, 'Geochemical roots of autotrophic carbon fixation: hydrothermal experiments in the system citric acid, $H_2O-(\pm FeS)-(\pm NiS)$', *Geochimica et Cosmochimica Acta* 65 (2001) 3557–3576. 크레브스 회로의 화학 작용을 촉매하는 철–황 광물의 특성에 대한 조지 코디의 초기 연구, 모로위츠도 연구진에 포함되어 있다.

E. Camprubi, S. F. Jordan, R. Vasiliadou and N. Lane, 'Iron catalysis at the origin of life', *IUBMB Life* 69 (2017) 373–381. 우리가 반도체인 철–니켈–황 광물의 표면에서 일어난다고 상상하는 역 크레브스 회로(라기보다는 경로)를 상세하게 설명한 이론화학 논문.

길잡이로서의 메탄생성고세균

R. K. Thauer, A. K. Kaster, H. Seedorf, W. Buckel and R. Hedderich,

'Methanogenic archaea: ecologically relevant differences in energy conservation', *Nature Reviews Microbiology* 6 (2008) 579–591. 열역학적으로 허용 가능한 한계에서 살아가는 생명의 에너지학에 대한 자료와 메커니즘의 보고.

V. Sojo, B. Herschy, A. Whicher, E. Camprubi and N. Lane, 'The origin of life in alkaline hydrothermal vents', *Astrobiology* 16 (2016) 181–197. 전자 쌍갈림과 펌프 작용의 기원을 기반으로, 알칼리성 열수 분출구에서의 생명의 기원을 세균과 고세균의 분기와 연결시켜보려는 우리만의 시도. 우리는 LUCA가 본질적으로 메탄생성고세균과 유사한 존재라고 상상했다. 즉 에너지 전환 수소화효소와 페레독신을 이용해서 CO_2를 고정하기 위해서 양성자 기울기에 의존한다고 생각했다.

pH 기울기

N. Lane, J. F. Allen and W. Martin, 'How did LUCA make a living? Chemiosmosis in the origin of life', *BioEssays* 32 (2010) 271–280. 화학 삼투 짝지음이 초기 세포에서 언제 어떻게 나타났는지에 대한 문제와의 씨름. 돌이켜 생각해보면, 우리는 ATP에만 너무 많이 집중하고 CO_2 고정에 대해서는 충분히 생각하지 않았던 것 같다. 하지만 그 점이 논란의 핵심이다.

N. Lane, 'Why are cells powered by proton gradients?', *Nature Education* 3 (2010) 18. 세포의 양성자 기울기에 대한 의문과 가능한 해답에 대한 간단한 설명. 학생과 일반 과학 독자층을 대상으로 하는 진짜 가치 있는 짧은 기사 시리즈의 하나이다. 「네이처」의 웹사이트인 "사이터블Scitable"을 둘러보면, 이런 교육 자료가 아주 많다.

N. Lane and W. Martin, 'The origin of membrane bioenergetics', *Cell* 151 (2012) 1406–1416. 내 입으로 말하기는 조금 그렇지만 중요한 생각들이 담긴 논문. 빌 마틴과의 토론이라는 흥미진진하지만 호된 시련을 통해서 나왔다.

B. Herschy, A. Whicher, E. Camprubi, C. Watson, L. Dartnell, J. Ward, J. R. G. Evans and N. Lane, 'An origin-of-life reactor to simulate alkaline hydrothermal vents', *Journal of Molecular Evolution* 79 (2014) 213–227. "생명의 기원" 반응기를 만들려는 우리의 초기 시도는 많은 실패를 겪었다. 궁극적으로 변수가 너무 많은

계에서 가장 흥미로운 부분들을 포함하여 잡다한 것이 뒤섞인 논문이다. 이제 우리는 마이크로 유체역학microfluidics 장치를 이용하고 있다.

N. Lane, 'Proton gradients at the origin of life', *BioEssays* 39 (2017) 1600217. 훌륭한 생체에너지학 학자인 버즈 잭슨의 비평에 대한 반론. 안타깝게도 그는 그로부터 얼마 후에 암으로 세상을 떠났다. 그는 생이 얼마 남지 않은 무렵부터 알칼리성 열수 분출구에서 생명의 기원에 대해 관심을 가지기 시작했고, 많은 이의를 제기했다. 나와는 의견이 맞지 않았지만, 나는 우리가 서로 참고한 조건들에 대해서 잘 이해하지 못하고 있다고 느꼈다. 그를 직접 만나서 이 문제들이 대한 이야기를 나누지 않았던 것이 후회된다.

R. Vasiliadou, N. Dimov, N. Szita, S. Jordan and N. Lane, 'Possible mechanisms of CO2 reduction by H2 via prebiotic vectorial electrochemistry', *Royal Society Interface Focus 9* (2019) 20190073. 약간의 실험 결과와 함께 상세한 이론을 다룬 논문. 양성자가 수산화 이온보다 200만 배 더 빠르게 철−황 장벽을 통과해서 대단히 가파른 pH 기울기(하나의 나노 결정을 경계로 무려 3 또는 4pH 차이)를 만들 수 있다는 것을 보여준다.

R. Hudson, R. de Graaf, M. S. Rodin, A. Ohno, N. Lane, S. E. McGlynn, Y. M. A. Yamada, R. Nakamura, L. M. Barge, D. Braun and V. Sojo, 'CO$_2$ reduction driven by a pH gradient', *Proceedings of the National Academy of Sciences USA* 117 (2020) 22873–22879. 반도체 장벽을 경계로 형성된 양성자 기울기가 장벽 한쪽에 있는 H$_2$에서 반대편에 있는 CO$_2$로 전자의 전달을 촉진해서 정말로 유기 분자(이 경우에는 포름산 이온)를 만들 수 있다는 것을 보여준 최초의 확고한 증거.

열수 분출구에서 원세포의 형성

T. M. McCollom, G. Ritter and B. R. Simoneit, 'Lipid synthesis under hydrothermal conditions by Fischer-Tropsch-type reactions', *Origins of Life and Evolution of Biospheres* 29 (1999) 153–166. 맥콜롬과 동료 연구진은 고온 고압의 포름산 이온에서 생명의 기원과 관련된 탄화수소, 지방산, 알코올의 긴 사슬을 만드는 데 성공했다. 신기하게도 (유리가 아닌) 강철 반응기에서만 자동했다.

S. F. Jordan, H. Rammu, I. Zheludev, A. M. Hartley, A. Marechal and N. Lane, 'Promotion of protocell self-assembly from mixed amphiphiles at the origin of life', *Nature Ecology & Evolution* 3 (2019) 1705–1714. 꽤 놀랍게도, 우리는 알칼리성 열수 조건이 "원세포"의 자발적인 조립을 실제로 선호한다는 것을 발견했다. 지방산과 지방족 알코올을 전생물적으로 그럴 듯하게 섞어놓으면 (2중 지질막이 수성 공간을 감싸고 있는) 원세포가 저절로 만들어졌다.

S. F. Jordan, E. Nee and N. Lane, 'Isoprenoids enhance the stability of fatty acid membranes at the emergence of life potentially leading to an early lipid divide', *Royal Society Interface Focus* 9 (2019) 20190067. 놀랍게도 (세균처럼) 주로 지방산으로 구성된 막을 가진 원세포는 광물 표면에 달라붙는 경향이 있는 반면, (고세균처럼) 이소프레노이드isoprenoid가 들어간 원세포는 그렇지 않다. 무엇인가 곡률과 관계가 있는 것으로 보인다.

S. F. Jordan, I. Ioannou, H. Rammu, A. Halpern, L. K. Bogart, M. Ahn, R. Vasiliadou, J. Christodoulou, A. Maréchal and N. Lane, 'Spontaneous assembly of redox-active iron-sulfur clusters at low concentrations of cysteine', *Nature Communications* 12 (2021) 5925. 세포에서 CO_2 고정을 촉진하며 페레독신에서 발견되는 생물학적 철−황 클러스터가 전생물적 조건에서 자발적으로 형성될 수 있다는 것에 대한 우리의 증명.

T. West, V. Sojo, A. Pomiankowski and N. Lane, 'The origin of heredity in protocells', *Philosphical Transactions of the Royal Society B* 372 (2017) 20160419. 나는 이것이 중요한 논문이라고 생각하지만, 여전히 주목을 받지는 못하고 있다. 우리가 밝혀낸 바에 따르면, 유기 분자(지방산과 아미노산)와 철−황 클러스터 사이의 양성 되먹임은 일종의 막 유전을 일으켜서 원세포가 자신을 더 잘 복제할 수 있게 만든다. 유전 암호의 기원에 대한 우리의 현재 생각에서 많은 부분의 근거를 이룬다.

R. Nunes Palmeira, M. Colnaghi, S. Harrison, A. Pomiankowski and N. Lane, 'The limits of metabolic heredity in protocells', 볼 수 있는 곳: BioRxiv (https://doi.org/10.1101/2022.01.28.477904). 원세포에서 일어나는 양성 되먹임과 자가 촉

매작용에 대한 더 많은 정보. 일반적인 형태의 촉매작용만 도움이 되는데, 원세 포의 성장을 위해서 필요한 다양한 원시 물질대사 경로들 사이의 균형을 촉매들 이 유지해야 하기 때문이다.

열수 분출구의 에너지 흐름

J. P. Amend and T. M. McCollom, 'Energetics of biomolecule synthesis on early Earth', in L. Zaikowski et al. (eds), *Chemical Evolution II: From the Origins of Life to Modern Society* (American Chemical Society, 2009) pp. 63–94. 나는 지금도 이 것을 생각하면 너무나 놀랍다. H_2와 CO_2의 혼합물과 세포 중에서 어느 쪽이 열 역학적으로 더 안정적일까? 답은 세포이다. 그래서 생명이 존재하는 것이다.

J. P. Amend, D. E. LaRowe, T. M. McCollom and E. L. Shock, 'The energetics of organic synthesis inside and outside the cell', *Philosophical Transactions of the Royal Society B* 368 (2013) 20120255. 열수계 속 전생물적 화학의 열역학에 대한 아멘드와 맥콜롬의 또다른 논문. 이 논문에 함께 이름을 올린 "대부" 에버렛 쇼 크는 H_2와 CO_2로 살아가는 것은 "돈을 받고 먹는 공짜 점심"이라는 인상적인 명 언을 내놓은 인물이다.

W. F. Martin, F. L. Sousa and N. Lane, 'Energy at life's origin', *Science* 344 (2014) 1092–1093. 왜 생명 스스로 열수 분출구를 자신이 기원한 곳으로 지목하는지에 대한 짧은 의견. 오컴의 면도날.

A. Whicher, E. Camprubi, S. Pinna, B. Herschy and N. Lane, 'Acetyl phosphate as a primordial energy currency at the origin of life', *Origins of Life and Evolution of Biospheres* 48 (2018) 159–179. 전생물적 에너지 통화로서 아세틸인산에 대한 우 리의 첫 실험. 인산화된 당에서는 꽤 잘 작동하지만, 아미노산이 아세틸화되면서 혼란이 일어날 수도 있다.

S. Pinna, C. Kunz, S. Harrison, S. F. Jordan, J. Ward, F. Werner and N. Lane, 'A prebiotic basis for ATP as the universal energy currency', BioRxiv https://doi. org/10.1101/2021.10.06.463298 (2021). 아세틸인산의 독특한 점은 물에서 ADP 를 ATP로 인산화한다는 것이다. 그러나 놀랍게도, 다른 뉴클레오시드 2인산

nucleoside diphosphate은 그렇게 하지 못한다. 이는 ATP가 보편적인 에너지 통화로 확립된 이유가 그 독특한 전생물적 화학 때문이라는 것을 암시한다.

제4장 격변

캄브리아기 대폭발

Stephen Jay Gould, *Wonderful Life: The Burgess Shale and the History of Nature* (New York, W. W. Norton, 1989)(『원더풀 라이프』, 궁리, 2018). 한 세대의 청년 학도들을 고생물학으로 끌어들였던 가슴 뛰는 책. 그러나 지금도 그렇게 많이 시대에 뒤처지지는 않았고, 중심 논제를 조금 과하게 밀어붙인다.

Daniel C. Dennett, *Darwin's Dangerous Idea: Evolution and the Meanings of Life* (New York, Simon & Schuster, 1995). 나는 이 책을 읽기 전까지는 예리한 철학자들이 과학적 논쟁에서 무엇인가를 할 수 있음을 결코 인정하지 않았다. 이 책에서 대니얼 데닛은 생물학에서 가장 유명한 인물들 중 일부를 날카롭게 비판하는데, 캄브리아기 대폭발에 대한 스티븐 제이 굴드의 의견도 그중 하나이다. 놀라운 통찰.

M. A. S. McMenamin, 'Cambrian chordates and vetulicolians', *Geosciences* 9 (2019) 354. 시대조차도 추정하기 어려울 정도로 정보가 부족한 캄브리아기 초기 척삭동물에 대해 새롭게 갱신된 유용한 정보(인용된 참고 문헌을 살펴보아야 할 것이다).

J. Y. Chen, D. Y. Huang and C. W. Li, 'An early Cambrian craniate-like chordate', *Nature* 402 (1999) 518–522. 중국 마오톈샨 셰일에서 새롭게 발견된 초기 척삭동물에 대한 이야기. "이 발견은 무척추동물에서 척추동물로 이어지는 진화적 전환에 대한 논쟁을 더할 것"이라고 조심스럽게 관측한다.

S. Conway Morris, 'Darwin's dilemma: the realities of the Cambrian "explosion"', *Philosophical Transactions of the Royal Society B* 361 (2006) 1069–1083. 캄브리아기 대폭발을 주창한 선구자 중 한 사람이 내놓은 캄브리아기 대폭발에 대한 재미있고 경쾌한 분석. 굴드의 『원더풀 라이프』를 통해서 명성을 얻은 콘웨이 모리스는 몇 가지 문제점을 바로잡기 위해서 『창조의 도가니*The Crucible of Creation*』 (Oxford, Oxford University Press, 1998)라는 제목의 책을 썼다.

산소

Donald E. Canfield, *Oxygen: A Four Billion Year History* (Princeton, Princeton University Press, 2014). 초기 지구 역사 연구의 선구자 중 한 사람이 쓴 좋은 책, 그는 수십억 년 전의 대기와 대양의 조성에 대해서 우리가 무엇인가를 알 수 있게 하기 위해서 소매를 걷어붙였다.

Nick Lane, *Oxygen: The Molecule that Made the World* (Oxford, Oxford University Press, 2002)(『산소』, 뿌리와이파리, 2016). 산소의 진화 역사에 대한 나의 이해를 담은 책으로, 2002년에 썼다. 20년 동안 많은 변화가 있었다는 점을 생각할 때, 그리 심하게 낡아빠진 것이 되지는 않았지만 내가 썼던 것에 더 이상 동의하지는 않는다(다른 사람들도 이제는 내가 틀렸다고 생각한다). 그 주제는 여전히 생생하고 매혹적이다.

Andrew H. Knoll, *Life on a Young Planet: The First Three Billion Years of Life on Earth* (Princeton, Princeton University Press, 2003)(『생명 최초의 30억 년』, 뿌리와이파리, 2007). 권위와 품위와 매력을 갖춘 글. 수십억 년 전의 세상에 대해서 무엇인가를 알아내는 것의 어려움에 대한 직접적인 견해. 앤드루 놀은 지질학과 생물학에 남다른 통찰력을 접목시키고 있으며, 그의 발언은 고생물학에서 가장 존경과 호감을 얻고 있다.

N. J. Butterfield, 'Oxygen, animals and oceanic ventilation: an alternative view', *Geobiology* 7 (2009) 1–7. 극적인 환경 변화의 의미를 단순히 산소 기체에만 부여하는 게으른 시각에 대한 꽤 통렬한 비판. 귀중한 바로잡음.

O. Judson, 'The energy expansions of evolution', *Nature Ecology and Evolution* 1 (2017) 0138. 연속적인 에너지 혁명이 어떻게 생명의 기원에서 광합성에 이르는 생명의 잠재력, 산소, 불을 변모시켰는지에 대한 올리버 저드슨의 포괄적인 견해.

전자 쌍갈림

W. Buckel and R. K. Thauer, 'Flavin-based electron bifurcation, ferredoxin, flavodoxin, and anaerobic respiration with protons (Ech) or NAD^+ (Rnf) as electron acceptors: a historical review', *Frontiers in Microbiology* 9 (2018) 401. 생체에너지학

에서, 아니 미생물학 전체에서 가장 중요한 진보 중 하나에 대한 명확한 역사적 고찰, 거의 반세기 동안 이 문제와 씨름해온 이 분야의 두 위대한 선구자가 썼다.

마거릿 데이호프와 린 마굴리스

M. O. Dayhoff, R. V. Eck, E. R. Lippincott and C. Sagan, 'Venus: atmospheric evolution', *Science* 155 (1967) 556–558. 마거릿 데이호프와 칼 세이건의 공동 연구 중 하나. 금성 대기의 평형 상태 조성을 계산하고, 아주 작은 유기 분자라도 그곳에는 남아 있을 가능성이 없을 것으로 보았다. 금성 대기에서 포스핀phosphine 기체 감지 논란이 있다는 점에 비춰볼 때, 오늘날에도 여전히 의미 있는 논문이다.

R. V. Eck and M. O. Dayhoff, 'Evolution of the structure of ferredoxin based on living relics of primitive amino acid sequences', *Science* 152 (1966) 363–366. 내가 좋아하는 논문 중 한 편이며, 과학의 연역적 추론의 걸작이다.

R. M. Schwartz and M. O. Dayhoff, 'Origins of prokaryotes, eukaryotes, mitochondria, and chloroplasts. A perspective is derived from protein and nucleic acid sequence data', *Science* 199 (1978) 395–403. 본격적으로 자신의 길을 걷기 시작한 마거릿 데이호프는 원핵생물의 세계에서 중요한 모든 것의 기원을 다루었다.

J. Barnabas, R. M. Schwartz and M. O. Dayhoff, 'Evolution of major metabolic innovations in the Precambrian', *Origins of Life* 12 (1982) 81–91. 마거릿 데이호프의 후기 고전 논문. 계통수의 깊은 뿌리를 개략적으로 묘사하면서 미토콘드리아와 엽록체의 세균 조상에 대한 린 마굴리스의 추론을 뒷받침한다.

L. Sagan, 'On the origin of mitosing cells', *Journal of Theoretical Biology* 14 (1967) 225–274. 행성 규모에서 세포의 진화를 재개념화한 멋진 논문. 계시적이고 유명한 논문이지만, (과학에서 보통 그렇듯이) 모든 것이 다 옳지는 않다. 린 마굴리스가 칼 세이건과 이혼한 지 얼마 되지 않아서, 논문 저자의 이름이 세이건이라는 점에 주목하자.

N. Lane, 'Serial endosymbiosis or singular event at the origin of eukaryotes?', *Journal of Theoretical Biology* 434 (2017) 58–67. 세포 진화에서 린 마굴리스의 공헌에 대한 나 자신의 평가, 이 저널의 50주년 기념호를 위해서 쓴 글이다. 마굴리

스는 1967년에 이 저널에서 진핵세포의 기원에 대한 그녀의 고전 논문을 발표했다. 기고할 수 있어서 영광이었다.

세균 물질대사와 영양공생

P. Schönheit, W. Buckel and W. F. Martin, 'On the origin of heterotrophy', *Trends in Microbiology* 24 (2016) 12–25. 중요한 논문. 이 논문의 생각이 너무 명확해서 다른 종속영양(유기물질을 "먹는" 것)이 생길 수 있는 방법이 있을 것 같지가 않다. 작은 걸작.

S. E. McGlynn, G. L. Chadwick, C. P. Kempes and V. J. Orphan, 'Single cell activity reveals direct electron transfer in methanotrophic consortia', *Nature* 526 (2015) 531–535. 놀라운 기술을 이용한 아름다운 논문. 특정 유형 세포들이 일정한 수로 모인 덩어리들이 긴밀한 세포 공동체를 형성하고(최적의 화학량론), 세포들 사이에서 전자 전달이 일어난다는 것을 보여준다.

E. Libby, L. Hébert-Dufresne, S.-R. Hosseini and A. Wagner, 'Syntrophy emerges spontaneously in complex metabolic systems', *PLoS Computational Biology* 15 (2019) e1007169. 물질대사의 영양공생syntrophy(상호 의존)이 어떻게 개별적인 세포의 부분적인 퇴화를 일으키는 돌연변이를 통해서 간단히 나타날 수 있는지를 보여주는 영리한 논문.

Paul G. Falkowski, *Life's Engines: How Microbes made the Earth Habitable* (Princeton, Princeton University Press, 2015). 생명의 엔진, 즉 단백질 기계와 세균 공동체가 둘 다 진화의 동력이이라는 관점에서 생명 역사를 바라본 매력적인 견해. 선구적인 전문가가 일반 대중을 위해서 쓴 이 책에는 다양한 무리들 사이의 광합성과 공생에 대한 멋진 자료가 풍부하다.

광합성의 여명

J. Allen and W. Martin, 'Out of thin air', *Nature* 445 (2007) 610–612. 재치가 반짝이는 논문. 산소 광합성을 가능하게 한 Z 체계가 어떻게 나타났는지에 대한 존 앨런의 "산화환원 스위치" 가설을 더 정교하게 다듬었다.

Nick Lane, *Life Ascending: The Ten Great Inventions of Evolution* (London, Profile Books and New York, W. W. Norton, 2009)(『생명의 도약』, 글항아리, 2011). 만약 Z 체계에 대한 설명이 헷갈린다면, 『생명의 도약』에 있는 광합성에 대한 장을 읽어보자. 이 책에서 나는 광합성의 진화에 한 장을 할애하면서, 존 앨런의 "산화환원 스위치" 가설에 초점을 맞췄다.

Nick Lane, *Building with Light: Primo Levi, Science and Writing* (Centro internazionale di studi Primo Levi, 2012). 볼 수 있는 곳: www.primolevi.it/en/primo-levi-science-writer. 레비의 아들인 렌조의 초대로 쓰게 된 독특한 이야기. 프리모 레비는 작가로서도 한 인간으로서도 훌륭한 인물이며, 그의 『주기율표 *The Periodic Table*』(돌배개, 2007)는 모두가 읽어야 할 책이다.

Tim Lenton and Andrew Watson, *Revolutions that Made the Earth* (Oxford, Oxford University Press, 2013). 때때로 급작스럽게 조건이 변할 때, 지구 시스템(또는 가이아[Gaia])이 하나의 안정된 상태에서 다른 상태로 어떻게 뒤바뀔 수 있는지에 대한 상세한 개요. 박사 학위 지도를 학술적 혈통으로 본다면, 제임스 러브록의 학문적 아들이자 손자인 렌턴과 왓슨은 그들이 무엇에 관해 말하고자 하는지를 정확히 알고 있다.

H. C. Betts, M. N. Puttick, J. W. Clark, T. A. Williams, P. C. J. Donoghue and D. Pisani, 'Integrated genomic and fossil evidence illuminates life's early evolution and eukaryote origin', *Nature Ecology and Evolution* 2 (2018) 1556–1562. 브리스톨 대학의 연구진은 오늘날 세계 최고의 계통발생학자들로 이루어져 있으며, 이 논문은 정교한 방법을 이용해서 초기 진화를 대단히 상세하게 밝히고 있다. 남세균, 진핵생물, 조류, 모든 생명의 공통 조상last universal common ancestor, LUCA, 세균과 고세균을 대표하는 왕관군crown group의 진화와 같은 결정적 사건이 일어난 시기에 대해서 대담한 결론들을 속속 내고 있다.

T. Oliver, P. Sánchez-Baracaldo, A. W. Larkum, A. W. Rutherford and T. Cardona, 'Time-resolved comparative molecular evolution of oxygenic photosynthesis', *Biochimica et Biophysica Acta Bioenergetics* 1862 (2021) 148400. 대담무쌍한 타나이 카르도나와 퍼트리샤 산체스—바라칼도를 포함한 몇몇 눈에 띄는 동료 연구

진이 내놓은 산소 광합성의 초기 기원에 대한 대단히 색다른 견해를 인용하지 않을 수 없다. 나는 그들이 옳을 가능성은 거의 없다고 생각하지만, 만약 그들이 옳다면 초기 진화의 토대는 흔들리게 될 것이다. 그것은 항상 흥분을 불러일으키며, 과학에는 이처럼 더 도전적인 생각이 필요하다.

슈람의 수수께끼

G. A. Shields, 'Carbon and carbon isotope mass balance in the Neoproterozoic Earth system', *Emerging Topics in Life Sciences* 2 (2018) 257–265. 질량 수지mass balance를 맞춘다는 것이 조금 따분하게 들릴지도 모르지만, 이 계산이 맞지 않으면 아무것도 의미가 없다. 그레이엄 실즈는 이것을 중요한 재분석의 토대로 활용해서, 대기 중에서 산소의 축적을 조절하는 요소가 무엇인지를 살폈다.

G. A. Shields, B. J. W. Mills, M. Zhu, T. D. Raub, S. J. Daines and T. M. Lenton 'Unique Neoproterozoic carbon isotope excursions sustained by coupled evaporite dissolution and pyrite burial', *Nature Geoscience* 12 (2019) 823–827. 신원생대 산소화 사건과 캄브리아기 대폭발에서 황산염의 역할에 대한 그레이엄 실즈의 생각에서 나온 황철광 매장층에 관한 몇 가지 명백한 예측들. 맞는 것 같다.

S. K. Sahoo, N. J. Planavsky, G. Jiang, B. Kendall, J. D. Owens, X. Wang, X. Shi, A. D. Anbar and T. W. Lyons, 'Oceanic oxygenation events in the anoxic Ediacaran ocean', *Geobiology* 14 (2016) 457–468. 신원생대와 캄브리아기로 들어서면서 일어난 산소화 사건의 정확한 시기에 대한 세밀한 지질학적 분석. 대단히 상세하다.

G. Shields-Zhou and L. Och, 'The case for a Neoproterozoic oxygenation event: geochemical evidence and biological consequences', *GSA Today* 21 (2011) 4–11. 신원생대 후기의 산소 증가가 캄브리아기 대폭발과 연관이 있다는 증거들을 정리한 것. 간단하지가 않다!

동물의 능동적 기체 교환

A. H. Knoll, R. K. Bambach, D. E. Canfield and J. P. Grotzinger, 'Comparative earth history and late Permian mass extinction', *Science* 273: 452–457 (1996). 내게 는 대단히 새로운 것을 알려준 논문. 페름기 말의 대멸종에서 동물들이 무작위로 살아남은 것이 아니라 호흡 기관으로 기체 교환을 할 수 있었던 동물들 위주로 생존했다는 것을 보여준다.

S. D. Evans, I. V. Hughes, J. G. Gehling and M. L. Droser, 'Discovery of the oldest bilaterian from the Ediacaran of South Australia', *Proceedings of the National Academy of Sciences USA* 117 (2020) 7845–7850. 슈람 이상 시기인 5억,6000만–5 억5,000만 년 전에 진흙 속을 기어다니던 (몇 밀리미터 길이의) 작은 좌우대칭 동 물의 흔적 화석.

William F. Martin, Aloysius G. M. Tielens and Marek Mentel, *Mitochondria and Anaerobic Energy Metabolism in Eukaryotes: Biochemistry and Evolution* (Berlin, De Gruyter, 2020). 산소가 전혀 없거나 거의 없는 환경에 사는 진핵생물(동물 포함)의 생리학과 생화학을 포괄적으로 다룬 책. 산소 증가에 적응하기 위한 기본 전제.

S. Song, V. Starunov, X. Bailly, C. Ruta, P. Kerner, A. J. M. Cornelissen and G. Balavoine, 'Globins in the marine annelid Platynereis dumerilii shed new light on hemoglobin evolution in bilaterians', *BMC Evolutionary Biology* 20 (2020) 165. 우리 가 아는 혈액의 진화가 일어나기 오래 전, "원형–좌우대칭 동물Ur-bilaterian"(모 든 좌우대칭 동물의 공통 조상)에 최소 5개의 헤모글로빈 유전자가 이미 있었다 는 것을 보여준다.

갈라진 크레브스 회로

Laurence A. Moran, Robert Horton, Gray Scrimgeour and Marc Perry, *Principles of Biochemistry*, 5th edn (London, Pearson, 2011). 진화를 진지한 방식으로 다루 는 몇 안 되는 생화학 교재 중 한 권이다. 또한 래리 모런은 샌드워크Sandwalk(다 운하우스에 있는 다윈의 산책로에서 이름을 딴 것이다)라는 블로그에 대단히 유 익하고 익살스러운 멋진 글을 쓰고 있다. 강력 추천. 그의 블로그도 둘러보기를 바란다.

C. Da Costa and E. Galembeck, 'The evolution of the Krebs cycle: a promising subject for meaningful learning of biochemistry', *Biochemistry and Molecular Biology Education* 44 (2016) 288–296. 크레브스 회로를 가르치는 사람이라면 누구나 읽어야 하는, 생각할 것이 많고 균형 잡힌 글.

D. G. Ryan, C. Frezza and L. A. J. O'Neill, 'TCA cycle signalling and the evolution of eukaryotes', *Current Opinion in Biotechnology* 68 (2021) 72–88. 나는 이 책을 탈고한 직후에 이 논문을 읽었는데, 좀더 일찍 찾아냈다면 할 말이 더 많았을 것이다. 크고 복잡한 유전체를 지닌 진핵세포를 만들어낸 숙주세포와 내부 공생체(원시 미토콘드리아) 사이의 소통에서 크레브스 회로 중간산물들이 중요한 역할을 했을 것이라는 주장. 그들은 옳아야 한다.

L. J. Sweetlove, K. F. Beard, A. Nunes-Nesi, A. R. Fernie and R. G. Ratcliffe, 'Not just a circle: flux modes in the plant TCA cycle', *Trends in Plant Sciences* 15 (2010) 462–470. 크레브스 회로를 통과하는 다양한 종류의 유동에 대한 사랑스러운 분석. 식물에서 크레브스 회로의 빠른 유동이 필요한 이유가 에너지보다는 성장인 이유를 고찰하면서 스위트러브가 연속적으로 내놓은 논문 중 한 편이다. 식물은 엽록체에서 ATP를 생산할 수 있기 때문에, 종종 그들의 미토콘드리아를 생합성 세포소기관으로 활용한다.

제5장 어둠을 향해서

암유전자와 종양 억제 유전자

Robert A. Weinberg, *One Renegade Cell: The Quest for the Origins of Cancer* (Science Masters Series) (New York, Basic Books, 1998)(『세포의 반란』, 사이언스북스, 2015). 암세포의 이기적 행동과 유전자에 가해지는 다수의 타격이 정상 세포를 배신자 암세포로 바꾸는 현상을 설명하는 고전.

D. Hanahan and R. A. Weinberg, 'The hallmarks of cancer', *Cell* 100 (2000) 57–70. 「셀」 같은 저널의 "영향력 지수"를 높여주는 종류의 논문: 이 논문은 거의 4만 회 인용되었고, 11년 후에 발표된 후속 논문('Hallmarks of cancer: the next generation', *Cell* 144 (2011) 646–674)은 거의 6만 회 인용되었다. 암에 대해서 얻을 수 있는 가장 표준적인 관점에 가깝다.

Pan-Cancer Analysis of Whole Genomes. 'A collection of research and related content from the ICGC/TCGA consortium on whole-genome sequencing and the integrative analysis of cancer', *Nature Special* (5 February 2020). 같은 제목의 "주력 논문"을 포함해서 대체로 자유롭게 접근할 수 있는 논문. 그러나 나는 이것이 과거 ENCODE 프로젝트가 그랬던 것처럼, 스프링거–네이처의 장삿속 그 자체라는 느낌을 떨칠 수 없다. 이런 종류의 빅데이터 과학은 모순을 허용하지 않는다. 그런데도 이것이 여전히 과학일까?

Robin Hesketh, *Betrayed by Nature: The War on Cancer* (New York, Palgrave Macmillan, 2012). 암에 대해 더 많이 알아야 하는 사람들을 위해서, 진지하지만 꽤 익살스러운 방식으로 암의 과학을 다루는 재미난 책. 암의 유전적 토대에 대한 설명이 명확해서 읽어봄직하다. 헤스케스는 내가 이 책에서 공을 들인 물질대사적 관점을 가볍게 건너뛰면서, 이제 우리가 "물질대사의 작은 변화를 전부는 아니어도 대부분의 암의 특징"으로 인정하는 것을 바르부르크가 조용히 기뻐할지도 모른다고 제안한다. 내가 생각하기에, 바르부르크는 이런 무미건조한 표현에 대해 불같이 화를 냈을 것 같다.

암을 일으키는 돌연변이에 대한 반증

P. Rous, 'Surmise and fact on the nature of cancer', *Nature* 183 (1959) 1357–1361. 암의 체세포 돌연변이 학설에 대한 꽤 날카로운 비판. 라우스가 암의 원인이 되는 바이러스에 대한 연구로 노벨상을 받은 그해에 썼으며, 바르부르크의 논문과 비슷한 분노를 보였다(그러나 관점은 완전히 달랐다). 그 이래로 많은 것들이 바뀌었지만, 그의 마지막 문장은 여전히 신랄하다. "체세포 돌연변이 가설의 모든 결과에서 가장 심각한 점은 연구자들에게 미치는 그 영향이다. 이 가설은 그것을 믿는 연구자들에게 안정제로 작용한다. 그리고 지금은 모든 연구자가 암이 무엇인지 모르는 자신의 무지를 때때로 자각해야 할 때이다."

S. G. Baker, 'A cancer theory kerfuffle can lead to new lines of research', *Journal of the National Cancer Institute* 107 (2015) dju405. 균형이 잘 잡힌 논문. 페이턴 라우스를 인용하면서 시작되며, 핵 이동과 조직 이식을 포함하여 체세포 돌연변이

로 설명되지 않는 여러 증거를 다룬다. 이 논문에는 물리학자인 닐스 보어의 다음과 같은 명언도 실려 있다. "역설을 만나는 것은 얼마나 멋진 일인가. 이제 우리에게는 발전의 희망이 생긴 것이다."

T. N. Seyfried, 'Cancer as a mitochondrial metabolic disease', *Frontiers in Cell and Developmental Biology* 3 (2015) 43. 암의 체세포 돌연변이 학설의 문제점을 지적하는 또다른 논문. 주류적 시각에 문제가 있다는 것을 인정하기 위해서 다른 가설을 믿을 필요는 없다.

A. M. Soto and C. Sonnenschein, 'The somatic mutation theory of cancer: growing problems with the paradigm?', *BioEssays* 26 (2004) 1097–1107. 몇 가지 문제점을 지적 한 후, "조직 형성장 학설tissue organisation field theory"이라고 이름 붙인 대안 가설을 제시한다. 이 생각들 중 어느 것도 상호 배타적이지 않다. 어떤 생각이 모든 것을 설명하지 않는다는 사실은 그 생각이 완전히 틀렸다는 뜻이 아니다.

Robin Holliday, *Understanding Ageing* (Cambridge, Cambridge University Press, 1995). 노화의 전경에 대한 탁월한 관점을 제시하는 정말 좋은 책. 체세포 돌연변이의 축적이 노화나 암 같은 노화 관련 질환을 일으킨다는 주장에 대한 반증이 포함되어 있다.

C. A. Rebbeck, A. M. Leroi and A. Burt, 'Mitochondrial capture by a transmissible cancer', *Science* 331 (2011) 303. 조금 이상하고, 매우 별난 논문. 어떤 암은 깨물림을 통해서 전파될 수도 있는데, 특히 개와 늑대와 코요테 사이에서 이런 현상을 볼 수 있다. 그러나 종양이 자리를 잡으려면, 종종 그들의 숙주로부터 미토콘드리아를 훔쳐야 한다.

바르부르크

H. A. Krebs, 'Otto Heinrich Warburg. 1883–1970', *Biographical Memoirs of Fellows of the Royal Society* 18 (1972) 628–699. 나는 이 글을 제1장에서도 인용했다. 크레브스는 가장 신사적인 태도로 스승의 가장 위대한 업적을 강조하는 한편, 사려 깊은 단어 선택으로 바르부르크의 덜 매력적인 면을 누그러뜨린다.

A. M. Otto, 'Warburg effect(s)—a biographical sketch of Otto Warburg and his impacts on tumor metabolism', *Cancer & Metabolism* 4 (2016) 5. 경쾌하고 통찰력 있는 논문, 암에 관심 있는 현대인들에게 여전히 의미 있는 바르부르크의 여러 생각들을 포착한다.

Martin D. Kamen, *Radiant Science, Dark Politics. A Memoir of the Nuclear Age* (Berkeley, University of California Press, 1985). 나는 제2장에서 이미 이 책을 언급했지만, 바르부르크와의 만남에 대한 케이멘의 묘사는 여기서 한 번 더 언급할 가치가 있다. 케이먼은 전후에 미국을 방문한 바르부르크를 만나서 로버트 에머슨의 명령에 따라 "그를 안내하는 일을 맡았다."

G. M. Weisz, 'Dr Otto Heinrich Warburg—survivor of ethical storms', *Rambam Maimonides Medical Journal* 6 (2015) e0008. 바르부르크가 유대인 혈통임에도 나치 치하에서 어떻게 살아남았는지에 대해서 묻는 흥미로운 연구.

John N. Prebble, *Searching for a Mechanism: A History of Cell Bioenergetics* (Oxford, Oxford University Press, 2019). 존 프레블의 또다른 과학사 수작. 바르부르크와 데이비드 케일린 사이의 오랜 논쟁에 대한 이야기가 담겨 있다. 많은 사람들에게 노벨상을 받아 마땅한 인물로 여겨지던 케일린은 이 일로 노벨상을 놓치게 되었을 것이다. 심지어 프레블은 바르부르크의 노벨상 수상 강연 내용에 숨겨진 케일린에 대한 무시도 발견했다.

Michael S. Rosenwald, 'Hitler's mother was "the only person he genuinely loved." Cancer killed her decades before he became a monster', *Washington Post*, 20 April 2017. 히틀러가 왜 그렇게 암을 두려워했는지를 부분적으로 설명해주는 흥미로운 글. 그로 인해서 바르부르크가 살아남을 수 있었고, 히틀러 어머니의 유대인 의사 에두아르트 블로흐가 탈출할 수 있었다.

Govindjee, 'On the requirement of minimum number of four versus eight quanta of light for the evolution of one molecule of oxygen in photosynthesis: a historical note', *Photosynthesis Research* 59 (1999) 249–254. 역시 「광합성 연구」에 실린 고빈지의 매혹적인 연구, 이번에는 에머슨과 그의 스승인 바르부르크 사이의 다툼에 대한 이야기이다. 에머슨이 옳았다.

E. Höxtermann, 'A comment on Warburg's early understanding of biocatalysis',

Photosynthesis Research 92 (2007) 121–127. 왜 바르부르크가 호흡과 광합성 모두에서 효소 촉매 작용이라는 더 복잡한 생각에 그렇게 적대적이었는지를 생각해 볼 수 있게 해주는 귀중한 역사적 맥락. 결국 그는 망상에 가까운 좁은 시야에 갇히게 되었다. 과학자는 열린 마음으로 회의적 시각을 가지도록 애써야 한다는 프랭크 해럴드의 말이 떠오른다.

바르부르크와 암에 대한 그의 논평

Otto Warburg, *Über den Stoffwechsel der Tumoren* (Berlin, Springer, 1926). *Translated as The Metabolism of Tumours* (London, Arnold Constable, 1930). 암에 대한 바르부르크의 첫 출판물. 암세포에서 젖산이 극단적으로 축적된다는 것을 밝혀냈다. 이 연구는 이후 수십 년에 걸쳐서 그가 암을 연구하게 된 토대가 되었다.

O. Warburg, 'On the origin of cancer cells', *Science* 123 (1956) 309–314. 내 글에 조금 상세하게 인용한 매우 강력한 논문. 온전한 맥락을 이해하기 위해서 원본 논문을 한 번 읽어볼 가치가 있다.

Otto Heinrich Warburg, *The Prime Cause and Prevention of Cancer* (Würzburg, Konrad Triltsch, 1969). 유명한 선언, 그의 「사이언스」 논문이 중단된 곳에서 이어진다. 이 소책자는 1966년 린다우 노벨상 수상자 회의의 한 강연을 발전시킨 것이고, 바르부르크의 오랜 협력자였던 딘 버크의 도움으로 영어로 번역되었다(효소역학 팬들을 위해서 말하자면, 그는 라인위버–버크 방정식의 그 버크이다). 정통 바르부르크.

B. Chance, 'Profiles and legacies. Was Warburg right? Or was it that simple?', *Cancer Biology & Therapy* 4 125–(2005) 126. 브리턴 챈스의 바르부르크 비판. 챈스는 바르부르크의 독창적인 실험 기술에 비길 만한 기술을 갖춘 몇 안 되는 생화학자 중 한 사람이다(게다가 올림픽 요트 금메달리스트이다). 목표를 잘 겨냥한 적절하고 간결한 문체의 논문.

S. Weinhouse, 'The Warburg hypothesis fifty years later', *Zeitschrift für Krebsforschung* 87 (1976) 115–126. 바르부르크 학설 50년에 대한 상세한 비평. 바르부르크의 사후에 쓰였다. 암에 대한 바르부르크의 글이 인기를 잃게 된 데에

는 그 누구보다도 와인하우스와 챈스의 책임이 크다고 할 수 있다. 아이러니하게도, 30년이 지나고 암의 물질대사적 측면이 다시 주목을 받게 되면서, 이들 역시 다시 주목을 받게 되었다.

바르부르크 효과의 재해석

M. G. Vander Heiden, L. C. Cantley and C. B. Thompson, 'Understanding the Warburg effect: the metabolic requirements of cell proliferation', *Science* 324 (2009) 1029–1033. 거장다운 논문, 바르부르크 자신도 놓친 바르부르크 효과의 핵심인 성장을 포착한다. 본문에서 내가 논의한 이유로 인해서, 나이가 들면서 일어나는 호흡의 가벼운 억제는 성장 형질의 발현으로 이어지는 물질대사의 재배선을 일으킨다. 그래서 우리는 살이 찌고 암으로 발전할 가능성이 더 커진다.

P. S. Ward and C. B. Thompson, 'Metabolic reprogramming: a cancer hallmark even Warburg did not anticipate', *Cancer Cell* 21 (2012) 297–308. 또 크레이그 톰프슨이다. 이번에는 크레브스 회로 중간산물 같은 대사산물이 "세포 신호를 바꾸고 세포 분화를 차단함으로써 암을 일으킬 수 있다"는 증거를 논하고, 바뀐 물질대사를 "암의 핵심 특징"으로 규정한다. 균형 잡힌 주장.

D. C. Wallace, 'Mitochondria and cancer', *Nature Reviews Cancer* 12 (2012) 685–698. 나는 더그 월리스의 암 연구에 대해서 제5장에서 별로 다루지 않았다. 부분적으로는 제6장에서 그의 생각을 꽤 길게 논의하기 때문이다. 말할 것도 없이, 그는 암에서 미토콘드리아의 결정적 역할에 주목할 것을 가장 강하게 요구한 인물 중 한 사람이었다.

고대의 스위치

P. W. Hochachka and K. B. Storey, 'Metabolic consequences of diving in animals and man', *Science* 187 (1975) 613–621. 잠수하는 동물이 어떻게 산소 없이 오랜 시간을 생존할 수 있는지에 대해, 혐기성 물질대사에서 푸마르산과 숙신산의 중요성에 주목할 것을 요구한다. 비교생화학의 거장과 그의 가장 뛰어난 제자 중 한 사람이 쓴 통찰력 있는 논문.

D. G. Ryan, M. P. Murphy, C. Frezza, H. A. Prag, E. T. Chouchani, L. A. O'Neill and E. L. Mills, 'Coupling Krebs cycle metabolites to signalling in immunity and cancer', *Nature Metabolism* 1 (2019) 16–33. 후회스럽게도, 이 책에서 나는 면역계에 대해서는 거의 다루지 않았다. 그러나 이 논문을 비롯해서 이반나 밀스와 루크 오닐의 여러 다른 논문에 따르면, 크레브스 회로 중간산물과 그 유도체들, 특히 이타콘산itaconate은 면역 조절에서 중요한 위치를 차지하기 시작한다 (그 논문들 중에서 제목을 언급하지 않을 수 없는 논문이 하나 있다. E. L. Mills, B. Kelly and L. A. J. O'Neill, 'Mitochondria are the powerhouses of immunity', *Nature Immunology* 18 (2017) 488–498).

C. Frezza and E. Gottlieb, 'Mitochondria in cancer: not just innocent bystanders', *Seminars in Cancer Biology* 19 (2009) 4–11. 바르부르크 효과를 역사에 근거하여 훌륭하게 설명하며, 증거를 균형 있게 평가한다. 크레이그 톰프슨처럼, 크리스티안 프레자도 암의 성장 요건을 여기서 이미 강조하고 있었다. 크레브스 회로의 중간산물들은 에너지 공급을 위해서보다는 생합성을 위한 전구체로서 필요하다.

C. Frezza, 'Metabolism and cancer: the future is now', *British Journal of Cancer* 122 (2020) 133–135. 크리스티안 프레자의 전투 준비 명령. 암의 물질대사적 기반이 주류가 된 시대.

암에서 저산소증

E. T. Chouchani, V. R. Pell, E. Gaude et al., 'Ischaemic accumulation of succinate controls reperfusion injury through mitochondrial ROS', *Nature* 515 (2014) 431–435. 멋진 논문. 심장마비에서 기관 이식에 이르기까지, 피가 다시 흐르면서 생기는 재관류 손상이 마침내 이해된다. 모두가 동의하는 것은 아니지만, 이 논문은 미래 세대를 위한 문제의 틀을 다시 만드는 종류의 논문이다. 20년 전에 내가 했던 박사 학위 연구를 확실히 이해하게 해주었다.

I. H. Jain, L. Zazzeron, R. Goli et al., 'Hypoxia as a therapy for mitochondrial disease', *Science* 352 (2016) 54–61. 밤시 무타와 그 동료 연구진의 놀라운 논문. 반응성 산소종이 손상된 미토콘드리아에서 정말로 문제를 일으킨다는 강력한

증거. 이런 문제는 에베레스트 산의 베이스캠프와 비슷한 정도의 "저산소 텐트"에서 살면 상쇄될 수 있다. 생쥐에서는 효과가 있지만, 안타깝게도 인간에서는 쉽게 성과가 나지 않는다.

암에서 글루타민

H. Eagle, 'Nutrition needs of mammalian cells in tissue culture', *Science* 122 (1955) 501–514. 암세포의 글루타민 중독을 지적한 최초의 논문 중 한 편으로, 이 논문에서는 HeLa 세포의 사례를 들었다. 그런 의미에서 나는 리베카 스클루트의 중요한 책, 『헨리에타 랙스의 불멸의 삶*The Immortal Life of Henrietta Lacks*』(Pan, 2011)(꿈꿀자유, 2023)을 소개해야 할 것 같다. HeLa 세포라는 이름의 유래가 된 인물을 다룬 이 책은 역사적 과오에 대한 경각심을 일깨운다.

S. L. Colombo, M. Palacios-Callender, N. Frakich, S. Carcamo, I. Kovacs, S. Tudzarova and S. Moncada, 'Molecular basis for the differential use of glucose and glutamine in cell proliferation as revealed by synchronized HeLa cells', *Proceedings of the National Academy of Sciences USA* 108 (2011) 21069–21074. 암세포는 포도당이 없어도 자랄 수 있지만 글루타민이 없으면 자랄 수 없다는 증거. 암세포는 미토콘드리아가 필요하다. 이번에도 HeLa 세포이다.

S. Ochoa, 'Isocitrate dehydrogenase and carbon dioxide fixation', *Journal of Biological Chemistry* 159 (1945) 243–244. 에스파냐의 위대한 생화학자 세베로 오초아의 노화에 관한 논문. 동물이 크레브스 회로의 일부를 거꾸로 돌려서 CO_2를 고정할 수 있다는 것을 보여준다.

A. Mullen, W. Wheaton, E. Jin et al., 'Reductive carboxylation supports growth in tumour cells with defective mitochondria', *Nature* 481 (2012) 385–388. 크레브스 회로의 일부가 암에서 거꾸로 작동해서, α-케토글루타르산에서 시트르산을 만들기 위해 CO_2를 고정할 수 있다는 것을 보여준 중요한 논문. 동물의 CO_2 고정과 역 크레브스 회로가 완전히 새로운 것이 아니라는 점을 감안하면, 그렇게 놀라울 정도로 새로운 발견은 아니다. 결정적으로 이는 결함이 있어서 정상적인 정방향 유동을 방해하는 미토콘드리아를 지닌 종양 세포에서만 일어난다.

S. M. Fendt, E. L. Bell, M. A. Keibler, B. A. Olenchock, J. R. Mayers, T. M. Wasylenko, N. I. Vokes, L. Guarente, M. G. Vander Heiden and G. Stephanopoulos, 'Reductive glutamine metabolism is a function of the α−ketoglutarate to citrate ratio in cells', *Nature Communications* 4 (2013) 2236. 생화학에서는 비율이 중요하다. 크레브스 회로가 어떤 방향으로 작동할지는 α−케토글루타르산과 시트르산의 상대적 비율을 토대로 예측할 수 있다.

A. R. Mullen, Z. Hu, X. Shi, L. Jiang, L. K. Boroughs, Z. Kovacs, R. Boriack, D. Rakheja, L. B. Sullivan, W. M. Linehan, N. S. Chandel and R. J. DeBerardinis, 'Oxidation of alpha-ketoglutarate is required for reductive carboxylation in cancer cells with mitochondrial defects', *Cell Reports* 7 (2014) 1679–1690. 복잡한 문제들! α−케토글루타르산을 시트르산으로 전환하려면, 산화를 일으키는 α−케토글루타르산이 필요하다. 정반대인 것이다. 다시 말해서 크레브스 회로를 통과하는 유동이 갈라져야 한다. 암에서, 아니 더 일반적으로 생명에서 "정상적인" 크레브스 회로에 대한 생각은 잊어야 할 때이다.

NADPH−연관 구동 장치

L. A. Sazanov and J. B. Jackson, 'Proton-translocating transhydrogenase and NAD⁻ and NADP-linked isocitrate dehydrogenases operate in a substrate cycle which contributes to fine regulation of the tricarboxylic acid cycle activity in mitochondria', *FEBS Letters* 344 (1994) 109–116. 크레브스 회로가 어떻게 터보 엔진을 달 수 있는지를 보여주는 멋진 논문.

M. Wagner, E. Bertero, A. Nickel, M. Kohlhaas, G. E. Gibson, W. Heggermont, S. Heymans and C. Maack, 'Selective NADH communication from α−ketoglutarate dehydrogenase to mitochondrial transhydrogenase prevents reactive oxygen species formation under reducing conditions in the heart', *Basic Research in Cardiology* 115 (2020) 53. NADH가 쌓이면 NADPH로 전환되고, 이는 막전위를 낮추어서 항산화제인 글루타티온을 재생한다. 단기적으로 NADH의 좋은 사용법(그러나 좋은 것도 너무 많으면 문제가 될 수 있다)

시르투인과 후성유전학적 변화

S.-i. Imai and L. Guarente, 'It takes two to tango: NAD$^+$ and sirtuins in aging/longevity control', *Aging and Mechanisms of Disease* 2 (2016) 16017. 시르투인이 NAD$^+$ 농도와 관련된 유전자 발현을 어떻게 조절하는지에 대한 멋진 최신 정보. NAD$^+$와 NADH의 비율이 중요하다는 생각은 도전적이지만, 시르투인을 활성화시키는 경향이 있는 저열량 식단과 관련이 있다는 결론에 대해서는 의심스럽다.

M. S. Bonkowski and D. A. Sinclair, 'Slowing ageing by design: the rise of NAD$^+$ and sirtuin-activating compounds', *Nature Reviews Molecular Cell Biology* 17 (2016) 679–690. NAD$^+$가 시르투인을 활성화시키는 전구체로 작용해서 수명을 연장시킨다는 뜨거운 주제의 이면에 있는 과학에 대한 훌륭하고 상세한 개요. 초파리와 생쥐에서는 확실히 효과가 있으며, 생식력과 관련해서 가벼운 부작용이 있다. 나는 약간 회의적이라는 것을 고백하지만(나는 반대의 효과가 날 것으로 의심한다), 싱클레어는 그의 최근 책 『노화의 종말*Lifespan: Why We Age–And Why We Don't Have To*』(London, Thorsons, 2019)(부키, 2020)에서 이 분야의 혁명을 가져올 강력한 주장을 펼친다.

D. V. Titov, V. Cracan, R. P. Goodman, J. Peng, Z. Grabarek and V. K. Mootha, 'Complementation of mitochondrial electron transport chain by manipulation of the NAD$^+$/NADH ratio', *Science* 352 (2016) 231–235. 시르투인의 활성화는 NAD$^+$/NADH의 비로 결정되며(거의 확실하다!), NAD$^+$/NADH의 비는 NADH를 NAD$^+$로 다시 산화시키는 미토콘드리아의 능력으로 결정된다. 여기서 존경스러운 밤시 무타와 동료 연구진은 그 비를 조작하는 영리한 방법을 발견한다.

글리세롤 인산으로 호흡하기

A. E. McDonald, N. Pichaud and C. A. Darveau. '"Alternative" fuels contributing to mitochondrial electron transport: Importance of non-classical pathways in the diversity of animal metabolism', *Comparative Biochemistry and Physiology B: Biochemistry & Molecular Biology* 224 (2018) 185–194. 포도당이 피루브산으로 분해되어 크레브스 회로로 들어간다는 기존의 널리 퍼져 있던 생각을 훌륭하게 바

로잡은 논문. 이렇게 다른 길을 통해서 호흡 연쇄로 들어가는 전자에 대해서, 나는 이 책에서는 별로 다루지 않았다. 정확한 도표를 보고 싶다면 이 논문을 확인해보자.

Erich Gnaiger, *Mitochondrial Pathways and Respiratory Control. An Introduction to OXPHOS Analysis* (Innsbruck, Bioenergetics Communications, 2020). 볼 수 있는 곳: https://doi:10.26124/bec:2020-0002. 피터 미첼의 "작은 회색 책"의 전통을 이어받아서 에리히 그나이거가 사비로 출간한 형광-호흡 측정 기술의 "성서," 이 책은 작은 파란 책이다. 크레브스 회로가 정말로 어떻게 작용하는지에 대한 실용적인 통찰을 제공한다. 글리세롤인산을 비롯한 여러 기질에서 복합체 III으로 전자가 흘러들어오는 Q 지점Q junction에 대한 생각을 소개한다.

근육에서 글루타민 회로

R. DeBerardinis and T. Cheng, 'Q's next: the diverse functions of glutamine in metabolism, cell biology and cancer', *Oncogene* 29 (2010) 313–324. 암이 글루타민에서 "의도적으로" 암모니아를 방출해서 멀리 떨어져 있는 근육을 분해시키고 암에 전달되는 글루타민을 증가시킨다는 충격적인 개념을 소개한다. 화석 연료에 대한 이 사회의 중독과 비슷하다.

케톤 식이와 암

D. D. Weber, S. Aminzadeh-Gohari, J. Tulipan, L. Catalano, R. G. Feichtinger and B. Kofler, 'Ketogenic diet in the treatment of cancer—where do we stand?', *Molecular Metabolism* 33 (2020) 102–121. 균형이 잘 잡힌 분석. 나는 이 책에서 케톤 식이에 대해서는 별로 많이 다루지 않았지만, 케톤 식이는 우리의 미토콘드리아를 쓰게 한다. 이는 암의 보조 치료를 포함해서 많은 이득을 줄 수 있다. 나도 탄수화물을 그렇게 좋아하지 않았다면 케톤 식이를 했을 것이다.

제6장 유동 축전지

노화에 대한 진화론적 생각들

Peter Medawar, *An Unsolved Problem of Biology* (London, H. K. Lewis, 1952). UCL 취임 강연을 엮은 책, 이 책에서 내놓은 노화에 대한 새로운 학설은 오늘날에도 어느 정도 통용된다.

T. Niccoli and L. Partridge, 'Ageing as a risk factor for disease', *Current Biology* 22 (2012) R741-R752. 데임Dame 칭호를 받은 린다 파트리지는 수십 년간 노화 분야에서 가장 권위 있는 목소리를 내는 인물 중 한 명이었으며, 최근 UCL의 건강 노화 연구소의 운영에서 한 발 물러섰다. 우리는 노화를 멈추게 하면 질병을 치료할 수 있다. 노화의 기저에 있는 원인을 고려하지 않고 질병을 다루면, 병적 상태라는 끔찍한 부담을 지게 된다.

George C. Williams, *Adaptation and Natural Selection: A Critique of Some Current Evolutionary Thought* (Princeton, Princeton University Press, 1966)(『적응과 자연선택』, 나남, 2013). 윌리엄스는 노화에 대해서 메더워와 비슷한 관점을 독립적으로 내놓았는데, 이 학설은 이름도 무시무시한 길항적 다면발현성antagonistic pleiotropy(어릴 때에는 긍정적인 이득을 줄 수 있지만 나이가 들수록 불이익을 가중시키는 유전자들을 의미한다)이다. 이 책은 노화에 초점을 맞추고 있지는 않지만, 20세기의 진화적 사고에서 가장 훌륭하고 영향력 있는 작품 중 하나이다. 모두가 읽어야 할 책.

André Klarsfeld and Frédéric Revah, *The Biology of Death: Origins of Mortality* (Ithaca, NY, Cornell University Press, 2000). 자연에서 노화와 죽음의 기묘함에 대한 유쾌한 탐구. 이론적 기반과 함께 자연사 속에서 뛰놀기.

전장 유전체 연관 분석(GWAS)

Carl Zimmer, *She Has Her Mother's Laugh: The Powers, Perversions and Potential of Heredity* (London, Penguin Random House, 2018)(『웃음이 닮았다』, 사이언스북스, 2023). 유전학의 역사와 미래에 대한 권위 있는 책, 우생학이라는 뒤틀린 생각에 기반을 두고 있는 유전학의 음울한 과거까지도 훌륭하게 다루고 있다. 그

는 자신의 주제에 최신 정보를 더해서, GWAS와 수백만 개의 변이가 작용할 수 있는 이유를 멋지게 설명한다(그러나 나는 유전학이 여전히 미토콘드리아를 간과하고 있다고 생각한다).

V. Tam, N. Patel, M. Turcotte, Y. Bossé, G. Paré and D. Meyre, 'Benefits and limitations of genome-wide association studies', *Nature Reviews Genetics* 20 (2019) 467–484. GWAS에 대한 최근의 종합적인 검토, 널리 퍼져 있는 비판들을 잘 설명하고 있다.

사라진 유전율

T. A. Manolio, F. S. Collins, N. J. Cox et al., 'Finding the missing heritability of complex diseases', *Nature* 461 (2009) 747–753. 당시에는 부분적으로만 해결된 문제를 상세히 설명한 최초의 논문들 중 한 편. 내 결론은 대부분의 GWAS 연구가 미토콘드리아 DNA를 무시한다는 것이다. 이는 사소한 누락이 아니다.

Adam Rutherford, *A Brief History of Everyone Who Ever Lived: The Stories in Our Genes* (London, Weidenfeld & Nicolson, 2017). 애덤 러더퍼드는 신세대들에게 스티브 존스의 자리를 대신하며, 인간 유전학에서 다방면으로 고집스럽고 설득력 있게 그의 범위를 넓혀가고 있다. 족히 읽을 만한 책. 그의 최근작 『인종 차별주의자와 논쟁하는 법*How to Argue with a Racist*』(Weidenfeld & Nicolson, 2020)은 더 좋으며, 누구나 읽어야 할 책이다.

G. Pesole, J. F. Allen, N. Lane, W. Martin, D. M. Rand, G. Schatz and C. Saccone, 'The neglected genome', *EMBO Reports* 13 (2012) 473–474. GWAS 연구계에 미토콘드리아 DNA에 대한 무시를 멈춰달라는 짧고 진심 어린 호소.

더그 월리스와 미토콘드리아 연구의 발전

D. C. Wallace, Y. Pollack, C. L. Bunn and J. M. Eisenstadt, 'Cytoplasmic inheritance in mammalian tissue culture cells', *In Vitro* 12 (1976) 758–776. 항생제로 처리한 세포질 잡종에 대한 더그 월리스의 박사학위 연구 주제에서 나온 논문.

R. E. Giles, H. Blanc, H. M. Cann and D. C. Wallace, 'Maternal inheritance of human mitochondrial DNA', *Proceedings of the National Academy of Sciences USA* 77 (1980) 6715–671. 인간에서 미토콘드리아 DNA가 모계를 통해서 유전된다는 최초의 증명. 그러나 다른 종에서는 이미 확립된 사실이었다. 미토콘드리아의 모계 유전은 이제 거의 불문율의 지위를 얻었다(생물학에는 엄격한 법칙은 없다).

D. A. Merriwether, A. G. Clark, S. W. Ballinger, T. G. Schurr, H. Soodyall, T. Jenkins, S. T. Sherry and D. C. Wallace, 'The structure of human mitochondrial DNA variation', *Journal of Molecular Evolution* 33 (1991) 543–55. 미토콘드리아 DNA를 이용해서 인간의 조상과 이동을 추적한 초기 논문들 중 한 편. 다른 이들과 달리, 월리스는 미토콘드리아 DNA를 (선택의 대상으로서 약할 뿐) 결코 "중립적"이라고 생각하지 않았다. 오히려 미토콘드리아 DNA가 새로운 환경에 적응을 용이하게 하고, 돌연변이가 질병을 일으킬 수도 있다는 것을 감지했다.

D. C. Wallace, M. D. Brown and M. T. Lott, 'Mitochondrial DNA variation in human evolution and disease', *Gene* 238 (1999) 211–230. 월리스와 동료 연구진이 더 나중에 내놓은 연구, 미토콘드리아 질환에 대해서 더 명확하게 고찰한다.

D. C. Wallace, 'Mitochondrial diseases in man and mouse', *Science* 283 (1999) 1482–1488. 생쥐를 통한 실험과 인간 사례를 비교해서 미토콘드리아 질환을 연구한 중요한 논문, 그의 위엄이 돋보인다.

W. Fan, K. G. Waymire, N. Narula, P. Li, C. Rocher, P. E. Coskun, M. A. Vannan, J. Narula, G. R. Macgregor and D. C. Wallace, 'A mouse model of mitochondrial disease reveals germline selection against severe mtDNA mutations', *Science* 319 (2008) 958–962. 월리스의 역설, 즉 새로운 환경에 대한 적응을 쉽게 하는 미토콘드리아의 빠른 돌연변이 속도가 어떻게 미토콘드리아 질환이라는 끔찍한 희생을 일으키지 않을 수 있는지에 대한 문제를 해결한 중요한 논문. 그 답은 여성의 생식세포주에서 최악의 미토콘드리아 돌연변이를 선택적으로 제거하는 것이었다. 다른 이들도 같은 시기에 비슷한 결과를 발표했다.

N. Lane, 'Biodiversity: on the origin of bar codes', *Nature* 462 (2009) 272–274. 월리스의 연구에서 논한 적응, 미토콘드리아 돌연변이, 놀라울 정도로 뚜렷한 종들 사이의 차이(이른바 미토콘드리아 DNA의 바코드)를 조화시키기 위한 나 자신의

시도.

M. Colnaghi, A. Pomiankowski and N. Lane, 'The need for highquality oocyte mitochondria at extreme ploidy dictates mammalian germline development', *eLife* 10 (2021) e69344. 자성 생식세포주의 구조가 해로운 미토콘드리아 DNA 돌연변이에 대한 선택의 의미로서 이해될 수 있다는 것을 보여주는 수학적 모형.

D. C. Wallace, 'Mitochondria as chi', *Genetics* 179 (2008) 727–735. 베살리우스와 멘델의 연구를 토대로 세워진 서양 의학의 경계를 확장한 논문. 중요한 통합, 의대생이라면 반드시 읽어야 한다.

초파리의 미토콘드리아

D. E. Miller, K. R. Cook and R. S. Hawley, 'The joy of balancers', *PLoS Genetics* 15 (2019) e1008421. 드로소필라 속 균형자 염색체에 대한 괜찮은 역사적 고찰과 함께 몇 가지 까다로운 문제에 대한 요약.

P. Innocenti, E. H. Morrow and D. K. Dowling, 'Experimental evidence supports a sex-specific selective sieve in mitochondrial genome evolution', *Science* 332 (2011) 845–848. 데이미언 다울링 연구진의 독창적인 논문. 미토콘드리아의 모계 유전이 정말로 남성에서 문제를 일으킨다는 것을 보여준다.

M. F. Camus, D. J. Clancy and D. K. Dowling, 'Mitochondria, maternal inheritance, and male aging', *Current Biology* 22 (2012) 1717–1721. 데이미언 다울링의 또다른 논문. 이번에는 내 UCL 동료 플로 카뮈와 함께 남성의 수명이 더 짧은 이유도 미토콘드리아의 모계 유전으로 설명될지도 모른다는 것을 보여준다 (모두 "어머니의 저주"의 일부이다).

A. L. Radzvilavicius, N. Lane and A. Pomiankowski, 'Sexual conflict explains the extraordinary diversity of mechanisms regulating mitochondrial inheritance', *BMC Biology* 15 (2017) 94. 미토콘드리아의 모계 유전을 강요하는 방식이 왜 그렇게 다양한지에 대한 우리의 모형 연구. 이는 정자 또는 난자 속에 들어 있는 남성 미토콘드리아의 파괴를 누가 조절할지를 놓고 벌어지는 한 판의 진화적 레슬링이라고 요약할 수 있다. 승자는 어머니일까, 아버지일까? 아니면 둘 다일까?

잡종 붕괴는 유전적 거리에 따라 변하지 않는다

M. F. Camus, M. O'Leary, M. Reuter and N. Lane, 'Impact of mitonuclear interactions on life-history responses to diet', *Philosophical Transactions of the Royal Society B* 375 (2020) 20190416C. 여기서 가장 인상적인 발견은 개체군 간 교배에서 유전적 거리(미토콘드리아 DNA 속 SNP의 수)와 표현형의 심각도(생식력이나 수명) 사이에는 아무 관계가 없다는 것이다. "인종"은 의미가 없다.

L. Carnegie, M. Reuter, K. Fowler, N. Lane and M. F. Camus, 'Mother's curse is pervasive across a large mitonuclear Drosophila panel', *Evolution Letters* 5 (2021) 230–239. 미토콘드리아가 핵 유전자를 배경으로 조직적으로 불일치하게 만든 81개의 초파리 계통을 정리한 광범위한 자료는 어머니의 저주가 실재한다는 것을 증명한다.

항산화제 N-아세틸시스테인(NAC)로 인한 산화환원 스트레스

E. Rodríguez, F. Grover Thomas, M. F. Camus and N. Lane, 'Mitonuclear interactions produce diverging responses to mild stress in Drosophila larvae', *Frontiers in Genetics* 12 (2021) 734255. 그저 먹고 자라기만 하는 애벌레의 미토콘드리아는 성체 초파리와 비교하면 다른 스트레스에 놓인다. 이들에게 항산화제인 NAC를 주면, 미토콘드리아 DNA에 따라서 어떤 계통에서는 문제를 일으키지만, 어떤 계통에서는 그렇지 않다.

M. F. Camus, W. Kotiadis, H. Carter, E. Rodriguez and N. Lane, 'Mitonuclear interactions produce extreme differences in response to redox stress', available as a preprint on BioRxiv (https://doi.org/10.1101/2022.02.10.479862). 이 장에서 내가 길게 다룬 논문. 내게는 충격이었다. 초파리는 엄격한 항상성의 통제하에서 ROS 유동(과산화수소 생산 속도)을 유지하기 위해서, 복합체 I에서의 호흡을 죽음에 이를 정도로 억제했다. 암수 초파리 사이의 큰 차이뿐 아니라, 초파리 계통들(핵 유전자는 모두 같다) 사이의 차이는 오직 미토콘드리아 DNA 때문이었다.

글루타티온, 산화환원 스트레스, S-글루타티오닐화

P. Korge, G. Calmettes and J. N. Weiss, 'Increased reactive oxygen species production during reductive stress: the roles of mitochondrial glutathione and thioredoxin reductase', *Biochimica Biophysica Acta* 1847 (2015) 514–525. 글루타티온은 "만능 항상화제"로 여겨지지만 많다고 무조건 좋은 것은 아니다. 여기에서 생기는 문제는 "환원 스트레스"라고 불리는데, (사실상) 전자가 너무 많아서 균형을 유지할 수 없는 것이다. 그 전자들은 결국 산소로 전달되어 반응성 산소종을 형성한다.

R. J. Mailloux and W. G. Willmore, 'S-Glutathionlylation reactions in mitochondrial function and disease', *Frontiers in Cell and Developmental Biology* 2 (2014) 68. 산화된 글루타티온이 단백질과 결합해서(S-글루타티오닐화) 호흡을 억제할 수 있는 산화환원 조절 체계에 대한 멋진 검토.

R. J. Mailloux, 'Protein S-glutathionylation reactions as a global inhibitor of cell metabolism for the desensitization of hydrogen peroxide signals', *Redox Biology* 32 (2020) 101472. 라이언 메이유는 S-글루타티오닐화가 모든 물질대사를 억제함으로써 과산화수소 신호를 억제한다는 것을 보여준다. 꽤 괜찮은 한 방이다.

심장박동 수

Raymond Pearl, *The Rate of Living. Being an Account of some Experimental Studies on the Biology of Life Duration* (London, University of London Press, 1928). 레이먼드 펄의 생활 속도rate of living 학설이 한물간 학설이 된 까닭은 예외가 많은 것처럼 보였기 때문이다. 조류를 예로 들면, 새는 그들의 물질대사 속도로 예측할 수 있는 것보다 훨씬 더 오래 산다. 그러나 이런 예외들은 대부분 꽤 간단히 설명될 수 있다. 그의 발상에는 여전히 옳은 점이 있다.

Geoffrey West, *Scale: The Universal Laws of Life and Death in Organisms, Cities and Companies* (London, Weidenfeld & Nicolson, 2017)(『스케일』, 김영사, 2018). 물리학자인 웨스트는 브라이언 엔퀘스트와 제임스 브라운과 함께 프랙털 규모에 관한 혁신적인 논문을 발표했는데, 여기서 나는 그 논문을 따로 인용하지 않았다.

이의를 제기할 것은 많지만, 발상은 고무적이다. 웨스트는 회사와 도시들 사이의 유사성을 이끌어내면서, 책 전체에 걸쳐서 그의 발상을 발전시킨다. 위대한 박식가인 J. B. S. 홀데인 이래로 이렇게 할 수 있는 사람을 나는 본 적이 없었다.

항산화제는 효과가 없다

J. M. Gutteridge and B. Halliwell, 'Free radicals and antioxidants in the year 2000. A historical look to the future', *Annals of the New York Academy of Sciences* 899 (2000) 136–147. 자유 라디칼 생물학의 권위자들이자 유명한 교재(*Free Radicals in Biology and Medicine*, Oxford University Press, 2015)의 저자들. 내가 이 논문을 인용한 이유는 그 간결함과 인상적인 한 구절 때문이다. "1990년대가 되자, 항산화제는 노화와 질병의 만병통치약이 아니라는 것이 분명해졌고, 대체 의학만이 아직도 이런 개념을 퍼뜨리고 있다." 대중문화에서 이를 따라잡으려면 도대체 얼마나 시간이 걸리는 것일까?

M. W. Moyer, 'The myth of antioxidants', *Scientific American* 308 (2013) 62–67. 실험 동물과 인간 모두에게 항산화제가 효과가 없다는 것을 보여주는 명확한 설명. 대규모 인간 실험에서는 항산화제 보충제가 오히려 더 안 좋은 결과를 가져오며 사망 위험을 살짝 더 높인다는 것이 밝혀졌다.

M. P. Murphy, A. Holmgren, N. G. Larsson, B. Halliwell, C. J. Chang, B. Kalyanaraman, S. G. Rhee, P. J. Thornalley, L. Partridge, D. Gems, T. Nyström, V. Belousov, P. T. Schumacker and C. C. Winterbourn, 'Unraveling the biological roles of reactive oxygen species', *Cell Metabolism* 13 (2011) 361–366. 스톡홀름에서 열린 한 회의의 끝에, 자유 라디칼의 역할에 대한 합의를 목적으로 뭉친 조금 "할리우드" 같은 진용이다. 어려운 내용이지만 시도해봄직한 가치는 있다. 대체로 위원회가 전하는 주의 사항으로 끝나지만, 그럼에도 사실이다.

N. Lane, 'A unifying view of ageing and disease: the double-agent theory', *Journal of Theoretical Biology* 225 (2003) 531–540. 『산소』에서 일반 독자들을 위해서 설명한 가설을 여기서는 조금 더 격식을 갖춰서 발전시켰다. 나는 여기서 자유 라디칼은 노화를 일으키지만 항산화제는 효과가 없다(둘 다 사실이다)는 역설의 융

합을 시도했다. 당시에는 면역계에 초점을 맞췄고, 지금은 호흡 억제에 더 초점을 맞추려고 한다. 어쨌든 결론은 ROS 유동은 엄격한 항상성 한계 내에서 조절되며, 우리 몸은 그런 환경 설정을 방해하는 항산화제를 막기 위해서 무리할 정도로 애를 쓰고 있다는 것이다.

기능 항진

M. V. Blagosklonny, 'Aging is not programmed', *Cell Cycle* 12 (2013) 3736–3742. 그 영향력 있는 자신의 생각에 대한 해명. 노화는 너무 오래 작동을 계속하는 "유사 프로그램"에 의해서 일어난다는 학설, 때로는 "비대한 체세포 학설bloated soma theory"이라고도 불린다. 이 학설에 따르면, "노화를 위한" 프로그램은 없다. 오히려 노화는 노년에 선택이 너무 약해서 중단되지 않은 다른 발달 프로그램이 지나치게 작동한 결과라는 것이다. 같은 관측에 대해서, 나는 물질대사 유동과 후성유전학적 상태의 변화를 일으키는 호흡 억제라는 면에서 설명했다.

D. Gems, 'The aging-disease false dichotomy: understanding senescence as pathology', *Frontiers in Genetics* 6 (2015) 12. 데이비드 젬스는 노화는 어느 정도 정상이고 "건강한 것"인 반면, 질병은 병리적인 것이라는 생각에 반대한다. 모든 노화 관련 질환을 다루는 가장 좋은 방법은 확실히 근본적인 문제, 즉 노화 자체를 다루는 것이다. 노화를 "건강한 것"으로 정의하면, 문제와 해결책이 뒤섞인다. 젬스는 노화를 일으키는 유사 프로그램의 지지자이다.

당화 손상

M. Fournet, F. Bonté and A. Desmoulière, 'Glycation damage: a possible hub for major pathophysiological disorders and aging', *Aging and Disease* 9 (2018) 880–900. 노화와 관련된 당화(단백질, 지질, DNA에 끈끈한 꼬리처럼 당이 붙어 있는 것)의 표적에 대한 훌륭한 검토.

조직 간 미토콘드리아 단백체(proteome) 변이

S. E. Calvo and V. K. Mootha, 'The mitochondrial proteome and human disease',

Annual Review of Genomics and Human Genetics 11 (2010) 25–44. 미토콘드리아 단백질은 조직마다 얼마나 다를까? 생각보다 많이 다르다. 조직에 따라 미토콘드리아 단백질의 거의 절반씩 달라진다.

막 전위에 의해서 결정되는 인슐린 분비

E. Heart, R. F. Corkey, J. D. Wikstrom, O. S. Shirihai and B. E. Corkey, 'Glucose-dependent increase in mitochondrial membrane potential, but not cytoplasmic calcium, correlates with insulin secretion in single islet cells', *American Journal of Physiology: Endocrinology and Metabolism* 290 (2006) E143–E148. 눈을 확 뜨이게 하는 논문. 인과관계를 가정하면……포도당이 많아지면 미토콘드리아의 막 전위가 더 높아져서, 더 많은 인슐린 분비를 촉발한다. 정말 이렇게 단순할까? 나는 아름다운 단순성을 사랑하므로 그랬으면 좋겠다.

A. A. Gerencser, S. A. Mookerjee, M. Jastroch and M. D. Brand, 'Positive feedback amplified the response of mitochondrial membrane potential to glucose concentration in clonal pancreatic beta cells', *Biochimica Biophysica Acta: Molecular Basis of Disease* 1863 (2017) 1054–1065. 포도당이 어떻게 미토콘드리아 막전위와 인슐린 분비를 조절하는지에 대한 뛰어난 전문가 집단의 더 상세한 설명.

당뇨병과 알츠하이머병 사이의 연관성

S. M. de la Monte and J. R. Wands, 'Alzheimer's disease is type 3 diabetes—evidence reviewed', *Journal of Diabetes Science and Technology* 2 (2008) 1101–1113. 알츠하이머병이 당뇨병의 한 형태라는 증거가 늘어나고 있다. 식단에 신경을 써야겠다.

P. I. Moreira, 'Sweet mitochondria: a shortcut to Alzheimer's disease', *Journal of Alzheimer's Disease* 62 (2018) 1391–1401. "달콤한 미토콘드리아sweet mitochondria"라는 말이 이렇게 불길한 적은 없었다(당뇨병[diabetes mellitus]은 달콤한 오줌이라는 뜻이다). 파울라 모레이라는 당뇨병과 연관된 미토콘드리아의 결함이 어떻게 알츠하이머병의 위험을 증가시키는지를 논한다.

D. A. Butterfield and B. Halliwell, 'Oxidative stress, dysfunctional glucose metabolism and Alzheimer disease', *Nature Reviews Neuroscience* 20 (2019) 148–160. 그 대단한 베리 할리웰조차도 동의한다면, 의심의 여지가 없는 것이다. 어쨌든 과학은 신뢰를 바탕으로 한다. 생소한 분야에 대해서는 우리가 신뢰할 만한 사람이 뭐라고 말했는지를 먼저 확인해야 한다. 나는 코로나19를 겪으면서, 이것이 일반 대중에게 심각한 문제라는 것을 알게 되었다. 그들은 균형 잡힌 판단을 위해서 믿을 만한 동료들에게 의지하기가 쉽지 않다.

미토콘드리아 연관 막과 알츠하이머병

E. Area-Gomez and E. A. Schon, 'On the pathogenesis of Alzheimer's disease: the MAM hypothesis', *FASEB Journal* 31 (2017) 864–867. 알츠하이머병에 대한 대단히 일관된 설명, 당뇨병에서 미토콘드리아의 손상을 MAM(미토콘드리아 연관 막)에서 단백질과 지질의 비정상적인 처리 및 과도한 칼슘과 연관시킨다. 모든 것이 맞아떨어진다.

E. Area-Gomez, C. Guardia-Laguarta, E. A. Schon and S. Przedborski, 'Mitochondria, OxPhos, and neurodegeneration: cells are not just running out of gas', *Journal of Clinical Investigation* 129 (2019) 34–45. 내가 좋아하는 MAM 가설에 관한 논문. 알츠하이머병에 대한 설명이 일관될 뿐 아니라, 미토콘드리아를 중심으로 하는 기존의 설명이 부족한 이유도 설명한다. 나는 이런 생각이 왜 주류 학계에서 푸대접을 받는지 이해할 수 없다. 경쟁 가설이 너무 많아서? 이 학설은 가장 뛰어난 학설 중 하나이다.

피루브산 탈수소효소의 칼슘 활성화에 의한 미토콘드리아의 작동 증가

A. P. Wescott, J. P. Y. Kao, W. J. Lederer and L. Boyman, 'Voltage-energized calcium-sensitive ATP production by mitochondria', *Nature Metabolism* 1 (2019) 975–984. 그저 멋진 논문. 칼슘은 미토콘드리아로 흘러들어가고(저자는 연관성을 명쾌하게 밝히지는 않지만, MAM을 통한다), 피루브산 탈수소효소의 활성을 증가시킨다. 피루브산 탈수소효소는 크레브스 회로를 돌아가게 하고, 미토콘드

리아 막전위, ATP 합성을 증가시킨다. 막전위는 빠르게 변하고, 이 방법만으로 최고 수준에 도달할 수 있다.

숫자에 의한 생물학

Ron Milo and Rob Phillips, *Cell Biology by the Numbers* (New York, Garland Science, 2016)(『숫자로 풀어가는 생물학 이야기』, 도서출판 홍릉, 2018). 당신이 세포에서 생각지도 못했던 질문에 대한 매력적이고 정량적인 해답. 내가 이 책을 언급하는 이유는 세포에서 1초에 일어나는 물질대사 반응 수에 대한 조애나 제이비어의 계산과 연관이 있기 때문이다. 저자들은 이 특별한 변수를 계산하지는 않지만, 당신이 정말로 알아야 하는 여러 다른 놀라운 것들을 계산한다.

에필로그 자아

마취제와 미토콘드리아

L. Turin, E. M. C. Skoulakis and A. P. Horsfield, 'Electron spin changes during general anesthesia in Drosophila', *Proceedings of the National Academy of Sciences USA* 111 (2014) E3524–E3533. 전신 마취제들이 미토콘드리아에서 산소와 호흡에 어떤 영향을 주는지에 대한 루카 튜린과 그 동료 연구진의 연구. 저명한 학술지에 실린 훌륭한 논문이지만, 여기서 그들은 이 문제를 잘 해결하지는 못한다⋯⋯.

L. Turin and E. M. C. Skoulakis 'Electron spin resonance (EPR) in Drosophila and general anesthesia', *Methods in Enzymology* 603 (2018) 115–128. ⋯⋯그러나 이 논문에서는 그들이 해냈다. 비록 덜 눈에 띄는 학술지에 실리기는 했지만, 그들은 몇 가지 영리한 기술을 써서, 전신 마취제가 호흡에서 산소로 가는 전자의 흐름을 단락시킨다는 것을 보여줄 수 있었다. 인과관계를 단정 짓지는 않았지만, (내 생각에는) 그들은 의식에 대한 명확한 기계론적 설명으로 가는 길을 처음으로 열었다.

A. Gaitanidis, A. Sotgui and L. Turin, 'Spontaneous radiofrequency emission from electron spins within Drosophila: a novel biological signal', arXiv:1907.04764 (2019). 생물물리학자가 아니라면 어려운 논문이지만, 진정한 21세기 과학의 문

을 여는 급진적인 논문.

EEG와 미토콘드리아

M. X. Cohen, 'Where does EEG come from and what does it mean?', *Trends in Neurosciences* 40 (2017) 208–218. 읽어볼 가치가 있는 글. 우리는 뇌전도에 대해 1세기 전부터 알고 있었고, 잠을 잘 때나 여러 질병 상태에서 뇌전도의 변화를 대단히 정확하게 측정할 수 있다. 그런 사실에 눈이 멀어서, 무엇이 뇌전도를 발생시키는지에 대해서 우리가 명확히 알지 못한다는 당혹스러운 사실을 무시해서는 안 된다. 사실 당혹스러울 것도 없다. 옥상에서 그 노래를 불러도 된다. 과학은 우리가 무엇을 모르는지에 관한 것이다. 우리가 EEG를 이해하지 못하고 있다는 사실은 해야 할 환상적인 연구가 있다는 뜻이다. 우리가 대부분의 답을 알고 있다는 생각에 속아서는 안 된다.

T. Yardeni, A. G. Cristancho, A. J. McCoy, P. M. Schaefer, M. J. McManus, E. D. Marsh and D. C. Wallace, 'An mtDNA mutant mouse demonstrates that mitochondrial deficiency can result in autism endophenotypes', *Proceedings of the National Academy of Sciences USA* 118 (2021) e2021429118. 생쥐의 특정 미토콘드리아 돌연변이는 인간의 자폐증을 연상시키는 행동 변화를 일으킨다. 게다가 놀랍게도, EEG 역시 인간의 자폐증과 연관이 있는 패턴을 나타낸다. 적어도 이 부분에서는 미토콘드리아 막이 EEG를 만든다는 훨씬 대담한 가설과 일치한다.

발생에서 전기장

M. Levin and C. J. Martyniuk, 'The bioelectric code: an ancient computational medium for dynamic control of growth and form', *Biosystems* 164 (2018) 76–93. 마이클 레빈은 현재 생물학에서 가장 흥미로운 연구 중 하나를 하고 있다. 발생을 결정하는 것은 전기장이고, 유전자는 부차적이라는 것이다. 지금까지는 대체로 편충에 해당하는 이야기였지만, 더 일반적인 것이 될 수 있을까? 나는 그럴 수 있다고 생각한다.

M. Levin and D. C. Dennett, 'Cognition all the way down', *Aeon*, 13 October

2020. 여기서 레빈은 대니얼 데닛과 협업을 한다. 데닛은 생물학, 특히 의식과 관련해서 무엇이 중요한지를 탐지하는 능력이 매우 뛰어나다. 우리는 생물학의 공개적인 의문 중에서 가장 흥미롭고 중요한 문제에 대해서 진지한 진전을 앞두고 있다.

D. Ren, Z. Nemati, C. H. Lee, J. Li, K. Haddadi, D. C. Wallace and P. J. Burke, 'An ultra-high bandwidth nano-electronic interface to the interior of living cells with integrated fluorescence readout of metabolic activity', *Scientific Reports* 10 (2020) 10756. 더그 월리스는 지금도 필라델피아에 있는 활기 넘치는 캠퍼스에서 나노 기술자 집단과 함께 단일 세포 속 미토콘드리아의 전기장을 측정하면서, 연구에 매진하고 있다. 어려운 문제의 해결로 나아가는 첫 단계.

의식과 자아

Derek Denton, *The Primordial Emotions. The Dawning of Consciousness* (Oxford, Oxford University Press, 2006) 덴턴은 수년 동안 염salt의 균형과 갈증을 연구했다. 이는 그를 동물계 전체에 걸쳐 발견되는 "강압적 각성 상태와 강력한 행동 의사"에 대한 탐구로 이끌었고, 그의 관심은 대부분의 다른 동물들과 우리가 공통으로 가지고 있는 뇌간의 아주 오래된 부분에 집중되었다. 이제 90대인 덴턴은 여전히 활발하게 활동하고 있다. 그리고 마크 솜스와 피터 고드프리-스미스(의식에 관한 두 권의 훌륭한 책 『아더 마인즈*Other Minds*』[이김, 2019]와 『후생동물*Metazoa*』[이김, 2023]의 저자)를 포함한 다른 이들도 비슷한 계열의 주장을 시작하고 있다.

Mark Solms, *The Hidden Spring: A Journey to the Source of Consciousness* (London, Profile Books, and New York, W. W. Norton, 2021). 나는 에필로그에서 솜스의 최근 생각에 대해 논하려고 했지만, 여의치 않았다. 솜스가 중추 신경계에 관해서 쓴 곳에서 나는 세포를 생각한다. 솜스는 유기체가 환경과 관련해서 생리적으로 불편한 수준까지 그들의 자유 에너지를 낮추기 위해서 분투한다는 생각을 발전시킨다. 이는 항상성을 회복하기 위한 하나의 시도이다. 행동은 생화학적 특성을 더 편안하게 만드는 것이 목표이다. 세포를 둘러싼 막은 바깥 세계에서 오는 신호를 생화학의 언어로 바꾸고, 생화학의 언어는 막의 전기장으로 변환되어 그 안에 있는 분자들을 하나의 "자아"로서 통합한다. 의식의 언어는 막에 형성된 전기장의 언어이다.

M. Solms and K. Friston, 'How and why consciousness arises: some considerations from physics and physiology', *Journal of Consciousness Studies* 25 (2018) 202–238. 솜스는 의식에 대한 그의 생각을 칼 프리스턴과 함께 발전시켰다. 이런 맥락에서 프리스턴의 자유 에너지 개념은 더 전통적인 의미의 자유 에너지와 구별하기 위해서 "프리스턴 자유 에너지"라고 불리기도 한다. 이 논문에는 그들의 생각이 요약되어 있다.

J. McFadden, 'Integrating information in the brain's EM field: the cemi field theory of consciousness', *Neuroscience of Consciousness* 2020 (2020) niaa016. 존조 맥패든은 수십 년 동안 의식과 연관된 전기장에 대해서 생각해왔고, 이 논문은 그의 CEMI(의식 전자기 정보[conscious electromagnetic information]) 장 학설에 대해 최근에 추가된 것을 소개한다. 나는 그와 미토콘드리아에 대한 이야기를 나누어야 한다.

세균과 세포 죽음에서 막전위

E. S. Lander, 'The heroes of CRISPR', *Cell* 164 (2016) 18–28. 나는 (오늘날 솜씨 좋은 유전자 편집을 위해서 널리 사용되는) CRISPR와 세균 면역계의 관계에 대해서 언급했다. 그 배경의 일부를 다루고 있는 이 논문은 호기심에 이끌려 세균 생태계를 연구한 수십 년 역사를 추적한다. 과학에서는 예기치 못한 곳이나 전혀 쓸모가 없다고 생각한 연구에서 대단한 약진이 일어나는 경우가 많다. 우리는 그런 연구에 계속 자금을 지원해야 한다.

D. Refardt, T. Bergmiller and R. Kümmerli, 'Altruism can evolve when relatedness is low: evidence from bacteria committing suicide upon phage infection', *Proceedings of the Royal Society B* 280 (2013) 20123035. 이 논문은 정말로 세균의 친족 선택에 대한 것이다. 세균이 치명적인 바이러스에 감염되어 어차피 죽게 된다면, 연관이 기의 없는 다른 세균을 구하기 위해서 자살을 하는 것이 가치가 있음을 증명한

다. 내가 놀란 점은 세균이 자살을 하는 방법이었다. 세균은 막 전위를 붕괴시켜서 수 초 안에 죽음에 이름으로써, 바이러스가 자신의 몸을 차지하지 못하게 한다. 죽음은 막 전위의 영구적인 상실이다. 분명 의식도 소멸시킬 것이다.

H. Strahl and L. W. Hamoen, 'Membrane potential is important for bacterial cell division', *Proceedings of the National Academy of Sciences USA* 107 (2010) 12281–12286. 세균은 어떻게 세포의 한가운데를 갈라서 두 개의 딸세포를 만들까? 세포의 한쪽 끝에서 다른 쪽 끝까지 빠르게 진동하면서 움직이는 단백질이 세포 중앙에 자리를 잡고, 세포 분열의 수축 장치를 위한 일종의 비계 구실을 하는 것으로 밝혀졌다(Z 고리[Z ring]). 놀라운 사실은, 막 전위가 있을 때에만 세균이 이런 일을 할 수 있다는 것이다. 막 전위가 붕괴되면, 세균은 둘로 나뉠 방법을 찾을 수 없다. 내가 추측하기에, 이런 방향성 상실은 전기장이 세포에 어떻게 통일성을 주는지를 드러내는 하나의 증거이다.

감사의 글

이 책은 시끌벅적한 사람들과 에너지의 흐름이 없는 텅 빈 도시에 대한 묘사로 시작한다. 그 구절을 쓸 무렵에는 그 문장에서 다른 상상을 하게 될 것이라고는 거의 생각하지 못했다. 내가 그 글을 쓴 것은 코로나19가 전 세계의 도시에서 생명을 앗아가기 전이었다. 나는 코로나19를 감안하여 도입부를 다시 쓰기보다는 바꾸지 않고 그대로 두기로 했다. 내 관점은 코로나와는 상관이 없고, 나는 이 책이 팬데믹보다 오래 남기를 바라기 때문이다. 그럼에도, 나는 이 책의 많은 부분을 코로나19 시기에 썼다. 당시 나는 내 아내 애나 이달고-시몬 박사, 두 아들 에네코와 휴고와 함께 텅 빈 런던 거리를 오랫동안 걷는 일이 많았다. 그 산책은 내게 깊은 영향을 주었고, 때로는 이 책에 소개된 생각들에 대한 토론에 빠지기도 했다. 나는 습관적으로 애나에게는 맨 마지막에 감사 인사를 했지만, 그 텅 빈 거리에서 이 책의 많은 부분이 제 자리를 잡아갔기 때문에 이번에는 아내에게 가장 먼저 고마움을 표해야 할 것 같다. 애나는 이 특별한 책을 써서 수수께끼 같은 크레브스 회로에 생기를 불어넣어보라고 내게 용기를 북돋아주었다. 아내가 아니었다면 이 책은 결코 나올 수 없었을 것이다. 그 긴 산책과 대화, 언제나 활기가 넘치는 애나의 생각들이 없었다면 이 책은 훨씬 형편없는 책이 되었을 것이다. 책은 그 책이 집필되는 동안 진화한다. 처음에는 짧고 가벼운 책을 생각했다. 결국 처음 의도보다 훨씬 길고 무거운 책이 되었지만, 그래도 일관성 있고 무엇인가 중요한 것이 있는 책이 되었으면 좋겠다. 크레브스 회로는 내가 이 책을 쓰기 시작하면서 상상했던 것보다도 더 생명의 중심에 있다. 그렇게 관점이 변한 것도 애나의 예리한 생각과 명철함 덕분이다. 늘 그랬듯이, 그녀는 모든 글을 한 번 이상 읽어주었고, 아무리 고통스러워도 주저 없이 진실을 말해주었다. 아내에게는 말로는 다 전할 수 없는 빚을 졌다.

UCL의 환상적인 우리 연구실 식구들에게도 감사를 전한다. 코로나로 몇 달 동안 연구실이 폐쇄되고 훨씬 더 오랫동안 혼란이 이어지면서, 그들은 박사학위 연구를 어떻게 마쳐야 할지, 박사후 연구원 자리를 어떻게 유지할지를 걱정하며 힘든 시기를 보내야 했다. 감사하게도, 개인적인 비극을 겪은 사람은 아무도 없었다. 그들은 그 어려운 시기를 지나며 어떻게든 진전을 이뤄냈다. 그들의 연구 역시 내 마음 속에서 많이 해결되었다. 내게는 두 개의 연구실이 있는데, 한 곳에서는 생명의 기원을 연구하고 있고, 한 곳에서는 초파리로 미토콘드리아의 기능에 대한 연구를 하고 있다. 아마 당신은 이 책을 읽기 전까지는 그런 주제들에 에너지 흐름의 중요성을 넘어서는 공통점이 있을 것이라고는 생각하지 못했을 것이다. 그러나 두 연구실에서는 서로 다른 방식으로 크레브스 회로의 중간산물들을 연구하고 있다. 크레브스 회로의 중간산물들은 생명의 기원에서는 CO_2 고정의 산물이었고, 늙고 있는 초파리에서는 미토콘드리아와 핵의 불화합성과 연관된 심각한 후속 결과를 초래했다. 이 책을 쓰는 동안 새로운 결과를 놓고 고심하기도 했고, 때로는 소중하게 키워오던 생각들이 허물어지는 것을 지켜보기도 했다. 그런 일들도 연구에서는 귀한 경험과 교훈이 된다. 우리는 우리 자신의 생각들을 철석같이 믿어서는 안 된다. 그러나 이런 시련에서 살아남은 생각은 그것이 무엇이든 더 나은 것이 된다. 위대한 물리학자 어니스트 러더퍼드는 일찍이 이렇게 되새겼다. "우리는 돈이 없으니 생각을 해야 한다." 코로나 역시 우리를 생각하게 만들었다. 이 책은 우리의 실험에 대한 열정적인 고찰이라는 도가니 속에서 단련되었다. 그래서 UCL의 내 가까운 동료 연구진 모두에게 고마움을 전하려고 한다. 내 연구실 동료뿐 아니라, 언제나 나를 긴장시키는 모든 이들, 앤드루 포미안코브스키 교수, 핀 워너 교수, 그레이엄 실즈 교수, 존 앨런 교수, 아망딘 마레샬 박사, 플로 카뮈 박사, 숀 조던 박사, 라파엘라 바실리아두 박사, 윌 코티아디스 박사, 엔리케 로드리게스 박사, 글라 인윙완 박사, 스테파노 베티나치 박사, 조애너 제이비어 박사, 페이슈 류 박사, 스튜어트 해리슨, 실바나 피나, 마르코 콜나기, 라켈 누네스–팔메리아, 하나디 람무, 애런 할펀, 이온 이오아누, 핀리 그로버 토머스, 세실리아 쿤즈, 토비 해리슨, 칸 슈만에게도 감사 인사를 전한다. 이들 중에는 몇몇 장을 읽고 논평을 해준 이들도 있는데, 매우 고맙게 생각한다. 예전 학생 중에서 지금은 과학계의 다른 곳에서 왕성한 연구를 하고 있는 엘로이 캄푸르비 박사와 빅터 소조 박사에게도 고마움을 전한다. 감사 인사를 해야 할 사람은 더 있지만, 어디에선가 멈춰야 한다.

내 친구들과 동료들 역시 몇몇 장이나 책 전체를 읽어주었다. 코로나 주제와 관련해서는 특히 디에고 마리아 베르티니에게 고마움을 전하고 싶다. 이탈리아가 심각한 코로나 피해를 입었던 2020년 봄에 심한 코로나에서 회복 중이던 디에고는 이탈리아의 병실에서 내게 이메일을 보냈다. 긴 회복기를 달래줄 것들이 부족했던 그는 내 웹페이지에 올라오는 글들을 읽고 있었고, 내가 쓰고 있는 장들을 읽을 기회를 선뜻 받아들였다. 그는 이루 설명할 수 없을 정도로 귀중한 의견들을 보태주었다. 과학과 문학에 대한 그의 확고한 열정과 애정, 그의 시적 정취에 감사하며, 내가 적확한 단어를 찾을 수 있도록 여러 번 도와준 일도 고맙게 생각한다. 그는 코로나에서 그렇게 더딘 회복을 하고 있던 중에 이 모든 것을 해주었다("뇌를 비닐봉지로 감싸놓은 것 같다"는 그의 표현이 머릿속을 떠나지 않는다).

언젠가 그와 직접 만날 날이 오기를 기대한다.

각각의 장이나 책 전체를 읽고 관점이나 내용이나 문체에 대해 감상을 말해준 다른 친구들에게도 고맙다는 말을 하고 싶다. 내 책을 한 장도 빠짐없이 모두 읽어준 마이크 카터는 터무니없을 정도로 열정적인 의견으로 내가 어두운 날들을 헤쳐갈 수 있게 해주었고, 음악과 대화와 해변 산책으로 멋진 응원도 해주었다. 우리는 함께 산에 오르곤 했지만, 이제는 추억이다. 앨리슨 존스도 책 전체를 읽어주었다. 그녀는 내가 생각지 못한 문체의 실수를 지적하지만, 한편으로는 더 큰 그림을 칭찬하기도 하고 가끔은 그녀의 깊은 곳에 파묻혀 있던 생화학 학위에서 약간의 세부 사항을 퍼올리기도 한다. 그녀는 괜찮은 제목을 생각하느라 머리를 쥐어짜기도 했다. 제목을 짓는 일은 결코 쉽지 않고, 앨리슨은 내가 알고 있는 사람들 중에서 가장 창의적인 사람 중 하나이다. 그녀가 지금의 제목을 더 손보지 않았다는 사실은 내게 안도감을 준다. 나는 전설적인 영화 편집감독인 월터 머치에게도 빚을 졌다. 그는 내가 알고 있는 사람 중에서 유일하게 과학적 은유를 써서 예술의 특징을 조명할 수 있는 사람이다. 진핵생물에서 유전자를 편집하는 스플라이소솜spliceosome이 영화 편집이라는 난해한 기술을 설명하는 데 그렇게 도움이 될 줄 누가 알았을까? 월터는 과학 전반에 걸쳐서 광범위한 독서를 하며, 글의 속도와 분위기에 대해서 할 말이 많은 훌륭한 작가이다. 나는 지식의 바다 깊은 곳에서 용승하는 생화학이 갑자기 내 글을 썰렁하게 만들 때마다 그가 했던 충고를 늘 마음에 새길 것이다. 내가 물을 적당히 따뜻하게 덥힐 수 있어서 불편하지 않기만을 바랄 뿐이다. 영양학과 의과학 학위를 따기 위해서 대학으로 돌아와서, 차가운 깊은 물 같은 몇 장을 읽느라 고생한 에밀리 매카이에게도 고마움을 전한다. 그녀는 진지한 연구에 대한 요청을 받아들인 후에야 더 따뜻한 물로 다시 돌아갈 수 있었다. 그리고 와이 문 윤에게도 감사를 전한다. 그는 늘 생각이 넘쳐나며, 논리적인 의미와 앞으로 나아갈 방법을 안다.

나는 특정 장을 읽어준 전문가 동료 몇 사람과 친구들에게도 고맙다는 인사를 하고 싶다. 내가 지독한 실수를 하지 않았다는 것을 확인해주고(그러나 모두 몇몇 사소한 실수를 찾아주었다), 새로운 방향을 제시해주기도 한 그들의 조언은 내게 모두 보물과도 같다. 그리고 무엇보다도, 그들 모두 이 프로젝트에 진심으로 열의를 보여주었다. 확실히, 과학에 일생을 바친 사람들도 열광시키지 못한다면, 내게 무슨 희망이 있을까? 그러나 단련된 전문가들이라도 오래된 뉴스에는 식상하게 되므로, 나는 내 글이 어떤 젊은 열정을 다시 불러일으킬 정도로 충분히 신선했다고 생각하고 싶다. 먼저, 단 브라벤 교수에게 감사를 전하고 싶다. 그 역시 써야 할 글이 있음에도, 모든 장을 읽어주었다. 단은 과학의 한계, 그리고 미지로 향하는 새로운 길을 찾을 가능성에 직면하는 일을 결코 멈추지 않는다. 그의 열정은 고무적이며, 코로나보다 더 전염력이 강하다. 마이크 러셀 교수에게도 감사를 전한다. 내가 쓴 모든 것에 동의할 것 같지 않을 때조차도, 그는 꼼꼼하게 읽고 논평을 해주는 큰 아량을 베풀어주었다. 선견지명이 있는 그의 과학뿐 아니라 그의 따뜻한 우정과 활기도 내게 큰 격려가 되었다. 리 스위트러브 교수에게도 신세를 졌다. 그는 책 전체를 읽고 많은 날카로운 논평을 해주면서, 큰 그림에 대해 기뻐했다. 오늘날 크레브스 회로에 대해서 리보다 더 잘 아는 사람은 이 세상에 없을 테지만, 그는 중간산물 물질대사에 대해서 여전히 흥분을 참지 못한다. 나는 우리가 함께 점심을 먹으면서 시간 가는 줄 모르고 토론을 했던 일을 잊을 수 없다. 우리는 이 회로가 회로인 이유와 다른 난해한 문제를 놓고 여섯 시간 동안 이야기를 나눴다. 과학과 순수한 즐거움이 그렇게 딱 맞아떨어지는 일은 흔치 않다. 크리스티안 프레자 교수에게도 감사를 전한다. 그는 몇 년 전 미토콘드리아가 암에서 얼마나 중요한지를 내게 본능적으로 이해시켜주었다. 암에서 미토콘드리아는 ATP 합성을 위해서 뿐만 아니라, 크레브스 회로의 유동과 후성유전학적 신호를 형성하는 방식을 위해서도 중요했다. 크리스티안은 대단히 꼼꼼하고 신중하며 열정적이다. 그가 케임브리지를 떠나서 쾰른으로 간 것은 영국으로서는 유감스러운 일이다. 내가 열정이라는 단어를 남발하고 있다는 것을 알고는 있지만, 나는 그것이 크레브스 회로를 사랑하는 사람들 사이의 공통분모라는 것을 알게 되었다.

암에 대한 주제에서는 프랭크 설리번 교수에게 감사를 전해야 한다. 그는 전에는 미국 국립 암연구소에 있었고, 현재는 골웨이에서 다시 의사 일을 하고 있다. 프랭크는 까다로운 전립선암 환자의 치료에 엄격한 임상적 관점을 적용했고, 오래 전부터 효과적인 치료를 위해서는 물질대사와 에너지 흐름이 중요하다고 여기고 있다. 그는 과학과 의학에 관한 글을 폭넓게 읽고 있으며, 내 글이 그에게 도움이 된다는 것은 영광이었다. 뛰어난 생체에너지학자인 프랭클린 해럴드 교수에게도 감사를 전한다. 프랭크는 내 책의 많은 부분에 대해 상세한 논평을 해주었고, 현재 90대의 나이임에도 통찰력과 서정이 가득한 책들을 여전히 직접 쓰고 있다. 우리는 20년 동안 이메일을 주고받거나, 때로는 직접 만나서 생체에너지와 진화에 대해서 토론해왔다. 나는 다운하우스에 있는 다윈의 집을 그와 함께 순례했던 일을 결코 잊지 못할 것이다. 프랭크는 과학에서 편견 없는 회의론의 가치를 내게 가르쳐주었고, 이 철학을 내 글에도 단호하게 적용하고 있다. 그러나 그 역시 이 책에서 소개하고 있는 생각들에 조금은 빠져들게 되었다. 2차 "옥스포스 전쟁"에 참전했던 모르텐 비크스트룀 교수에게도 감사를 전한다. 8년의 전쟁 끝에, 그는 시토크롬 산화효소가 정말로 양성자를 퍼낸다는 것을 마침내 피터 미첼에게 설득시킬 수 있었다. 미첼은 "그 인공물을 전에 본 적이 있다"고 인정하면서, 또 다시 해석의 문제를 강조했다. 나는 이 문제들에 대해 자극이 되는 토론을 해주고 귀중한 정정을 해준 모르텐에게 감사한다. 앨리스터 넌 교수에게도 감사한다. 역시 미토콘드리아 연구에 매진해온 그는 이 책의 많은 부분을 읽고, 양자생물학의 관점에서 흥미로운 논평을 해주었다.

　의식에 대해 짧게 말하자면, 나는 2009년에 『생명의 도약』을 썼을 때 의식에 대한 장을 넣었지만 이 문제에 대한 답을 찾지는 못했다(나만 그런 것은 아니었다). 그 일을 계기로 나는 데릭 덴튼 교수와 오랫동안 즐겁게 연락을 주고받았고, 이제 그는 90대이지만 여전히 열정과 계획이 넘친다. 그는 동물에서 염분의 균형과 갈증에 대한 연구를 통해서 이 주제에 빠져들게 되었다. 고백하자면, 나는 데릭이 2019년 멜버른 대학의 과학 및 예술 프로그램의 데릭 덴튼 강연에 나를 연사로 초대하기 전까지는 이 문제를 한쪽으로 제쳐두고 있었다. 강연의 조건은 짧게라도 의식에 대한 설명을 하는 것이었다. 이 문제와 씨름을 하는 동안, 나는 루카 튜린 교수의 놀라운 연구에 빠져들게 되었다(내 마음 속에서 그의 연구는 세포의 전기적 통일성에 대한 내 생각과 더그 월리스 교수의 발상과 연결되었다). 오스트레일리아에서, 나는 만찬을 하는 두 시간 내내 모여 있던 고위 인사들로부터 호된 질문 세례를 받았는데, 그들 중에는 데릭과 철학자이자 작가인 피터 고드프리 스미스 교수도 있었다. 나는 이 책의 에필로그에 그들의 생각을 담으려고 노력했다. 운 좋게도, 그 일로 더그 월리스, 루카 튜린, 마이클 레빈뿐 아니라 댄 데닛 교수와도 다시 연락을 주고받게 되었다. 나는 우리가 곧 진짜 진전을 하게 될 것 같은 느낌이 든다. 댄의 글처럼, "정말로 흥미로운 시대이다!"

　빌 게이츠와 그의 팀에게도 감사를 전하고 싶다. 특히 트레버 먼델 박사, 니란잔 보세 박사는 내 연구에 지속적인 관심을 보이면서 지원을 해주었다. 이렇게 지적이고 박식한 사람들이 세상을 더 좋은 곳으로 만들어야 한다는 강렬한 사명감으로 모여 있는 집단을 나는 거의 본 적이 없다. 나는 건강과 의학의 진화적 토대에 대한 그들의 생각에 조금이나마 기여했다는 것을 자랑스럽게 생각한다. 나는 이 책이 더 많은 생각할 거리를 줄 수 있기를 바란다.

이제 가족에게 감사 인사를 전할 차례이다. 특히 나의 아버지, 역사학자인 앤서니 레인은 분자를 별로 사랑하지는 않지만, 항상 모든 장을 읽고 부적절한 표현을 지적하고 역사적 맥락과 방향을 제시해준다. 여기서 중요한 것은 사랑이다. 어떤 사람들은 과학이 너무 차갑고 논리적이라고 여기고, 종교나 영적인 것에서 의미를 찾는다. 나는 과학에서 아주 많은 의미를 찾을 수 있지만, 요크셔에 있는 부모님과 형제, 에스파냐와 이탈리아에 있는 일가의 사랑이 없다면 큰 위안이 되지는 않을 것이다. 애나에 대해서는 이미 말했지만, 내 삶에 사랑과 의미를 가져다준 아내와 두 아들에게 다시 한 번 고맙다는 말을 해야 한다. 정말 나는 더없이 운이 좋다. 우리는 에네코와 휴고에게 과학에 대한 사랑을 심어주려고 최선을 다했지만, 그들이 걸어갈 인생은 분명 다른 길일 것이다. 나는 그들이 어디로 향할지를 즐거운 마음으로 지켜보려고 한다.

가족과 의미에 대한 주제에서, 이안에 대한 이야기를 쓰는 것을 허락해준 매리 제인 애클랜드−쇼에게 감사를 전하면서, 이 책을 이안에게 바치고 싶다. 우리의 가장 훌륭하고 가장 오래 지속될 수 있는 유산은 아마 다른 사람들의 삶이 더 나아지도록 영향을 주는 일일 것이다. 이안은 내 삶에 지대한 영향을 주었다. 그는 무엇이든지 가능하다는 열정과 낙천적인 기운과 따뜻한 마음을 지녔고, 그의 이런 점은 우리가 최선을 다할 수 있도록 노력하게 만드는 자극이 되었다. 나는 이안이 다른 사람들에게도 이런 자극을 얼마나 많이 주었는지를 그의 장례식에서 알게 되었다. 우리는 사랑과 존경으로 그를 기억할 것이다. 메리 제인에게 진심어린 조의를 표한다.

마지막으로, 유나이티드 에이전트의 캐럴라인 도니, 런던과 뉴욕에서

412

내 책을 출판해준 프로파일북스와 W. W. 노턴에 감사를 전한다. 캐롤라인의 변함없는 믿음과 격려, 언제나 그랬듯이 책 전체를 읽고 평을 해준 것에 감사한다. 현실적이고 균형 잡힌 격려를 해준 프로파일북스의 에드 레이크, W. W. 노턴의 브렌던 커리에게도 감사를 전한다. 처음 두 장이 일반 독자들에게는 "가까이 다가가기 꽤 어려운 장애물"이 된다는 에드의 논평을 완전히 기껍게 받아들이지는 못했지만, 나는 그 장들을 대대적으로 갈아엎어야 했다. 훗날 그가 수정된 내 원고를 보고 "묵직한 에너지가 있고……이 이야기에 전율이 일었다"고 썼을 때, 나는 안심을 했을 뿐 아니라 그의 이전 논평이 정직했다는 것을 믿을 수 있었다. 그래서 나는 좋은 글을 사랑하고 정직한 논평으로 좋은 글을 쓰게 해준 에드와 브렌던에게 감사한다. 대단히 세심하고 노련하게 교정교열을 한 닉 앨런, 꼼꼼하게 주의를 기울이면서 책을 편집하고 제작한 폴 포티, 훌륭한 색인은 예술작품이라는 것을 보여준 빌 존콕스, 가없는 열정으로 이 책을 바깥 세상에 알려준 발렌티나 잔카, 프로파일북스의 분위기를 지식의 전당으로 만든 앤드루 프랭클린, 나의 어설픈 손 그림을 아름다운 분자의 초상으로 변모시켜준(그리고 강박적으로 세세한 나의 수정 요구에 인내심을 가지고 응해준) 오드리 쿠로치킨, 이들 모두에게 감사한다. 마지막으로, "대부분의 계시처럼Like Most Revelations"이라는 시를 내게 알려준 클리프 행크스와 그의 시를 이 책에 실을 수 있도록 상냥하게 허락해준 리처드 하워드에게 감사를 전한다. 신기하게도 이 시는 내가 이 책에서 말하고자 노력한 것의 정수를 몇 행의 구절 속에서 전혀 다른 차원으로 포착한다.

역자 후기

이 책은 크레브스 회로에 대한 책이다. 저자도 본문에서 그렇게 밝혔다. 그래서 나는 크레브스 회로에 관한 후기를 쓰려고 했다. 생물학에서 생화학이 차지하고 있는 위치, 크레브스 회로가 발견되기까지의 역사, 회로의 간단한 개요, 생체 내에서의 역할, 암과 노화와 생명의 기원과 관련된 연구 등 책의 줄거리를 따라 설명을 이어가면 얼추 내용을 채울 수 있을 것 같았다. 번역하면서 들었던 생각도 많았기에, 짧은 후기를 쓰는 일은 수월할 것이라고 예상했다. 그러나 내 이야기는 내가 말하고자 하는 방향을 벗어나서 어느 틈엔가 다른 길로 새기를 반복했다. 원하는 방향으로 후기가 써지지 않아서 쓰고 지우고 고치다가 아예 새 글을 다시 세워서 써보자고 생각했다. 그렇게 지금 '역자후기4' 파일에 글을 쓰고 있다.

내 역자 후기가 이렇게 갈피를 잡지 못하고 헤매게 된 까닭이 무엇인지 곰곰이 생각해보았다. 그러다가 이 책이 정말 크레브스 회로에 대한 책인지에 의심을 품게 되었다. 크레브스 회로를 중심으로 끊임없이 변화하는 물질의 유동을 따라가다 보면 결국 남는 것은 막을 따라 이동하는 전자의 흐름과 막간 공간을 가득 채우고 있는 양성자들이다. 아세틸 CoA 한 분자가 크레브스 회로로 들어가서 회로를 한 바퀴 돌면, NADH의 형태로 2H가 만들어진다. 이 2H는 두 개의 양성자와 두 개의 전자로 나뉜다. 전자는 호흡 연쇄의 호흡복합체를 따라 이동하다가 산소로 전달되고, 양성자는 양성자 펌프를 통해서 막 바깥으로 퍼내어진다. 전자의 흐름이 유지되고 양성자에 의한 막 전위가 충전되어 있어야만 세포 내에서는 온갖 복잡한 물질대사가 제대로 일어나고, 물질대사들은 그 막 전위와 전자의 흐름을 온전히 유지하려는 방향으로 일어나고 있는 것처럼 보인다. 이 막은 세균 같은 원핵세포에서는 세포막이고, 우리 같은 진핵생물에서는 미토콘드리아의 막이다. 초당 10억 번이 넘는 화학반응이 일어나고 있는 세포를 살아 있게 하고 죽음으로 이끌기도 하는 라플라스의 악마는 막과 그 막에 막 전위를 만드는 수소였다. 크레브스 회로는 그 흐름에 따라서 방향을 이리저리 바꾸거나 샛길로 빠져 나가서 에너지를 생산하기도 하고 생합성을 일으키기도 한다.

닉 레인은 그 모든 것이 시작된 장소가 심해의 열수 분출구 속에 있는 미세한 구멍이었을 것이라고 주장한다. 그는 심해의 열수 분출구에서 생명이 기원했다는 마틴과 러셀의 주장을 오래 전부터 지지해왔지만, 이 책에서는 그 과정을 더욱 구체적으로 밝혀나가고 있다. 세포의 탄생 과정을 재연하는 실험이 완성 단계에 임박했다는 느낌이 들 정도였다. 레인의 실험실에서는 열수 분출구와 비슷한 환경에서 크레브스 회로의 중간산물인 카르복실산들뿐 아니라 세포막의 구성성분인 지방산, 유전물질의 구성성분인 뉴클레오티드와 당까지도 합성되고 축적되는 것이 확인되었다고 한다. 이렇게 생명의 탄생을 이끌어낸 화학, 즉 전생물적 화학 과정에서 필요한 것은 전자와 양성자를 공급하는 수소 기체, 탄소 뼈대가 될 이산화탄소, 촉매로 작용하는 철−황 광물뿐이었다. 이는 모두 열수 분출구에서 끊임없이 공급되는 것들이며, 지구 초기에는 이런 열수 분출구가 지금보다 훨씬 많았을 것이다.

우리 세포는 열수 분출구와 비슷한 구조를 지닌 전기화학적 흐름 반응기이다. 그 안에서 일어나는 반응은 수십억 년 동안 지켜져온 고대의 불씨이며, 그 불씨의 시작이는 바로 유선자이다. 생명의 기원에 대한 이런 저자의 주장은 우리가 유전자의 생존 기계일 뿐이라는 도킨스의 주장만큼이나 충격적이다. 지난 수십 년간 생물학은 유전자, 즉 정보를 중심으로 발전해왔다. 태초에 자기 복제를 하는 유전자가 있었고, 물질대사도 유전 정보에 의해 결정된다고 생각해왔다. 유전자 속에 담긴 의미를 모두 이해하기만 한다면 질병과 노화도 모두 정복할 수 있을 것 같은 분위기가 계속 이어져오고 있었다. 그러나 인간 유전체가 완전히 밝혀진 현재에도 이런 정보 중심의 관점은 생명의 기원, 암, 의식 같은 것들의 이해에서 뚜렷한 결실을 맺지 못하고 있다. 생명체에서 유전 정보는 당연히 중요하지만, 살아 있는 세포는 유전 정보의 내용에서는 방금 죽은 세포와 아무런 차이가 없다. 생사의 차이를 결정하는 것은 물질과 에너지의 흐름이다. 설득력은 있지만 대담하고 급진적인 이 주장이 앞으로의 생물학을 어떻게 바꿔놓게 될지, 우리의 건강과 의료에 어떤 영향을 줄지 조금 기대가 된다.

쉽지는 않은 책이다. 물질대사 경로는 서울시 지하철 노선도는 비교도 되지 않을 정도로 복잡하게 얽히고설켜 있고, 현미경으로 보아야 보이는 세포 내에서 현미경으로도 보이지 않는 전자와 이온의 이동을 따라가는 일은 녹록치 않다. 게다가 수십억 년이라는 막대한 시간에 걸쳐서 일어나는 진화, 지구 전체 규모의 대기와 대양에 관련된 변화도 상상하기란 쉽지 않다. 그러나 생명이란 무엇인지를 설명할 해답을 찾고 있다면, 이 책을 꼭 읽어야 한다고 생각한다. 이 책을 서너 번 읽고 난 지금, 세포를 살아 있게 하는 생물물리학적 구조를 얼핏 본 것 같은 느낌이 든다고 한다면 오만일까? 센트죄르지의 명언을 빌려 표현하자면, 세포에서 분자, 분자에서 전자가 되어 내 손가락 사이를 모래알처럼 빠져 나가던 생명이 아주 작은 사금 알갱이로 내 손 끝에 붙어서 반짝이고 있는 것 같다.

닉 레인은 크레브스 회로를 "충돌하는 물질과 에너지의 회전목마"라고 묘사한다. 에너지 생산과 생합성(성장)이 제로섬 게임이라는 말을 이렇게 멋들어지게 한다. 재치 있고 멋진 문장들(나름대로 애를 써보았지만 잘 살려내지는 못한 것 같다), 생화학 연구의 역사와 다른 재미난 이야기들도 이 책의 또다른 묘미이다. 특히 둘 다 뛰어난 생화학자이지만 인간적 면모에서는 크게 대조적이었던 홉킨스와 바르부르크의 이야기가 인상적이었다. 두 사람 모두 크레브스의 스승이었다. 만약 당시 독일에서 히틀러가 집권하지 않았다면, 그래서 크레브스가 독일을 탈출하여 홉킨스의 연구실로 들어갈 일이 없었다면, 크레브스 회로가 과연 세상에 나올 수 있었을지를 상상해본다. 방사성 탄소 동위원소의 발견에 얽힌 케이멘과 루빈의 안타까운 이야기도 기억에 남는다. 이들의 발견은 광합성 연구에 크게 공헌을 했지만, 생화학 경로에 대한 연구가 탄소 중심으로 이루어지게 된 원인이 되기도 했다. 이렇게 과학 연구는 과학자들이 처한 상황, 우연한 행운이나 불행, 정치, 그외의 여러 가지 요소들의 영향을 받는다. 이런 재미난 일화들은 복잡한 이름의 물질들이 복잡한 이름의 효소들에 의해서 변환되는 복잡한 회로들에 대한 이야기 사이사이에 오아시스처럼 자리를 잡고 한숨 쉬어가게 해준다. 닉 레인이 언젠가는 이런 이야기들만 엮어서 재미난 과학사 책을 한 권 써주었으면 하는 바람이 있지만, 현재의 그는 자신이 하고 있는 어려운 연구를 무척 즐기고 있는 것 같다.

2024년 3월
김정은

인명 색인